Naturwissenschaftliche Bildungsangebote gestalten

PÄDAGOGISCHE RAHMUNG

Herausgegeben von Karin Schäfer-Koch

BAND 4

Mandy Metzner

Naturwissenschaftliche Bildungsangebote gestalten

Eine Videostudie zur Entwicklung, Anwendung
und Validierung eines Beobachtungsinstrumentes
für die Erfassung und Beschreibung der
Handlungskompetenz frühpädagogischer Fachkräfte

PETER LANG
EDITION

Bibliografische Information der Deutschen Nationalbibliothek
Die Deutsche Nationalbibliothek verzeichnet diese Publikation
in der Deutschen Nationalbibliografie; detaillierte bibliografische
Daten sind im Internet über http://dnb.d-nb.de abrufbar.

Zugl.: Heidelberg, Pädagogische Hochschule., Diss., 2014

Mit Unterstützung der Klaus Tschira Stiftung gGmbH
im Rahmen des von ihr geförderten Projektes zur
frühen naturwissenschaftlichen Bildung:
Mit Kindern die Welt entdecken.

Gedruckt auf alterungsbeständigem,
säurefreiem Papier.

ISSN 2190-6211
ISBN 978-3-631-66421-6 (Print)
E-ISBN 978-3-653-05567-2 (E-Book)
DOI 10.3726/978-3-653-05567-2

© Peter Lang GmbH
Internationaler Verlag der Wissenschaften
Frankfurt am Main 2015
Alle Rechte vorbehalten.
Peter Lang Edition ist ein Imprint der Peter Lang GmbH.

Peter Lang – Frankfurt am Main · Bern · Bruxelles ·
New York · Oxford · Warszawa · Wien

Diese Publikation wurde begutachtet.

www.peterlang.com

Zeitfracht Medien GmbH
Ferdinand-Jühlke-Straße 7
99095 Erfurt, Deutschland
produktsicherheit@kolibri360.de

Inhaltsverzeichnis

1. Einleitung

Seit 2006 bis heute entwickeln, erproben und evaluieren Wissenschaftler, Fachexperten, Fortbildner und Frühpädagogen in der Heidelberger Forscherstation kontinuierlich Konzepte zur Professionalisierung von Erzieher/innen zur frühen naturwissenschaftlichen Bildung. Ziel dieser gemeinsamen Bemühungen ist eine nachhaltige Entwicklung und Sicherstellung der Naturwissenschaftlichen Frühförderkompetenz (NFFK) von Erzieher/innen (Zimmermann 2011). Fortbildung, Coaching, fortlaufende Unterstützung und Forschung bilden hierzu vier ineinandergreifende Professionalisierungsmaßnahmen. Diese Verknüpfung ist eine realisierte professionsbildende Antwort auf die Forderung eines „systematisch[en], organisatorisch[en] und inhaltlich[en] Transfers" des Wissens aus der Wissenschaft in die berufliche Weiterbildung und Berufspraxis der Erzieher/innen (vgl. Rabe-Kleberg 2008, S. 245). Dem Stellenwert der Forschung in der Frühpädagogik wird somit insbesondere vor dem Hintergrund einer bislang unzureichenden Forschungsinfrastruktur (OECD, 2004, S. 67) im frühpädagogischen Feld eine immer größere Bedeutung beigemessen.

Teil der Professionalisierung in der Forscherstation ist die Förderung und wissenschaftliche Überprüfung der Handlungskompetenz von Erzieher/innen in naturwissenschaftlichen Angeboten. Handlungskompetenz gilt dabei als Teildimension von NFFK. Der Frage, inwieweit die Erzieher/innen das in Fortbildungen und Coachings erworbene Wissen tatsächlich adäquat umsetzen und somit für eine nachhaltige und angemessene naturwissenschaftliche Bildung im Kindergarten sorgen, nimmt sich die vorliegende Videostudie an. Ziel ist die Entwicklung, Anwendung und Validierung eines Beobachtungsinstrumentes, womit die Handlungskompetenz ausgewählter Erzieher/innen bei der Interaktion mit Kindern in naturwissenschaftlichen Bildungsangeboten erfasst und beschrieben werden kann. Nachdem aus der Arbeit von Zimmermann (2011) Selbsteinschätzungen von Erzieher/innen bzgl. ihrer Handlungskompetenz vorliegen, wird interessant sein, inwiefern diese Selbsteinschätzungen mit den instrumentgestützten Fremdeinschätzungen übereinstimmen.

Das Gegenüberstellen von Selbst- und Fremdbild wird in der Forscherstation als Professionalisierungselement eingesetzt um das pädagogische Handeln von Erzieher/innen in Kontexten naturwissenschaftlicher Bildung den gegenwärtigen Bildungsansprüchen anpassen zu können. Damit wird ein aktuelles Forschungsdesiderat aufgegriffen. Denn die Nationale Untersuchung zur Bildung, Betreuung und Erziehung in der frühen Kindheit (NUBBEK) (Tietze u. a., 2012) verdeutlicht, dass bislang wenig wissenschaftliche Erkenntnisse in Bezug auf die

Prozesse bekannt sind, die in deutschen Kindergärten ablaufen. Als Prozesse werden dabei alle „Interaktionen und Erfahrungen der Kinder mit ihrer sozialen und räumlich-materiellen Umwelt (z.b. sprachliche Anregungen)" (Roux, 2009, S. 132; Tietze, 1998, S. 21f.) im Kindergarten bezeichnet. Auf der Basis des bereits existierenden und erweiterten Analyseinstrumentes der Kindergarten-Einschätz-Skala (KES-R) und weiterer Instrumente konnte die NUBBEK-Studie nur zur Konstatierung einer mittelmäßigen Prozessqualität deutscher Kindergärten kommen (ebd.). Es besteht die Forderung mehr über die tägliche Prozessgestaltung in Kindergärten zu erfahren, um im Sinne eines Bildungs- und Qualitätsmonitorings Veränderungsabsichten umsetzen zu können.

Dem Entwickeln von reliablen und validen Beobachtungsinstrumenten, die in Verbindung mit der Analyse von Handlungskompetenz der Erzieher/innen stehen, kommt in diesem Zusammenhang eine wichtige Bedeutung zu. Die Frage nach einer Operationalisierung von Handlungskompetenz im Beobachtungsinstrument kann sich dabei u.a. auf die Entwicklungsstimuli seitens der Erzieher/innen beziehen, die die Kinder erhalten (Tietze, 2009, S. 249). Inwieweit werden die Kinder in Aktivitäten einbezogen und wie sind die Interaktionen zwischen Erwachsenen und Kindern beschaffen (vgl. ebd.)?

Die Frage nach angemessenem pädagogischem Handeln von Erzieher/innen bei der Gestaltung naturwissenschaftlicher Angebote im Kindergarten kann mit den derzeit aktuellen bildungs- und lerntheoretischen Prämissen in der Frühpädagogik beantwortet werden. Im internationalen Diskurs hat sich bislang der Sozialkonstruktivismus etabliert. Dieser lerntheoretische Ansatz geht von einem den Lernprozess selbst bestimmenden Kind aus, dessen Bildung in der sozialen Interaktion mit Peers und Erwachsenen ko-konstruiert und stärker gefördert wird (König 2009). Die Förderung der Kinder lässt sich durch den Wechsel von Konstruktion und Instruktion beschreiben. In einer symmetrischen und komplementären Reziprozität (Youniss 1994) wird dabei eine bildungsförderliche Beziehungsgestaltung gesehen.

Aus der ersten europäischen EPPE-Langzeitstudie (Effective Provision of Pre-School Education) geht hervor, dass gut ausgebildetes pädagogisches Personal zur kognitiven und sozialen Entwicklung der Kindergartenkinder beiträgt (Siraj-Blatchford, Sylva, Taggart, Melhuish, & Sammons, 2010, S. 16). Diese Erzieher/innen orientierten sich zum Beispiel an sozialkonstruktivistischen Prinzipien wie dem sogenannten „sustained-shared-thinking", eines langanhaltenden gemeinsamen Denk- und Problemlöseprozesses, und an bewussten „dialogisch-entwickelnden Interaktionsprozessen" (König 2009, S. 214ff). Im naturwissenschaftlichen Feld beschreibt Dhein (2011) eine zeitnahe Kommunikation zwischen Erzieher/in und Kind über Erfahrungen mit naturwissenschaftlichen

Phänomenen als förderlich. Damit wird der Qualität des verbalen Handelns von Erzieher/innen eine Schlüsselrolle im Bildungsprozess der Kinder zugeschrieben (Siraj-Blatchford u. a., 2010, S. 21). Aufbauend auf diesen Erkenntnissen ist die Qualität sprachlicher Interaktionen bzw. kognitiver Anregungen jedoch wissenschaftlich noch zu wenig berührt (Roux, 2009, S. 138). Nach der zweiten OECD-Kindergartenstudie von 2002–2004, an der neben Deutschland sieben weitere Länder teilnahmen, besteht die Forderung neben der wissenschaftliche Auseinandersetzung mit der Kompetenzentwicklung des pädagogischen Personals zugleich „Möglichkeiten der systematischen Anregung und Begleitung der Bildung von Kindern, die auf der Vorstellung von Dialog und Ko-Konstruktion zwischen Kindern und Erwachsenen beruhen" zu überlegen (Deutsches Jugendinstitut e.V. (DJI), 2004, S. 117, 124). In Bezug auf die Gestaltung von Lernumgebungen kommt die EPPE zu dem Schluss, „dass die wirksamsten Einrichtungen eine ‚Spiel'-Umgebung als Grundlage für das Vermitteln von Lerninhalten nutzten. Die wirksamste Pädagogik besteht sowohl aus ‚Unterrichten' als auch aus Angeboten von frei gewähltem und dennoch potenziell lehrreichem Spiel" (Siraj-Blatchford u. a., 2010, S. 22).

Ausgehend von diesen Ausführungen findet die vorliegende Videostudie ihre Einordnung in der derzeit international geführten Qualitäts- und Bildungsdiskussion in der Frühpädagogik. Das Forschungsvorhaben einer Entwicklung, Anwendung und Validierung eines geeigneten Beobachtungsinstrumentes zur Erfassung und Beschreibung von Handlungskompetenz von Erzieher/innen in Kontexten früher naturwissenschaftlicher Bildung ist eingebettet in den Professionalisierungskontext der Forscherstation und versteht sich als Anschlussstudie an die Arbeiten von Monika Zimmermann (2011) und Anja Dhein (2011).

Im *zweiten* Kapitel geht es zunächst um die professionsbildende Funktion eines Transfers zwischen den gesellschaftlichen Teilsystemen der Wissenschaft, der Weiterbildung und der Frühpädagogik (vgl. Luhmann 2002). Anschließend wird im *dritten* Kapitel das Professionalisierungskonzept der Forscherstation ausführlich dargestellt. Da es eine wichtige Grundlage der gesamten vorliegenden Forschungsarbeit bildet, werden davon ausgehend im *vierten* Kapitel das Erkenntnisinteresse und die Zielstellungen der Arbeit erläutert.

Mit den Ausführungen im *fünften* Kapitel zu den wegweisenden lern- und bildungstheoretischen Voraussetzungen soll der konstruktivistische Denkansatz der vorliegenden Studie mit seinen Implikationen aus der sozialkonstruktivistischen Theorie festgelegt werden. Damit bezieht sich die Studie auf den derzeit international geführten lerntheoretischen Diskurs in der Frühpädagogik und markiert dadurch internationale Anschlussfähigkeit. Nachdem die bildungstheoretischen Grundlagen für die Frühpädagogik gelegt worden sind, wird daraufhin im *sechsten* Kapitel das bildungsförderliche und auf einer Prozessebene stattfindende pädagogische Handeln von Erzieher/innen beleuchtet. Neben den förderlichen Prinzipien des verbalen Handelns wird sich außerdem dem nonverbalen Handeln von Erzieher/innen gewidmet. Bestimmte nonverbale Aktivitäten der Erzieher/innen gelten aus bindungstheoretischer Sicht als pädagogisches Handeln, das die Explorationsbereitschaft der Kinder fördern kann (vgl. Reyer 2006: 145, zit. n. Denker, 2012, S. 34). Darüber hinaus geht es um die Frage nach einer förderlichen Gestaltung von Lernumgebungen im Sinne einer sozialkonstruktivistischen Lerntheorie. Im *siebten* Kapitel folgen Überlegungen zum Handlungsbegriff. Hierbei wird auf die Theorie von Jürgen Habermas (1987) des kommunikativen Handelns und auf die materialistische Tätigkeitstheorie nach Alexei N. Leontjew (1979) Bezug genommen. In enger Verbindung der Habermas'schen Theorie zur Sprechhandlungstheorie nach John Austin und John Searle (Hindelang, 2000, S. 17; Linke, Nussbaumer, & Portmann, 1996, S. 186f.) findet daraufhin eine Ausdifferenzierung des verbalen Handelns statt. Für die Entwicklung des Beobachtungsinstrumentes ist die theoretische Grundlegung durch die Sprechhandlungstheorie insofern relevant, weil dadurch die gesuchten Kategorien des zu generierenden Beobachtungsinstrumentes bestimmten Ebenen zugeordnet werden können. Im Anschluss daran soll sich im *achten* Kapitel mit dem Konstrukt der Handlungskompetenz auseinandergesetzt werden. Grundlage hierfür ist die aktuelle Diskussion um den Kompetenzbegriff. Müller-Ruckwitt (2008) stellt in diesem Zusammenhang die fehlende Auseinandersetzung mit einem Menschenbild in diesem Kompetenzdiskurs heraus. Um dem nicht nachzustehen und um im Sinne der Anschlussforschung das Konstrukt der Handlungskompetenz von Zimmermann (2011) zu nutzen, ohne neue Kompetenzdefinitionen zu schüren, wird zum einen auf das Verständnis von Handlungskompetenz nach Zimmermann (ebd.) zugegriffen und zum anderen ein bislang fehlendes Menschenbild bezogen auf Erzieher/innen dafür entwickelt. Bei der Frage nach der Entwicklung eines Beobachtungsinstrumentes zur Erfassung von Handlungskompetenz stellt sich weiterhin die Frage, was konkret erfasst werden kann. Daher geht es im Anschluss um die Auseinandersetzung mit performativen Verhaltensweisen.

Nach der für die Entwicklung des Beobachtungsinstrumentes notwendigen Klärung der theoretischen Aspekte, werden im *neunten* Kapitel das der Studie zugrundeliegende Forschungsdesign, die Datenbasis und methodische Grundzüge dargestellt. Im *zehnten* Kapitel findet sich mit der Entwicklung des Beobachtungsinstrumentes der erste empirische Teil der Studie. Nachdem sich das *elfte* Kapitel mit der Anwendung des generierten Beobachtungsinstrumentes beschäftigt, kann im *zwölften* Kapitel ein systematischer Vergleich zwischen

Selbsteinschätzungen ausgewählter Erzieher/innen bzgl. Handlungskompetenz und der Fremdeinschätzung durch das entwickelte Beobachtungsinstrument stattfinden. Im *dreizehnten* Kapitel werden die Ergebnisse der Studie zusammengefasst, diskutiert und perspektivisch erweitert.

1.1 Sprach- und Zitierregelungen

Die unterschiedlichen Schreibweisen zur Benennung von Erzieherinnen und Erziehern zeigen die immer wiederkehrende Gender-Problematik in der deutschen Sprache, die mit der neutralen und männlichen Form „Erzieher" nicht gelöst wird. Im Feld der Frühpädagogik dominieren die Frauen als Erzieherinnen bzw. Frühpädagoginnen mit 97% (Autorengruppe Bildungsberichterstattung, 2012, S. 34). Aus diesem Grund und aufgrund der besseren Lesbarkeit wird die weibliche Form mit der männlichen Form in der singulären Schreibweise zu „die Erzieher/in" und in der pluralen Schreibweise „die Erzieher/innen" kombiniert. So wird auf die Mehrheit der Frauen in diesem Beruf verwiesen ohne Männer darin auszugrenzen. Weibliche Formen „Erzieherin" und „Erzieherinnen" bzw. männliche Formen „Erzieher" weisen eindeutig auf Personen weiblichen bzw. männlichen Geschlechts hin. Alle anderen Personenbezeichnungen wie z.B. Kodierer, Pädagogen usw. werden in der männlichen bzw. neutralen Form verwendet. Dabei sind sowohl Frauen als auch Männer in gleicher Weise gemeint.

Hin und wieder treten eckige Klammern auf. Solche mit drei Punkten wie z.B. […] deuten auf eine textliche Auslassung aus dem Original hin. Eckige Klammern mit darin enthaltenem Text verweisen auf Textpassagen, die von der Autorin hinzugefügt oder ausgehend vom Original syntaktisch umstrukturiert wurden, um Verständlichkeit herzustellen bzw. um formvollendeten Text zu schreiben.

2. Professionalisierung in der Frühpädagogik

Seit den ersten Pisa-Ergebnissen im Jahr 2000 werden „in hohem Tempo" (vgl. Rabe-Kleberg, 2008) intensive Maßnahmen ergriffen, um das noch durch ausbaufähige Forschungsinfrastruktur gekennzeichnete und bislang wenig erforschte Feld der Frühpädagogik in vielfältiger Hinsicht zu professionalisieren. Bei der Auseinandersetzung mit Erzieher/innen und ihrer beruflichen Tätigkeit der Frühkindlichen Betreuung, Bildung und Erziehung (FBBE) im Kindergarten treten seit etwa einem Jahrzehnt Schlagworte wie *Frühpädagogik als Profession*, *Professionalisierung pädagogischer Fachkräfte* und *pädagogische Professionalität von Erzieher/innen* (vgl. Mischo & Fröhlich-Gildhoff, 2011; vgl. Nentwig-Gesemann, 2013, S. 10) in Erscheinung. Sie verweisen auf intensive Bemühungen zur Verbesserung der Qualität von Kindergärten, des beruflichen Handelns von Erzieher/innen und letztlich der frühkindlichen Bildung.

Die Entwicklungsprozesse, die dazu beitragen, die Pädagogik der frühen Kindheit als eine Profession zu sehen, werden in sogenannten merkmals- bzw. indikatorengestützten Ansätzen beschrieben. Beispielsweise stellt Nentwig-Gesemann (vgl. 2013, S. 10) folgende Veränderungsprozesse in der Frühpädagogik als Professionskennzeichen zusammen:

- Eine an deutschen Hochschulen in neu eingerichteten frühpädagogischen Studiengängen mögliche „akademische Ausbildung von KindheitspädagogInnen" verdeutlicht die Akademisierung des Feldes.
- Eine „wissenschaftlich-theoretische und durch Forschung abgesicherte Fundierung der frühpädagogischen Praxis" erweist sich als Professionskennzeichen.
- Eine „forschende Haltung" einer Erzieher/in, ihre Bereitschaft zur „Eigenverantwortung" und zur „Handlungsautonomie" tragen zur Professionsbildung bei.
- Kriterien wie die „gesellschaftliche und finanzielle Anerkennung, sowie die Zuerkennung von Bedingungen, unter denen professionelles Handeln möglich ist" machen eine Profession aus.

Bei ihrer Aufzählung weist Nentwig-Gesemann (ebd.) auf unterschiedliche Perspektiven hin, aus deren Sicht die Frühpädagogik als Profession gekennzeichnet werden kann. So bestätigen Wildgruber und Becker-Stoll (2011, S. 63) zwar Nentwig-Gesemann sowohl in der Professionsbildungsstrategie der Akademisierung, als einem „schnellen Zuwachs von Studiengängen der Bildung und Erziehung in der Kindheit", als auch in dem forschungsbasierten „Ausbau der

Ressourcen zur disziplinären Produktion von Wissen". Sie (2011, S. 63) ergänzen die Professionsbildungsprozesse in der Frühpädagogik

- um die „Entstehung bzw. Weiterentwicklung von Interessensverbänden" und
- um den „Ausbau und die inhaltliche Neuausrichtung der Weiterbildungslandschaft".

Eibeck (vgl. 2013, S. 6–7) spricht von insgesamt vier Dimensionen der frühpädagogischen Profession. Bestätigung zeigt sich in einer wissenschaftlichen Grundlage der erzieherischen Tätigkeit und in der beruflichen Autonomie von Erzieher/innen im beruflichen Alltag. Mit Bezug zum Deutschen Qualifikationsrahmen (DQR) verweist Eibeck (ebd.) professionskennzeichnend zusätzlich auf

- die Handlungskompetenz einer Erzieher/in
- und ihre professionelle Identität.

Je nach Autorenschaft mit entsprechender Perspektive lassen sich derzeit sowohl übereinstimmende also auch uneinheitlich geführte Professionsindikatoren für das Feld der Frühpädagogik finden, die sich auf folgende Ebenen beziehen:

- auf die individuelle Ebene einer Frühpädagog/in (Handlungskompetenz, Autonomie, Eigenverantwortung, forschende Haltung, professionelle Identität),
- auf die gesellschaftliche Ebene (Anerkennung des Berufsbildes einer Erzieher/in),
- auf die politische Ebene (finanzielle Anerkennung) und
- auf die akademische Ebene (Ausbau von Forschungsinfrastruktur und von Aus- und Weiterbildungsmöglichkeiten).

Die definitorische Uneinheitlichkeit deutet darauf hin, dass in der Professionsbildungsdebatte noch mehr Konsens darüber gewonnen werden könnte, was die Frühpädagogik zu einer Profession macht. Ist doch der Anspruch der Zugehörigkeit eines Berufssystems zu einer Profession nicht gesichert. Überhaupt ragt in Anbetracht der Merkmale laut Combe & Helsper (vgl. 2002, S. 30) deren begrenzte Tauglichkeit zur Unterscheidung „zwischen Professionen und nicht professionalisierten bzw. professionalisierungsbedürftigen Berufstätigkeiten" hervor: „So kann heute eine akademische Ausbildung wohl kaum noch als aussagekräftiges Unterscheidungskriterium zwischen Berufen gelten" (ebd.).

Im Vergleich mit den drei einflussreichen, traditionellen und sich durch einheitliche Professionskennzeichnung ausweisenden Professionen (Medizin, Recht, Theologie) sind im Bereich der Frühpädagogik dennoch intensive Bemühungen zu erkennen, die die Frühpädagogik, etwas vorsichtiger ausgedrückt, als *auf dem Weg zu einer Profession* zu beschreiben. Die verstärkte Wissenschaftlichkeit der Frühpädagogik und die Ausrichtung der Professionsbildungsprozesse auf „eine im Kern stärkere frühkindliche Bildungsförderung" (Wildgruber & Becker-Stoll, 2011, S. 72) und eine klare „Klientenorientierung" (Combe & Helsper, 2002, S. 30) mit Blick auf Kinder als Zielgruppe der Bemühungen, sind als professionsspezifische Merkmale in der Frühpädagogik gegeben.

Wenn sich *die* Frühpädagogik aber zu einer Profession entwickelt, lässt sich fragen, wer dann die Professionellen darin sind. Sind es die pädagogischen Fachkräfte, die im täglichen Umgang mit den Kindern der Trias Bildung, Betreuung und Erziehung folgen? Oder sind es die Wissenschaftler und die Aus- und Weiterbildner, die das theoretische und empirische Wissen produzieren, zur Verfügung stellen, weitergeben und dadurch Erzieher/innen wiederum in ihrem Handeln beeinflussen?

In der vorliegenden Studie wird davon ausgegangen, dass primär die Erzieher/in als täglicher Interaktionspartner für Kinder eine verantwortungsvolle Schlüsselfigur in der frühkindlichen Bildung (Welzel, 2006; Zimmermann, 2011, S. 296) darstellt. Sie ist tägliche Bezugsperson für die Kindergartenkinder und eine Expert/in für pädagogisches Handeln im Kindergarten.

Gestützt wird diese Annahme der Erzieher/in als Schlüsselfigur im frühkindlichen Bildungsprozess mit der Luhmann'schen Systemtheorie (Luhmann, 2002). Danach erfüllt das frühkindliche Erziehungssystem, neben anderen gesellschaftlichen Teilsystemen wie z.b. dem Wissenschaftssystem, als abgeschlossenes Subsystem der Gesellschaft die Funktion, nachhaltige Bildungsprozesse für Kinder in Gang zu setzen, damit Übergänge von bestimmten Teilsystemen (z.B. Familie, Krippe) in nachgeschaltete Teilsysteme (z.B. Schule, Ausbildung, Studium, Beruf) stattfinden können (vgl. Diehl, 2005, S. 119). Dadurch übernimmt die Institution des Kindergartens und mit ihr jede Erzieher/in die Aufgabe, Bildung hinsichtlich der Anschlussfähigkeit unterschiedlicher Systeme zu ermöglichen.

Diese gewinnbringenden Austauschprozesse zwischen gesellschaftlichen Teilsystemen zeigen sich auch zwischen frühkindlichem Erziehungssystem und seinem wissenschaftlichen Referenzsystem: Intensive Professionalisierungsbemühungen in der Wissenschaft wirken sich laut Nittel (2000, S. 46–47) stabilisierend auf das Bestehen einer Profession aus: „Als komplementärer Begriff steht der Profession also eine wissenschaftliche Disziplin zur Seite, die sachlogisch als von der Berufskultur getrennt betrachtet wird, aber für ihren Bestand dennoch konstitutiv ist". Weiter führt Nittel (2000, S. 47) aus: „Professionen bieten zwischen einem spezifischen Wissenszusammenhang (in Gestalt einer wissenschaftlichen Disziplin) und einem verwandten Funktionssystem Vermittlungsleistungen an, so dass sie die Probleme der personalen Umwelt des Gesellschaftssystems in einem vom Alltag und von Organisationen abgetrennten Handlungssystem in nicht technokratischer Weise einer Bearbeitung zuführen können". Insofern versuchen Wissenschaftler in der Forschung, und damit auch die vorliegende Studie, als Vermittlungsinstanz im Sinne eines Theorie-Praxis-Transfers nutzbares Wissen für die Praxis zu produzieren und eine Lösung praxisnaher Probleme anzubieten, während das Erziehungssystem auf dieses Wissen zugreifen und es in der Praxis umsetzen kann. Erziehungs- und Wissenschaftssystem schalten sich so idealerweise konstruktiv ineinander und sichern auf diese Weise *professionsbildend* das Fortbestehen der sich entwickelnden Profession „Frühpädagogik".

Darüber hinaus kommt der beruflichen Weiterbildung eine professionsbildende (Stockfisch u.a. 2008, S. 27 zit. n. Grimm, Tsouvalla, & Stadler, 2010, S. 31) Rolle zu, weil sie als Plattform institutionalisiert Raum und Zeit für die Aneignung des wissenschaftlich fundierten Wissens durch die in der Praxis tätigen pädagogischen Fachkräfte schafft. „Inhalte[…], Gelegenheiten und Vermittlungsformen von Bildung" sollten im Mittelpunkt von Professionalisierungsbemühungen in der Pädagogik der frühen Kindheit stehen (Wildgruber & Becker-Stoll, 2011, S. 73f.). Das bedeutet, dass die Erzieher/innen ihr neu erworbenes bildungsbereichsspezifisches Wissen, eine diesem Bildungsverständnis entsprechende Didaktik und Methodik in angemessener Weise umsetzen können sollen. Insbesondere werden offene Situationen befürwortet, in denen die Erzieher/innen Bildungsprozesse mit den Kindern gemeinsam entwickeln und die individuellen Bedürfnisse des Kindes mit Lernzielen verbinden (ebd.). Das stelle einen wesentlich höheren Anspruch da als curricular vorzugehen (ebd.). Mit solchen Professionalisierungsimpulsen für Erzieher/innen durch Weiterbildung wird die Chance verbunden, „zeitnah zu wirken" (Wildgruber & Becker-Stoll, 2011, S. 72). Weiter könne das fachliche „Passungsverhältnis" zwischen den aktuell Ausgebildeten und den bereits länger im Feld Tätigen verbessert werden (ebd.). Die Erhöhung von Durchlässigkeit sei dabei ein hervorgehobenes Ziel (vgl. auch Grimm u. a., 2010, S. 32), denn sie erhöhe unter anderem die individuelle Motivation zur Weiterentwicklung, und damit zur individuellen Professionalisierung (Wildgruber & Becker-Stoll, 2011, S. 72).

Indem Erzieherinnen, Aus- und Weiterbildner und Wissenschaftler das Wissen aus ihren jeweiligen Fachbereichen kontinuierlich aufeinander beziehen und nutzen, findet ein professionsbildender Prozess in der Frühpädagogik statt, der eine Professionalisierung aller Beteiligten in Gang setzt.

3. Ein Professionalisierungskonzept für Erzieher/innen zur systematischen und nachhaltigen Entwicklung von Naturwissenschaftlicher Frühförderkompetenz (NFFK)

Ein differenziertes Professionalisierungskonzept, das Protagonisten der einander ergänzenden Wissenssysteme – Erzieher/innen, Fortbildner und Wissenschaftler – mit ihren verschiedenen Funktionen und Aufgaben zum Zweck der naturwissenschaftlichen Bildung von Kindergartenkindern vereint, wurde in der inzwischen eigenständigen Heidelberger Forscherstation, dem Klaus-Tschira-Kompetenzzentrum für frühe naturwissenschaftliche Bildung gGmbH, seit 2006 entwickelt (Welzel, Zimmermann, Rösler, & Scorza de Appl, 2007; Dhein, 2011; Zimmermann, 2011). Das Konzept wurde kontinuierlich erprobt und bis heute forschungsbasiert und angesichts aktueller Bedürfnisse[1] fortgeschrieben. Ziel in der Forscherstation ist es, durch sogenannte Anpassungsfortbildungen, als eine Form von beruflicher Weiterbildung (vgl. Baron, Glauner, & Zweck, 2009, S. 39; vgl. Hippel & Grimm, 2010, S. 58), eine systematische und nachhaltige Entwicklung der Naturwissenschaftlichen Frühförderkompetenz (NFFK) (Zimmermann, 2011, S. 186–190) bei Erzieher/innen und bei Grundschullehrer/

---

1 Das Fortbildungsangebot wurde im Jahr 2011 um eine Fortbildung für kooperierende Erzieher/innen und Lehrer/innen zum Thema „Mit Kindern Brücken bauen – Naturwissenschaft im Übergang zwischen Kindergarten und Grundschule" erweitert, weil einer Interview-Studie in der Region Heidelberg zufolge (Latorre, 2011) das Thema *Übergang zwischen Kindergarten und Grundschule mit naturwissenschaftlichem Fokus* von Lehrer/innen und Erzieher/innen als notwendig befunden wurde. Außerdem wird derzeit im Rahmen einer Forschungsarbeit mit Erzieher/innen ein Fortbildungskonzept zu dem gesellschaftlich wichtigen Thema „Erneuerbare Energie in frühpädagogischen Einrichtungen" erprobt, weil in unmittelbarer Nachbarschaft der Forscherstation seit 2012 eine Passivhaus-Kita steht und für Erzieher/innen und Kinder die Erneuerbare Energie (EE) im Zentrum frühkindlicher Bildungsprozesse stehen soll (vgl. Häusle & Welzel-Breuer, 2013). Darüber hinaus können fortgeschrittene Erzieher/innen inzwischen an Fortbildungen teilnehmen, die konzeptionell Sprachförderung und Naturwissenschaft über die Nutzung von Geschichten verbinden (Forscherstation. Klaus-Tschira-Kompetenzzentrum für frühe naturwissenschaftliche Bildung gGmbH, 2013).

innen anhand eines Vier-Säulen-Unterstützungssystems herbeizuführen. Das Unterstützungssystem besteht aus Fortbildung, fortlaufender Unterstützung, Coaching und Forschung. Dabei werden „Elementar-, Erwachsenenpädagogik und Coaching [...] als personenzentrierte pädagogische Felder [begriffen], die Persönlichkeitsbildung als übergeordnetes Prinzip realisieren sollen" (Zimmermann, 2011, S. 197). Eine Persönlichkeitsbildung der erwachsenen Pädagog/innen ist es, die im Dienste der Entwicklung und (Persönlichkeits-)Bildung von Kindern steht.

Da die vorliegende Studie mit der Pilotfortbildung „Mit Kindern die Welt entdecken" verknüpft ist, die 2006 bis 2007 in der Forscherstation stattgefunden hat, werden im Folgenden wesentliche Aspekte des Bildungs- und Professionalisierungsverständnisses auf diesen vier Ebenen beschrieben. Ausführliche und originale Beschreibungen zum Konzept finden sich bei Dhein (2011, S. 7–14) und Zimmermann (2011, S. 191–259).

3.1 Fortbildung

Ziel der zwei- bis vierstündigen beruflichen Fortbildungen für Erzieher/innen, die innerhalb von sechs Monaten fünfmal stattfinden, ist es zunächst, die Neugier, das Interesse und die Freude der Erzieher/innen am Explorieren und Experimentieren durch das selbsttätige und spielerische Ausprobieren naturwissenschaftlicher Phänomene zu wecken. Immer wieder und im Anschluss an solche Erfahrungen überdenken die Erzieher/innen als reflektierende Praktiker in den Fortbildungen die erlebten Explorier- und Experimentiermöglichkeiten hinsichtlich „des stattgefundenen Erkenntnisprozesses" (Welzel-Breuer & Meyer, 2011, S. 327; vgl. Zimmermann, 2011, S. 112, 191). Diese positive und reflektierte Weichenstellung bildet die erfahrungsbasierte Voraussetzung dafür, dass Erzieher/innen eigene Vorbehalte und innere Distanz gegenüber Naturwissenschaften, die wissenschaftlich nachweisbar sind, „nachhaltig" auflösen (vgl. Zimmermann, 2011, S. 191, 349f.). Mit den Erfahrungen aus der Fortbildung haben die Erzieher/innen die Gelegenheit, eine positive Grundhaltung gegenüber Naturwissenschaften zu entwickeln oder zu stärken und sich ein Handlungsrepertoire anzueignen, um die Kinder im Kindergarten spielerisch in anregenden Lernumgebungen an Naturphänomene heranzuführen (vgl. Welzel-Breuer & Meyer, 2011, S. 325). Die natürliche Neugier der Kinder (vgl. Pauen, 2012, S. 10) kommt hier dem Bildungs- und Erziehungszweck entgegen. Dabei sollen die Erzieher/innen keine fachlichen Erklärungen an die Kinder herantragen. Vielmehr werden die Erzieher/innen darin geschult, Selbstbildungsprozesse der Kinder durch sinnliche und selbsttätige Erfahrungen in Gang zu bringen. Damit stützt sich die Fortbildungsphilosophie auf eine konstruktivistische Didaktik (Dhein, 2011, S. 33; Zimmermann, 2011, S. 122) und verfolgt u.a. den Ansatz des Erfahrungslernens nach Schäfer (2011) (vgl. Dhein, 2011, S. 8–10). Das Fortbildungskonzept ist mit Schäfers Auffassung der Bildung von Kindern durch folgende Merkmale verknüpft:

– „Bildung ist durchweg mit einer Vorstellung von der Selbsttätigkeit des Individuums verbunden. Sie ist etwas, was der Mensch selbst verwirklichen muss und kann nicht von außen erzeugt werden.
– Bildung vollzieht sich jedoch nur in Auseinandersetzung mit einer kulturellen Welt.
– Bildung hat einen umfassenden Anspruch. Sie integriert Handeln und Denken, Wissenschaft und Kunst oder Können, Wissen und Ästhetik.
– Das Ergebnis hat etwas mit einer subjektiven Form zu tun, mit einer (Selbst-) Gestaltung, in der dieser umfassende Anspruch auf eine individuelle Weise immer wieder neu ausbalanciert wird" (Schäfer, 2011, S. 14).

Um Kinder in der Entwicklung ihrer individuellen Identität und Persönlichkeit zu unterstützen, lernen die Erzieher/innen, dass es auf die Auseinandersetzung des Kindes mit seiner Umwelt ankommt. „Das Subjekt braucht ein Gegenüber, durch das es sich bilden kann" (Schäfer, 2011, S. 13f.). Insofern stellt Bildung im Humboldt'schen Sinne „ein Verhältnis zwischen individuellem Ich und der Welt" dar (vgl. ebd.).

Antwort auf die Frage nach der pädagogisch-didaktischen Ausgestaltung dieses Verhältnisses zwischen dem Ich und der Welt bezogen auf eine naturwissenschaftliche Auseinandersetzung mit der Welt gibt der Physiker und Pädagoge Martin Wagenschein (1896–1988). Die Fortbildungsphilosophie der Forscherstation bezieht sich auf seinen Ansatz des exemplarisch-genetisch sokratischen Lehrens und Lernens (Wagenschein, 1983, S. 44, 1999). Wagenschein (1983, S. 62) plädiert für eine Lehr- und Lernhaltung, die mit „Mut zur Lücke"[2]

---

2   Die etwas missverständliche Redewendung „Mut zur Lücke" wurde ursprünglich von Minna Specht geprägt (Wagenschein, 1983, S. 62) womit „Mut zur Gründlichkeit" bzw. „Mut zum Ursprünglichen" gemeint war (Wagenschein, 1999, S. 52). Minna Specht übernahm die Leitung der Odenwaldschule von 1946 bis 1951, an der Martin Wagenschein von 1924-1933 als Lehrer und Kollege von Minna Specht tätig gewesen ist (Näf, 2012). Dort, in Paul und Edit Geheebs Ober-Hambacher Landerziehungsheim, entwickelte Wagenschein sein exemplarisch-genetisch-sokratisches Unterrichtsverfahren (vgl. Wagenschein, 1983, S. 44).

umschrieben werden kann. Damit ist das genetische Prinzip[3] eines besonders gründlichen erkenntniserweiternden Tiefgangs gemeint (vgl. Wagenschein, 1970, S. 68), der „dem Kind [und der Erzieher/in bzw. dem Lerner] erlaubt, die Wissenschaft und ihre Wirkungsweise aus seinen eigenen Wahrnehmungen, neu zu entdecken" (Wagenschein, 1999, S. 20). Walter Köhnlein (1998, S. 14) konkretisiert das genetische Prinzip als ein Verfahren, „das die Erfahrungen, Vorkenntnisse und Überlegungen der Lernenden konstruktiv aufnimmt und zusammen mit ihnen Wege des Entdeckens sucht, um gemeinsam zu gesichertem und verstandenem Wissen zu kommen". Das „Verstehen des Verstehbaren" ist für Wagenschein ein „Menschenrecht" (vgl. Wörner, 1997, S. 14) und verbunden mit der didaktischen Frage nach dem Werden des Wissens im Menschen (vgl. Wagenschein, 1970, S. 68). Aus folgendem Grund ist das Verstehen für Wagenschein vorrangig: „Der Verstehende ist dem nur Manipulierenden und nur Funktionierenden immer überlegen: Die Grundausrüstung für die praktischen Anforderungen ist beweglicher und er selbst ist als Mensch geschützter" (Wagenschein 1970, 79, zit. n. Rehm, 2010, S. 26). Indem Kinder also selbst die Welt verstehen, beginnen sie, selbstbewusst ihr Leben zu führen. Naturwissenschaftliche Bildungsangebote können dazu beitragen. Deswegen gelten Erklärungen von außen für das kindliche und spielerische Lernen als „eher hinderlich" (Zimmermann, 2011, S. 197). Individuelle Verstehensprozesse sind daher notwendig an Eigenerfahrungen gebunden. Denn „Wissen, zu dem es keinen Vergleich, keine Erfahrung, keine Anschauung gibt, bleibt leer" (Hartmut von Hentig in der Einführung, Wagenschein, 1999, S. 7).

Es sind diese „differenzierten elementaren Erfahrungen und Fähigkeiten" wie zum Beispiel das genaue Hinsehen und Beobachten von Dingen in der Welt, das Unterscheiden und Ordnen dieser Gegenstände nach Gemeinsamkeiten und Unterschieden, das Beschreiben (also in Worte fassen) von Beobachtungen, das Eingreifen in Vorgänge und das Herstellen und Kommunizieren von Kausalzusammenhängen (vgl. Welzel-Breuer & Meyer, 2011, S. 323), die die Erzieher/innen in der Fortbildung an Beispielen (exemplarisch) als frühkindliche naturwissenschaftliche Fähigkeiten kennenlernen. Das dient als Vorbereitung für die tatsächliche Kindergartenpraxis. Dort sind es die Erzieher/innen gewohnt, als

---

3   In einem Interview mit Frau Gerbaulet im Jahr 1974 sagt Wagenschein: „Das Genetische Prinzip sucht Wege der kontinuierlichen, kritischen, kreativen Wiedererkennung einer Wissenschaft von Anfang an, unter Führung. Es ist möglich, auch auf dem anderen, dem im wesentlichen deduktiv planenden Weg, funktionsfähige Physiker herzustellen. Welchen Weg man vorzieht, ist eine erzieherische Entscheidung" (Wörner, 1997, S. 14).

Tandem zu arbeiten. Deswegen besuchen sie die Fortbildungen und Coachings in dieser kooperierenden Organisationseinheit. In ihr wird ein besonderes Potential gesehen, zum einen um die eigenen Lernprozesse konstruktiv und nachhaltig in der Praxis am Laufen zu halten (vgl. Zimmermann, 2011, S. 207). Zum anderen ist mit der Tandem-Arbeit die Aussicht verbunden, durch konstruktive und synergetische Zusammenarbeit ein „höheres Niveau im naturwissenschaftlichen Verstehen" bei den Erzieher/innen zu erreichen als auch, dass die Erzieher/innen die „konkreten pädagogischen Angebote im Kindergarten kognitiv aus[…]differenzieren und die Anregungen für die Kinder [...] optimieren" (vgl. ebd., S. 208f.) können.

Das Erzieher/innen-Tandem erlebt die Fortbildung im Sinne des von Karlheinz A. Geissler geprägten didaktischen Prinzips des „pädagogischen Doppeldeckers" (Geissler, 1985, S. 8) als Lernende und Lehrende zugleich: so, wie der Fortbildner den Erzieher/innen einen unkomplizierten Umgang mit Phänomenen der belebten und unbelebten Natur ermöglicht, so sollen die Erzieher/innen ihr neu erworbenes Wissen anwenden und den Kindern zu einer selbsttätigen und reflektierten Auseinandersetzung verhelfen. Nach Geissler (1985, S. 8) ist durch das Doppeldecker-Prinzip „die seltene Möglichkeit gegeben, das, womit man sich inhaltlich beschäftigt, auch gleichzeitig zu erleben und wieder in die kognitive Auseinandersetzung mit dem Inhalt einzubeziehen (auch Prinzip der Selbstanwendung genannt)".

Im Umgang mit den Kindern lernen die Erzieher/innen nicht die Rolle der Wissensvermittler/innen sondern die von „Entdeckerpartnerinnen" (vgl. ebd., S. 191) einzunehmen, die sich durch ein echtes „Ergriffensein" und einer gewissen „Ungesichertheit" (vgl. Wagenschein, 1999, S. 38f.) auszeichnet. „Eng geführte Gespräche und enge Vorgaben durch die Erzieherin sollten vermieden werden. Die Aufgabe der Erzieherin besteht vielmehr darin, die Kinder als ‚Mitfragende' zu begleiten und ihnen als leitende Organisatorin ggf. Hilfestellungen in Form von Impulsen oder Anregungen zu geben, aber auch hier gilt: ‚Weniger ist oft mehr'" (Zimmermann, 2011, S. 126). Die Mischung aus Begeisterung, „konstruktiver Verunsicherung" (ebd., S. 123) und bedeutsamem und „positivem Selbstkonzept" (ebd., S. 523) der Erzieher/innen helfen, Neugier zu entwickeln und den Naturphänomenen auch in Alltagssituationen mit den Kindern auf den Grund zu gehen.

Die Erzieher/innen lernen dabei die Rolle eines „facilitators", eines aufmerksamen Lernbegleiters (Rogers, 1979, S. 106f.) einzunehmen, der die Kinder „lehrt", ihre eigenen Wege, Beobachtungen und Antworten auf Fragen zu finden. Insbesondere im Dialog mit den Kindern können diese individuellen Erkenntnisprozesse des Lerners bildungswirksam reflektiert und sprachlich oder schriftlich gefestigt werden. Wagenschein prägt hierzu den Begriff der „sokratischen Methode", die dazu gehöre, „weil das Werden, das Erwachen geistiger Kräfte, sich am wirksamsten im Gespräch[4] vollzieht" (Wagenschein, 1999, S. 75). Peter Buck sieht in diesem sokratischen Gespräch im doppelten Sinne etwas Spannendes, was hier im Hinblick auf das Verstehen als besonders bildend und kompetenzerweiternd gesehen wird: „Als außerordentlich spannend (im doppelten Sinn des Wortes) empfinde ich, daß Wagenschein so nachdrücklich auf <enracinement> drängt, auf den von Simone Weil programmatisch und zukunftsgerichteten *Prozeß*, nicht auf Eduard Sprangers gewachsenen *Zustand* der *Einwurzelung* – wo seine [Wagenscheins] sokratische Methode doch eigentlich im Gegenteilen steht: im *Herausreißen* aus dem Vertrauten, um den Sprung zum neuen Ufer des Verstehens zu tun" (Buck, 1997, S. 61).

3.1.1 Pädagogische Angebote in der Praxis als Teilkonzept der Fortbildung

Um den Weg vom trägen Wissen zum tatsächlichen kompetenten Handeln zu unterstützen (Wahl, 2006) aber auch um ursprüngliche Verhaltensmuster zu verändern (z.B. den Kindern nicht mehr vorschnell Erklärungen geben und Wissen vermitteln), haben die Erzieher/innen während der Fortbildungen die Gelegenheit, pädagogische Angebote für die Kinder zu planen. Diese Angebote setzen sie zwischen den fünf Fortbildungsterminen mit dem in den Fortbildungen erworbenen Wissen in der Praxis um und reflektieren anschließend ihr pädagogisches Handeln in einem Coaching.

Für Forschungs- und Reflexionszwecke werden diese im Rahmen der Fortbildungsreihe geplanten Angebote mit Einverständnis der Eltern bzw. Erziehungsberechtigten der Kinder videografiert. Die Sachthemen wählen die Erzieher/innen-Tandems selbst aus. Insofern stellen diese Bildungsangebote nicht nur einen Lernkontext für die Kinder sondern auch für die Erzieher/innen im Rahmen ihrer beruflichen Professionalisierung dar.

---

4 Wagenschein hielt das Gespräch für die wirksamste Form des Lehrens, wenn er mit seinen Lehramts-Studenten „praktische Pädagogik" besprach: „Der Anblick der Gesichter trieb mich ins Gespräch, die wirksamste Form des Lehrens: Anreden, nicht ‚mitreißen', herausfordern; nicht drängen, sondern abwarten; kurz: Führen durch Zurückhaltung meiner selbst" (Wagenschein, 1983, S. 59).

3.2 Fortlaufende Unterstützung durch eine Materialbibliothek

Eine weitere „Maßnahme zur Steigerung der Nachhaltigkeit der Fortbildung" (Zimmermann, 2011, S. 193) liegt in einem Angebot von unterschiedlichen und fortlaufenden Unterstützungsleistungen. Eine Materialbibliothek sorgt z.B. mit über vierzig in der Praxis erprobten Explorier- und Experimentierangeboten dafür, dass Erzieher/innen und Lehrer/innen angesichts großer Zeitknappheit, qualitativ hochwertige Lernumgebungen kontinuierlich und schnell zur Verfügung haben. Dabei geht es darum, diese themenspezifisch zusammengestellten Alltagsmaterialien als kreative Anregungen für die Gestaltung altersangemessener Lernumgebungen im Kindergarten zu sehen und als Erzieher/innen und Lehrkräfte zu nutzen (vgl. Luttenberger, Welzel-Breuer, & Zimmermann, 2013, S. 554). Die Pädagog/innen können diese Experimentierideen nicht nur erproben, sondern auch variieren und weiterentwickeln. Inwiefern diese Umsetzungsbeispiele in der Praxis „ankommen" und ggf. verändert werden sollten, wird durch einen Fragebogen erhoben, der den Kisten beiliegt und jedes Mal nach der Ausleihe ausgefüllt von den Pädagogen in der Forscherstation abgegeben werden soll. Auf diese Weise werden die Praktiker aktiv, konkret und fortlaufend in die Entwicklung des Unterstützungsangebotes einbezogen, sodass sich geprüfte Verbesserungsideen durch angepasste Experimentierangebote wiederum in der Praxis verbreiten können. Die Ergebnisse nach fünfjähriger Evaluation der Fragebögen (N=592) in der Materialbibliothek ergeben, dass die Kinder laut Erzieher/innen und Lehrer „in hohem Maße durch die Versuche aktiviert und zum selbständigen Ausprobieren angeregt" werden (ebd., S. 555). Die Durchführung der Experimente erweist sich als für die Kinder motivierend und das Material für die Kinder als anregend (vgl. ebd.).

Zum fortlaufenden Unterstützungsprogramm gehören darüber hinaus eine Präsenzbibliothek mit ausgewählten Experimentierbüchern und eine Beratungsoption durch qualifizierte Mitarbeiter der Forscherstation, die die Erzieher/innen bei fachlichen und didaktischen Fragen jederzeit nutzen können. Zusätzliche dreitägige Workshops z.B. zum Thema „Naturfarben" oder „Vogelworkshop" haben inzwischen den einst eingeführten Erzieher/innen-Stammtisch abgelöst.

3.3 Coaching

Prozessbegleitend zur Fortbildung und auf der Basis eigener Videoaufnahmen aus der Kindergartenpraxis haben die Erzieher/innen-Tandems die Möglichkeit freiwillig an Coachings teilzunehmen, damit durch Reflexion des eigenen pädagogischen Handelns in pädagogischen Angeboten zur frühen

29

naturwissenschaftlichen Bildung nachhaltig der Erwerb neuer Handlungskompetenz gesteigert wird (Zimmermann, 2011, S. 520f.).

Diese Professionalisierungsmaßnahme „Coaching" hat ihre etymologischen Wurzeln im Ungarischen (Balassa & Ortutay, 1979)[5] und ist im Kern mit der Bedeutung behaftet, ein Hilfsmittel zu sein, „um sich auf den Weg zu machen und ein Ziel zu erreichen" (Fischer-Epe, 2008, S. 16).

Seit den 1990er Jahren hat sich Coaching als Beratungsformat zunächst mit einer „stürmischen Marktetablierung" bis hin zu einer „kollegialen Selbstorganisation" ab dem Jahr 2000 entwickelt; seit etwa 2010 gewinnt das Coaching-Feld seine Legitimation verstärkt durch wissenschaftliche Verankerung (vgl. Fietze, 2011, S. 24–32). So ist es um das Berufsfeld „Coaching" ähnlich bestellt wie um das Feld der Frühpädagogik, auf dem Weg zu einer Profession zu sein (vgl. Wegener, Fritze, & Loebbert, 2011). Wurde Coaching zunächst als Personalentwicklungsmaßnahme für Fach- und Führungskräfte aus der Wirtschaft etabliert, so erweist es sich heute zunehmend als effiziente Beratungsform (Rauen, 2005) auch im Non-Profit-Bereich.

In der Heidelberger Forscherstation haben die Erzieher/innen-Tandems die Möglichkeit, zwischen Fortbildungsterminen mit ihrem Fortbildner, den sie als Fortbildner und Coach in Personalunion (Zimmermann, 2011, S. 202) erleben, videobasiert ihre eigenen praktischen Umsetzungen im Kindergarten zu reflektieren (vgl. ebd., S. 326). Für Wolff-Michael Roth (2005, S. 12) ist das Video aus Sicht des Pädagogen „ein Mittel, um meine Lehre aus einer Perspektive zu betrachten, die sich von meiner situativen Erfahrung unterscheidet. Durch das Video objektiviere ich mich – [im Video festgehalten] werde ich das Objekt meiner eigenen Betrachtung, stehe ich mir selbst gegenüber, werde ich Gegenstand meiner selbst." Dabei geht es um eine bewusste Wahrnehmung von Aspekten

---

5   Das ursprüngliche Wort „Kocs" bezeichnet einen Ort im ungarischen Komitat Komárom, einer wichtigen Station auf der Route von Buda nach Wien. Bauernwagen (Pferdefuhrwerke) („Kosci") und später neu geschmiedete leichte Fahrzeuge („kocsi szekér" bzw. „szekér aus Kocs") wurden in Kocs hergestellt und dienten als wichtige Transport- und Verkehrsmittel für Warenaustausch und Personenverkehr im mittelalterlichen Ungarn. Diese Benennung habe Eingang in sämtliche europäische Sprachen gefunden wie zum Beispiel im Deutschen: Kutsche, im Englischen: coach; im Schwedischen: kusk/kush; im Italienischen: cocchio; im Französischen: coche und im Spanischen: coche (Balassa & Ortutay, 1979). Der neue Wagentyp sei die Grundlage der später entwickelten gefederten oder aufgehängten Wagen, die immer luxuriöser ausgestaltet worden seien (ebd.). Im Englischen konnte das Wort „Coach" zum ersten Mal im Jahr 1556 nachgewiesen werden (vgl. Fischer-Epe, 2008, S. 16; Kubowitsch 1995, zit. n. Hartmann, 2004, S. 16).

des eigenen pädagogischen Handelns, die einem während der Unterrichtssituation eher unbewusst sind: Wortwiederholungen, Wortverwechslungen oder unvollendete Sätze seien in der Situation mit den Kindern nicht im Bewusstsein (ebd., S. 13). „Solche Aspekte werden mir nur bewusst, wenn ich mir die Videos ansehe […]. Das heißt, die Benutzung von Videos verändert die Möglichkeiten, meinen Unterricht zu reflektieren, und eröffnet mir damit neue Entwicklungs- und Handlungsspielräume" (ebd.). Insofern ermöglichen die Coachings auf der Basis der Methode des Videofeedbacks Beobachtung, Reflexion, Selbstkontrolle und geführte Professionalisierung (vgl. Welzel, 2005, S. 30).

Geführt und unterstützt werden soll die Überwindung des „Urteils-Handlungs-Hiatus" (Zimmermann 2011, S. 401f.), was soviel bedeutet wie die Überwindung der „Diskrepanz zwischen dem Wissen um professionell adäquates Handeln und der tatsächlichen Anwendung im beruflichen Handeln" (ebd., S. 77). Dabei geht es darum, sich selbst als Individuum mit seinen persönlichen Verhaltensmustern und „Fehlern" zunächst zu erkennen und folglich darum, Veränderungen im eigenen Handlungsrepertoire anzustoßen (vgl. ebd., S. 105–107, S. 411f.).

Damit die kompetente Umsetzung des durch Fortbildung erworbenen, professionell adäquaten Wissens in der Praxis nachhaltig gesichert werden kann, wird mit Hilfe videogestützter Coachings den Erzieher/innen ihr „handlungssteuerndes Wissen" (vgl. Traub 2005, S. 15, zit. n. Zimmermann 2011, S. 77) bewusst gemacht. Wahl (2006, S. 41) verdeutlicht, dass der erste Lernschritt des mehrschrittigen Weges vom Wissen zum Handeln darin bestehe, handlungsleitende subjektive Theorien durch vielfältige Formen des Bewusstmachens, des Problematisierens und der Konfrontation bearbeitbar zu machen. Ziel sei es, jene Prozesse und Strukturen außer Kraft zu setzen, die bisher das Handeln gesteuert hätten. Das sei ein schwieriges Unterfangen, weil die handlungssteuernden Strukturen in hohem Maße implizit seien. Implizit bedeute nicht, dass sie nicht bewusstseinsfähig wären. Das seien sie durchaus. Nur sei eben durch die Art der Entstehung (Biografie), die Art der Organisation (um typische, wiederkehrende Situationen angeordnet) und die Art der Verwendung (rascher Abruf beim „Handeln unter Druck") ein[…] hoher Prozentsatz der innerpsychischen Prozesse nicht (mehr) bewusstseinspflichtig. Nach Wahl (ebd.) würden Akteure sehr wohl erkennen können, was sie denken, was sie fühlen und wie sie im Detail agieren. Allerdings sei dies ein mühsamer Vorgang, weil mit hoher Aufmerksamkeit recht flüchtige Abläufe festgehalten werden müssten. Der Lohn dafür sei Selbsterkenntnis – das eigene Handeln könne besser durchschaut werden. Das mache es möglich, das Handeln zu bewerten und dort zu verändern, wo es erforderlich sei.

Mit den vorangegangenen Implikationen wird in der Forscherstation Coaching als Instrument zur Kompetenzerweiterung und Persönlichkeitsentwicklung von Erzieher/innen eingesetzt. Theoretische Anregungen für die Rolle des Coachs und die Gestaltung seiner Beratungsbeziehung zu den gecoachten Erzieher/innen erhält das Coaching-Konzept durch den personenzentrierten „nondirektiven" Ansatz nach Carl Ransom Rogers (1902–1987) in Verschränkung mit der positiven Psychologie Martin E. P. Seligmans (vgl. Zimmermann, 2011, S. 86–103, 231).

Diese Ansätze werden für eine gelingende Kompetenzentwicklung der Erzieher/innen genutzt. Beispielsweise sind eine auf gegenseitige Akzeptanz und Vertrauen beruhende Beratungsbeziehung aber auch eine Stärkenorientierung Voraussetzungen dafür, berufliches Handeln mit den Erzieher/innen in seinen Themen und Umsetzungsproblemen zu reflektieren und sich daraufhin neue Handlungsziele zu setzen, „festgefahrene Handlungsschemata" zu identifizieren und zusammen mit „Störungen in den beruflichen Beziehungen zu bearbeiten" (ebd., S. 237). Insofern dient Coaching in der Forscherstation der Erweiterung der Wahrnehmungs- und Reflexionsfähigkeit um Handlungskompetenz in pädagogischen Angeboten als einem Zielhorizont des Professionalisierungskonzeptes zu erreichen. Zur Handlungsunterstützung, um vom Wissen zum Handeln zu kommen, eröffnet der Coach ein umfassendes Coachingimpuls-Repertoire von aktivem Zuhören, über z.B. systemisches Fragenstellen bis zu konkreten Umsetzungsideen oder Materialvorschlägen, auf das die Erzieher/innen konstruktivistisch zugreifen können (vgl. ebd.).

Der Beratungsprozess ist neben unterstützenden Coachingimpulsen des Coachs durch die Professionalisierungselemente der Selbst- und Fremdeinschätzung geprägt. Das Tandem-Coaching ermöglicht mithilfe von Erhebungsinstrumenten – die von Zimmermann entwickelt wurden – dass sich die zusammenarbeitenden Erzieher/innen während des Coachings bezüglich ihrer Verhaltensweisen in pädagogischen Angeboten sowohl selbst einschätzen als auch der Kolleg/in dahingehend eine Fremdeinschätzung geben. In den Coaching-Gesprächen werden das Selbstbild einer Erzieher/in und das Fremdbild der jeweiligen Kolleg/in bewusst komplementär einbezogen, um pädagogisches Handeln zu reflektieren und den aktuellen Bildungsansprüchen anzupassen.

Eine theoretische Begründung für den Nutzen der Gegenüberstellung von Selbst- und Fremdbild der Erzieherinnen im Coaching bietet das Johari-Fenster (Luft, 1982), das häufig als Personalentwicklungsinstrument eingesetzt wird. Indem der Innensicht einer Erzieher/in eine Außensicht der Kolleg/in gegenübergestellt wird, können gleiche Einschätzungen aber auch Diskrepanzen herausgestellt und sogenannte „blinde Flecken" im Verhalten bewusst gemacht werden. Diese unterschiedlichen Blickwinkel werden im Coaching-Konzept als potentiell kompetenzsteigernd angesehen[6].

3.4 Forschung

In der Forscherstation bilden Forschungstypen wie die Lehr-Lernprozess-forschung und die Evaluations- und Wirkungsforschung die vierte tragende Säule des Professionalisierungskonzeptes. Mit Grundlagen- und Anwendungs-forschung leisten die Wissenschaftler in der Forscherstation kontinuierliche wissenschaftliche Begleitung und einen wesentlichen Beitrag zur Professionsbil-dung in der Frühpädagogik.

Anja Dhein (2011) hat ihr Forschungsinteresse auf Lernprozesse von vier- bis sechs-jährigen Kindern in – von in der Forscherstation fortgebildeten Erzieher/innen – Explorier- und Experimentiersituationen gelenkt. Dabei hat sie das in ei-nem konstruktivistischen lerntheoretischen Kontext stehende Bremer Komple-xitätsebenenmodell zur Konstruktion und Entwicklung von Bedeutung (Welzel, 1995; Aufschnaiter, 1999) um Verhaltens- und Handlungsmuster (Aktivierungs-stufen) der Kindergartenkinder zwischen vier und sechs Jahren und um dazwi-schenliegende Übergänge erweitert (Dhein, 2011, S. 205–214). Dhein konnte zusammenfassend feststellen, dass die Kinder bei der Auseinandersetzung mit Naturphänomenen schrittweise von unsystematischen Aktivitäten wie z.B. des *Erfassens und Beschreibens* zu immer systematischeren Aktivitäten wie z.B. das *systematische Explorieren und Beschreiben* bzw. das *eher „wissenschaftlich" ori-entierte Fragenstellen* und zu *systematischem Experimentieren und Zuschreiben* kommen (vgl. Dhein, 2011, S. 206–209). Dabei hat sie herausgefunden, „dass Bedeutungsentwicklung [Lernen] bei den untersuchten Vier- bis Sechsjährigen bis zur Ebene der Ereignisse stattfindet" (ebd. 2011, S. 206). Durch ihre Video-studie leistet Dhein einen Beitrag dazu, Lernprozesse von Vorschulkindern in Explorier- und Experimentiersituationen differenziert qualitativ zu beschreiben und darauf hinzuweisen, dass die Kinder für diese Lernprozesse Zeit brauchen (vgl. ebd., S. 417). Die Instruktion der Erzieher/in hält Dhein dann für hilfreich und wichtig, wenn sie „dem kognitiven Lernstand und den aktuellen Bedürfnis-sen der Kinder entsprechen." Aus ihrer Untersuchung wird u.a. die Hypothese abgeleitet, „dass die Art der Instruktion einer Erzieher/in und die Erzieher/in-Kind-Interaktion […] einen Einfluss auf die Bedeutungsentwicklung [Lernen]"

---

6   Ausführlich werden die Zusammenhänge bzgl. des Professionalisierungskonzeptes der Forscherstation bei Zimmermann (2011, S. 83–86) dargestellt.

(ebd., S. 413, 417) besitzt. Für die vorliegende Studie ist diese Perspektive auf die Erzieher/innen und ihre Interaktionen mit Kindern interessant.

Einen zu Dhein (2011) komplementären forschenden Blick hat Zimmermann (2011) eingenommen. Sie richtet sich mit ihrer integrativen Längsschnittstudie zur Kompetenzentwicklung von Erzieher/innen auf die Professionalisierung des pädagogischen Personals im Kindergarten in Bezug auf die frühe naturwissenschaftliche Bildung. Darin bezieht sie sich auf ein heute immer noch bestehendes Forschungsdesiderat, Professionalisierungsmaßnahmen in ihrem Zustand, ihrer Qualität und insbesondere auch der langzeitlichen Wirkung zu erfassen (Mischo & Fröhlich-Gildhoff, 2011, S. 7; vgl. Zimmermann, 2011, S. 5, vgl. Terhart 2007, 13, zit. n. 2011, S. 66). Das gilt bei Zimmermann (2011, S. 5) „für die Fortbildung von Erzieherinnen, zu deren Wirksamkeit in Bezug auf das professionelle Handeln und die dafür erforderlichen Kompetenzen bislang kaum empirisch fundierte Erkenntnisse vorliegen. Dieser Befund fällt umso negativer aus, wenn es um bereichsspezifische Kompetenzen geht, z.B. im Bereich früher naturwissenschaftlicher Bildung". Als Voraussetzung zur Analyse von Kompetenzentwicklung bei Erzieher/innen hat Zimmermann zusammen mit dem Kollegium der Forscherstation das oben beschriebene Fortbildungs- und Coachingkonzept zur Fortbildung „Mit Kindern die Welt entdecken" entworfen und erprobt, bei dem durch die drei Phasen „begeistern", „bewusst machen" und „befähigen" Kompetenzen der Erzieher/innen im Bereich naturwissenschaftlicher Frühförderung weitergebildet werden sollen (vgl. ebd., S. 212–218).

Über welche Kompetenzen Erzieher/innen zur Umsetzung früher naturwissenschaftlicher Bildung verfügen sollen, wurde von Zimmermann (2011, S. 137–145) vor der Treatment-Konzeption theoriegeleitet und anschließend in der Pilotstudie mithilfe einer Fachdidaktiker-Befragung als Mini-Delphi-Studie (N=4) und durch Erzieher/innen-Befragungen (N=27) (vgl. ebd., S. 295) im latenten Konstrukt der Naturwissenschaftlichen Frühförderkompetenz (NFFK) festgelegt. Neben einer begrifflichen Klärung des NFFK-Konstruktes, wonach Reflexionskompetenz, Selbstkompetenz, Sachkompetenz und Handlungskompetenz als die vier Hauptdimensionen von NFFK gelten, wurden diese vier Dimensionen gleichzeitig zur Grundlage für die Förderung in Fortbildungen und für die Erfassung mittels Fragebögen gemacht. Die Reflexionskompetenz wurde normativ zum NFFK-Konstrukt hinzugefügt (ebd., S. 518), weil Zimmermann die reflektierte Auseinandersetzung für unabdingbar bei der Ausübung der beruflichen Tätigkeit einer Erzieher/in hält.

Um systematisch im Sinne der Aktionsforschung Rückmeldung von den an den Fortbildungen teilnehmenden Erzieher/innen zum Treatment, bestehend aus Fortbildung und Coaching, zu erhalten, wurden einerseits Erhebungs- bzw.

Auswertungsinstrumente zur summativen und formativen Evaluation der beiden Teilkonzepte Fortbildung und Coaching entwickelt. Dadurch soll fortlaufende Qualität der Fortbildungen und Coachings gesichert werden. Andererseits wurde das sogenannte Heidelberger NFFK Methoden-Inventar (MI) um Instrumente zur Messung von Wirkungen der Fortbildungen und Coachings auf die Kompetenzentwicklung der Erzieher/innen ergänzt. Dabei ist zu beachten, dass diese Instrumente hauptsächlich dazu eingesetzt werden, Selbsteinschätzungen von Erzieher/innen bzgl. ihres NFFK-Verständnisses und ihrer NFF-Kompetenzentwicklung zu erfassen. Wenn bei Zimmermann also von Kompetenzentwicklung die Rede ist, geht es um die Einstellung der Erzieher/innen bezogen auf NFFK und um die mögliche Veränderung dieser Einstellung durch das Treatment, die durch Selbsteinschätzungen instrumentengestützt erhoben werden.

Mithilfe des von Zimmermann entwickelten Methodeninventars können Fortbildungen und Coachings in ihren Wirkungen auf die NFFK der Erzieher/innen evaluiert und die durch Erzieher/innen selbsteingeschätzte Kompetenzentwicklung der betreffenden Erzieher/innen erfasst werden (ebd., S. 289). Es versteht sich somit „als Verfahren zur Erfassung, Analyse und Förderung von NFFK" (ebd., S. 261).

In den Ergebnissen aus Zimmermanns Hauptstudie zeigt sich, dass die Erzieher/innen (N=295) durch das konzipierte Fortbildungtreatment auf der Basis von Selbsteinschätzungen in den NFFK-Kompetenzen nahezu in allen Skalen signifikant einen Zuwachs verzeichnen. Bezeichnend sind die signifikant höheren Werte im Bereich des Selbstkonzeptes einer Erzieher/in, die auch bei nicht gecoachten Erzieher/innen messen ließ (ebd., S. 523). Diese „Werte nehmen im Verlauf des Coachings, sowohl in der Selbst- als auch in der Fremdeinschätzung, signifikant zu" und „bestätigen die Bedeutsamkeit dieser Skala [Selbstkonzept] als Prädiktor für NFFK-Entwicklung" (ebd.). Das heißt, je selbstsicherer die Erzieher/innen sich bzgl. der NFFK fühlen, desto eher fallen auch ihre Selbsteinschätzungen bzgl. ihrer NFFK-Entwicklung positiv aus.

Berührungsängste bzgl. Naturwissenschaften nehmen durch das Treatment Fortbildung nur in Kombination mit Coaching signifikant ab, woraus Zimmermann schließt, „dass für die angestrebte stabile Einstellungsänderung eine längerfristige und individuelle Unterstützung der Erzieherinnen erforderlich ist, wie sie das Coaching darstellt" (Zimmermann, 2011, S. 2). Das Coaching erweist sich also bei gecoachten Erzieher/innen als Motor für nachhaltige selbsteingeschätzte Kompetenzentwicklung (ebd.). Bei Erzieher/innen, die nicht am Coaching teilgenommen haben, findet Kompetenzentwicklung laut Selbsteinschätzung in geringerem Ausmaß statt (vgl. ebd.). Das Coaching kann demnach als effizientes Instrument für Kompetenzentwicklung ausgewiesen werden, das die Erzieher/innen in dem Ziel unterstützt, Wissen und Handeln miteinander zu verschränken (vgl. ebd.). Insgesamt liegt durch die Studie von Zimmermann ein Konzept einer „Ermutigende[n] Ermöglichungsdidaktik" als didaktisches Hauptprinzip vor, das u.a. Handlungskompetenz als Zielhorizont dieser Ermöglichungsdidaktik sieht (Zimmermann, 2011, S. 55, 181, 256).

4. Erkenntnisinteresse der Studie

Die oben beschriebenen Forschungsverfahren in der Forscherstation eröffnen durch ihre Studienergebnisse viele Möglichkeiten für Anschlussstudien. Ein Erkenntnisinteresse bezieht sich dabei auf die Handlungskompetenz von Erzieher/innen in Kontexten früher naturwissenschaftlicher Bildung. Wie oben dargestellt, wurde von Zimmermann (2011) festgestellt, dass sich Erzieher/innen im Laufe eines 18-monatigen Pilotfortbildungs- und Coachingtreatments bezogen auf ihre Handlungskompetenz instrumentgestützt immer kompetenter einschätzen. Die Frage, die sich daraus ergibt, bezieht sich darauf, wie das Handeln dieser Erzieher/innen in pädagogischen Angeboten aus einer instrumentgestützten Fremdperspektive eingeschätzt werden würde. Werden die Erzieher/innen tatsächlich immer handlungskompetenter? Ergeben sich möglicherweise aus einer Gegenüberstellung zwischen Selbst- und Fremdbild Unterschiede in der Einschätzung der Handlungskompetenz?

Die Relevanz eines systematischen Gegenüberstellens von Selbst- und Fremdeinschätzungen hat neben einer forschungs- und professionalisierungsmethodischen Intention auch eine Bedeutung im aktuellen Personalmanagement. Erzieher/innen verfügen als Mitarbeiter des frühpädagogischen Unternehmens – dem Kindergarten – über Humanressourcen (u.a. Handlungskompetenz), die aufgrund umfangreicher Veränderungsprozesse (vgl. Bildungspläne, Anschlussfähigkeit an Krippe und Schule, usw.) im Sinne einer nachhaltigen Bildung für die Kinder und eines lebenslangen Lernens kontinuierlich aktualisiert, stabilisiert und weiterentwickelt werden sollten. Im Vergleich zwischen Selbst- und Fremdperspektive wird die Möglichkeit gesehen, sogenannte „blinde Flecken" (vgl. Luft, 1982) im Verhalten einer Person aufzudecken. Daraus könnten gezielte Coachingimpulse bzgl. der Qualität pädagogischen Handelns von Erzieher/innen entstehen. Da in der Forscherstation die Selbst- und Fremdeinschätzungen als kompetenzsteigernde Elemente gesehen werden, womit u.a. professionelle Reflexionsfähigkeit als Voraussetzung für professionelle Handlungskompetenz bei Erzieher/innen gefördert werden kann (Zimmermann 2011, S. 245), bietet sich die Entwicklung eines Beobachtungsinstruments an, womit eine Fremdperspektive ermöglicht wird. Damit das zu entwickelnde Instrument als komplementäre Fremdperspektive gegenüber den Selbsteinschätzungen der Erzieher/innen eingesetzt werden kann, ist eine Anschlussstudie sinnvoll, die die Definition von Handlungskompetenz im Sinne von Zimmermann (2011) aufgreift.

Ein Vergleich zwischen Selbsteinschätzung der Erzieher/innen und der Fremdeinschätzung in Bezug auf Handlungskompetenz erfordert zunächst die Entwicklung und Anwendung eines geeigneten Beobachtungsinstrumentes. Die Eignung würde sich daran bemessen, inwiefern damit tatsächlich die Handlungskompetenz von Erzieher/innen in Kontexten früher naturwissenschaftlicher Bildungsangebote erfasst und beschrieben werden kann. Um Kategorien für ein solches Beobachtungsinstrument entwickeln und anwenden zu können, bietet sich eine Videostudie an. Denn Videos können Aufschluss über das Handeln von Erzieher/innen bei der Umsetzung pädagogischer Angebote im Kindergarten geben. Fraglich ist, welche Aspekte pädagogischer Angebote und pädagogischen Handelns von Erzieher/innen kategorial etwas über Handlungskompetenz aussagen können. Wie lässt sich also Handlungskompetenz von Erzieher/innen in Kontexten früher naturwissenschaftlicher Bildung in einem Beobachtungsinstrument operationalisieren?

Wenn klar ist, aus welchen performativen Verhaltensweisen Handlungskompetenz erfasst werden kann, kann eine Anwendung des Beobachtungsinstruments in Videos erfolgen. Das ausgewählte Forschungsinteresse soll sich hier auf das Anregen des Fragenstellens durch die Erzieher/innen als Aspekt von Geduld, einem Indikator von Handlungskompetenz (NFFK), beziehen. In Bezug auf Dhein (2011) käme es auf die Instruktion der Erzieher/innen an, die Kinder so zu aktivieren, dass sie zum Fragenstellen und eher systematischen Explorieren und Experimentieren kommen können. Interessant erscheint, zum einen inwiefern sich die Erzieher/innen dahingehend während der 18-monatigen Fortbildungsreihe verändern und weiter entwickeln. Zum anderen wäre interessant, inwiefern die Kinder tatsächlich zum Fragenstellen gelangen. Ein weiteres Ziel ist daher die Beschreibung der Entwicklung von Handlungskompetenz bei ausgewählten Erzieher/innen in Handlungsprofilen. Wenn deutlich werden würde, dass Erzieher/innen durch das Fortbildungstreatment einen Zuwachs an Handlungskompetenz verzeichneten, würde sich einerseits ihre Selbsteinschätzung bestätigen. Andererseits wäre dies ein Indiz dafür, dass das erprobte Fortbildungskonzept zur frühen naturwissenschaftlichen Bildung in der Heidelberger Forscherstation auch aus einer Fremdperspektive eine nutzenbringende Professionalisierungsmaßnahme für Erzieher/innen darstellt. Die Ergebnisse aus der Anwendung des Beobachtungsinstrumentes sind notwendig, damit sie im Rahmen eines Validierungsprozesses den Selbsteinschätzungen der Erzieher/innen bzgl. ihrer Handlungskompetenz vergleichend gegenübergestellt werden können. Damit soll die Frage verfolgt werden, inwiefern die Selbsteinschätzungen bzgl. Handlungskompetenz in naturwissenschaftlichen Bildungsangeboten im Kindergarten mit der tatsächlichen Handlungskompetenz aus einer Fremdeinschätzungen übereinstimmen.

In der folgenden Tabelle (Tab. 1) werden entsprechend der drei empirischen Teile der vorliegenden Studie die Haupt- und Unterforschungsfragen, ihre jeweilige Zielsetzung und Verortung der Beantwortung überblicksartig dargestellt. Die Forschungsfragen finden sich zu Beginn der einzelnen empirischen Teile wieder.

Tab. 1: Forschungsfragen im Überblick

Nr.	Forschungsfrage	Ziel und Verortung in der Arbeit
1	Wie lässt sich Handlungskompetenz von Erzieher/innen in Kontexten früher naturwissenschaftlicher Bildung in einem Beobachtungsinstrument operationalisieren?	Darstellung des Entwicklungsprozesses eines Beobachtungsinstrumentes zur Erfassung und Beschreibung von Handlungskompetenz in Kontexten früher naturwissenschaftlicher Bildung (Empirie Teil 1)
1.1	Welche Aspekte pädagogischen Handelns können als Indikatoren professionellen Handelns in Kontexten früher naturwissenschaftlicher Bildung beschrieben werden?	Bestimmung von beobachtbaren Indikatoren für Handlungskompetenz bei der Umsetzung pädagogischer Angebote (Empirie Teil 1)
1.1.1	Inwiefern kann der Aspekt der Struktur eines naturwissenschaftlichen Bildungsangebotes im Kindergarten kategorial ausdifferenziert werden?	Ausdifferenzierung von beobachtbaren Indikatoren bzgl. der Struktur in einem pädagogischen Angebot (Empirie Teil 1)
1.1.2	Inwiefern kann der Aspekt des kommunikativen Handelns von Erzieher/innen in naturwissenschaftlichen Bildungsangeboten im Kindergarten ausdifferenziert werden?	Ausdifferenzierung von beobachtbaren Indikatoren bzgl. verbaler und nonverbaler Handlungen in einem pädagogischen Angebot in Bezug auf unterschiedliche Handlungspartner (Empirie Teil 1)
1.1.3	Inwiefern können die entwickelten Kategorien verbaler Handlungen von Erzieher/innen in naturwissenschaftlichen Bildungsangeboten ausdifferenziert werden?	Ausdifferenzierung verbaler Handlungen von Erzieher/innen in einem pädagogischen Angebot (Empirie Teil 1)
1.2	Inwiefern können die Kategorien des Beobachtungsinstruments mit der Definition von Handlungskompetenz im Sinne von NFFK zugeordnet werden um Handlungskompetenz messbar zu machen?	Theoriegeleitete und interpretative Verbindung zwischen entwickelten Kategorien pädagogischen Handelns mit Indikatoren von Handlungskompetenz im Sinne von NFFK zur Messbarmachung von Handlungskompetenz (Empirie Teil 1)

Nr.	Forschungsfrage	Ziel und Verortung in der Arbeit
2	Inwiefern lässt sich mittels Beobachtungsinstrument die Handlungskompetenz ausgewählter Erzieher/innen bei der Umsetzung naturwissenschaftlicher Bildungsangebote im Kindergarten in Handlungsprofilen beschreiben?	Anwendung des entwickelten Beobachtungsinstrumentes zur Beschreibung der Handlungskompetenz von Erzieher/innen in Kontexten früher naturwissenschaftlicher Bildung aus der Fremdperspektive (Empirie Teil 2)
2.1	Inwiefern kann Handlungskompetenz ausgewählter Erzieher/innen bei der Umsetzung naturwissenschaftlicher Bildungsangebote in Handlungsprofilen beschrieben werden?	Beschreibung der Handlungskompetenz ausgewählter Erzieher/innen (Empirie Teil 2)
2.1.1	Regen die ausgewählten Erzieher/innen E7 und E9 die Kinder bei der Auseinandersetzung mit naturwissenschaftlichen Phänomenen in naturwissenschaftlichen Bildungsangeboten zum Fragenstellen an?	Beschreibung der Handlungskompetenz ausgewählter Erzieher/innen (Empirie Teil 2)
2.1.2	Stellen die Kinder selbst Fragen?	Beschreibung der Handlungskompetenz ausgewählter Erzieher/innen (Empirie Teil 2)
2.2	Inwieweit kann eine Entwicklung der Handlungskompetenz von Erzieher/innen in naturwissenschaftlichen Bildungsangeboten festgestellt und in Handlungsprofilen beschrieben werden?	Beschreibung der Entwicklung von Handlungskompetenz der Erzieher/innen (Empirie Teil 2)
2.2.1	Inwiefern entwickelt sich das Anregen der Kinder zum Fragenstellen durch die Erzieher/innen in naturwissenschaftlichen Bildungsangeboten in einem Längsschnitt?	Beschreibung der Entwicklung von Handlungskompetenz der Erzieher/innen in Bezug auf das Anregen des Fragenstellens bei Kindern (Empirie Teil 2)
2.2.2	Inwiefern ändert sich das Frageverhalten der Kinder in naturwissenschaftlichen Bildungsangeboten in einem Längsschnitt?	Beschreibung der Entwicklung des Fragenstellens bei Kindern (Empirie Teil 2)
3	Inwiefern stimmen Selbsteinschätzungen ausgewählter Erzieher/innen und Fremdeinschätzungen durch das Beobachtungsinstrument bezüglich Handlungskompetenz in Kontexten einer frühen naturwissenschaftlichen Bildung überein?	Vergleichende Beschreibung der Selbsteinschätzungen der Erzieher/innen und der Fremdeinschätzung durch das Beobachtungsinstrument bzgl. Handlungskompetenz; Handlungsvalidierung (Empirie Teil 3)

5. Wegweiser für die Gestaltung naturwissenschaftlicher Lernumgebungen im Kindergarten

Ausgangspunkt für die Analyse der Handlungskompetenz sind videografierte pädagogische Angebote von Erzieher/innen zur frühen naturwissenschaftlichen Bildung im Kindergarten. Diese Videos sind in der Zeit von 2006 bis 2007 während der 18-monatigen Pilotfortbildung der Forscherstation „Mit Kindern die Welt entdecken" entstanden. Sie zeigen explorierende und experimentierende Aktivitäten von Kindergartenkindern im Alter von drei bis sechs Jahren und von Erzieher/innen-Tandems zu unterschiedlichen naturwissenschaftlichen Themen. Solche gezielt geplanten pädagogischen Umsetzungen sind mit der bildungspolitischen Absicht verbunden, die bis zum Pisa-Schock im Jahr 2000 vorherrschende „informelle Bildungs- und Erziehungsarbeit durch strukturierte Lernumwelten zu ergänzen" und dadurch „bewusst Lern- und Bildungsprozesse der Kinder in den Mittelpunkt der pädagogischen Arbeit zu stellen" (König, 2009, S. 15).

Für die Analyse der Handlungskompetenz von Erzieher/innen, die die Qualität ihres beruflichen pädagogischen Handelns in Kontexten früher naturwissenschaftlicher Bildung mehr oder weniger gut unter Beweis stellen, sind einige theoretische Vorklärungen bzgl. des Untersuchungsgegenstandes zu treffen. Thomas Diehl (2005, S. 116) bringt es auf den Punkt: „Jede sinnvolle Bestandsaufnahme im Erziehungs- und Bildungssystem bezüglich der Kompetenzen der Lehrerinnen und Lehrer [hier: der Erzieher/innen] setzt eine Beschäftigung mit den pädagogischen Aufgaben der Lehrenden und deren professioneller Bearbeitung voraus". Wenn also Handlungskompetenz erfasst werden soll, muss herausgearbeitet werden, anhand welcher theoretischen Kriterien das pädagogische Handeln der Erzieher/innen bei der Gestaltung naturwissenschaftlicher Bildungsangebote im Kindergarten bewertet werden kann. Aus diesem Grund werden im Folgenden zentrale Aspekte, die für einen Bewertungsmaßstab notwendig sind, angesprochen. Nicht nur der konkrete Bildungsauftrag der Erzieher/innen spielt eine Rolle, sondern auch die Frage nach der Legitimation von Naturwissenschaft im Kindergartenalter. Als Wegweiser zur kompetenten Gestaltung naturwissenschaftlicher Lernumgebungen im Kindergarten stehen das aktuelle Menschenbild vom Kind, entwicklungspsychologische Aspekte und bildungs- und lerntheoretische Gesichtspunkte im Fokus der folgenden Ausführungen.

5.1 Der Bildungsauftrag

Diese bewusste Aufgabe der Bildung im Kindergarten war nicht immer selbst-
verständlich[7]: erst seit 1970 – rund 170 Jahre nach seiner genuinen theoretischen
Konzeptionierung als Bildungsstätte für kleine Kinder durch Friedrich August
Wilhelm Fröbel (1782–1852) (Fröbel, 1826) im 19. Jahrhundert[8] – setzt eine
Bewegung ein, die den Kindergarten im Zuge der Bildungsreform nicht mehr
nur in Ost- sondern auch in Westdeutschland[9] gesellschaftlich und bildungs-
politisch als erste Stufe des deutschen Bildungssystems anerkennen möchte
(Deutscher Bildungsrat, 1970, S. 102). Seit 1990 verfügt der Elementarbereich
über einen gesetzlich verankerten Bildungsauftrag[10] im Achten Gesetzbuch des
Sozialhilfegesetzes, dem Kinder- und Jugendhilfegesetz (KJHG, 1990). Daher
ist der Elementarbereich in gesetzlicher Hinsicht nicht dem Schulgesetz (SchG
BW 1983) (Innenministerium Baden-Württemberg, 1983) sondern der Kin-
der- und Jugendhilfe zugeordnet. Da bis heute der Kindergarten der Kinder-
und Jugendhilfe zugeordnet wird, sind Erziehungswissenschaftler wie Thomas

---

7   Diana Franke-Meyer (Reyer & Franke-Meyer, 2012) macht hierzu in ihrem Vortrag
    an der Universität Osnabrück auf die staatlich administrative Regulierung Preußens
    in Form des 1851 erlassenen „Preußischen Kindergartenverbots" und der 1854 ein-
    setzenden „Preußischen Schulregulative" nach der 1848/1849 gescheiterten bür-
    gerlichen-demokratischen Revolution aufmerksam. Hierin liegt hauptsächlich die
    Ursache für die historisch getrennt gelaufene Entwicklung von Kindergarten und
    Schule und der heutigen damit einhergehenden Aufholjagd der Frühpädagogik.
8   Jürgen Reyer macht in seinem Vortrag an der Universität Osnabrück auf eine „his-
    torische Falschmeldung" aufmerksam, wonach Friedrich Fröbel nicht den Kinder-
    garten erfunden habe (Reyer & Franke-Meyer, 2012). Beispielsweise gründete die
    ungarische Adelige Theresia Gräfin Brunsvik von Korompa im Jahr 1834 im König-
    reich Bayern (München) eine sogenannte Kleinkinderschule, einer sich gegen Ver-
    wahrlosung der Kinder durch Armut damaliger Zeit auflehnenden Bewahranstalt, in
    der Kinder von sogenannten „Wartefrauen" erzogen wurden (vgl. Berger, 2011). Es sei
    sogar strittig, dass Fröbel den Begriff „Kindergarten" selbst erfunden habe (vgl. Reyer
    & Franke-Meyer, 2012). Diesterweg (vgl. 1967, S. 575) schreibt, dass der Name ‚Kin-
    dergarten' schon von Jean Paul verwendet wurde; Fröbel habe ihn „erstmalig 1840 bei
    einem Aufruf" benutzt (ebd.).
9   In Ostdeutschland galt der Kindergarten regulär als erste Stufe des Bildungssystems
    (Reyer & Franke-Meyer, 2012).
10 In der Zeit der Weimarer Republik kam es in Deutschland bezüglich der öffentlichen
    Kleinkinderziehung bereits zu einem Aufstieg eines „eigenständigen Bildungsauf-
    trages des Kindergartens" gegenüber der Schule und der Familie (Reyer & Franke-
    Meyer, 2012).

Rauschenbach von der offiziellen Anerkennung des Kindergartens als Bildungsinstitution noch nicht überzeugt und sehen Handlungsbedarf (vgl. Rühle, 2014).

Im Zuge der internationalen Vergleichsstudien beginnend mit der Jahrtausendwende und der zweiten Starting-Strong Kindergarten-Studie (OECD, 2006) wurden mit der Absicht einer international wirtschaftlichen Anschlussfähigkeit[11] (vgl. Deutsches Jugendinstitut e.V. (DJI), 2004, S. 17) auf unterschiedlichen Ebenen Veränderungsprozesse auch in der Frühpädagogik angestoßen. Mit dem Tagesbetreuungsausbaugesetz (TAG) seit 1. Januar 2005 haben Kindertageseinrichtungen die Pflicht zur Qualitätsentwicklung und Evaluation (Dittrich, Grenner, Groot-Wilken, Sommerfeld, & Hanisch, 2007, S. 12). Als „geeignete Maßnahmen" werden der „Einsatz einer pädagogischen Konzeption sowie der Einsatz von Instrumenten und Verfahren zur Evaluation der Arbeit in den Einrichtungen" gesetzlich festgelegt (vgl. ebd.). Dadurch wird fachlichen Standards eine höhere Bedeutung beigemessen als vor dem TAG (vgl. ebd.). Ein Beobachtungsinstrument zu entwickeln, das kompetentes pädagogisches Handeln von Erzieher/innen erfassen soll, passt daher in die aktuelle Entwicklung in der Frühpädagogik.

Ein Nationaler Kriterienkatalog für die Arbeit mit Kindern von null bis sechs Jahren ist im Rahmen der „Nationalen Qualitätsinitiative im System der Tageseinrichtungen für Kinder" (NQI) entstanden (Dittrich u. a., 2007, S. 7). Darin werden 21 Qualitätsbereiche anhand von sechs Leitgesichtspunkten als konkrete Anforderungen an die pädagogischen Fachkräfte ausdifferenziert und standarisiert ausgewiesen (ebd.), um Qualitätsentwicklung pädagogischer Arbeit und „Bildungsqualität der Tagesbetreuung" (ebd., S. 10) zu gewährleisten. Als Teil dieses Qualitätsmonitorings in der Frühpädagogik sind flächendeckend verbindlich Bildungspläne in deutschen Kindergärten[12] mit dem Auftrag der Frühkindlichen Bildung, Betreuung und Erziehung eingeführt worden (Tietze u. a., 2012, S. 3). Im baden-württembergischen Orientierungsplan wurde die naturwissenschaftliche Grundbildung, bezeichnet als science literacy bzw.

---

11 Bereits der Sputnik-Schock im Jahre 1957 hatte bei den Westmächten aufgrund der Sorge um wirtschaftliche Unterlegenheit gegenüber der Sowjetunion eine „gesellschaftliche Desorientierung" ausgelöst (König, 2009, S. 26) und deswegen eine tiefgreifende Reformbewegung im gesamten Bildungssystem Deutschlands nach sich gezogen (Deutscher Bildungsrat, 1970).

12 Der Studie liegt der am 15.03.2011 in Baden-Württemberg verbindlich eingeführte Orientierungsplan zugrunde. Mit seinen sechs Bildungs- und Entwicklungsfeldern ist u.a. die frühe naturwissenschaftliche Bildung als Bildungsauftrag festgehalten (Ministerium für Kultus, Jugend und Sport Baden-Württemberg, 2011a).

scientific literacy (Rehm, 2010, S. 22ff.; vgl. Tesch, 2005, S. 24), mit der Absicht des Aufbaus naturwissenschaftlicher Kompetenzen bei Kindergartenkindern wie z.b. das sinnliche Wahrnehmen der belebten und unbelebten Natur offiziell als fester Bestandteil früher Bildung (Ministerium für Kultus, Jugend und Sport Baden-Württemberg, 2011) festgeschrieben. Professionalisierungsbestrebungen der Erzieher/innen beziehen sich deswegen u.a. auf sogenannte MINT-Fächer (Wildgruber & Becker-Stoll, 2011, S. 71).

5.2 Naturwissenschaftliche Bildung im Kindergarten

Derzeit wird ein großer Nachwuchsmangel an deutschen Fachkräften in den Fachbereichen Mathematik, Informatik, Naturwissenschaft und Technik (MINT) (vgl. Hetze, 2011) konstatiert. Der jährliche Bedarf an 113.000 MINT-Absolventen (laut Berechnungen des IW[13] Köln) könne aufgrund zu geringer Absolventenzahlen (Jedes Jahr werden in Deutschland 20.000 MINT-Fachkräfte zu wenig ausgebildet.) in Deutschland nicht gedeckt werden (vgl. Hetze, 2011, S. 5). Der Bildungsbericht aus dem Jahr 2012 bestätigt eine hohe Abbruch-quote vor allem in den ingenieur- und naturwissenschaftlichen Studiengängen (Autorengruppe Bildungsberichterstattung, 2012, S. 9). Dabei stehe MINT „in Deutschland für Innovations- und Wachstumspotenzial" und MINT-Fachkräfte stellten „das Gros des Forschungs- und Entwicklungspersonals in der Wirtschaft und Wissenschaft" (Hetze, 2011, S. 20) dar.

In diesem Zusammenhang wird die frühe naturwissenschaftliche Bildung stärker fokussiert. Gründe für naturwissenschaftliche Bildung bereits im Kinder-garten sieht Gisela Lück (vgl. 2006, S. 13) in der Weichenstellung für Bildungs- und Lebenschancen der Kinder. Es gehe darum, möglichst früh „Motivation und die Fähigkeit zu kontinuierlichem und selbstgesteuertem Lernen" (ebd.) zu wecken und sogenannte Schlüsselqualifikationen bei den Kindern auszubilden. Ihr Befürworten stützt Lück mit einer eigenen Untersuchung zur Erinnerungs-fähigkeit von Kindern an eine sechs Monate zurückliegende Experimentierreihe: rund 30% der Experimente konnten die Kinder im Einzelinterview ohne jede Hilfestellung rekonstruieren, weitere 20% kamen mit geringer Unterstützung wieder ins Gedächtnis (Lück, 2009, S. 86–89). Darüber hinaus stellte sich das Erinnerungsvermögen von Kindern aus privilegierten und sozial schwächeren Familien als gleich gut heraus (ebd.).

---

13 Institut der deutschen Wirtschaft

Um eine Langzeitwirkung frühkindlicher Erfahrungen feststellen zu können, eignen sich sowohl Langzeitstudien als auch die „Interpretation biographischer Daten", die zeigen, „inwiefern eine frühe Naturwissenschaftsvermittlung den beruflichen Lebensweg bestimmt hat" (Lück, 2009, S. 90; vgl. Elschenbroich, 2010). Mit ihrer Befragung von Naturwissenschaftler/innen, Ingenieur/innen und Techniker/innen (n=123) nach den „Ursprüngen" ihres Interesses am Fach zeigt Hilde Köster (o. J.), dass es Schlüsselerlebnisse, Erfahrungen, Kontakte zu „ihrem Fach" bereits in der Kindheit gegeben habe. „Häufig wurde bereits früh Expertise erworben." […] „Als Antriebe wurden Neugier, intrinsische Motivation und Kompetenzerleben genannt" (ebd.). Diese Forschung gibt Hinweise darauf, dass das Kindergartenalter prägend für das langanhaltende Interesse eines Kindes an Naturwissenschaften sein kann.

Der frühzeitige Beginn mit Naturwissenschaften wird aus entwicklungspsychologischer Sicht mit dem Konzept der Kindheit als „sensibler Phase" bzw. „sensible Perioden" (Vygotskij, 2002, S. 333f.; Pauen, 2012, S. 13) begründet. Demnach „wird die Kindheit als eine besonders sensible und verletzliche Phase angesehen, in der ungünstige Erfahrungen traumatisch wirken und nachwirken" (Montada, 2002b, S. 36). „Sensible Phasen" bzw. „sensible Perioden" sind zeitlich begrenzte Entwicklungsabschnitte im Leben eines Menschen, „in denen spezifische Umwelteinflüsse besondere Wirkung ausüben" (Gruber, Prenzel, & Schiefele, 2006, S. 118). In dieser Zeit werden „bestimmte Organe und Funktionen" ausgebildet, wobei „Zellsysteme ihre Struktur erlangen" (vgl. Montada, 2002b, S. 35). „Es handelt sich […] um Perioden erhöhter Plastizität unter dem Einfluss von Bedingungen, die nach Art, Intensität, Dauer, weiteren interagierenden und moderierenden personalen und kontextuellen Bedingungen zu spezifizieren sind" (Montada, 2002b, S. 35). „Die Unabgeschlossenheit bestimmter Entwicklungsprozesse ist eine notwendige Bedingung dafür, dass die betreffende Periode bestimmten Bedingungen gegenüber sensitiv sein kann" (Vygotskij, 2002, S. 335). Insofern sind die ersten Lebensjahre prägend für die weitere Entwicklung der Kinder (Pauen, 2012, S. 11).

Einwänden gegen frühe naturwissenschaftliche Bildung hält Welzel (in: Hohenester, 2006, S. 5) das „typisch spielerische Erfassen der Welt bei Vorschulkindern" entgegen. Mit der Bedingung anschaulicher Experimente erlebten Kinder naturwissenschaftliche Bildung wie von selbst (ebd.). Dabei komme es auch darauf an, der Schule nichts vorweg zu nehmen (Welzel-Breuer & Meyer, 2011, S. 324), sondern die Lernprozesse der Kindergartenkinder entsprechend ihrer „Entwicklungsgemäßheit" nicht abzukürzen, sondern zu ihrer vollen „Entfaltung" zu bringen (Kramp, 2010, S. 131). Im Sinne Eduard Sprangers sollten Erzieher/innen an »den wirklichen psychologischen Gang« der Entwicklung anknüpfen; denn »keine Lehrkunst kann erreichen, was gegen das Gesetz des geistigen Wachstums ist« (Spranger 1928, S. 204, zit. n. Kramp, 2010, S. 131).

5.3 Ein Bild vom Kind und Fähigkeiten von Kindergartenkindern

Damit wird die kritische Frage nach Verfrühungen der naturwissenschaftlichen Bildung im Kindergarten thematisiert; insbesondere ob Naturwissenschaften im Kindergartenalter nicht eine Überforderung darstellen (Kramp, 2010). Die Gedanken um solche „pädagogischen und didaktischen Normen" pädagogischen Handelns kämen in den „naturwissenschaftsdidaktischen Diskussionen" häufig zu kurz (Aeschlimann & Buck, 2011, S. 140). Dabei gilt die pädagogische Grundhaltung der Erzieher/in gegenüber dem Kind als bedeutsam für die Entwicklung des Kindes, weil sie pädagogisches Handeln beeinflusst (Kluczniok, Anders, & Ebert, 2011, S. 20). Zur pädagogischen Grundhaltung einer Erzieher/in gehört demnach ihr Menschenbild vom Kind, das die Grundlage für ihr pädagogisches Handelns bildet.

In der Entwicklungspsychologie wird derzeit vom könnenden Kind gesprochen, das seine Entwicklung in hohem Maße mitbestimmt, wenn es eingebettet ist in soziale und kulturelle Kontexte (vgl. Schäfer, 2011, S. 20). „Das Bild des Kindes in Sozialisation und Erziehung der letzten Jahrhunderte zeigte insgesamt unterschiedliche Betrachtungsweisen. Wenn wir heute der Person des jungen Menschen einen höheren Rang, z.B. als Mitgestalter von Lern- und Interaktionsprozessen, beimessen, so ist diese allmählich gewachsene Wertschätzung u.a. auf neuere Erkenntnisse der Humanwissenschaften zurückzuführen" (Kluge, 2009, S. 32). „Insbesondere war es eine »konstruktivistische Wende« innerhalb der Wissenschaften, die es heute notwendig macht, die Weisen der Selbsttätigkeit des Kindes, seine inneren Verarbeitungsmöglichkeiten wirkungsvoller in den Bildungsprozess einzubeziehen (Schäfer, 2009, S. 41).

Seit den 1990er Jahren ist ein verstärkter Wandel des Bildes vom Kind aufgrund von Erkenntnissen aus unterschiedlichen wissenschaftlichen Disziplinen wie die Sprachforschung, Hirnforschung, der Säuglings- und Kleinkindforschung zu beobachten. „Einen [...] Baustein für das neue Bild des Kindes liefert die moderne Gehirnforschung" (Kluge, 2009, S. 30). Durch die Theorie der „Neuroplastizität", womit allgemein „die Anpassungsvorgänge im Zentralnervensystem an die Lebenserfahrung eines Organismus" (Spitzer, 2009, S. 94) bezeichnet werden, wird die überkommene Vorstellung eines ab der Geburt unveränderbaren Gehirns abgelöst. Nervenzellen, die in ihrer Anzahl weitgehend konstant bleiben, wachsen in den ersten Lebensjahren, vernetzen sich und werden mit einer Myelinschicht versehen, um voll einsatzbereit zu sein (Pauen, 2012, S. 13). Das bereits vor der Geburt einsetzende Lernen und dabei entstehendes angeborenes Kernwissen, erweitern die Kinder nach der Geburt kontinuierlich: „Rasch lernen sie, Personen und Gegenstände wiederzuerkennen, Kategorien zu bilden und kausal zu denken" (Pauen, 2012, S. 13). „Die Neuroplastizität kennzeichnet in Kindheit und Jugendzeit eine unvergleichliche natürliche Lernbereitschaft mit einer hervorragenden Lerngeschwindigkeit, die mit dem Älterwerden des Individuums stetig abnimmt" (Kluge, 2009, S. 30). Schäfer (vgl. 2011, S. 28f., 33) macht deutlich, dass Kinder zum Zeitpunkt der Geburt über Sinnesmöglichkeiten verfügen, um ihre Umwelt zu erforschen. In Abhängigkeit vom sozialen und kulturellen Umfeld könnten diese sinnlichen Möglichkeiten ausdifferenziert, verfeinert, betont oder auch unterdrückt werden. Diese Ausdifferenzierung schlage sich in den ersten Lebensjahren des Kindes in der „Gehirnarchitektur" nieder. Darüber hinaus lernen die Kinder durch Einschränkung bereits gegebener neuronaler Verbindungen (vgl. Schäfer, 2011, S. 29). Das bedeutet, dass zu Beginn eines Lebens prinzipiell alles gelernt werden kann, da neuronale Strukturen noch keine Prägung erfahren haben. Durch soziokulturelle Einflüsse lernen Kinder dann aber z.B. eine bestimmte Sprache, die sie prägt und den Zugang zu anderen speziellen Sprachen nicht mehr oder nur erschwert möglich macht (vgl. ebd.). Wenn Kinder früh sinnliche Erfahrungen machen, dann hat das Auswirkungen auf die Beschaffenheit ihrer Gehirne. Ebenso prägende Ereignisse für Kinder sind sprachliche Erfahrungen, die mit sinnlichen Erfahrungen laut Schäfer unmittelbar zusammenhängen: „Was nicht irgendwann einmal wahrgenommen und auf nichtsprachlichen Wegen gedacht wurde, kann nicht in Sprache gefasst werden" (Schäfer, 2011, S. 30).

Nach Pauen (vgl. 2012, S. 14) begegnen Erwachsene den bei der Gehirnreifung – neben Aufbauprozessen – auch natürlich auftretenden Abbauprozessen neuronaler Verbindungen aus Sorge um Rückentwicklung häufig mit einem kompensatorischen Überangebot an Anregungen. Stattdessen wird empfohlen, genau zu erfassen, „wann welche Art von Lernprozess bei einem Kind abläuft und wie man diese unterstützen kann" (ebd., S. 14). Demnach ist eine achtsame Haltung der Erzieher/in und das damit verbundene behutsame Beobachten der Kinder eine wichtige Aufgabe der Erzieher/innen, um den Lernprozess der Kinder zu fördern.

In der Verfrühungs- bzw. Überforderungsdiskussion sind diese neurobiologischen Erkenntnisse fruchtbar, weil sie die Bedenken beschwichtigen können. Manfred Spitzer (2009, S. 240) weist darauf hin, dass Kinder erstaunlich robust seien. „Sie suchen sich einfach selbst, was sie gerade am besten lernen können. Ihr sich entwickelndes Gehirn stellt einen eingebauten Lehrer dar" (ebd.,

S. 240f.). Mit der entwicklungspsychologischen Sicht Vygotskys und seinem Bezug zur intellektuellen Entwicklung des Kindes kann Spitzers Annahme damit gestützt werden, „dass ein Kind nur nachahmen kann, was in der Zone seiner eigenen intellektuellen Möglichkeiten liegt" (Vygotskij, 2002, S. 328). Die Hauptaufgabe fruchtbaren Unterrichts liegt laut Vygotsky in der Entwicklung des Kindes und darin, dass das Kind Neues lernt (ebd., S. 330). Dabei müsse der Bereich, worüber das Kind noch keine Fähigkeiten besitze, bei der Unterrichtsgestaltung mit berücksichtigt werden und dürfe sich nicht an dem aufhalten, worüber das Kind bereits verfügt (vgl. ebd. 332). „Das Kind in dem zu unterrichten, wozu es unfähig ist, bleibt genauso fruchtlos, wie es in dem zu unterrichten, was es bereits selbstständig leisten kann" (ebd., S. 335).

Ueli Aeschlimann und Peter Buck lösen das Überforderungsproblem mit einem Argument Wagenscheins, wonach es bei der Naturwissenschaft im Kindergarten und in der Grundschule „um eine Vorstufe der Physik [gehe], die nicht deshalb unwichtig ist, weil sie ,nur' Vorstufe ist, sondern eben als Vorstufe so wichtig ist wie die Wurzel für den Baum. … Nur wer sie im Stillen empfunden und in einer Vorform des Denkens durchschritten hat, vermag die gepressten und getrockneten Formen zu verstehen, die das Herbarium des Lehrbuchs zusammenstellt" (Wagenschein 1970, S. 214, zit. n. Aeschlimann & Buck, 2011, S. 140). Es müsse „in der Vorschule geradezu um ,Vorstufen' der Naturwissenschaft gehen; es müssten die genetisch zeitgemäßen Vorformen des Denkens auch wirklich beschritten werden können" (ebd.).

Aber was können Kindergartenkinder bereits? Die entwicklungspsychologische Perspektive bezogen auf frühe naturwissenschaftliche Bildung zeigt, dass sich bei Kindern im Alter von 3–4 Jahren ganz besonders ihre sprachlichen und feinmotorischen Fähigkeiten entwickeln (Diemer, Braun, & Ute, 2010, S. 64). Dazu gehören das Sammeln und Vergleichen von Dingen, die Suche nach Begriffen, die helfen, die Dinge und Situationen zu ordnen (ebd.). Das Kind teilt seine Entdeckungen immer wortreicher mit; es gestaltet und konstruiert seine Erfahrungen und sein Wissen. Dabei wird es immer geschickter. Das Kind erlebt viele Eigenschaften der Dinge seiner Umwelt in kleinen sinnhaften Zusammenhängen. Die Beobachtung wird geschult, der Umgang mit Hilfsmitteln oder Werkzeugen, die Sprache und Handlungskompetenzen werden vermittelt (ebd., S. 64). Mögliche Aktionen mit Kindern im Alter von 3 bis 4 Jahren können sein:

- „Naturmaterialien sammeln, sortieren, vergleichen und beschreiben
- Begriffe erfinden
- mit verschiedenen Materialien experimentieren und dabei bestimmte Handlungsziele verfolgen

- die Eigenschaften u.a. von Wasser, Erde, und Luft und Licht entdecken
- (Natur)Farben selbst herstellen
- vorsichtige Versuche mit Feuer
- erste Erkenntnisse bezüglich Schwerkraft" (ebd., S. 65).

Im Alter von 4 bis 6 Jahren ist das Kind bereits sehr selbstständig. Es drückt sich sprachlich immer differenzierter aus, es kann sich verständlich machen, es weiß sich zu bewegen, sich zu verhalten (oder auch gerade nicht) (ebd., S. 102). In diesem Alter beginnt das Kind, eine Erklärung für Zusammenhänge zu finden und eigene Theorien über die Welt um sich herum aufzustellen und zu überprüfen. Erstes eigenes Denken und entsprechend logische Erklärungen stellen sich ein, sodass das Kind erste Experimente im wissenschaftlichen Sinne beginnt durchzuführen. Mögliche Aktionen mit Kindern im Alter von 4 bis 6 Jahren können sein:

- „mit Farben experimentieren und gestalten
- Pflanzen und Tiere ganz genau beobachten
- mit Wasser experimentieren: umfüllen in verschiedene Gefäße, Pipetten benutzen, bestimmte Mengen erfassen und vergleichen, fest, flüssig, gasförmig erleben, das Beobachtete auf andere Flüssigkeiten anwenden
- Licht, Schatten, Spiegel
- Magnete spielerisch erkunden
- Luftwiderstand und Auftrieb erleben
- Akustik: Schwingungen wahrnehmen (hören, fühlen, sehen), räumliches Hören" (ebd., S. 103).

5.4 Bildungs- und Lerntheoretische Grundlegung

Bildungs- und lerntheoretische Überlegungen haben ihren Ausgangspunkt in der Frage nach der Art und Weise des Erkenntnisgewinns. Ursprünge der „neuzeitlichen Erziehungspraxen und Bildungsideen" finden sich zuerst in der antiken „intellektuellen Strömung der Sophistik", die Mitte des fünften Jahrhunderts v. Chr. mit der „Hinwendung des Denkens auf den Menschen" „eine anthropologische Wende einläutete" (Grunert, 2006, S. 25). Die Sophisten [Wanderlehrer] gelten als „Begründer der Erziehungswissenschaft" (Nestle 1927, S. 57, zit. n. Grunert, 2006, S. 25), weil sie zum ersten Mal Fragen der Erziehung und Bildung thematisierten. Der griechische Philosoph Sokrates (ca. 470–399 v. Chr.) hebt entgegen der sophistischen Lehrmeinung einer „Vermittlung von Kenntnissen" zum ersten Mal das Lehren durch „Selbstprüfung und Selbsteinsicht" und den „schwierigen Weg der Selbsterkenntnis" hervor, das zur Erkenntnis ethischer Probleme führe (vgl. Grunert, 2006, S. 25f.).

Mit seiner „dialogische[n] Methode" [...] „stellt Sokrates zunächst seine Unwissenheit heraus (sokratische Ironie), um dann seinen Gesprächspartnern den Scheincharakter ihres vermeintlichen Wissens aufzuzeigen. Ziel ist es, den Gesprächspartner zu kritischem Nachdenken anzuregen, ihn anzuleiten, seine bisherigen Ansichten zu hinterfragen und zu eigenen Erkenntnissen zu gelangen. Die sokratische Methode wird deshalb auch als Mäeutik (Hebammenkunst) bezeichnet. Die Aufgabe der Erzieher/in ist es bei dieser sokratischen paideia [Bildung] nicht, festgefügtes Wissen zu vermitteln, sondern das Selbstlernen zu ermöglichen, das zu sittlicher Einsicht und zu einem Handeln führt, das dem logos – der Vernunft – folgt. Was Sokrates tut, ist, durch sachgemäßes Fragen gemeinsam mit dem Gesprächspartner, einen Weg von der Meinung zum Wissen zu suchen" (Grunert, 2006, S. 26).

Mit der Überzeugung der Selbsttätigkeit des Lernenden im Bildungsprozess können die Wurzeln in der Antike gefunden werden. Philosophen wie der Grieche Aristoteles (384 v.Chr. – 322 v. Chr.), Pädagogen wie der Tscheche Johann Amos Comenius (1592–1670) oder Philanthropen wie der Franzose (nach der Französischen Revolution Schweizer) Jean-Jacques Rousseau (1712–1778) prägen vom antiken über das mittelalterliche bis ins neuzeitliche Zeitalter hinweg die Förderung der Bildung durch sinnliche Wahrnehmung, d.h. durch die Idee der Anschauung (vgl. Natorp, 2013, S. 24). Zu Beginn der Neuzeit ist es der Preuße Immanuel Kant (1724–1804), der den Weg der Erkenntnis durch Anschauung begrifflich und inhaltlich ausdifferenziert (Kant, 1966, S. 80f.). Während sich der Erkenntnisgewinn bei Sokrates auf Logik bezieht, wird beim Erkenntnisgewinn Jahrhunderte später bei Immanuel Kant zwischen Logik und Erfahrung unterschieden (Kant, 1966, S. 49). Kants Ausgangsfrage thematisiert, was überhaupt erkannt werden kann. Grundsätzlich unterscheidet Kant zwischen „Dingen an sich selbst", die der Mensch nicht erkennen sondern nur denken kann, und den „Erscheinungen", die der Mensch durch seine eigenen Erfahrungen erkennen kann (Kant, 1966, S. 49ff., 1979, S. 39). Dabei schränkt Erfahrung alle spekulative Erkenntnis ein. Insofern wird Wissen durch Logik bzw. Vernunft (a priori, d.h. ohne Grundlage der Erfahrung) vom Wissen durch Erfahrung (a posteriori, d.h. empirisch bzw. auf Erfahrung/ sinnlicher Wahrnehmung beruhend) seit Kant unterschieden. Darüber hinaus geht Kant davon aus, dass es auch (transzendentale) Dinge gibt, die aufgrund der Begrenztheit des menschlichen Organismus weder durch Logik noch durch Empirie zugänglich sind und daher nicht erkannt werden können (Kant, 1966).

Von Beginn seines pädagogischen Denkens an versteht der Züricher Johann Heinrich Pestalozzi (1746–1827) mehr unter »Anschauung« als seine Vorgänger es tun (Natorp, 2013, S. 24f.). Für ihn bedeutet sie „Betätigung, das Zurtatwerden der *Idee*", die „ursprünglich im Lernenden selbst zugrunde" liegt und daher „als gestaltende Kraft in ihm wirkt und lebt" (ebd. S. 25). Mit dieser Auffassung entwickelt sich Pestalozzi unabhängig von Kant in kantianischer Richtung (ebd.). Unter »Anschauung« versteht Pestalozzi die Gesamtheit aller sinnlichen Eindrücke, die wir von der Wirklichkeit empfangen. Sie bilden die Grundlage aller geistigen Tätigkeit. Von ihnen ausgehend gelangt der menschliche Geist, das Denken des Menschen, zur Erkenntnis der Gegenstände nach ihrer allgemeinen Beschaffenheit und der Zusammenhänge zwischen ihnen" (Deiters, 1954, S. 18f.). „Dieser Weg des menschlichen Geistes von der Anschauung zur Abstraktion ist gesetzmäßig notwendig" (Deiters, 1954, S. 19). Nach Pestalozzi sei das der Weg der Natur. Das Kind gehe diesen Weg der Natur auch ohne Hilfe eines Lehrers, aber langsamer und unsicherer. Die Aufgabe des Unterrichts als Kunst bestehe darin, der Natur dabei Hilfe zu leisten, Handreichungen zu bieten, dem natürlichen Entwicklungsgang des Kindes unterstützend beizuspringen (vgl. Deiters, 1954, S. 19). Pestalozzi „will nicht nur die Verstandeskraft der Kinder entwickeln, sondern auch ihre körperlichen Fertigkeiten, und sucht nach gewissen einfachen Bewegungen, dem Schlagen, Heben, Ziehen, um – wie er sagt – ein Abc der Körpertätigkeit, der Kunst zu finden, und mit ihrer Hilfe die Leistungsfähigkeit der Kinder zu erhöhen" (ebd, S. 22). Damit ist die Idee der Elementarbildung, der Bildung des Kopfes, des Herzens und der Hand (Natorp, 2013, S. 24) eine zentrale Maßgabe für pädagogisches Handeln, die von Pestalozzi bleibt.

5.4.1 Bildungs- und Erziehungsverständnis in Baden-Württemberg

Orientierung für ein pädagogisches Grundverständnis und für die Ausgestaltung des professionellen Handelns pädagogischer Fachkräfte im Kindergarten sind im baden-württembergischen Orientierungsplan feststehenden Verständnis von Bildung und Erziehung vereint. „Bildung meint die lebenslangen und selbsttätigen Prozesse zur Weltaneignung von Geburt an. Bildung ist mehr als angehäuftes Wissen, über das ein Kind verfügen muss. Kinder erschaffen sich ihr Wissen über die Welt und sich selbst durch ihre eigenen Handlungen. Kindliche Bildungsprozesse setzen verlässliche Beziehungen und Bindungen zu Erwachsenen voraus. Bildung ist ein Geschehen sozialer Interaktion" (Ministerium für Kultus, Jugend und Sport Baden-Württemberg, 2011, S. 6–7).

Mit dieser Definition haben es die Erzieher/innen mit einem Bildungsbegriff zu tun, der sowohl auf die Selbsttätigkeit und Eigenerfahrungen des Lernenden als auch auf den von Herbart geprägten Terminus der „Bildsamkeit des Menschen" (vgl. Blankertz, 2011, S. 144–147) rekurriert und damit grundsätzlich die

„Bildungsfähigkeit von Kindern" (Ministerium für Kultus, Jugend und Sport Baden-Württemberg, 2011, S. 123) voraussetzt.

Den pädagogischen Fachkräften wird nicht nur in diesem Bildungsprozess sondern auch in Bezug auf die Erziehung der Kinder eine auf verlässliche Beziehungen und Bindungen unterstützende Rolle zuteil. „Erziehung meint die Unterstützung und Begleitung, Anregung und Herausforderung der Bildungsprozesse, z.B. durch Eltern und pädagogische Fachkräfte. Sie geschieht auf indirekte Weise durch das Beispiel der Erwachsenen und durch die Gestaltung von sozialen Beziehungen, Situationen und Räumen. Auf direkte Weise geschieht sie beispielsweise durch Vormachen und Anhalten zum Üben, durch Wissensvermittlung sowie durch Vereinbarung und Kontrolle von Verhaltensregeln" (Ministerium für Kultus, Jugend und Sport Baden-Württemberg, 2011, S. 6–7). Damit verweist der Orientierungsplan auf ein sozial-konstruktivistisches Bildungsverständnis.

Dieser „gemäßigte" Konstruktivismus (Beck & Krapp, 2006, S. 71) lässt sich als eine „Mischform" zwischen den beiden eher gegensätzlichen Theorien charakterisieren, die sich aus informationsverarbeitenden (symbolverarbeitenden) Ansätzen und aus dem Radikalen Konstruktivismus von Ernst von Glasersfeld (1917–2010) entwickelt hat. Grundlage beider Denkweisen ist die Frage nach dem Erkennen und der Verarbeitung, Veränderung und Anwendung von bedeutungstragenden Informationen (Wissen) durch das kognitive System des Menschen. Diese beiden kognitiven Ansätze werden im Folgenden skizziert, um anschließend im für den Elementarbereich derzeit aktuell vertretenen Sozialkonstruktivismus zusammengeführt zu werden.

5.4.2 Informationsverarbeitung

Informations- bzw. „Symbolverarbeitende Ansätze beschreiben die Entstehung und Entwicklung von Wissen (in kognitiven Systemen) als die Übernahme von (bedeutungstragenden) Informationen aus der Außenwelt in das kognitive System von Individuen" (vgl. Strube et al. 1995, 307, zit. n. Aufschnaiter, 1999, S. 8). Die kognitionswissenschaftliche Auffassung geht von „Strömen aus Aktionspotenzialen [Spikes] mit unterschiedlichen Zeitabständen" (Feuern von Neuronen) als Information – z.B. Formen, Farben und Bewegungen – aus, die durch das menschliche Sinnessystem von einer sichtbaren Welt wahrgenommen und im visuellen Kortex des Gehirns (Sehrinde) abgespeichert werden kann (vgl. Sejnowski & Delbrück, 2013, S. 24). „Kognitive Prozesse sind Transformationen von Symbolstrukturen. Symbolstrukturen wiederum sind aus elementaren Symbolen als den bedeutungstragenden Einheiten (Symbole stehen für etwas in der Welt) gemäß syntaktischen Regeln zusammengesetzt. Die Symbole müssen selbst in einer Trägermaterie codiert sein, z.B. Bitmuster in Computerspeichern oder Aktivitätsmuster von Neuronenverbänden. Damit wird das Symbolsystem zum materiell verankerten, [...] *physical symbol system* (Strube et al. 1995, 301, Hervorhebung im Original, zit. n. Aufschnaiter, 1999, S. 8).

Anstatt einer vollständigen Kodierung von Wahrnehmungen in der Außenwelt geht das Gehirn durch Informationsverlust selektiv vor und erhält sich symbolhaft Information, die am „bedeutungsvollsten oder am nützlichsten ist" (Anderson, 2007, S. 165). Bedeutungsvolle Information wird als Repräsentation propositionaler Netzwerke im Gedächtnis angenommen (vgl. Anderson, 2007, S. 175–180). Es wird davon ausgegangen, dass nicht nur die zeitliche Abfolge von Aktionspotentialen sondern auch die Aktivität und das Zusammenwirken mehrerer Neuronenverbände (mehrerer propositionaler Netzwerke) Bedeutung erzeugen (Quiroga, Fried, & Koch, 2013, S. 29; Sejnowski & Delbrück, 2013). Mit der Tätigkeit einer kleinen Anzahl von Begriffszellen erklären Kognitionswissenschaftler das menschliche Erinnerungsvermögen, bei dem es darauf ankommt, das Wesentliche einer speziellen Situation zu erfassen, das für eine Person bedeutsam ist (Quiroga u. a., 2013, S. 32). „Begriffszellen speichern nur jene Erfahrungen, die es wert sind, aufbewahrt zu werden" und bilden dadurch als „Hardwarekomponenten von Gedanken und Erinnerungen" „eine wichtige materielle Basis für kognitive Fähigkeiten" (ebd., S. 33). Zur Begriffsspeicherung gehört das Abspeichern von Kontextinformationen, die bei der Aktivierung der Begriffszellen mit abgerufen werden. Wissen ist somit kontextuell kodiert und abrufbar. „Menschliches Erkennen und Handeln ist angewiesen auf das Encodieren von bedeutungstragenden Informationen in das Gedächtnis, damit diese (zu einem späteren Zeitpunkt) durch Dekodierung wieder hergestellt werden können" (Aufschnaiter, 1999, S. 8f.). „Gedächtnis bezieht sich demnach auf das „Ablegen" der enkodierten Symbole in propositionalen Netzwerken, so daß diese je nach Erfordernissen des Kontextes wieder dekodiert werden können bzw. als Programme (deklaratives) Wissen und Handlungen organisieren" (ebd., S. 9). „Lernen wird verstanden als die Speicherung von neuen (deklarativen) Informationen, als die Weiterentwicklung von propositionalen Netzwerken bzw. Programmen zur Bearbeitung von Symbolen oder als die Überführung von deklarativem in prozedurales Wissen" (ebd.).

5.4.3 Radikaler Konstruktivismus

Im Gegensatz zum informationsverarbeitenden Ansatz geht der radikale Konstruktivismus von folgenden erkenntnistheoretischen Grundprinzipien aus (Glasersfeld, 1997, S. 96):

1. (a) Wissen wird nicht passiv aufgenommen, weder durch die Sinnesorgane noch durch Kommunikation.
   (b) Wissen wird vom denkenden Subjekt aktiv aufgebaut.
2. (a) Die Funktion der Kognition ist adaptiver Art, und zwar im biologischen Sinne des Wortes, und zielt auf Passung oder Viabilität;
   (b) Kognition dient der Organisation der Erfahrungswelt des Subjekts und nicht der Erkenntnis einer objektiven ontologischen Realität.

Entgegen einer solipsistischen Auffassung (vgl. Glasersfeld, 1987, S. 100) nimmt Glasersfeld die Existenz einer außerhalb der subjektiv erfahrbaren Wirklichkeit liegenden objektiven Realität an, die dem menschlichen kognitiven und semantisch abgeschlossenen System nicht zugänglich ist (vgl. Siebert & Gerl, 1975, S. 16). In dieser Abgeschlossenheit und Unzugänglichkeit begründet sich die Radikalität des Ansatzes. Mit Bezug zu Immanuel Kant kann „Der menschliche Verstand [...] nur die Dinge erkennen, die aus Material gemacht sind, das ihm zugänglich ist – und das ist das Material der Erfahrung –, und eben durch sein Machen entsteht sein Wissen davon" (Glasersfeld, 1997, S. 76). „Der radikale Konstruktivismus beruht auf der Annahme, daß alles Wissen [...] nur in den Köpfen von Menschen existiert und daß das denkende Subjekt sein Wissen nur auf der Grundlage eigener Erfahrung konstruieren kann. In Anlehnung an Jean Piaget bedeutet das, dass alle Arten der Erfahrung subjektiv sind und bleiben (ebd., S. 22). „Da verschiedene Individuen niemals identische Erfahrungen machen, werden sie auch niemals ein übereinstimmendes Weltwissen entwickeln. Unser persönliches Wissen ist prinzipiell ideosynkratisch" (Beck & Krapp, 2006, S. 70f.).

Als autopoietisches System grenzt sich der Mensch von seinem umliegenden Milieu ab (Maturana & Varela, 1987, S. 54). Während der Interaktion mit seiner Umgebung kann der Mensch zwar durch diese perturbiert [gestört, angeregt] werden. Der durch das umgebende Milieu »ausgelöst[e]« Wandel wird aber nicht durch dasselbe vorgeschrieben, sondern durch die Struktur des Lebewesens bestimmt; insofern ist der Mensch strukturell determiniert (vgl. ebd., S. 85, S. 106f.). Aufgrund struktureller Determiniertheit findet im Gegensatz zur informationsverarbeitenden Theorie keine Abbildung der Realität im Gehirn statt, sondern die „neuronale Struktur des (menschlichen) Gehirns konstruiert (situativ) Bedeutungen zu durch Umwelt erzeugten Sinnesreizen" (z.B. Schmidt 1994, 13–21; v. Foerster 1994, zit. n. Aufschnaiter, 1999, S. 9).

Lernen beschreibt Glasersfeld mit dem Ziel der individuellen Anpassung an die Umwelt (vgl. Glasersfeld, 1987, S. 101, 1997, S. 43) als einen kontinuierlichen Prozess der Wissens- bzw. Bedeutungskonstruktion. Er bezieht sich dabei auf die beiden wichtigsten von Jean Piaget (1896–1980) hervorgebrachten Begriffe (vgl. Glasersfeld, 1987, S. 101f.) der „sich gegenseitig ergänzenden Mechanismen der Assimilation und der Akkomodation" (Piaget, 2003, S. 17). „Assimilation […] ist Strukturierung durch Einverleibung der äußeren Wirklichkeit in die aus dem eigenen Tun herausgewachsenen Formen. Allen Arten des organischen Lebens ist diese Anpassung durch Assimilation der Gegenstände an das Subjekt eigentümlich: Das einfache organische Leben erarbeitet sich materielle Formen und assimiliert an sie die Substanzen und Energien des umgebenden Milieus […]" (ebd., S. 17). Bei der Assimilation als Anpassungsprozess findet also aufgrund von Erfahrung eine Verknüpfung bereits gegebener kognitiver Strukturen (Schemata) mit neuen kognitiven Strukturen statt. Bei der Akkomodation als dem „umgekehrte[n] Prozess der Assimilation" (ebd.) werden gegebene kognitive Strukturen genutzt, beispielsweise indem sie „in der Anwendung auf neue Erfahrungen neue Differenzierungen bewirken" (Glasersfeld, 1987, S. 101). „Um einen Ausgleich bzw. einen Gleichgewichtszustand zwischen den Wirkungen des Organismus auf die Umwelt und den Wirkungen der Umwelt auf den Organismus herzustellen (= Äquilibration), reagiert der Mensch nicht nur, sondern ist auch spontan aktiv. Demzufolge sind störende (ungewollte) Handlungsresultate oft die Anregung zum Lernen!" (Ott, 2007, S. 39). Anders ausgedrückt: Unzulänglichkeiten und Widersprüche im Denken sind für ein Kind der Ausgangspunkt für seine Weiterentwicklung und sein Lernen (vgl. Montada, 2002a, S. 419). In Fragestellungen ausgedrückte Unzulänglichkeiten und Widersprüche können daher Lernen der Kinder initiieren.

Der Dualismus von Assimilation und Akkomodation verweist auf die Kernaussage des radikalen Konstruktivismus, wonach es keine Beobachtung gibt, die unabhängig vom Betrachter ist (Ott, 2007, S. 38). Da Erfahrungen im Anpassungs- bzw. Lernprozess nur zu individuellen Erkenntnissen führen können, muss nach Glasersfeld der traditionelle philosophische Wahrheitsbegriff, der eine *korrekte Abbildung der Realität* bestimmt, durch den biologischen Ausdruck „Viabilität" ersetzt werden (Glasersfeld, 1997, S. 43). „Handlungen, Begriffe und begriffliche Organisationen sind dann viabel, wenn sie zu den Zwecken oder Beschreibungen passen, für die wir sie benutzen" (ebd.). In der Benutzung bestimmter Begriffe und Beschreibungen drückt sich eine Bewertung von erzeugten, viablen Bedeutungen aus, die sich auch im Handeln des Individuums zeigt. „Bewertung bezieht sich dabei immer auf die Sicherung der Überlebensfähigkeit" (Aufschnaiter, 1999, S. 9) und nimmt Viabilität als Grundlage. Voraussetzung viabel konstruierter Wirklichkeit ist der individuell empfundene Sinn (vgl. Glasersfeld, 1997, S. 232; vgl. Schmidt 2003, S. 50, zit. n. Siebert & Gerl, 1975, S. 23), der nicht pädagogisch verordnet werden kann, sondern selbst erlebt werden muss (ebd., S. 33). In etwas einen Sinn zu sehen, verbindet sich mit dem Begriff „Verstehen". „Wir müssen […] annehmen, daß Verstehen immer eine Sache des Zusammenpassens und nicht des Übereinstimmens ist" (Glasersfeld, 1997, S. 230). „Paßt die vorhandene, veränderte oder neu gebildete Konstruktion, so versteht der Lernende." […] „Verstehen ist daher […] ein Vorgang der individuellen Bedeutungskonstruktion" […] und „abhängig von der subjektiv empfundenen Passung der individuell konstruierten Konzepte" (Möller, 1997, S. 250; vgl. Glasersfeld, 1997, S. 230).

Der radikale Konstruktivismus ist Erkenntnis- und Handlungstheorie zugleich (Siebert & Gerl, 1975, S. 21). Indem Menschen Erfahrungen machen, nehmen sie wahr (erkennen) und handeln daraufhin. Erkennen und Handeln sind nicht identisch: Während Erkennen als autopoietische Tätigkeit des menschlichen Gehirns in der Regel für andere unsichtbar bleibt, ist Handeln eine für andere beobachtbare Tätigkeit in sozialen Kontexten, die fast immer eine Einflussnahme auf die Außenwelt darstellt (vgl. Siebert & Gerl, 1975, S. 21).

Verständigung und Austausch in sozialen Interaktionen wird bei Glasersfeld durch den Begriff der Viabilität zweiter Ordnung erklärt. Zu dieser Aufweichung seiner Radikalität kommt Glasersfeld erst in späteren Jahren seiner Arbeit. Hierbei reicht ein Teil der Erfahrungen und des Wissens eines Individuums in den viablen Bereich individueller Erfahrung und individuellen Wissens eines anderen Menschen hinein. An einer Vorhersage einer Person zu einem bestimmten Verhalten einer anderen Person in der Zukunft und dem tatsächlichen Eintreten des vorhergesagten Verhaltens durch die andere Person zeigt sich zum Beispiel dieser überschneidende Erfahrungsbereich (vgl. Glasersfeld, 1997, S. 197). Erfahrungen können zwar nicht mit anderen Menschen in dem Sinne geteilt werden, dass sie identische Bedeutungen haben. Es ist aber möglich, anderen von eigenen Erfahrungen zu erzählen (vgl. Glasersfeld, 1997, S. 91f.). Durch das gegenseitige Mitteilen viabler Bedeutung entsteht Viabilität zweiter Ordnung, die ihre Funktion in der „Stabilisierung und Festigung unserer Erfahrungswirklichkeit" hat (Glasersfeld, 1997, S. 197). „Sie hilft uns jene Ebene der Intersubjektivität zu schaffen, auf der wir zu dem Glauben gelangen, daß Begriffe, Handlungsschemas, Ziele und schließlich auch Gefühle und Gemütsbewegungen mit anderen geteilt werden und daher »realer« sind als alles, das nur von einem selbst erlebt wird. Das ist die Ebene, auf der wir uns berechtigt fühlen, von »bestätigten Tatsachen«, von »Gesellschaft«, von »sozialer Interaktion« und von »gemeinsamem Wissen« zu sprechen (ebd., S. 197f.). In Anlehnung an Alexander Bogdanov (1873–1928) erweist sich die Qualität von Wissen für Glasersfeld in der Zusammenarbeit einer Gruppe von Menschen an einer Aufgabe und an den „gemeinsamen Bemühungen zur Erreichung eines

Zieles" (Glasersfeld, 1997, S. 198). Diese Austauschprozesse sind insbesondere für die Arbeit mit Kindergartenkindern bedeutsam. Piaget, der als Vorläufer des Radikalen Konstruktivismus bezeichnet wird, bescheinigt mit seiner Vier-Stadientheorie Kindern im Kindergartenalter egozentrische Verhaltensweisen, die u.a. „durch Erfahrung und Speicherung unterschiedlicher Ansichten sowie durch sozialen Austausch, durch Widerspruch und Konflikt der ‚Ansichten'" (Montada, 2002a, S. 422) überwunden werden können. Grundlegend für diese Austauschprozesse zwischen Kindergartenkindern und Erzieher/innen ist, dass beide die kulturelle Sprache beherrschen. Piaget betont die sensumotorischen Handlungen als „[...] Wurzeln des Denkens und der mentalen und begrifflichen Repräsentation der Gegebenheiten der Welt" (Montada, 2002a, S. 419). Handlungen sind demnach eine Voraussetzung für das Entwickeln von Vorstellungen und Denken und damit auch für die Entwicklung von Sprache. Glasersfeld unterscheidet mit Bezug zu Piaget sensumotorisches und begriffliches Wissen: „Sensomotorisches Wissen manifestiert sich in unseren Handlungen, begriffliches Wissen hingegen wird durch Symbole ausgedrückt" (Glasersfeld, 1997, S. 132).

Der Sprache und Kommunikation kommt bei der sozialen Konstruktion von Wirklichkeit eine wichtige Rolle zu. „Kommunikation ist das Bindeglied zwischen (individuellem) Erkennen und (sozialem) Handeln" (Siebert & Gerl, 1975, S. 24). „Kommunikation ermöglicht [...] die Koordination zwischenmenschlicher Handlungen und auch die (lebensnotwendige) soziale Zugehörigkeit auf der Grundlage kognitiver Selbststeuerung [...]. Da Kommunikation auf Sprache basiert, ist die Struktur der Kommunikation immer schon kulturell vorgegeben" (Siebert & Gerl, 1975, S. 24). „Nicht nur durch den Wortschatz und die Metaphorik einer Sprache, sondern auch durch die Grammatik und Syntax der Sprache wird Denken, Beobachten und letztlich auch Handeln geordnet und reglementiert" (ebd.).

5.4.4 Sozialkonstruktivismus und Implikationen für die Gestaltung pädagogischer Angebote im Elementarbereich

Der Konstruktivismus stellt keine in sich geschlossene Theorie dar, sondern es gibt eine Reihe konstruktivistischer ‚Spielarten' mit unterschiedlichen Bezugstheorien und einem gemeinsamen Kern, den Gerstenmaier und Mandl (1995) als ‚pragmatischen und moderaten' Konstruktivismus bezeichnet haben (Duit, 1997, S. 238; vgl. Pörksen, 2011, S. 15, 25). Der Sozialkonstruktivismus gilt als moderate Form des Konstruktivismus und wurde unter anderem in Anlehnung an Vygotsky in den 1990er Jahren entwickelt (s.a. v. Glasersfeld 1997, 230f. zit.

nach Aufschnaiter, 1999, S. 29; Galina & Dolya, 2010, S. 8). International gilt er als bildungstheoretische Leitlinie im Elementarbereich und markiert v.a. Anschlussfähigkeit an den angloamerikanischen Raum (vgl. König, 2009, S. 39, vgl. 2010, S. 15). Hier verbinden sich die lange in der Fachwelt kontrovers diskutierten Ansätze der Selbstbildung und der Ko-Konstruktion (vgl. Schelle, 2011, S. 13). Beim Wissenserwerb wird hier sowohl von Konstruktion als auch von der Übernahme (bedeutungstragender) Informationen ausgegangen (vgl. Aufschnaiter, 1999, S. 11). In Abgrenzung zu Piaget wird auch betont, dass Wissen in einer Gemeinschaft entwickelt wird und daher abhängig von Kultur und Sprache ist (vgl. Aufschnaiter, 1999, S. 29; vgl. König, 2010, S. 16). Dem Kind als selbstgesteuertem Lerner wird eine aktive Rolle im eigenen Lernprozess zugeschrieben, der unbedingt an den sozialen Kontext geknüpft ist (vgl. Duit, 1997, S. 238). Insofern verschiebt die „sozialkonstruktivistische Bildungsidee […] den Schwerpunkt von selbstinitiierten Bildungsprozessen hin zu einem „ko-konstruktiv" motivierten Bildungsverständnis. Das heißt, Bildungsprozesse gehen nicht in erster Linie vom Individuum selbst aus, sondern verlaufen über den Kontakt zu […] seinen Bezugspersonen […]" (König, 2010, S. 15). The social context views as integral to individual development, structuring and mediating exchanges between adults and children (Ireson & Blay, 1999, S. 20). Soziale und materielle Gegebenheiten der Lernsituation sind Ko-Konstrukteure (Duit, 1997, S. 240), die den Lernprozess ko-konstruktiv von einem aktuellen Entwicklungsniveau des Kindes in die Zone seiner nächsten Entwicklung befördern. Das Kind erreicht demnach ein höheres intellektuelles Entwicklungsniveau nur in Zusammenarbeit mit einer erfahreneren und kompetenteren Person (Vygotskij, 2002, S. 326–336). Den Pädagogen kommt unter dieser Bildungsperspektive eine wichtige Rolle im interaktionalen Bezug zu (König, 2010, S. 17). Das bedeutet, eine Erzieher/in hätte pädagogische Angebote so zu arrangieren, dass die Kinder einerseits selbst tätig werden können, dass sich die Erzieher/in selbst ko-konstruktiv mit unterstützenden Impulsen auf die Ebene der Kinder begibt und dass das Lernen in der Gemeinschaft stattfinden kann. Die (materielle) Lernumgebung und die sozialen Interaktionsmöglichkeiten gelten als Perturbationen im Lernprozess, wobei soziale Interaktionen zu Viabilität zweiter Ordnung führen können.

Lernumgebungen im sozialkonstruktivistischen Sinne sollten den Alltagssituationen möglichst ähnlich sein, damit Kinder auch im Alltag Gelerntes abrufen können. Denn aus informations- bzw. symbolverarbeitenden Theorien generieren viele Situated Cognition Ansätze die Vorstellung des kontextuell situierten Wissens. „Einmal erworbenes bzw. konstruiertes Wissen wird im Gedächtnis in Form von mentalen Modellen, Schemata, Konzepten o.ä.

gespeichert und kann üblicherweise nur in Verbindung mit den je beim Wissenserwerb vorherrschenden Kontexten wieder hervorgebracht werden" (Lave 1997, zit. n. Aufschnaiter, 1999, S. 11). Die Idee des „situierten Lernens" (Hennessy 1993; Roth 1995, zit. n. Duit, 1997, S. 239) betont, dass „das Gelernte unter keinen Umständen vom Akt des Lernens und von der Situation getrennt werden kann, in der gelernt wird, d.h. daß Lernen immer als Prozeß zu sehen ist, in dem personinterne Faktoren mit personexternen, situativen Komponenten in Wechselbeziehung stehen" (Mandl, Gruber Renkl 1995, zit. n. Duit, 1997, S. 239). In einer neueren Studie von Dhein (2011, S. 415) zum Lernen von Kindergartenkindern wird das situierte Lernen in seiner Bedeutung für gelingende Lernprozesse von Kindern bestätigt: Kinder beziehen bereits erworbene Erfahrungen durch erinnerte Beschreibungen dieser Erlebnisse in aktuelle Explorier- und Experimentiersituationen ein und erreichen durch diese Analogie zwischen bereits erworbenen Erfahrungen und aktuellem Kontext ein höheres Lernniveau. Dhein (ebd., S. 416) nimmt an, „dass die Kinder Erfahrungen, die sie in inhaltlich ähnlichen Kontexten erworben haben, transferieren und im aktuellen Kontext wieder ‚abrufen' können." Da sich sowohl im informationsverarbeitenden als auch im konstruktivistischen Ansatz Kognition auf Bedeutung bezieht, sollte ein Lernangebot für Kinder persönlich bedeutsame Bezüge herstellen, damit persönlich bedeutsame Bewusstseins- bzw. Gedächtnisinhalte erinnert werden können, um davon ausgehend neue Inhalte zu assimilieren. Ein dazu notwendiges Erinnerungsvermögen auf Seiten der Kinder bescheinigt z.B. Lück in ihrer Studie (Lück, 2009, S. 86–89).

Aus ihrer explorativen Fallstudie leitet Dhein (2011, S. 426) sechs Implikationen für die Gestaltung naturwissenschaftlicher Bildungsangebote im Kindergarten ab: Im Wesentlichen sollte sich die Gestaltung auf die Ermöglichung und Förderung der Selbsttätigkeit der Kinder beziehen und das Spielbedürfnis der Kinder berücksichtigen. Explorier- und Experimentierangebote sollten vertraute, insbesondere aber auch ungewöhnliche und überraschende Phänomene bereithalten und deren fragengenerierende Funktion sowie die Anregung und Förderung der Fragehaltung der Kinder in den Vordergrund stellen. In der aktiven Sozialform der Gruppenarbeit sieht Dhein (ebd.) Möglichkeiten für die Kinder, „durch Konzentration auf das Phänomen und Eigenaktivität eine Balance des explorierenden und experimentierenden Vorgehens herzustellen und ihren Lernprozess weitgehend selbst zu steuern." Dhein (ebd.) schlägt vor, den Kindern ähnliche Sachverhalte und Kontexte mehrmals zur Verfügung zu stellen, damit sie ihre Fähigkeiten vertiefen können. Kindern sollte in Austauschprozessen die Möglichkeit und ausreichend Zeit für sofortiges Kommunizieren und Sprechen über Erfahrungen mit dem Phänomen gegeben werden (ebd.).

5.5 Ein Resümee

Der Bildungsauftrag im baden-württembergischen Orientierungsplan sieht vor, die Kindergartenkinder u.a. im naturwissenschaftlichen Bereich zu bilden. Für Erzieher/innen gilt daher, die sensible und lernintensivste Zeit der jungen Kinder (Ministerium für Kultus, Jugend und Sport Baden-Württemberg, 2011, S. 7), ihre Neugier und Freude bei der Auseinandersetzung mit naturwissenschaftlichen Phänomenen zu nutzen, um in erster Linie persönlichkeitsbildend zu sein. Bereits in jungen Jahren sollen Kindern altersangemessen grundlegende naturwissenschaftliche Erfahrungen ermöglicht werden, die eine Grundlage für die Entwicklung von naturwissenschaftlichem Interesse, eine positive Einstellung gegenüber Naturwissenschaften, naturwissenschaftliches Vorverständnis und naturwissenschaftlicher Kompetenzen sein sollen.

Bei der kompetenten Gestaltung von geplanten naturwissenschaftlichen Lernumgebungen ist aus bildungstheoretischer und entwicklungspsychologischer Sicht zuerst die Eigenaktivität des Kindes zu berücksichtigen. Anhand von Erfahrungen hat die sprachliche Entwicklung des Kindes eine Basis für eine Ausdifferenzierung in sozialen Interaktionen. Der Dialog und Austauschprozesse mit anderen Kindern und Erzieher/innen über die eigenen Erfahrungen und Beobachtungen werden lerntheoretisch befürwortet. Ein situiertes Lernen hilft den Kindern, sich an bereits gemachte Erfahrungen zu erinnern und sie mit neuen Aktivitäten und Kognitionen zu verbinden. Diese erfahrungsbasierte und „vorwissenschaftliche" Grundlage kann für spätere wissenschaftliche Wissensverankerung und tatsächlich verstandenen, nachhaltigen Wissensaufbau hilfreich sein. Angesichts dieser wissenschaftlich fundierten Betrachtungen und dem derzeit großen Bedarf an MINT-Fachkräften steht die frühe naturwissenschaftliche Bildung neben einer auf das individuelle Kind bezogenen betreuenden, erziehenden und bildenden Verantwortung auch in einer gesellschaftlichen und wirtschaftlichen Verantwortung. Deswegen kommt das kompetente pädagogische Handeln einer Erzieher/in bezogen auf frühe naturwissenschaftliche Bildung nur dann auch wirtschaftlichen Ansprüchen entgegen, wenn sie das Kind mit seinem individuellen Entwicklungsstand und mit seinen Bedürfnissen angemessen berücksichtigt.

6. Pädagogisches Handeln von Erzieher/innen in der naturwissenschaftlichen frühen Bildung

Die oben dargestellten bildungs- und lerntheoretischen Vorstellungen in der Frühpädagogik bilden eine wegweisende Grundlage für das tatsächliche methodisch-didaktische Handeln von Erzieher/innen. Das pädagogische Handeln einer Erzieher/in ist im Kindergartenalltag sichtbar und beobachtbar. Fritz Oser spricht in seiner Theorie der Basismodelle daher von der Sicht- bzw. Oberflächenstruktur, wenn es um grundlegende Lehrhandlungen von Lehrpersonen geht (Oser & Sarasin, 2013). „Die Oberflächenstruktur des Lernens ist die Ebene bzw. der Gegenstandsbereich der meisten klassischen didaktischen Modelle. Hierunter können alle ‚Lehrhandlungen' verstanden werden. Als Beispiele können Handlungsmuster des Unterrichts, Sozialformen, Unterrichtsschritte, Medieneinsatz, Sequenzierung des Unterrichts, Führungsstil etc. angeführt werden. Die Ausführungen bzw. die Ergebnisse von Entscheidungen der Lehrerinnen und Lehrer auf dieser Ebene sind alle beobachtbar, deswegen wird auch von der Sichtstruktur des Lehrens gesprochen. Auf dieser Ebene wird die Kreativität der Lehrenden gefordert" (Elsässer, 2000, S. 11). Zentral sind Sichtstrukturen in der Auseinandersetzung mit pädagogischer Qualität, wobei die Frage im Raum steht „[w]ie eine Fachkraft agieren [soll], damit sie die Kinder optimal unterstützen, begleiten und fördern kann?" (Schelle, 2011, S. 12).

6.1 Instrumentengestützte Erfassung pädagogischer Qualität

„In der Bildungs- und Qualitätsdiskussion gelten heute die Interaktionsprozesse zwischen Erzieher/in und Kinder(-ern) als Schlüsselvariable für den Lern- und Bildungsprozess [der Kinder]. Zur Diskussion steht demnach, durch welche Interaktionsprozesse die Lern- und Bildungsprozesse der Kinder konkret begünstigt werden können. Da es derzeit an Messinstrumenten mangelt, die diese Interaktionen differenziert erfassen, sind detaillierte Interaktionsstudien unerlässlich, um den Alltag in den Einrichtungen zu beschreiben und daraus gezielt Anregungen abzuleiten, wie der Lern- und Bildungsprozess im Kindergarten mit Hilfe des pädagogischen Interaktionsprozesses gestaltet werden kann" (König, 2009, S. 144). Der Fokus der vorliegenden Studie bezieht sich auf Handlungskompetenz von Erzieher/innen in diesen Interaktionsprozessen. „Kennzeichnend für die bisherige Debatte ist, dass weder theoretisch ausreichend geklärt ist, was unter frühpädagogischer Qualität zu verstehen ist, noch wie sie hinreichend erfasst und langfristig gefördert bzw. gesichert werden kann. Dies hat verschiedene Gründe. Zum einen lässt das teilweise recht heterogene theoretische Grundlagenverständnis eine Vereinheitlichung unmöglich erscheinen. Zum anderen beruht die Motivation, sich in Theorie und Praxis mit der Qualitätsfrage zu beschäftigen, auf unterschiedlichsten Interessenlagen und ist auf unterschiedlichste Zielgruppen bezogen" (Roux, 2009, S. 129). Wilcox-Herzog und Ward fordern für zukünftige Untersuchungen die direkte Auseinandersetzung mit der Interaktion zwischen Erzieher/in und Kind (Wilcox-Herzog & Ward, 2002 zit. n. König, 2009, S. 17). Aus diesen Ausführungen kann geschlussfolgert werden, dass ein zu generierendes Beobachtungsinstrument sowohl die Kinder- als auch die Erzieher/innenperspektive einbeziehen müsste.

Bisher gibt es eine ganze Reihe an Instrumenten, die zur Messung von pädagogischer Qualität im Kindergarten eingesetzt werden. Häufige Grundlage solcher Studien zur Erfassung pädagogischer Qualität sind u.a. die im angloamerikanischen Raum in den 1980er Jahren nach wissenschaftlichen Kriterien entwickelten, weltweit adaptierten und erweiterten Instrumente der *Early Childhood Environment Rating Scale* (ECERS, ECERS-R, ECERS-E) (Harms, Clifford, & Cryer, 2005; Sylva, Melhuish, & Sammons, 2010; Sylva, Siraj-Blatchford, & Taggart, 2010). In Deutschland heißen die adaptierten Instrumente „Kindergarten-Einschätz-Skala" (KES). Bei den inzwischen unterschiedlichen KES-Versionen geschieht das Erfassen von Prozessen im Kindergarten auf einer siebenstufigen Skala, indem ein externer Beobachter teilnehmend vorgegebene Aspekte beobachtet und einschätzt. Sie, die KES, KES-R, KES-E, KES-RZ (Tietze, Schuster, & Roßbach, 1997), nehmen Bezug auf folgende drei unterschiedliche sich gegenseitig beeinflussende Ebenen pädagogischer Qualität (Tietze, 1998, S. 21–24):

- Pädagogische Prozesse (Prozessqualität)
- Pädagogische Strukturen (Strukturqualität)
- Pädagogische Orientierungen (Orientierungsqualität)

Die KES-Skalen messen die Prozessqualität, die als Mittler zwischen Orientierungs- und Strukturqualität angesehen wird, weil sie eine Schnittstelle zu Kindern und Eltern darstellt (Tietze u. a., 1997, S. 9). Die „*Prozeßqualität* bezieht sich dabei auf das Gesamt der Interaktionen und Erfahrungen, die das Kind in der Kindergartengruppe mit seiner sozialen und räumlich-materialen Umwelt macht. In der Prozeßqualität spiegeln sich die dynamischen Aspekte des Kindergartenalltags, wie sie täglich erfahren werden. Zu einer angemessenen pädagogischen Prozeßqualität gehören eine Betreuung des Kindes und ein Umgang mit ihm, die seiner Sicherheit und Gesundheit verpflichtet sind, Interaktionen, die für entwicklungsmäßig angemessene Aktivitäten des Kindes sorgen, seine emotionale Sicherheit und sein Lernen unterstützen; ein räumlich-materiales Arrangement mit einem entsprechenden Anregungspotential für ein breites Spektrum an entwicklungsmäßig angemessenen Aktivitäten, aber auch ein Einbezug der Familie des Kindes im Rahmen klarer und routinisierter Kommunikationsformen" (Tietze, 1998, S. 21f.). Damit gehört das pädagogische und kompetente Handeln der Erzieher/innen, das in der vorliegenden Studie untersucht werden soll, zur Prozessqualität einer Kindergarteneinrichtung.

„Unter *Strukturqualität* [sind] situationsabhängige, zeitlich stabile Rahmenbedingungen der Kindergartengruppe und des Kindergartens [zu verstehen], innerhalb derer Prozeßqualität als der dynamische Aspekt pädagogischer Qualität sich vollzieht und von denen Prozeßqualität beeinflusst wird. Aspekte bzw. Dimensionen von Strukturqualität sind z.b. die Gruppengröße in den Einrichtungen, der Erzieher-Kind-Schlüssel, die Ausbildung und berufliche Erfahrung des pädagogischen Personals, der Raum, der Kindern in der Einrichtung zur Verfügung steht, wie auch andere Ausstattungsmerkmale der Einrichtung. Ein wesentliches Charakteristikum der verschiedenen Merkmale der Strukturqualität im Gegensatz zu Merkmalen der Prozeßqualität besteht auch darin, daß es sich im Regelfall um Aspekte handelt, die politisch direkt geregelt bzw. regulierbar sind" (Tietze, 1998, S. 22).

„*Pädagogische Orientierungen* beziehen sich auf die pädagogischen Vorstellungen, Werte und Überzeugungen der an den pädagogischen Prozessen unmittelbar beteiligten Erwachsenen. Hier geht es u.a. um die Auffassung der Erzieherinnen über pädagogische Qualität und die Aufgaben des Kindergartens (auch im Vergleich zur Familie), um ihre Vorstellungen über kindliche Entwicklungen und darüber, wie diese unterstützt werden kann, und um pädagogische Ziele und Normen. Wir betrachten die verschiedenen Merkmale der Qualität pädagogischer Orientierungen ebenfalls als zeitlich relativ stabile und überdauernde Konstrukte, die wie die Merkmale der Strukturqualität Rahmenbedingungen für das direkte pädagogische Handeln darstellen und somit die Prozeßqualität beeinflussen. Anders als die Merkmale der Strukturqualität sind sie jedoch nicht direkt politisch regulierbar. Sie stellen mentale Gegebenheiten dar, die in langandauernden Sozialisationsprozessen erworben werden und in denen sich zugleich überindividuelle, kulturell verankerte Muster spiegeln" (Tietze, 1998, S. 22f.).

Da die KES-R um Skalen zur Erfassung naturwissenschaftlicher Prozessqualität gegenüber der KES ergänzt wurde, was für die vorliegende Studie relevant erscheint, wird im Folgenden darauf eingegangen. Tietze et al. (2005, S. 7) weisen darauf hin, dass die KES-R „nicht das vollständige Spektrum aller denkbaren relevanten Aspekte" erfasst, „die für die Realisierung guter Qualität in einem Kindergarten bedeutsam sein können". Es ist auch festzustellen, dass die Einschätzungen mittels KES-R auf einer relativ groben Ebene und in unterschiedlichen Analyseeinheiten stattfinden. Diese Analyseeinheiten variieren innerhalb des Beobachtungsinstrumentes zwischen einem Gespräch, einem einzelnen Tagesablauf, einer oder zwei Woche/n oder einem Monat, für die beobachtet und eingeschätzt werden kann. Der Fokus der KES-R bezieht sich damit nicht auf kleinere strukturierte Angebote und konkrete pädagogische Umsetzungen. Einschätzungen zur Sequenzierung solcher strukturierter Angebote werden in der KES nicht bereitgehalten. Ein Desiderat kann darin gesehen werden, ein Instrument auf der Basis kleinerer Beobachtungseinheiten als Gespräche zu entwickeln, das auf konkrete pädagogische Angebote im Kindergarten angewendet werden kann. Das zu entwickelnde Instrument sollte die Analyse sprachlicher Beiträge unterschiedlicher Akteure (Erzieher/in, Kind) auf detaillierterer Ebene als das Gespräch zwischen Erzieher/in und Kind zulassen und eine Sequenzierung der Angebote erfassen. Dadurch würden detailliertere Ergebnisse bzgl. Art und Weise der Anregung und Aktivierung der Kinder durch die Erzieher/in auf eine Mikroprozessebene erreicht.

Innerhalb der KES-R werden die Einschätzungen uneinheitlich manchmal auf Gruppen, manchmal auf Zielkinder und Erzieher/innen oder nur auf Erzieher/innen bezogen. Für die Entwicklung eines Analyseinstrumentes kann daraus geschlussfolgert werden, eine klare Abgrenzung vorzunehmen, um Aktivitäten jeder einzelnen Bezugsgruppe (z.B. Kinder oder Erzieher/in) und mögliche Wirkungen der Interaktionen zwischen diesen Bezugsgruppen zu erfassen.

Hinzu kommt der Aspekt der Bereichsspezifik: das Instrument sollte ermöglichen, Aktivitäten beim naturwissenschaftlichen Explorieren und Experimentieren im Kindergarten genau zu erfassen, damit z.B. ein Fortbildungs- und Coachingangebot für die Erzieher/innen daraufhin abgestimmt werden kann. Denn die Einschätzungsoptionen auf grober Ebene zeigen sich bei der KES-R dadurch, dass der Beobachter im Bereich „der Naturerfahrungen/des Sachwissens" (Nr. 25) (Tietze u. a., 2005, S. 41) lediglich das Vorhandensein von Materialien (und ihrer Qualität) und von Aktivitäten wie z.B. Gespräche oder Besuche außerinstitutioneller Lerngelegenheiten in beiden Fällen mit naturwissenschaftlichem Bezug einschätzen kann. Die Beobachtungen können lediglich auf der siebenstufigen Skala angekreuzt jedoch nicht quantifiziert werden um z.B. durch Häufigkeiten Tendenzen darzustellen, die mit anderen Kindergartengruppen oder anderen Einrichtungen verglichen werden können. Interessant wäre dies z.B. im Bereich der Interaktionen zwischen Erzieher/in und Kind (Tietze u. a., 2005, S. 46), sodass aufgrund von Häufigkeiten Schwerpunkte bestimmter

Aktivitäten der Erzieher/innen im Umgang mit den Kindern hervorgehoben werden könnten. Das ließe ein bislang ausgebliebenes genaueres Bild pädagogischer Handlungsstrukturen im Kindergarten zu.

6.2 Ergebnisse pädagogischer Qualität in Kindertagesstätten

Die nationale Kindergartenstudie von Tietze (1998) bescheinigt Ende der 1990er Jahre auf der Basis der KES deutschen Kindergärten eine nur mittelmäßige pädagogische Qualität. Über ein Jahrzehnt später kommt die Nationale Untersuchung der Bildung, Betreuung und Erziehung in der frühen Kindheit (NUBBEK) zu einem ähnlichen Ergebnis (Tietze u. a., 2012). Rund 2.000 Kinder und Familien wurden bei der NUBBEK jeweils für mehrere Stunden für Tests und Interviews zu Hause aufgesucht. In Kindergärten, Krippen und altersgemischten Gruppen sowie Tagespflegeeltern wurden Erzieher und Leitungspersonal beobachtet und bezüglich der Einstufung des Bildungs- und Entwicklungsstandes der von ihnen betreuten Kinder interviewt (ebd., S. 2). Hinsichtlich der pädagogischen Prozessqualität, gemessen mit den Instrumenten KES-RZ, KRIPS-R[14], TAS-R[15], liegen 80% der außerfamilialen Betreuungsformen in der Zone mittlerer Qualität (Werte zwischen 3 und 5). Gute pädagogische Prozessqualität kommt dabei in jedem der Betreuungssettings in weniger als 10 Prozent der Fälle vor; unzureichende Qualität dagegen – mit Ausnahme der Tagespflege – in zum Teil deutlich mehr als 10 Prozent der Fälle […]. In der auf die Bildungsbereiche Literalität, Mathematik, Naturwissenschaft und interkulturelles Lernen bezogenen KES-E kommen über 50% der untersuchten Kindergarten- und altersgemischten Gruppen in den Bereich unzureichender Qualität zu liegen.

Die NUBBEK konstatiert einen Mangel an Wissen über die pädagogische Qualität, die Kinder in Kindergarten- und Krippengruppen, in altersgemischten Gruppen oder in Kindertagespflege – und auch in ihren Familien – erfahren (ebd., S. 3). Darüber hinaus geht aus der Studie hervor, dass sich ein großes Informationsdefizit auch auf den wissenschaftlichen Bereich bezieht (vgl. ebd.). „Es gibt in Deutschland – anders als im anglo-amerikanischen Kontext – bislang keine übergreifend angelegten Untersuchungen zur pädagogischen Qualität in den verschiedenen Betreuungsformen, zu ihren Voraussetzungen wie auch zu Zusammenhängen mit dem Bildungs- und Entwicklungsstand der Kinder in verschiedenen Domänen" (ebd.). Mit der vorliegenden Studie soll daher ein

---

14 Instrument zur Erfassung der pädagogischen Qualität in Kinderkrippen
15 Instrument zur Erfassung der pädagogischen Qualität in Kindertagespflegeeinrichtungen

Beitrag geleistet werden, mehr Informationen über die domänenspezifische Prozessqualität in Kindergärten, insbesondere der Handlungskompetenz von Erzieher/innen, in naturwissenschaftlichen Bildungsangeboten zu erfahren.

Die Qualitätsstudien im Elementarbereich haben im angloamerikanischen Raum eine längere und fundiertere Tradition als in Deutschland (vgl. Smidt, 2012). Die erste längere europäische EPPE-Langzeitstudie (Effective Provision of Pre-School Education) (Sylva u. a., 2003; Siraj-Blatchford, 2010; Textor, 2012) hat 141 unterschiedliche Einrichtungen für die Kinderbetreuung und ca. 2.800 Kinder zwischen drei und sieben Jahren, Eltern und Elternhäuser und mehr als 300 Kinder, die in der frühen Kindheit zuhause aufwuchsen, auf die oben beschriebene Qualitätsdimensionstrilogie (Qualität von Prozessen, der Struktur und der Orientierung) bezüglich ihres Einflusses auf die kognitive und soziale Entwicklung der Kinder mehrfach untersucht. Zusammengefasst lässt sich die Qualität vorschulischer Einrichtungen in England durch die EPPE-Studie wie folgt beschreiben (Sylva u. a., 2003, S. 2):

- "The quality of pre-school centres is directly related to better intellectual/ cognitive and social/behavioral development in children.
- Settings which have staff with higher qualifications, especially with good proportion of trained teachers on the staff, show higher quality and their children make more progress.
- Where settings view educational and social development as complementary and equal in importance, children make better all round progress.
- Effective pedagogy includes interaction traditionally associated with the term 'teaching', the provision of instructive learning environments and 'sustained shared thinking' to extend children's learning."

Die Ergebnisse zeigen, dass die Prozessqualität und damit das pädagogische Handeln besonders gut qualifizierter Erzieher/innen großen Einfluss auf kognitive und soziale Bildungsprozesse der Kinder hat. Insofern hängt die „Qualität der Arbeit der Kindertageseinrichtungen […] in hohem Maße von dem dort tätigen pädagogischen Personal ab" (Konsortium Bildungsberichterstattung 2006, S. 198 zit. n. Grimm u. a., 2010, S. 31). „Je besser die Qualifizierung der Mitarbeiter/innen war, insbesondere die der Leitungskräfte, desto mehr Fortschritte zeigten die Kinder. Die Beschäftigung von qualifizierten Lehrer/innen (in ausreichendem Maße und in pädagogischer Vorbildfunktion) hatte am meisten Auswirkung auf die Qualität und korrelierte in besonderem Maße mit besseren Ergebnissen bei der Annäherung an das Lesen und bei der Entwicklung sozialer Kompetenzen" (Siraj-Blatchford u. a., 2010, S. 20). „Dabei war die Qualität der Interaktionen zwischen Kindern und Mitarbeiter/innen besonders wichtig.

Kinder aus Einrichtungen, deren Mitarbeiter/innen Wärme vermittelten und auf die individuellen Bedürfnisse der Kinder eingingen, zeigten bessere soziale Kompetenzen" (Siraj-Blatchford u. a., 2010, S. 20).

„Die Fallstudien [der EPPE] konnten fünf Bereiche ermitteln, die für eine Arbeit mit Drei- bis Fünfjährigen besonders wichtig sind: die Qualität der verbalen Interaktion zwischen Erwachsenem und Kind, Kenntnis und Verstehen des Lehrplans, Kenntnis von Lernverhalten kleiner Kinder, Kompetenz der Erwachsenen beim Lösen von Konflikten zwischen Kindern, Unterstützung der Eltern bei der Frage, wie sie ihre Kinder zu Hause fördern können" (Siraj-Blatchford u. a., 2010, S. 21).

Besonders förderlich für den Lernprozess der Kinder wird das seit den 1990er Jahren beschriebene sozialkonstruktivistische Prinzip des *sustained shared thinking* in der verbalen Interaktion zwischen Erwachsenem und Kind bzw. zwischen Peers gesehen. Das ‚sustained-shared-thinking' ist „a concept that came to be defined as any episode in which two or more individuals ‚worked together' in an intellectual way to solve a problem, clarify a concept, evaluate activities, extend a narrative, etc. To count as sustained shared thinking, both parties had to be contributing to the thinking and it had to be shown to develop and extend thinking" (Siraj-Blatchford, 2010, S. 157). Diese wirksame Pädagogik „beinhaltet eine Interaktion, die traditionell mit dem Begriff ‚Unterrichten' verbunden wird: eine Versorgung mit Lernumgebungen und sustained shared thinking (etwa: über einen Sachverhalt gemeinsam länger nachdenken), um den Denkprozess des Kindes zu erweitern" (Siraj-Blatchford u. a., 2010, S. 16).

Dabei werden gemeinsam in Erzieher/in-Kind-Interaktionen Denk- und Problemlöseprozesse ko-konstruktiv miteinander ausgehandelt, wobei sich an dem Prinzip der „symmetrischen" und „komplementären Reziprozität" orientiert wird (Siraj-Blatchford et al. 2002, zit. n. König, 2009, S. 17). Dieses Begriffspaar stammt von James Youniss, der die Bedeutung der symmetrischen und komplementären Reziprozität im Aufbau sozialer Beziehungen sieht. „Durch verschiedene Formen der Reziprozität entstehen unterschiedliche Beziehungen, die wiederum die Mittel bieten, um zu unterschiedlichen Definitionen des Selbst und des anderen zu gelangen. Im Rahmen der symmetrischen Reziprozität sind das Selbst und der andere als Handelnde gleichberechtigt; beiden steht es frei mit gleichen Handlungen zu Interaktionen beizutragen. Beide können Handlungen z.B. auf einer Eins-zu-Eins […] Grundlage austauschen. In der komplementären Reziprozität dagegen ist, die Macht etwas zu bewirken, asymmetrisch verteilt. Die Handlungen der einen Person bestimmen die Handlungen der anderen. Eine Person hat das Sagen, und die andere muß folgen. Die beiden sind nicht gleichrangig" (Youniss, 1994, S. 154f.). Wenn einer Erzieher/in also daran gelegen ist, das Selbst des Kindes zu bilden, so sollte sie über ein Handlungsrepertoire verfügen, das zwischen symmetrischer und komplementärer Reziprozität balanciert. Aus der Eltern-Kind-Forschung wurde deutlich, dass neben der Reziprozität das Qualitätsmerkmal der Sensitivität entscheidend für den Entwicklungsprozess des Kindes gilt (König, 2010, S. 25). Indem Erwachsene sich in Interaktion dem Entwicklungsprozess des Kindes anpassen, feinfühlig auf die Signale des Kindes eingehen, erfahren Kinder die entwicklungsfördernde Selbstwirksamkeit (vgl. ebd., S. 23–25). Diese Forschungsergebnisse lenkten den Blick auf einen bewusst gestalteten Interaktionsprozess in der späteren Kindheit und in der außerfamiliären Betreuung (König 2010, S. 25).

In exzellenten Lernsettings werden darüber hinaus offene Fragen als besonders förderlich für die gemeinsamen Denkprozesse angesehen. In Interaktionen mit den Kindern kommen sie allerdings häufig zu kurz: "The evidence also suggested that adult modelling [...] often combined with sustained periods of shared thinking, and open-ended questioning, was associated with better cognitive achievement. However, open-ended questions were found to make up only 5.1 per cent of questioning used in the case study settings" (Siraj-Blatchford, 2010, S. 157). „The open ended questioning encourage[d] children to speculate and to learn by trial and error, and it also often provide[d] an initial stimulus for sustained shared thinking" (Siraj-Blatchford, 2010, S. 157). „[...] Eine verstärkte Verwendung von ‚open-ended questions' durch die Mitarbeiter würde vermutlich zu besseren kognitiven und sozialen Ergebnissen bei den Vorschulkindern führen" (Siraj-Blatchford u. a., 2010, S. 22).

EPPE konnte „eine positive Wirkung von qualitativ guten Angeboten auf die intellektuelle und soziale Entwicklung von Kindern belegen" (Siraj-Blatchford u. a., 2010, S. 15). Die „wirksamsten Einrichtungen [nutzten] eine ‚Spiel'-Umgebung als Grundlage für das Vermitteln von Lerninhalten. Die wirksamste Pädagogik besteht sowohl aus ‚Unterrichten' als auch aus Angeboten von frei gewähltem und dennoch potenziell lehrreichem Spiel" (Siraj-Blatchford u. a., 2010, S. 22). „Bei den wirksamen Einrichtungen initiierten die Mitarbeiter/innen genauso häufig Aktivitäten wie die Kinder" (Siraj-Blatchford u. a., 2010, S. 22).

Die REPEY-Studie (Research in Effective Pedagogy in Early Years) folgte aus der EPPE-Studie. Dabei wurden die 14 effektivsten Kindertageseinrichtungen genauer untersucht. Auch hier wurde die Bedeutung des gemeinsamen längerfristigen Denkens (sustained shared thinking), bei dem Erzieher/innen insbesondere in Erzieher/in-Kind-Dyaden Kindern zur Zone der nächsten Entwicklung verhelfen, bezogen auf die positive kognitive und soziale Entwicklung der Kinder herausgestellt (vgl. Textor, 2012). Indem die Erzieher/innen den Lernprozess der Kinder strukturieren (scaffolding), werden Fertigkeiten bzw.

Kompetenzen und Metakompetenzen ko-konstruiert (ebd.). Das Thema der Effektivität von Kindertageseinrichtungen wurde in der SPEEL-Studie (Study of Pedagogical Effectiveness in Early Learning) (Moyles/ Adams/ Musgrove 2002, zit. n. Textor, 2012) durch Interviews und Befragungen von Leitungspersonal (N=27), Fachkräften (N=18) und Eltern (N=213) aufgegriffen und erfragt. Effektive frühkindliche Bildung ist demnach dadurch charakterisiert, „dass die Fachkraft

- Kindern ermöglicht, im Freispiel und bei anderen selbstbestimmten Aktivitäten eigene Ideen, Interessen und Aufgabenstellungen zu verfolgen und dabei alle Sinne einzusetzen sowie aktiv, selbsttätig und handlungsorientiert zu lernen;
- Denkprozesse und intuitive Theorien der Kinder zu verstehen versuchen und sie bei ihren Bemühungen und Aktivitäten unterstützen;
- mit den Kindern spielen und dabei deren Lernprozesse lenken und ausweiten;
- die Innen- und Außenräume so einrichten bzw. regelmäßig so umgestalten, dass die Kinder immer wieder neue Materialien, Gegenstände und Geräte vorfinden, die Lernerfahrungen stimulieren;
- pädagogische Angebote machen und sich bemühen, die Kinder für eine interessierte und engagierte Mitwirkung zu gewinnen;
- die Zusammenarbeit von Kindern in Kleingruppen fördern, sodass diese kommunikative und soziale Kompetenzen ausbilden, Verständnis für unterschiedliche Perspektiven entwickeln und voneinander lernen können;
- die Kinder genau kennen und sie individuell fördern;
- auf der Ebene der Kinder kommunizieren, ihnen genau zuhören und Wertschätzung für deren Aussagen zeigen;
- eine positive Lernatmosphäre schaffen, Feedback geben, Lernerfolge würdigen und den Kindern vermitteln, dass ihre Aktivitäten sinnvoll sind, sowie
- die Kinder ihr Lernen selbst evaluieren lassen" (Textor, 2012).

EPPE, REPEY und SPEEL zeigen, „dass eine effektive frühkindliche Bildung nur dann erfolgt, wenn die Fachkräfte den Lernbedarf der Kinder genau erfassen und dann entsprechende pädagogische Angebote machen bzw. sich ergebende Gelegenheiten nutzen, um Lernprozesse zu stimulieren" (Textor, 2012). „Die Forschung zeigt, dass je mehr Wissen der Erwachsene über das Kind hat, umso besser er es unterstützen kann und umso effektiver das nachfolgende Lernen ist; … Die Hilfestellung seitens des Erwachsenen ist auch wichtig, um Kinder zu ermutigen, auf aktive und teilnehmende Weise zu lernen (Siraj-Blatchford et al. 2002, S. 48, zit. n. Textor, 2012). Auf eine bewusste Nutzung und Umsetzung dieser effektiven Strategien zur Förderung frühkindlicher Bildung verweisen nicht nur die Ergebnisse aus EPPE, REPEY und SPEEL. Der Befund aus der Kindergartenstudie von Tietze et al. (1998), wonach in deutschen Kindergärten nur 5% der Interaktionszeit für solche förderlichen Aktivitäten verwendet werden, macht die Notwendigkeit der Verbesserung einer bewussten Förderung der Kinder deutlich. Anke König (2009) stellt in ihrer Studie sehr deutlich die bewusste Bildung der Kinder durch die Erzieher/innen heraus. Mit sogenannten bewussten dialogisch-entwickelnden Erzieher/in-Kind-Interaktionsprozessen verweist sie auf langanhaltende kommunikative Erzieher/in-Kind-Dyaden, die als besonders förderliche Auseinandersetzung mit dem Kind betrachtet werden kann (ebd., S. 214ff.).

6.3 Bindung als Teil pädagogischer Lernumwelten

Eine gute Bindung zwischen einem Kind und seiner primären bzw. sekundären Bezugsperson gilt in der Bindungsforschung als Voraussetzung für gelingende Bildungsprozesse. „Die Grundvoraussetzung für eine kindgerechte Lehrtätigkeit ist […] der Eros paedagogicus" (vgl. Largo 2009: 195, zit. n. Gaus & Drieschner, 2011, S. 8). Die Begriffe pädagogischer Eros und pädagogische Liebe verwendet Largo im Anschluss an den traditionalen Diskurs in einem doppelten Sinn. Danach wird […] das Gelingen erzieherischer Einwirkung durch stabile und positiv emotional verankerte Beziehungen wahrscheinlich gemacht" (Gaus & Drieschner, 2011, S. 8). „Die Bindungstheorie begreift das Streben nach engen emotionalen Beziehungen als spezifisch menschliches, schon beim Neugeborenen angelegtes, bis ins hohe Alter vorhandenes Grundelement" (Bowlby, 2008, S. 98). „[D]ie Bindungsfähigkeit (der ‚bedürftigen' wie der ‚gebenden' Person) [kennzeichnet] psychisch stabile Persönlichkeiten" (Bowlby, 2008, S. 98). Bindung gilt als Schutzfunktion eines Menschen (ebd.). Wenn ein Kind „auf Entdeckung" gehen kann, weil es sich sicher fühlen darf, fördert dies sein „Spielverhalten und sonstige Aktivitäten mit Gleichaltrigen [einschließlich] […] Umweltexplorationen" (Bowlby, 2008, S. 99). „Kinder sind […] von Geburt an mit vielen Verhaltensdispositionen ausgerüstet, an die ihre sozio-kulturelle Umwelt anschließen kann und die nur darauf warten, aktiviert zu werden" (vgl. Reyer 2006: 145; H[a]rdy 2010: S. 469 zit. n. Denker, 2012, S. 34). Dazu gehören „seine Bindungsbereitschaft wie auch seine Explorationsbereitschaft" (vgl. Reyer 2006: 145, zit. n. Denker, 2012, S. 34). „Da das Explorationsverhalten, also die Erkundung der (sozialen) Welt, unabdingbar mit einer verlässlichen Bindungsperson bzw. ‚sicheren Basis' verwoben ist, scheint die Annahme plausibel, dass sich eine sichere Bindung „vorteilhaft auf eine Reihe kognitiver und sozialer Fähigkeiten auswirkt" (Fonagy 2009: 15, zit. n. Denker, 2012, S. 53).

„Mit der emotionalen Beziehung wird in […] einzelnen Studien auf ein Vertrauensverhältnis zwischen Erzieher/-innen und Kind hingewiesen, dass es im gegenseitigen Bezug aufzubauen gilt und welches als Ausgangspunkt für alle weiteren Interaktionserfahrungen gesehen werden kann" (König, 2010, S. 26). „Positive sozial-emotionale Erfahrungen ermöglichen den Aufbau eines Gefühls der Zusammengehörigkeit" (vgl. Singer/ de Haan 2007 zit. n. König, 2010, S. 27). Diese Erfahrungen sind Ausgangspunkt für komplexe Interaktionserfahrungen, die auf einem gegenseitigen Verstehen beruhen. Bereits mit sehr jungen Kindern kann diese Ebene […] aufgebaut werden" (König, 2010, S. 27). „Unter sozial-emotionaler Beziehung versteht man das Verhältnis zwischen Erzieher/-innen und Kind mit Blick auf gefühlsvolle und gemeinschaftliche Aspekte" (König, 2010, S. 26). „Insbesondere die Emotionalität wird als wichtiger Indikator in der vorschulischen Erziehung angesehen" (Tausch et al. 1973; Brandt/Wolf 1985; Ahnert 2004 zit. n. König, 2010, S. 26). Eine verlässliche Bindung zwischen Eltern [oder einer sekundären Bezugsperson] und Kind hat eine stabilisierende Funktion (Bowlby, 2008, S. 9) und gilt als „unverzichtbare Voraussetzung, um das Leben optimal bewältigen und psychisch gesund bleiben zu können" (Bowlby, 2008, S. 99).

6.4 Involvement durch verbales Handeln von Erzieher/innen und Kindern

„Neben den emotionalen Faktoren spielt das Involvement des/der Erziehers/-in im Interaktionsprozess mit dem Kind eine bedeutende Rolle. Involvement bezieht sich auf die Bereitschaft und das Engagement, sich in der Interaktion mit den Kindern zu beteiligen. Das Involvement bietet die Möglichkeit, mit Kindern in Aushandlungsprozesse zu treten und sensible Impulse für eine Weiterentwicklung des Spiels zu setzen, ohne dass die Situation von den Erzieher/-innen dominiert wird" (König, 2010, S. 28). Sprache und Dialog stellen für die soziale Interaktion und für den Lernprozess ein wesentliches Werkzeug dar (vgl. Aufschnaiter, 1999, S. 35). Denn sie können als Hilfsmittel zur Inszenierung (Herstellung) von Bildungsinhalten (vgl. H. Meyer, 1987) im Kindergarten betrachtet werden.

In diesem Zusammenhang formuliert Mary Ainsworth (1913–1999) (zit. n. Grossmann & Grossmann, 2000, S. 23) Kriterien für die mütterliche Feinfühligkeit gegenüber den Kommunikationen bereits im Säuglingsalter. Der Gesprächspartner des Kindes sollte demnach

– „verfügbar sein
– Signale des Partners (des Kindes) wahrnehmen

- Ausdruck für Empfindungen richtig interpretieren
- angemessen und prompt darauf antworten."

Denker (2012, S. 208) verdeutlicht, „dass ‚Feinfühligkeit mit sprachlichen Mitteln' v.a. für sekundäre Bindungsbeziehungen noch nicht hinreichend spezifiziert und v.a. in objektive, reliable und valide Instrumente überführt wurde, die in Ausbildungskontexten eingesetzt werden können, um gezielt die Verknüpfung von Sprache und Responsivität abbilden und beurteilen zu können." Feinfühlige sprachliche Interaktionen sind im Bildungsprozess der Kinder wichtig. „Nach Auffassung Bowlbys (1988, zit. n.: Grossmann & Grossmann, 2000, S. 22) nehmen bedeutsame Gefühle, die nicht sprachlich-kognitiv integriert wurden, dem Kind die Möglichkeit, sich mit gegenwärtigen Situationen realistisch und adaptiv auseinander zu setzen." Als Aufgabe für die Erzieher/innen kann aus bindungstheoretischer Sicht geschlussfolgert werden, Kinder aufmerksam wahrzunehmen und ihnen die Möglichkeit zur Äußerung bedeutsamer Gefühle zu geben und bei der Auseinandersetzung damit zu unterstützen, damit der sprachliche Ausdruck für ihre Erfahrungen und ein bestimmtes damit verbundenes bedeutsames Gefühl kognitiv gefestigt werden. Insofern ist „das bewusste Selbst […] repräsentiert durch die Qualität des sprachlichen Diskurses" (Grossmann & Grossmann, 2000, S. 22). Für naturwissenschaftliche Bildungsangebote im Kindergarten wird diese Verbindung zwischen Explorieren und Versprachlichen der damit einhergehenden Emotionen als wichtig in Bezug auf Motivation und auf nachhaltiges Interesse an naturwissenschaftlichen Phänomenen erachtet. Wagenschein (1970, S. 76, 1999, S. 87), der sich zum einen angeregt durch seine Frau Wera Wagenschein[16] (1899–1988) und zum anderen durch die Dissertation von Agnes Auguste Banholzer (1908–1982) (2008) auch mit dem naturwissenschaftlichen Verständnis von Kindergarten- und Grundschulkindern beschäftigt hat, hält Emotionen für „bewegende" und „beunruhigende" Momente, die den Denkprozess – angestoßen z.B. durch eine Frage am Anfang – in Bewegung setzen. „Es gibt keine echte Motivation ohne Emotion" (Wagenschein, 1970, S. 76).

Frühe naturwissenschaftliche Bildung und sprachliche Bildung der Kinder sind als wichtige Kompetenzbereiche im baden-württembergischen Orientierungsplan ausgewiesen (Ministerium für Kultus, Jugend und Sport Baden-Württemberg, 2011) und greifen entwicklungsfördernd ineinander. Denn eine kognitive

---

16 Aus Gesprächen mit Hannelore Eisenhauer und Dr. Klaus Kohl, die ich Anfang November 2011 in Goldern/Hasliberg im Wagenschein-Archiv besucht habe, über die Bedeutung von Wera Wagenschein für ihren Mann ging hervor, dass sie die Kinder-Seite stark betonte und daher ihrem Mann neue Impulse dazu gab.

Verarbeitung und Festigung abstrakterer Phänomene findet dann statt, wenn die Kinder über das Erlebte redeten (Hohenester, 2006). Nach Wilhelm H. Peterßen (2001, S. 124) bezeichnet das Gespräch „zugleich ein Ziel und eine Methode". „Die Kinder [und die Erzieher/in] sollen die Gelegenheit haben, sich durch eigene Worte einzubringen. Das Gespräch fördert die eigene sprachliche Codierung, die vernetzende Speicherung erworbener Informationen und so zugleich auch deren Abrufbarkeit. Insgesamt fördert das Gespräch das Behalten als letztes Moment im Lernprozess; es vermag das eigene Handeln auf das eigene Denken – und umgekehrt – zu beziehen und so eine ganzheitliche Bildung grundzulegen; es fördert die Sprach- und Ausdruckfähigkeit und somit die gesamte Kommunikations- und Interaktionsfähigkeit; es zwingt zu sozialer Einordnung (das Ich ist ständig auf das Du zu beziehen) und fördert so die Soziabilität" (ebd.). Diese Soziabilität zeigt sich durch ein intensives Aufeinandereingehen u.a. im sogenannten ‚lang anhaltenden gemeinsamen Nachdenken' (sustained shared thinking), sodass Gedanken zu einem Gegenstand des gemeinsamen Interesses ausgetauscht werden (Strehmel, 2010, S. 19). Das ist wichtig, weil aus neurobiologischer Sicht „unsere Hirne die Denkfähigkeit entwickeln, die in einem bestimmten Umfeld gebraucht werden und diejenigen sich zurückbilden, die keine soziale Resonanz finden" (Schäfer, 2011, S. 54). Soziabilität fördert demnach Bildung, die mit sich, mit anderen und der Welt geschieht. „Mit dem lang anhaltenden gemeinsamen Nachdenken verbunden sind Lerngelegenheiten zur Auseinandersetzung mit Phänomenen zur Begriffsbildung durch die Klärung von Wortbedeutung […] und zum Erproben der eigenen verbalen und nonverbalen Ausdrucksmöglichkeiten, die in einer von Begeisterung an der Erforschung und Erfindung geprägten Atmosphäre gefördert werden können" (Strehmel, 2010, S. 19).

„Kinder lernen Sprache im Dialog mit Erwachsenen und anderen Kindern. Dazu gehört von Seiten der Erwachsenen eine Gesprächsführung, die Kinder motiviert und sie anregt zu erzählen und mit der Sprache zu experimentieren" (Strehmel, 2010, S. 18). Erzieher/innen sollten Gesprächstechniken kennen und umsetzen können, damit sie „intensive und vertrauensvolle Gespräche mit Kindern" (Strehmel, 2010, S. 19) führen können. Unterstützende Strategien der Erzieher/innen können folgende sein:

– *„Ammensprache* (‚Babytalk'): ist gekennzeichnet durch eine hohe Tonlage, häufige Wiederholungen, einfaches Vokabular und ausgeprägte Betonungen
– die *stützende Sprache* (‚Scaffolding') bietet Kindern zunächst durch einfache Lall-Laute, später wortähnliche Vokalisierungen und schließlich konventionelle Wörter und Sätze ein Gerüst für die Sprache und ermöglicht ihnen die aktive Teilnahme an Dialogen im Alltag;

- *lehrende Sprache* („motherese') gibt Kindern durch transformierte Sätze, Spracherweiterungen und korrektives Feedback (bei grammatikalischen Fehlern) Sprachmodelle vor" (Weinert & Lockl, 2008, S. 96: zit. n. Strehmel, 2010, S. 18).

Als die Bildungs- und Lernprozesse förderliches Verfahren gilt zum Beispiel das 1976 von Jerome Bruner entwickelte Scaffolding. „Scaffolding (Gerüstbau) ist eine Methode, Kindern dabei zu helfen, ein Ziel zu erreichen, das sie allein möglicherweise nicht verwirklichen können" (Crowther, 2005, S. 41). Beispielsweise geben Erzieher/innen schriftliche und visuelle Hinweise für einen Versuch. Oder sie begrenzen den Versuch durch vorgegebene Materialien wie durch Gefäße einer bestimmten Größe, damit der Erfolg des Versuchs garantiert ist. Außerdem ermutigen die Erzieher/innen die Kinder in notwendigen Situationen und geben ihnen dadurch Hilfestellung (vgl. Crowther, 2005, S. 41). Unterstützend wirkt eine Lehrperson z.B. auch, indem sie den Kindern „mit Hinweisen, hinführenden Fragen, Ansätzen zur Lösung usw. zu Hilfe kommt" (Vygotskij, 2002, S. 327).

Aeschlimann und Buck (2010, S. 142, 2011, S. 27/28) formulieren für die Gesprächsführung mit Kindern im Vor- und Grundschulbereich folgende Orientierungslinien:

- „Behutsam vorgehen!
- Die Fragen bei den Kindern selbst entstehen lassen.
- Vermutungen und Formulierungen der Kinder ernst nehmen!
- Alle schnellen und endgültigen Erklärungen vermeiden!
- Das lebensweltliche Verstehen würdigen und nicht disqualifizieren!
- Nicht belehren und nicht bekehren, sondern das Denken und Argumentieren des Kindes stützen und weiterentwickeln wollen!"

Siegfried Thiel (2003, S. 103ff.) hält folgende Ideen für eine Gesprächsführung bei Frühpädagog/innen für angemessen:

- „Rolle des Lehrers bzw. der Erzieher/in: keine W-Fragen, sondern kommentierend oder aufgreifend; eine Frage ist verpackt in eine Aussage, die wiederum die Kinder animiert zu antworten bzw. etwas dazu zu sagen/ laut zu denken
- Schauen wir uns das jetzt mal genauer an: Lehrerin/Erzieherin betont das ‚WIR'
- Wortführer bremsen und schwache Kinder, an denen der Unterricht/ das Versuchen vorbei zu gehen scheint, einbeziehen/ animieren usw."

Kommunikation ist notwendig, damit Kinder ihre Sicht der Dinge entwickeln und anderen Kindern und Erwachsenen gegenüber kundtun können. „Sprache und Dialog sind gleichzeitig Merkmale der Beziehungsgestaltung zwischen Kindern und Erwachsenen. Erwachsene können Kinder in ihrem Sprachentwicklungsprozess unterstützen, wenn sie ihnen Zeit und Raum geben, sich zu artikulieren, sich auf deren Sprachebene einlassen, versuchen, die kindlichen Wortbedeutungen nachzuvollziehen und ‚aktiv zuzuhören'" (Schulz von Thun, Ruppel & Stratmann, 2000, zit. n. Strehmel, 2010, S. 18). „Für die kognitive Förderung bedeutet dies, das Interesse der Kinder an Ursache-Wirkungs-Zusammenhängen aufzugreifen und zu unterstützen. Wichtig sind nicht die Erklärungen der Erwachsenen, sondern die Anregungen zur genauen Beschreibung des Beobachteten und der Austausch über Vermutungen. Die Kinder sollten ermuntert werden, ihre Versuche zu überprüfen und diese zu variieren (z.B. mit anderen Gegenständen). Intensiviert wird diese kognitive Förderung, wenn die Kinder ihre persönlich bedeutsamen Erkenntnisse, gegebenenfalls mit Hilfe der Erzieherin dokumentieren (z.B. durch Zeichnungen, Photos, Wandzeitung)" (Kammermeyer, 2009, S. 181).

6.4.1 Äußerungen der Kinder

Die Art und Weise wie sich Kinder über ihre Erfahrungen mit naturwissenschaftlichen Phänomenen äußern können, ist vielfältig. In der europäischen Reformpädagogik wurde mit der Redewendung von Célestin Freinet „Kindern das Wort (zu) geben" der Eigenwert des Erzählens wieder neu entdeckt (vgl. Peterßen, 2001, S. 75f.). Seitdem wurde das „Erzählen von seinem unbewussten Gebrauch herausgelöst" und „die Notwendigkeit zu gezielter und bewusster Betrachtung und intentionalem Einsatz" durch das Erzählen erkannt (ebd., S. 76). Das Erzählen kann in unterschiedlichen Weisen geschehen: erzählen, beschreiben, berichten, wiedergeben, mitteilen, darstellen oder schildern (ebd.). Neben dem Erzählen können Kinder auch Sachverhalte erklären. Piaget unterscheidet bei Kindergartenkindern folgende Arten von Erklärungen: „‚Animistische' Naturerklärungen deuten die Gegebenheiten der unbelebten Natur, als seien sie belebt; ‚artifizialistische' Erklärungen deuten die Natur als wäre sie von Menschen geschaffen" (Montada, 2002a, S. 421). Finalistische Erklärungen schreiben Naturerscheinungen wie z.B. dem Wind einen Willen, ein Motiv oder eine Intention zu. Dabei findet eine moralische Bewertung statt (ebd., S. 422). „Ähnlich werden [andere] Naturerscheinungen aus ihrem Zweck wie menschliche Handlungen erklärt (finalistische Erklärungen): Steine sind da, damit Häuser gebaut werden können" (ebd.).

Hinter der Fähigkeit kausale Zusammenhänge zu Wort zu bringen, steckt die Fähigkeit von Kindern zu kausalem Denken. „Piaget (1974, 1978) ging davon aus, dass Denkfehler von Vorschulkindern darauf zurückzuführen sind, dass sie noch nicht zu kausalem Denken fähig sind, weshalb diese Phase auch präkausale Phase genannt wird. Die neuere Forschung zu kausalem Denken zeigt jedoch, dass Kinder bereits im Alter von drei bis vier Jahren nach Erklärungen für Phänomene suchen. Sie probieren aus und ziehen aus den Wirkungen Schlüsse auf die Ursache von Ereignissen, wenn für das beobachtete Phänomen kein spezifisches Vorwissen nötig ist" (Bullock&Sodian, 2003, zit. n. Kammermeyer, 2009, S. 180f.). Aus diesem Grund können Erzieher/innen die Kinder dabei unterstützen, ihre kausalen Schlüsse zu verbalisieren.

6.5 Involvement durch nonverbales Handeln von Erzieher/innen und Kindern

Nonverbale Kommunikation wurde bislang in der Lehr- und Lernforschung bzw. auch in Professionalisierungskonzepten vernachlässigt. Kinder sowie Lehrpersonen, in diesem Fall auch Erzieher/innen, beeinflussen mit ihren nonverbalen Aktivitäten das Geschehen. „Die Leiblichkeit der in pädagogisches Handeln Einbezogenen – die der sogenannten Educanden (Adressaten, Klienten) ebenso wie die der professionell Handelnden – bleibt in den üblichen Theoriebildungen und bei praktischem Handeln zumeist unberücksichtigt. Sie wirkt aber stets und ständig mit in die Handlungssituation hinein […]" (Nieke, 2002, S. 19). Nonverbale Kommunikation bezieht sich dabei auf nicht-sprachliche Verhaltens- und Interaktionselemente wie z.B. Körperkontakt, Körperbewegungen, Körperhaltung, Gesten, Gebärden, Gesichtsausdruck, Mimik, Sprechweise, Stimme, äußere Erscheinung, Tonfall u.a. Formen der Körpersprache (Korpics 2000, S. 10ff., zit. n. Thornton, 2010, S. 11).

Denker (2012, S. 32) sieht insbesondere in der „Bindung als eigenständige[m] Verhaltenssystem" die „Grundlage für Explorationsfähigkeit", für „Lernen in sozialen Bezügen" und für „generational-kultureller Wissensweitergabe". Wenn Kinder in Interaktion mit der Erzieher/in Geborgenheit und Zuwendung erfahren, dann hat das positive Auswirkung auf die sozial-kognitive Leistungsfähigkeit der Kinder (vgl. Siegel 2001: 88; Largo 2006: 101, 113; Bischof-Köhler 2011: 121; Drieschner 2011a: 4, zit. n. Denker, 2012, S. 32f.). „Insbesondere die Emotionalität wird als wichtiger Indikator in der vorschulischen Erziehung angesehen" (Tausch et al. 1973; Brandt/Wolf 1985; Ahnert 2004 zit. n. König, 2010, S. 26). „Mit der emotionalen Beziehung wird in den einzelnen Studien auf ein Vertrauensverhältnis zwischen Erzieher/-innen und Kind hingewiesen, dass es im gegenseitigen Bezug aufzubauen gilt und welches als Ausgangspunkt für alle weiteren Interaktionserfahrungen gesehen werden kann" (König, 2010, S. 26).

6.5.1 Nonverbale Aktivitäten der Erzieher/in

Barbara Rogoff entwickelte in den 1980er/1990er Jahren das Konzept der guided participation, der geteilten Partizipation, bei dem Vygotskys Bedeutung der Sprache in sozialen Interaktionen um die einflussreiche Bedeutung der nonverbalen Kommunikation im Lernprozess von Kindern erweitert wurde. "Children's cognitive development is an apprenticeship – it occurs through guided participation in social activity with companions who support and stretch children's understanding of and skill in using the tool of the culture" (Rogoff, 1990, Preface). „The concept of guided participation highlights that cognitive development occurs in a social context while extending sociocultural theory beyond language-based dialogue. Importantly, guided participation builds on and extends Vygotky's notion of [zone of proximal development] ZPD" (Scott & Palincsar, 2013). "While this sounds very similar to ZPD, Rogoff explicitly states that guided participation focuses more centrally on the interrelatedness of children and caregiver interactions and the fact that the 'guided' does not necessarily mean face to face. […] Emphasis on tacit, distal and non-verbal forms of communication stands in contrast to Vygotsky's emphasis on didactic dialogue. This helps to broaden the lens of sociocultural theory beyond language-based interactions as the primary source of learning culture" (ebd.). Die kognitive Entwicklung von Kindern wird demnach durch das nonverbale Handeln von Erzieher/innen beeinflusst.

Im baden-württembergischen Orientierungsplan wird neben einer „positiven emotionalen Bindung" der Stellenwert des „Beobachtens" aber auch des „korrigierenden Eingreifens" bzw. „lenkenden Eingreifens" z.B. beim Umgang mit Gegenständen als nonverbale Aktivitäten der Erzieher/in herausgestellt (Ministerium für Kultus, Jugend und Sport Baden-Württemberg, 2011, S. 22). Mit nonverbaler Kommunikation könne laut König (2010, S. 28) eine „gemeinsame Ebene des Verständnisses" aufgebaut werden, sodass die jungen Kinder entspannt wirkten und ihre „Zufriedenheit mit Blickkontakt und einem Lächeln für die Bezugsperson" bekunden könnten. Die Aufgabe der Erzieher/in sei es, sich in Kinder einzufühlen und ihre Handlungen adaptiv – genau passend – an den Kindern auszurichten.

Im Hinblick auf das Beobachten gibt es unterschiedliche Strategien: Während bei „'spontanen' Beobachtungen meist Dinge, mit denen wir uns gerade beschäftigen" (König, 2010, S. 37) in den Blick fallen, wird mit dem „Begriff

‚systematische' Beobachtung […] darauf abgehoben, dass eine bestimmte Beobachtungsstruktur im Vorfeld der Beobachtung ausgewählt wird. Dieses planmäßige Vorgehen geschieht in der Absicht, sich mehr Klarheit über bestimmte Entwicklungsschritte der Kinder oder über bestimmte Interessengebiete der Kinder zu verschaffen" (ebd., S. 38). Durch die Beobachtung wird der Blick einer Erzieher/in auf das Handeln des Kindes gelegt, um sich zu sensibilisieren und das pädagogische Handeln auf den Lernprozess der Kinder abzustimmen (ebd., S. 39f.). Ein Schritt zur Verbesserung der Qualität in frühpädagogischen Einrichtungen sei v.a. dann vollzogen, wenn sich die Informationen über den Lernprozess der Kinder tatsächlich in das pädagogische Handeln einfließen könnten (ebd., S. 41).

Für die vorliegende Studie stellt sich die Frage, welche konkreten nonverbalen Aktivitäten seitens der Erzieher/innen sich in Videos zeigen und durch ein Beobachtungsinstrument kategorial erfasst werden können.

6.5.2 Nonverbale Aktivitäten der Kinder: explorieren und experimentieren

Der baden-württembergische Orientierungsplan legt als Aufgabe für Erzieher/innen fest, sich u.a. mit bildungsförderlichen nonverbalen Handlungen z.B. im Bildungs- und Entwicklungsfeld „Körper" auseinanderzusetzen (Ministerium für Kultus, Jugend und Sport Baden-Württemberg, 2011, S. 73–80). Das schließt das aktive Entdecken der Welt „mit allen Sinnen und vor allem in Bewegung" (ebd., S. 78) ein. „Welche differenzierten Anregungen erfährt das Kind für die Entwicklung seiner Grob- und Feinmotorik?, Wo und wann hat das Kind die Möglichkeit, sich mit seinem ganzen Körper einzusetzen, den Einsatz von Druck und Kraft zu üben und zu differenzieren?" (ebd., S. 76). Naturwissenschaftliche nonverbale Erfahrungen könnten beispielsweise das Aufnehmen der Umwelt mit allen Sinnen; das Beobachten von Details in Farbe, Größe und Form; den Raum durch aktives Erleben kennen zu lernen; das Sammeln, Sortieren und Ordnen von Materialien sein (vgl. Crowther, 2005, S. 383).

In Bezug auf das nonverbale Handeln in naturwissenschaftlichen Kontexten hat sich Anja Dhein (2011, S. 49–55) mit der Unterscheidung der Begriffe „Explorieren" und „Experimentieren" im Kindergartenalter beschäftigt: Kinder im Kindergarten explorieren, d.h. sie nehmen ihre Lernumgebung spielerisch wahr und setzen sich zunächst auf unsystematische Weise mit ihr auseinander. „Als unspezifische Aktivitäten werden ‚das allgemeine Neugierverhalten, das Herumprobieren und das Manipulieren mit und an Gegenständen, Geräten und Materialien sowie der häufig bei Kindern zu beobachtende willkürliche und verfremdende Gebrauch der Dinge verstanden"" (Soostmeyer 1978, S. 181, zit. n. Dhein, 2011, S. 52). Je mehr Erfahrungen gesammelt werden, desto systematischer werden die Handlungen der Kinder – desto mehr gelangen die Kinder vom vorwissenschaftlichen Explorieren zum immer wissenschaftlicheren Explorieren, das dem Experimentieren immer ähnlicher wird (Dhein 2011). In Bezug auf das Entwickeln von eigenen Fragestellungen der Kinder, argumentiert Klaus Scheler (2008, S. 43): „Als Voraussetzung und gewissermaßen als Vorstufe für naturwissenschaftliche Fragestellungen und systematisches Vorgehen – also für das Experimentieren im erweiterten Sinne – muss eine gewisse Erfahrung mit dem Phänomenbereich vorhanden sein. Diese kann bei Kindern nicht unbedingt vorausgesetzt werden, sodass ihnen dazu zunächst einmal Gelegenheit dazu gegeben werden muss." Als notwendige Bedingung für eigene Fragen der Kinder sieht Scheler (ebd.) individuelle Explorationen der Kinder.

Aus naturwissenschaftlicher Sicht betont Wagenschein (2003, S. 12): „Die Explorationen dieser Kinder *sind* noch nicht Physik". Er verweist dabei auf den Prozess vom vorwissenschaftlichen Explorieren im Kindergarten zum wissenschaftlichen Experimentieren in höheren Schulklassen. Dem Begriff „Experiment", der im Lateinischen ‚Versuch' bedeutet, wohnt eine Systematik inne (ebd.). „Was man immer wieder-holen kann, das ist ‚in der Ordnung' (der Kausalität). Genauso verlangt der Physiker von einem richtigen Experiment, daß es immer wieder ‚geht' und daß immer dasselbe dabei herauskommt (übrigens auch: ohne Ansehen der Person, die es macht)" (ebd., S. 31).

6.6 Gestaltung einer Lernumgebung

Bei der Gestaltung von Lernumgebungen wird in der Didaktik auch von Inszenierung gesprochen. Wie eine solche Inszenierung bzw. Gestaltung eines naturwissenschaftlichen Bildungsangebotes bezogen auf aktuelle lerntheoretische Aspekte im Kindergarten aussehen sollte, wurde bereits mit der sozialkonstruktivistischen Erkenntnistheorie (Kapitel 5.4.4) skizziert. In den vorangegangenen Ausführungen wurden außerdem Verhaltensweisen von Erzieher/innen besprochen, die sich als förderlich im Bildungsprozess der Kinder erweisen. Methodisch-didaktische Fragen richten sich aber auch darauf, welche Sachthemen für Kindergartenkinder von Bedeutung sind und wie oberflächenstrukturelle Möglichkeiten der Sequenzierung aussehen und wie eine bildungsförderliche Organisation von Lerngruppen in Kontexten früher naturwissenschaftlicher Bildung beschrieben werden kann.

6.6.1 Wahl der Sachthemen

Donata Elschenbroich (2010) führt in die Welt der „Dinge" ein, in die sich Kinder von Beginn an hineinarbeiten, Wissen darüber entwickeln und Bedeutungen der Dinge ein Leben lang behalten und deswegen auch persönlichkeitsbildend sind. Die Wahl der Sachthemen für Kindergartenkinder fällt bei ihr auf sämtliche Themen und Gegenstände aus dem Alltag, weil diese für die Kinder viel spannender sind als Spielzeug. Belebte oder unbelebte Gegenstände, solche, die beseelt sind, Gegenstände aus unterschiedlichem Material, mit verschiedenen Eigenschaften wie Formen und Farben erreichen im Kindesalter eine besondere durch Sinne erfahrbare Aufmerksamkeit, an die persönliche Erinnerungen und Bedeutungen geknüpft werden bis ins Erwachsenenalter. „Viele Lektionen der Dinge sind uns als Erwachsene nicht mehr bewusst, weil der Umgang mit ihnen unwillkürlich und achtlos geworden ist. Im kindlichen Interesse an den Kräften in den Dingen, ihrem Eindringenwollen […] erkennen wir ein ursprüngliches *Wissenwollen*" (Elschenbroich, 2010, S. 17). Diese Perspektive ermutigt Erwachsene, sich zu trauen mit den Kindern zurück zur Natur zu gehen und sich spielerisch und kommunikativ mit ihnen gemeinsam auf die naturwissenschaftlichen Alltagsphänomene aus ihrer Erfahrungswelt einzulassen. Das Begreifen von Luft (dehnt sich aus, zieht sich zusammen je nach Temperatur), und das Erleben von Wasser (Oberflächenspannung, Mischbarkeit mit anderen Flüssigkeiten, Adhäsion und Diffusion) aber auch Ernährung und Lebensmittel (Vitamine z.B. Vitamin C; Farbe der Möhre, Ei, Brause selbst machen) hält Lück (2009) für sinnvolle und kindgerechte Themen. Salman Ansari schlägt z.B. die Auseinandersetzung mit Löwenzahn, Pilzen oder Vogelnestern für den Elementarbereich vor (Ansari, 2009). Insgesamt muss sich laut Ansari (2009, S. 19f.) die Auseinandersetzung mit naturwissenschaftlichen Sachthemen an den Wahrnehmungs- und Erfahrungsmöglichkeiten der Kinder ausrichten.

6.6.2 Elemente bei der Gestaltung einer Lernumgebung: Sequenzierung und Organisation von Lerngruppen

Das Einteilen von Lernprozessen im Unterricht in bestimmte aufeinanderfolgende Phasen, geht zurück auf Johann Friedrich Herbart (1776–1841) und die von ihm entwickelte Formalstufentheorie (Blankertz, 2011, S. 150–152). „Er meinte den natürlichen Gang des Lernens in zwei Phasen ausdrücken zu können: Vertiefung und Besinnung." Herbarts Empfehlung war, Lehren sollte in allen Fällen in vier aufeinanderfolgenden Phasen oder Stufen stattfinden: Klarheit, Assoziation, System und Methode" (vgl. Blankertz, 2011, S. 151; vgl. Peterßen,

2001, S. 42). Der Gedanke der Einteilung von Unterricht bzw. pädagogischer Angebote in bestimmte Phasen ist von vielen Pädagogen wie z.b. von Heinrich Roth in unterschiedlicher Weise aufgegriffen und dargestellt worden (Peterßen, 2001, S. 43). Mit solchen schematischen Verlaufsplanungen, auch Artikulation des Unterrichts genannt, geht es um „Sequenzierung" von Lernverläufen, die variabel eingesetzt dabei helfen, Einsichten in den eigenen Unterricht bzw. in Bildungsangebote im Kindergarten zu erhalten (ebd.). Die Lehrperson kann dadurch z.b. Lernbedürfnisse von Kindern mit besonderen Bedingungen abstimmen und bewusst steuern (vgl. ebd). Klassischerweise gilt das E-E-E-Modell, bei dem der Lernverlauf nach Einleitung, Erarbeitung und Ergebnissicherung strukturiert ist (Peterßen, 2001, S. 62).

Neben der Sequenzierung fokussiert die Studie auch die Organisation von Lerngruppen im Kindergarten und inwieweit sie Hinweise auf handlungskompetentes Verhalten der Erzieher/innen geben können. In der SPEEL-Studie (vgl. Textor, 2012) wurde bereits darauf hingewiesen, dass die Zusammenarbeit in Kleingruppen gefördert werden sollte, weil sie die kognitive und soziale Entwicklung der Kinder unterstützen. Solche Kleingruppenarbeit kann prinzipiell arbeitsgleich, arbeitsteilig, aufgabengleich oder aufgabenverschieden sein (Peterßen, 2001, S. 139). Kleingruppenarbeit wird abgegrenzt von Arbeit in Großgruppen, von Partner- und Einzelarbeit. Welche Form gewählt wird, ist abhängig vom Lernziel, das die Erzieher/innen für die Lernprozesse vorbereitet haben.

Für die vorliegende Studie interessiert, inwieweit im Kindergarten Phasen der pädagogischen Angebote als Sichtstruktur festgestellt und beschrieben werden können und inwieweit sie bei der Interpretation von Handlungskompetenz in Kontexten früher naturwissenschaftlicher Bildung Aufschluss geben. Die Frage ist, wie diese Phasen im Zusammenhang mit anderen Strukturen der Bildungsangebote, wie z.b. der Organisation von Lerngruppen oder Kommunikationsprozessen stehen.

6.7 Ein Resümee

Die Messbarmachung von Handlungskompetenz durch ein Beobachtungsinstrument ist notwendig auf beobachtbare Indikatoren pädagogischen Handelns angewiesen, die im Hinblick auf Handlungskompetenz interpretiert werden können. Solche Indikatoren beziehen sich auf sogenannte Sichtstrukturen pädagogischer Angebote, womit alle Lehrhandlungen von Lehrpersonen bezeichnet werden. Die Qualität dieser ‚Lehrhandlungen' in Kindergärten fällt u.a. unter den Begriff der Prozessqualität einer Kindertageseinrichtung. Aus internationalen Studien wie z.b. der EPPE-Studie wird die Aufmerksamkeit auf gut ausgebildetes pädagogisches

Personal gelenkt, die zu einer besonders guten Prozessqualität beitragen. Neben der Bereitstellung einer anregenden, spielreichen Lernumgebung in Kleingruppen durch die Erzieher/innen ist das verbale Handeln der Erzieher/innen in der Interaktion mit dem Kind ein wesentlicher Faktor für einen gelingenden Bildungsprozess der Kinder. Kompetentes Personal orientierte sich an langanhaltenden Dialogen in einem gemeinsamen Denk- und Problemlöseprozess (sustained-shared thinking), bot vermehrt offene Fragen an, strukturierte den Lernprozess der Kinder durch unterstützende Sprache (Scaffolding) und ließ die Kinder durch Selbstbestimmung ihren Lernprozess selbst mitgestalten und vorantreiben.

Trotz der Ausdifferenzierung des verbalen Handelns bleibt das sprachliche Verhalten der Erzieher/in weiterhin ein Desiderat, um u.a. mehr über die Bildungsprozesse im Kindergarten zu erfahren (Roux, 2009). Insbesondere ist durch die NUBBEK-Studie (Tietze u.a. 2012) auf der Basis bestehender Messinstrumente ein Informations- und Forschungsbedarf in Bezug auf die Prozesse in deutschen Kindergärten festgestellt worden. Die Entwicklung von weiteren Instrumenten, womit Informationen über Prozesse im Kindergarten erhoben werden können, stellt ein Desiderat dar.

Ansatzpunkte werden hier zum einen in der Gestaltung eines pädagogischen Angebots gesehen. Bestimmte Sachthemen, eine Phasenstruktur in Lernangebot und Sozialformen lassen sich als zentral herausstellen. Darüber hinaus können sowohl das verbale als auch das nonverbale Involvement von Erzieher/innen als relevante Elemente auf der Prozessebene gesehen werden. Insgesamt wurde aus den Ausführungen deutlich, dass sich Kategorien eines Beobachtungsinstrumentes sowohl auf Erzieher/innen als auch auf Kinder als die an einem Interaktionsprozess beteiligten Partner beziehen müssten.

7. Handlungstheoretische Überlegungen

Das professionelle pädagogische Handeln von Erzieher/innen in Kontexten früher naturwissenschaftlicher Bildung ist der Dreh- und Angelpunkt der Studie. Daher soll im Folgenden der Handlungsbegriff mit seinen Implikationen verdeutlicht werden.

7.1 Kommunikatives Handeln

Bisher traten Begriffe wie „Interaktion", „pädagogisches Handeln", „verbale und nonverbale Kommunikation" nebeneinander auf, ohne eine begriffliche Systematik vorgewiesen zu haben. Diese soll im Folgenden – mit Hilfe der Linguistik – verdeutlicht werden, ehe nachfolgend der Handlungsbegriff aus soziologischer Perspektive zugrunde gelegt wird. Linke et al. (1996, S. 173) bringen eine begriffliche Ordnung im Zusammenhang mit „Handeln" und „Interaktion" auf verbaler und nonverbaler Ebene hervor (vgl. Abb. 1).

Abb. 1: Einordnung des Begriffs „Handeln" (Linke et al. 1996, S. 173)

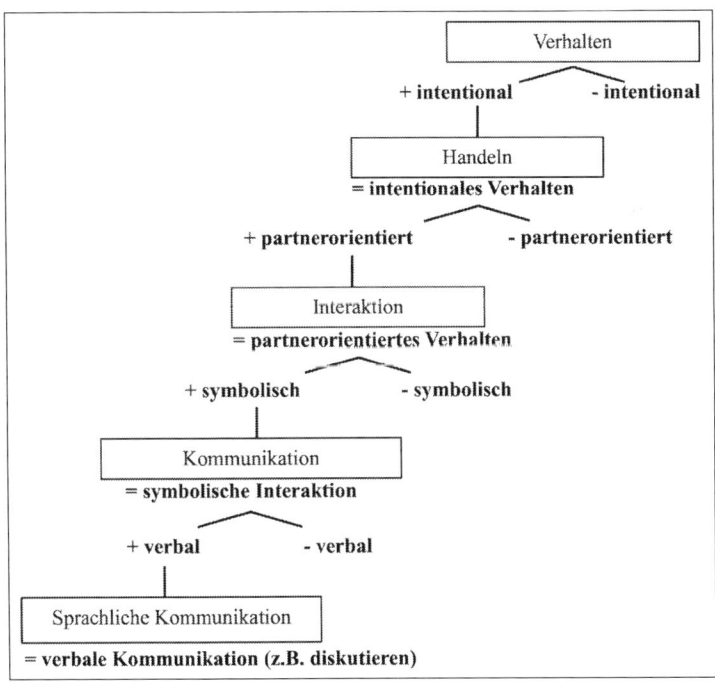

Nach Linke et al. (1996, S. 173) ist kommunikatives Handeln ein Verhalten, das intentional oder nicht intentional sein kann. Ein absichtsvolles Verhalten wird als Handeln bezeichnet. In der Interaktion zwischen Individuen kommt intentionales Verhalten (Handeln) zum Tragen, das partnerorientiert sein muss. Im anderen Fall bleibt es intentionales Verhalten, das nicht partnerorientiert ist. Kommunikation nimmt darauf Bezug, dass alles intentionale und partnerorientierte Verhalten mit Symbolen verknüpft ist. Im Fall nonverbalen Verhaltens werden keine sprachlichen Laute gebildet, sondern nonverbale Symbole verwendet. Nonverbales Verhalten ist Kommunikation auf der Ebene symbolischer Interaktion. Da bei sprachlicher Kommunikation verbale Laute gebildet werden, grenzt sich verbale Kommunikation von nonverbaler Kommunikation ab. Insofern kann von verbalem und nonverbalem Handeln gesprochen werden. Beides ist Kommunikation, die Interaktion und Handlung einschließt. Kommunikatives Handeln ist als intentionales, partnerorientiertes und symbolisches Verhalten zu charakterisieren (vgl. ebd.). Wenn Erzieher/innen also Lernumgebungen gestalten und Kinder durch ihre pädagogischen Handlungen und Interaktionen naturwissenschaftlich bilden, handeln und interagieren sie absichtsvoll mit den Kindern auf der Basis von verbaler und nonverbaler Kommunikation.

7.2 Die Theorie kommunikativen Handelns

In der Soziologie wird der Handlungsbegriff differenziert bezüglich der gesellschaftlichen Funktion beleuchtet. Das ist für die vorliegende Studie deswegen logisch konsequent und notwendig, weil Erzieher/innen und Kinder im Kindergarten bei der Auseinandersetzung mit naturwissenschaftlichen Phänomenen ein soziales Gefüge darstellen und absichtsvolle Handlungen in Kommunikationsprozessen vollziehen.

Die Theorie des kommunikativen Handelns wurde von dem Soziologen Jürgen Habermas unter dem Einfluss der meta- und mikrotheoretischen Handlungstheorie des Symbolischen Interaktionismus mit seinen Hauptvertretern George Herbert Mead (1863–1931) und Herbert George Blumer (1900–1987) entwickelt (vgl. Findte, 2001, S. 34f.; vgl. Helle, 2001, S. 67, 93). Mit Bezug zum Pragmatismus spielten in der Wende vom 19. zum 20. Jahrhundert im Symbolischen Interaktionismus Ansätze zur Kommunikation eine zentrale Rolle um gesellschaftliche Strukturen handlungstheoretisch zu erklären (Findte, 2001, S. 26).

In der Habermas'schen Theorie kommunikativen Handelns wird das Verb ‚handeln' bzw. das Substantiv ‚Handeln' von dem Begriff ‚Handlung' unterschieden (Hegeler-Burkhart, 2007, S. 25). Während das Handeln den allgemeineren Begriff darstellt, sind Handlungen spezifischere Elemente des Handelns (vgl. ebd.). Habermas bezieht sich in seinen Ausführungen über das Handeln und Handlungen auf die Dreiweltentheorie von Karl R. Popper (1902–1994), der zufolge Popper folgende „drei Welten oder Universen" unterscheidet: „die Welt der physikalischen Gegenstände oder physikalischen Zustände; die Welt der Bewußtseinszustände oder geistigen Zustände oder der Verhaltensdispositionen; die Welt der objektiven Gedankeninhalte, insbesondere der wissenschaftlichen und dichterischen Gedanken und der Kunstwerke" (Popper 1973, S. 123 zit. n. Habermas, 1987, S. 115). Für Habermas ist dieser dreifache Weltenbezug wichtig (vgl. Habermas, 1987, S. 144). Denn mit Handlungen verbindet er „nur solche symbolischen Äußerungen, mit denen der Aktor […] einen Bezug zu mindestens einer dieser Welt (aber stets *auch* zur objektiven Welt) aufnimmt" (Habermas, 1987, S. 144). Die Bezüge zur Welt kann ein Individuum in unterschiedlicher Weise vollziehen. Habermas unterscheidet „*Körperbewegungen* und *Operationen*, die in Handlungen *mitvollzogen* werden und nur *sekundär*, nämlich durch *Einbettung in eine Spiel- oder Lehrpraxis*, die Selbstständigkeit von Handlungen erlangen können" (Habermas, 1987, S. 144).

Handlungen werden „durch Bewegungen des Körpers realisiert, aber doch nur so, daß der Aktor diese Bewegungen, wenn er einer technischen oder einer sozialen Handlungsregel folgt, *mitvollzieht*. Der Mitvollzug bedeutet, daß der Aktor die Ausführung eines Handlungsplans intendiert, aber nicht etwa die Körperbewegung, mit deren Hilfe er seine Handlungen realisiert. […] Eine Körperbewegung ist Element einer Handlung, aber keine Handlung" (Habermas 1987, S. 146). „Denk- und Sprechoperationen werden immer nur in anderen Handlungen mitvollzogen" (ebd.). „Unter dem Aspekt beobachtbarer Vorgänge in der Welt erscheinen Handlungen als körperliche Bewegungen eines Organismus. Diese zentralnervös gesteuerten körperlichen Bewegungen sind das Substrat, in dem Handlungen ausgeführt werden. Mit seinen Bewegungen verändert der Handelnde etwas in der Welt" (ebd., S. 144).

Ein zusammenhängender Exkurs

Um die Zusammenhänge zu verdeutlichen, lohnt sich ein Blick auf ein Schema, das von Winfried Hacker (2005, S. 68) aus der Arbeitspsychologie hervorgebracht wurde (Abb. 2). Hacker stützt sich dabei auf die aus der kulturhistorischen Schule stammende Tätigkeitstheorie, die in 1920er Jahren von den drei russischen Psychologen Lew S. Vygotskij (1896–1934), Alexander R. Lurija (1902–1977) und Alexei N. Leontjew (1903–1979) in der damaligen Sowjetunion entwickelt wurde (vgl. Leontjew, 1979, S. 283f.). Aufgrund ihrer Analogie bzw. Gleichsetzung zu den Habermas'schen Begrifflichkeiten erscheint dies gerechtfertigt (vgl. Hegeler-Burkhart, 2007, S. 28).

Der hierarchische Aufbau einer Tätigkeit beginnt bei Hacker (2005, S. 68) mit der Aktion eines bestimmten Muskels, wodurch eine Bewegung beim Individuum ermöglicht wird. Diese Körperbewegungen führen zu Operationen, die als Teilhandlungen beschrieben werden. Mehrere solcher Teilhandlungen bzw. Operationen münden in eine Handlung. Erst eine Kette von Handlungen bestimmt die Tätigkeit. Bei Leontjew heißt es: Eine „Tätigkeit wird gewöhnlich durch eine Gesamtheit von Handlungen verwirklicht, die Teilzielen untergeordnet sind, welche aus dem gemeinsamen Ziel abgeleitet werden können" (Leontjew, 1979, S. 104). Als gemeinsames Ziel bzw. Oberziel der einzelnen Handlungen und Teilhandlungen in der Tätigkeit einer Erzieher/in würde hier die Erfüllung des Auftrags zur Frühkindlichen Betreuung, Bildung und Erziehung der Kindergartenkinder zugeordnet werden können. In Abhängigkeit dieses Handlungsmotivs führt eine Erzieher/in ihre berufliche Tätigkeit aus. Bezogen auf die Thematik der vorliegenden Studie bedeuten die Habermas'sche Handlungstheorie und die Tätigkeitstheorie, dass Erzieher/innen durch gesprochene Sätze und nonverbale Aktivitäten operativ handeln können. Indem eine Erzieher/in beispielsweise den Mund, die Stimmbänder und die Zunge durch Aktion bestimmter Muskeln bewegt, erzeugt sie einen Satz und führt dadurch eine operative Sprechhandlung aus. Indem eine Erzieher/in eine Gestik oder Mimik unter Nutzung von Muskulatur und Bewegung der Extremitäten zeigt, vollzieht sie eine Körperbewegung auf operativer Ebene. Abhängig sind solche Operationen immer von Teilzielen. Mit bestimmten Sätzen oder Köperbewegungen können die Erzieher/innen bestimmte Ziele bzw. Absichten verfolgen.

Nach dem theoretischen Ansatz führen mehrere solcher Teilhandlungen von Erzieher/innen zur übergeordneten Handlung mit dem Ziel einer adäquaten Gestaltung einer frühkindlichen Lernumgebung mit naturwissenschaftlichem Bezug. Diese verbalen und nonverbalen Operationen gewinnen jedoch nur in einem situativen Kontext, der hier mit der Gestaltung naturwissenschaftlicher Bildungsangebote im Kindergarten beschrieben werden kann, Bedeutung. Eine Bewertung von Operationen als Sprechhandlungen und nonverbalen Handlungen der Erzieher/innen kann daher nur vor dem Hintergrund der theoretischen Voraussetzungen des spezifischen (hier: des frühen naturwissenschaftlichen) Kontextes vorgenommen werden.

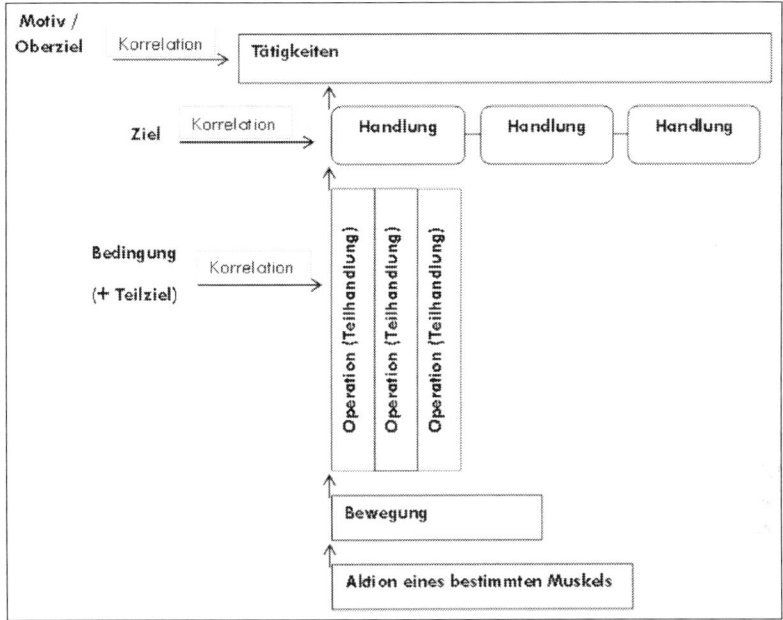

Zurück zu Habermas

Insgesamt geht Habermas nicht von *einem* Handlungsbegriff aus, sondern er definiert „vier analytisch gut zu unterscheidende Grundbegriffe" des Handelns (Habermas, 1987, S. 115, 126–128):

„Der Begriff des *teleologischen Handelns* steht seit Aristoteles im Mittelpunkt der philosophischen Handlungstheorie. […] Der Aktor verwirklicht einen Zweck bzw. bewirkt das Eintreten eines erwünschten Zustandes, indem er die in der gegebenen Situation erfolgversprechenden Mittel wählt und in geeigneter Weise anwendet" (ebd., S. 126f.).

→ Indem eine Erzieher/in sich z.B. äußert oder sich nonverbal in bestimmter Weise verhält, kann ihr ein bestimmter Zweck bzw. der Wunsch nach Eintreten dieses Zwecks oder dieser Absicht unterstellt werden.

„Das teleologische wird zum *strategischen* Handlungsmodell erweitert, wenn das Erfolgskalkül des Handelnden die Erwartung von Entscheidungen mindestens eines weiteren zielgerichtet handelnden Aktors eingehen kann" (ebd., S. 127).

→ Indem die Kinder auf die Erzieher/in reagieren, ist es prinzipiell möglich, dass das Erfolgskalkül der Erzieher/in bei den Kindern tatsächlich eintritt.

„Der Begriff des *normenregulierten* Handelns bezieht sich nicht auf das Verhalten eines prinzipiell einsamen Aktors, der in seiner Umwelt andere Aktoren vorfindet, sondern auf Mitglieder einer sozialen Gruppe, die ihr Handeln an gemeinsamen Werten orientieren. […] Normen drücken ein in einer sozialen Gruppe bestehendes Einverständnis aus (ebd.).

→ Die Kindergartengruppe samt Kindern und Erzieher/innen stellt eine soziale Gruppe dar, die durch die westliche Kultur geprägt ist und daher Normen und Werte dieser westlichen Welt hauptsächlich lebt und weitergibt.

„Der Begriff des *dramaturgischen* Handelns bezieht sich primär weder auf den einsamen Aktor noch auf das Mitglied einer sozialen Gruppe, sondern auf Interaktionsteilnehmer, die füreinander ein Publikum bilden, vor dessen Augen sie sich darstellen. Der Aktor ruft in seinem Publikum ein bestimmtes Bild, einen Eindruck von sich selbst hervor, indem er seine Subjektivität mehr oder weniger gezielt enthüllt" (ebd.).

→ Bei der Auseinandersetzung mit naturwissenschaftlichen Phänomenen sind Kinder und Erzieher/innen Interaktionspartner, die sich aufgrund ihrer spezifischen Art des Umgangs miteinander aber auch aufgrund der speziellen Art der Gestaltung und Nutzung der Lernumgebung selbst nach außen hin darstellen. Dies offenbart einen Einblick in die dargestellte Subjektivität des Individuums.

„Der Begriff des *kommunikativen* Handelns schließlich bezieht sich auf die Interaktion von mindestens zwei sprach- und handlungsfähigen Subjekten, die (sei es mit verbalen oder extraverbalen Mitteln) eine interpersonale Beziehung eingehen. Die Aktoren suchen eine Verständigung über die Handlungssituation, um ihre Handlungspläne und damit ihre Handlungen einvernehmlich zu koordinieren. Der zentrale Begriff der *Interpretation* bezieht sich in erster Linie auf das Aushandeln konsensfähiger Situationsdefinitionen. In diesem Handlungsmodell erhält die Sprache […] einen prominenten Stellenwert" (ebd., S- 128).

→ Die Interaktion zwischen Kindern und Erzieher/innen ist durch eine interpersonale Beziehung gekennzeichnet, in der sprachliche Prozesse zur Handlungskoordination in Kontexten früher naturwissenschaftlicher Bildung beitragen.

Sprache ist für Habermas die Voraussetzung für kommunikatives Handeln und Medium von Verständigungsprozessen. Nach Habermas ist nicht einseitige Einflussnahme sondern wechselseitige Verständigung und Konsens der Sinn sprachlicher Kommunikation (Findte, 2001, S. 36). Insofern ist bei Habermas das sozialkonstruktivistisch geprägte ko-konstruktive Prinzip, indem z.B. Erzieher/innen und Kinder sich auf Augenhöhe begegnen, inbegriffen. „Die Fähigkeit der Sprecher, unterscheiden zu können, wann sie wie auf andere wirken, wann und wie sie sich mit anderen verständigen können bzw. wann Verständigungsversuche fehlschlagen, nennt Habermas kommunikative Kompetenz" (ebd., S. 37). Demnach müsste eine kompetente Erzieher/in genau wissen, mit welchen sprachlichen Mitteln sie bestimmte Wirkungen bei den Kindern erzielen kann. Für eine Bildungsförderung erscheint dieser Aspekt sehr zentral. Wenn eine Erzieher/in handlungskompetent im Sinne von kommunikativer Kompetenz sein soll, dann müsste sie ihr kommunikatives Verhalten genau reflektieren um es in der Praxis adäquat umsetzen zu können. Insofern zählt kommunikative Kompetenz zu Handlungskompetenz einer Erzieher/in.

„Idealerweise setzen Sprecher ihre kommunikative Kompetenz ein, um sich mit anderen Sprechern zu verständigen, d.h. ‚einen sprachlichen Ausdruck identisch (zu) verstehen'" (Habermas 1988, Bd.1, S. 412 zit. n. Findte, 2001, S. 37). „Um eine solche Verständigung herstellen zu können, liegt es, […] in der kommunikativen Absicht des Sprechers,

(a) eine im Hinblick auf den gegebenen normativen Kontext richtige Sprechhandlung zu vollziehen, damit eine als legitim anerkannte interpersonale Beziehung zwischen ihm und dem Hörer zu Stande kommt;

(b) eine wahre Aussage (bzw. zutreffende Existenzvoraussetzungen) zu machen, damit der Hörer das Wissen des Sprechers übernimmt und teilt; und

(c) Meinungen, Absichten, Gefühle, Wünsche usw. wahrhaftig zu äußern, damit der Hörer dem Gesagten Glauben schenkt'" (ebd.).

Ein Aktor erhebt mit seiner Sprache, wenn er an Verständigung orientiert ist, drei Geltungsansprüche: „den Anspruch, daß die gemachte Aussage wahr ist […]; daß die Sprechhandlung mit Bezug auf einen geltenden normativen Kontext richtig […] ist; daß die manifeste Sprecherintention so gemeint ist, wie sie geäußert wird" (Habermas, 1987, S. 149). In einer Sprechhandlung sieht Habermas eine Komplexität, weil sie „gleichzeitig einen propositionalen Gehalt, das Angebot einer interpersonalen Beziehung und eine Sprecherintention ausdrücken" (Habermas, 1987, S. 143). Sprechhandlungen werden als selbstständige Handlungen charakterisiert (ebd.). Ziel einer Sprechhandlung wird in der Handlungskoordinierung gesehen, die die Handlungspläne und die Zwecktätigkeiten der Beteiligten zur Interaktion zusammenfügt" (ebd.).

Für kommunikatives Handeln sind nach Habermas Verständigungsakte grundlegend, die, um einen gemeinsamen Verständigungsrahmen vorauszusetzen, auf die drei Popper'schen Welten Bezug nehmen. Innerhalb dieses Rahmens finden Interpretationsleistungen statt, um kommunikatives Handeln zu deuten. In diesem Zusammenhang müssen sich Sprechakte zusammenfügen. „Im Fall kommunikativen Handelns stellen die Interpretationsleistungen, aus denen sich kooperative Deutungsprozess aufbauen, den Mechanismus der Handlungskoordinierung dar; die *kommunikative Handlung* geht nicht im interpretatorisch ausgeführten *Akt der Verständigung* auf. Wenn wir einen einfachen von S ausgeführten *Sprechakt*, zu dem mindestens ein Interaktionsteilnehmer mit Ja oder Nein Stellung nehmen kann, als Analyseeinheit wählen, können wir die Bedingungen kommunikativer *Handlungskoordinierung* klären, indem wir angeben, was es für einen Hörer heißt, die Bedeutung des Gesagten zu verstehen. […] Aber kommunikatives Handeln bezeichnet einen Typus von Interaktionen, die durch Sprechhandlungen koordiniert werden, nicht mit ihnen zusammenfallen" (ebd., S. 151).

7.2.1 Verbales Handeln

Ziel der Studie ist die Erfassung und Beschreibung von Handlungskompetenz mithilfe eines zu generierenden Beobachtungsinstrumentes. Dabei wird neben nicht-sprachlichem Handeln auch auf das sprachliche Handeln von Erzieher/innen Bezug genommen, das sowohl in der konstruktivistischen Theorie als auch in der Theorie des kommunikativen Handelns nach Habermas (s.o.) als Werkzeug der Handlungskoordinierung anderer Interaktionspartner dient. Handeln durch Sprache bzw. die Lehre des Sprachhandelns ist in der linguistischen Teildisziplin der Pragmatik verankert. Etymologische Wurzeln finden sich im Griechischen: *pragma* bedeutet „Sache", „Ding" oder „Tun", „Handeln" (Linke u. a., 1996, S. 170). Die Sprechhandlungstheorie wurde von John L. Austin (1911–1960) im Jahr 1955 entwickelt und nach seinem Tod von seinem Schüler John R. Searle im Jahr 1969 in einer Weiterentwicklung veröffentlicht (ebd.). Sie kann als Vorläufertheorie zur Theorie kommunikativen Handelns von Habermas angesehen werden, der Sprechakte als Analyseeinheit kommunikativen Handelns sieht (Habermas, 1987, S. 151; Linke u. a., 1996, S. 182f.).

Grundlegend in der Searle'schen Sprechhandlungstheorie sind vier Teil-Sprechakte, die in ihrer Gesamtheit einen Sprechakt, d.h. eine Sprechhandlung ergeben. Mit der Sprechakttheorie wird die Frage nach der Funktion und Bedeutung einer sprachlichen Äußerung in der Größenordnung eines Satzes beantwortet. Für die vorliegende Studie sind diese Sprechakte relevant, weil sie differenzierte Beschreibungsebenen der Kategorien zu den sprachlichen Handlungen von Erzieher/innen und Kindern im Beobachtungsinstrument darstellen.

7.2.2 Sprechhandlungstheorie

Die Sprechhandlungstheorie bzw. die „Sprechakttheorie ist jene Teiltheorie einer umfassenden Akt- oder Handlungstheorie, die es mit sprachlichen Handlungen zu tun hat" (Linke, A. et al. 1996, S. 188) und den „Handlungscharakter der Sprache" (Hindelang, 2000, S. 4) betont. Sprachliche Handlungen sind von praktischen Handlungen (s. Kapitel 6.5. zum nonverbale Handeln) zu differenzieren (ebd., S. 5).

Searle unterscheidet bei sprachlichen Handlungen den Äußerungsakt, den propositionalen Akt, den illokutionären Akt und den perlokutionären Akt (Hindelang, 2000, S. 17; Linke u. a., 1996, S. 186f.). Sprachliche Handlungen implizieren praktische Handlungen. „So kann man […] nur fluchen, eine Frage stellen, einen Vorschlag machen, etc., indem man Worte äußert, Laute hervorbringt und die Artikulationsorgane bewegt" (Hindelang, 2000, S. 7). Mit einer Proposition ist ein Bedeutungsinhalt einer Äußerung gemeint, der wahr oder falsch sein kann (Linke u. a., 1996, S. 186). Die Illokution bzw. der illokutionäre Akt steht für eine bestimmte vollzogene Absicht bei einer Sprechhandlung. Mit der Perlokution bzw. dem perlokutionären Akt ist eine beabsichtigte Reaktion oder Handlung beim angesprochenen Gegenüber gemeint (Linke u. a., 1996, S. 186f.). Durch den perlokutionären Akt wird versucht, Einfluss auf eine andere Person zu nehmen. Ob die Perlokution erfolgreich ist, hängt von der Reaktion des Gegenübers auf die intendierte Wirkung des Sprechers ab. Insofern kann eine Illokution glücken oder misslingen, je nachdem, ob der Adressat die Intention des Sprechaktes erkennt und ihr folgt (vgl. Linke u. a., 1996, S. 188).

Grundidee der Sprechakttheorie ist die Frage nach dem Glücken von Illokutionen, d.h. nach dem Glücken von Sprechakten. Das Glücken der Intention ist nach Austin und Searle an Gebrauchsbedingungen der Sprechakte geknüpft. Unter Beachtung der Sprechaktregeln und damit einhergehender Berücksichtigung der Bedingungen, unter denen bestimmte Sprechakte erst zustande kommen, können Illokutionen glücken (Linke u. a., 1996, S. 190). Bedingungen bezeichnen den Kontext, in dem Sprechakte geäußert werden. Das könnte z.B. eine bestimmte Gestaltung der Lernumgebung sein, die im Zusammenhang mit Kommunikationsstrukturen steht. Die Identifikation der Illokution durch einen Adressaten wird ihm durch den selektiven Kontext erleichtert. Neben direkten Sprechakten gibt es auch indirekte Sprechakte. Diese „liegen dann vor, wenn eine andere Illokution als die durch Indikatoren angezeigte vorliegt oder wenn eine zusätzliche Illokution vorliegt" (Linke u. a., 1996, S. 193). Um unterschiedliche Illokutionen zu kategorisieren, stellte Searle im Jahr 1976 eine Taxonomie illokutionärer Sprechakte auf (Hindelang, 2000. S. 45–53; Linke u. a., 1996, S. 193f.):

– „Repräsentativa bzw. repräsentative Sprechakte, mit denen im [W]esentlichen Ansprüche auf wahre Darstellung der Welt erhoben werden (aussagen, behaupten, erzählen, beschreiben, protokollieren).

– Direktiva bzw. direkte Sprechakte, mit denen Forderungen an den Hörer gerichtet werden (bitten, auffordern, befehlen).
– Kommissiva bzw. kommissive Sprechakte, mit denen der Sprecher Verpflichtungen eingeht (versprechen, sich vertraglich verpflichten).
– Expressiva bzw. expressive Sprechakte, mit denen soziale Kontakte etabliert oder aufrechterhalten werden (danken, grüssen, sich entschuldigen).
– Deklarativa bzw. deklarative Sprechakte, die institutionell eingebunden, offiziell, ritualisiert sind (taufen, zum Ritter schlagen, verurteilen)."

In Verbindung mit der Tätigkeitstheorie und Theorie des kommunikativen Handelns (vgl. Hacker 2005, S. 68, Leontjew, 1979) ließe sich der Äußerungsakt auf die Ebene der Operationen positionieren, während der illokutionäre und der perlokutionäre Akt auf der entsprechenden Ebene der Teilziele zu verankern wäre. Für die vorliegende Studie wird interessant sein, welche Illokutionen in sprachlichen Handlungen von Erzieher/innen auffindbar sind, um im gegebenen Kontext über Sprache naturwissenschaftliche Bildung bei Kindern zu fördern.

7.3 Ein Resümee

Pädagogisches Handeln ist immer absichtsvolles Verhalten einer Lehrperson. Mit ihren verbalen und nonverbalen Kommunikationsmöglichkeiten kann die Erzieher/in Handlungen von Kindern in Interaktionsprozessen koordinieren. Aber auch Kinder sind durch ihre sprachlichen und nichtsprachlichen Aktivitäten in den Interaktionsprozess involviert und steuern das Geschehen mit. Die Möglichkeit der Handlungssteuerung durch Sprache kommt in der Sprechhandlungstheorie zum Ausdruck, indem Ebenen beschrieben werden, auf denen ein Sprecher wirksam ist. Indem eine Erzieher/in den Kindern gegenüber eine Äußerung abgibt, hegt sich zum einen eine Absicht, die sich auf sie selbst bezieht (Illokution). Die konkrete Steuerung der Handlungen der Kinder wird mit den Absichten deutlich, die sie mit ihrer sprachlichen Äußerung an die Kinder heranträgt (Perlokution). Hier kann sich das zielgerichtete Handeln der Lehrperson gegenüber den Kindern als Interaktionspartnern zeigen. Durch den sozialen Bezug der sprachlichen Aktivitäten der Interaktionspartner entsteht erst Interaktion. Kommunikative Kompetenz bezieht sich damit auf absichtsvolles Handeln der Erzieher/in gegenüber Kindern (Interaktion), mit der Absicht, die (naturwissenschaftlichen) Bildungsprozesse beim Kind zu fördern. Eine Handlungskompetenz schließt damit die kommunikative Kompetenz einer Erzieher/in ein.

8. Handlungskompetenz von Erzieher/innen

Der Kompetenzbegriff ist mit den zyklisch durchgeführten PISA-Studien ab 2000 in aller Munde. Im *Programme for International Student Assessment (PISA)* wurden Basiskompetenzen (Lesekompetenz, mathematische und naturwissenschaftliche Kompetenz, komplexe Handlungskompetenz) als allgemeine Grundbildung (mit Verweis auf das angloamerikanische begriffliche Pendant „literacy") und Modi der Welterfahrung eingeführt und erfasst, die grundlegend sein sollen für eine „befriedigende[…] Lebensführung in persönlicher und wirtschaftlicher Hinsicht", für die „aktive Teilnahme am gesellschaftlichen Leben" und die Fähigkeit zur „Lebensbewältigung" (Baumert et al. 2001, zit. n. Müller-Ruckwitt 2008, S. 27). Müller-Ruckwitt (2008) beschäftigt sich ausführlich mit dem Kompetenzbegriff und zeigt in ihrer Auseinandersetzung begriffliche Unschärfen der Kompetenzkonzepte bei PISA, beim Forum Bildung und bei der Klieme-Expertise auf.

Die Kritik bezieht sich auf die allseits unreflektierte Verwendung des Kompetenzbegriffs und einer damit u.a. bei PISA verbundenen fehlenden „solide[n] An- oder Rückbindung an den bildungstheoretischen Diskurs innerhalb der Pädagogik" (Müller-Ruckwitt, 2008, S. 27). Außerdem wird der normative Anspruch des PISA-Konsortiums bzgl. der Basisindikatoren (vgl. ebd., S. 24), der keinen Boden in Form eines Menschenbildes zu haben scheint, kritisch gesehen. „‚Normativ' – pädagogisch-bildungstheoretisch verstanden – beschreibt ein Sollen, meint, ‚existentiell grundlegend, wesens-/seinsbestimmend für Menschsein'" (Heitger 1979, zit. n. Müller-Ruckwitt 2008, S. 28). Mit einem normativen Konzept sind demnach „anthropologische Konstitutiva gelingenden Lebens" verbunden, die ein bestimmtes Menschenbild als Orientierung gebende Grundlage fordern (vgl. Müller-Ruckwitt 2008, S. 28). Ein Menschenbild ist eine notwendige Basis für alle darauf aufbauenden und im Sinne des Menschenbildes schlüssigen und sinnhaften pädagogischen Theoriegebäude, das aber weder durch die OECD noch durch das Forum Bildung oder die Klieme-Expertise ausführlich zugrunde gelegt wurde (vgl. Müller-Ruckwitt 2008).

Problematisch erscheint der Kompetenzbegriff auch, weil er mit Einsetzen der internationalen Vergleichsstudien der *Organisation für wirtschaftliche Zusammenarbeit und Entwicklung in Europa (OECD)* im Gegensatz zum (neu) humanistischen Bildungsbegriff der 1960er und 1970er Jahre eine deutliche Verschiebung von der Selbstbestimmung des Subjekts (vgl. Schulenberg, 1957, S. 181; vgl. Jank & Meyer, 2006, S. 208f.) hin zu einer ökonomischen, fremdbestimmten und durch Bildungsmonitoring steuerbaren Perspektive erfahren hat

(Vonken, 2005, S. 50f.; Müller-Ruckwitt, 2008, S. 23). Das Problem dabei ist, dass unter bloßer ökonomischer Betrachtung die Mündigkeit des Subjekts im eigenen Bildungsprozess entzogen wird, wie sie noch im bildungstheoretischen bzw. kritisch-konstruktiven Ansatz bei Wolfgang Klafki vertreten wurde (Klafki, 1964; M. A. Meyer & Meyer, 2007). Stattdessen werden Kompetenzen ungebunden an eine Bildungstheorie vorgegeben und erfasst, damit die „Konkurrenzfähigkeit im internationalen Wettbewerb" (Müller-Ruckwitt 2005, S. 23) kontrolliert werden kann. Insofern wäre der Kompetenzbegriff mit einer einseitigen funktionalistischen Verwendung verbunden, weswegen Kritiker um die Selbstbestimmung und Selbstverwirklichung des Menschen besorgt sind.

Vonken (2005, S. 50) macht deutlich, dass sich „Kompetenz" nicht ausschließlich auf ökonomische Zusammenhänge beschränken müsse [...] allerdings ließen sich in seiner diskursiven Aufarbeitung „außerökonomische Bezüge [...] kaum erkennen". In der hier geführten Argumentation ist diese Feststellung übertragbar. Denn um wirtschaftlichen Anschluss zu erzielen, findet laut Heil (2007, S. 45) „Orientierung an Kompetenzen als übergeordnete Zielkategorie" statt. Mitglieder des Europäischen Rates haben im Jahr 2000 das Ziel eines „wettbewerbsfähigsten und dynamischsten wissensbasierten" Europas formuliert, das eng mit dem Konzept des Lebenslangen Lernens (LLL) verknüpft ist (vgl. Heil, 2007, S. 48f.). „Das Konzept des LLL umfasst alle Bereiche innerhalb und außerhalb des formalen Bildungssystems. Es fordert den einzelnen Bürger auf, sich weiter zu entwickeln, und z.B. das, was er nicht oder nur ungenügend durch seine Schul- und/oder Ausbildung kennen gelernt hat, nachzuholen bzw. aufzufrischen" (Heil, 2007, S. 49). Das LLL „gilt als roter Faden der Bildungspolitik [...], das die soziale Eingliederung, den Bürgersinn und die persönliche Entwicklung unterstützt und zur Steigerung der Wettbewerbsfähigkeit und Beschäftigungsfähigkeit beitragen soll. Lebenslanges Lernen wird als Lernen während des gesamten Lebens definiert, um damit Wissen, Qualifikationen und Kompetenzen zu verbessern" (Heil, 2007, S. 49). Es ist eine Kompetenzentwicklung des Individuums gemeint, die unter der wirtschaftlichen Maßgabe der Wettbewerbsfähigkeit des Unternehmens und der dabei geforderten individuellen Beschäftigungsfähigkeit steht. Angesichts der schnellen Veränderungsprozesse in der modernen globalisierten Zeit stehen Wettbewerbsfähigkeit und Beschäftigungsfähigkeit immer wieder auf dem Prüfstand.

Bezogen auf den Arbeitskontext bestätigen sozialwissenschaftliche Untersuchungen, dass diese „permanente Lernbereitschaft beruflicher Fachkräfte (bezogen auf intentionales und institutionelles Lernen) [...] von vielen Unternehmen als Standard für fast alle Beschäftigten aufgestellt" wird (Bethge/Schiersmann 1998, zit. n. Röben, 2006, S. 249). In der vorliegenden Studie wird von dieser

Einseitigkeit der alleinigen Bringschuld des Arbeitnehmers abgesehen und statt-dessen die beiderseitige Verantwortung von Arbeitnehmer und Arbeitgeber im Kompetenzentwicklungsprozess befürwortet. Mit Blick auf ein hier zugrunde gelegtes Menschenbild (vgl. Abschnitt 8.1) kann eine Kompetenzentwicklung nur dann erfolgreich entstehen, wenn der Mensch in seinen Handlungen (auch im Arbeitskontext) einen Sinn sieht, um sein Potential (Hüther, 2012) intrinsisch motiviert (Wild, Hofer, & Pekrun, 2006, S. 217) auszuschöpfen. Erst unter dieser permanent herzustellenden Prämisse ist der Arbeitnehmer auch für den Arbeit-geber eine Kraft. Wenn viel Lebenszeit am Arbeitsplatz verbracht wird, ist der Arbeitgeber in der Verantwortung eine Kompetenzentwicklung zu ermöglichen (vgl. Vonken 2005, S. 71). Im Gegenzug ist eine ständige Bereitschaft zum Ler-nen des Arbeitnehmers im Sinne einer selbstbestimmten Kompetenzentwick-lung unabdingbar. In diesem Sinne ist „[d]as Lernen von und in Organisationen und Unternehmen […] Teil des lebenslangen Lernens *als* Kompetenzentwick-lung" (Erpenbeck & Heyse, 2007, S. 27).

Vonken (2005, S. 56) deutet für einen Arbeitskontext darauf hin, dass der Begriff „Kompetenz" umfassend gesehen werden muss, denn bei einer „Tätigkeit bzw. einer bestimmten Gruppe von Tätigkeiten" lasse „sich nicht jeweils eine spezifische Kompetenz finden". Bezogen auf die Tätigkeit von Erzieher/innen heißt das, dass sie ein umfassendes Repertoire an Kompetenzen brauchen, um Kinder zu betreuen, zu erziehen und zu bilden.

In vielen Publikationen wird auf die schillernde Vielfalt von Kompetenz-definitionen und auf die prinzipiell „unabschließbare Suchbewegung" un-terschiedlicher wissenschaftlicher Teildisziplinen mit ihren verschiedenen Theoriegebäuden nach stabiler Einigkeit, Verbindlichkeit und begrifflicher Be-grenzung im definitorischen Kompetenzdiskurs hingewiesen (Rombach, 1977, S. 178f.; vgl. Vonken, 2005, S. 54; vgl. Haeske, 2008, S. 98, 113; Müller-Ruckwitt, 2008; Röben, 2006, S. 247; vgl. Seeber u. a., 2010, S. 3). Damit besteht die Gefahr, den Kompetenzbegriff in unterschiedlicher Weise auslegen zu können und ihn daher „nicht einheitlich und trennscharf" (Gnahs, 2010, S. 19) zu verwenden.

Um dieser Unverbindlichkeit der Verwendung des Kompetenzbegriffs zu ent-gehen, ist es für die vorliegende Arbeit umso wichtiger den Bedeutungsgehalt von „Kompetenz" systematisch zu erhellen. Anstatt Neudefinitionen zu schüren, geht es vielmehr darum, sich um die bislang ausgebliebene Basis des verwen-deten Kompetenzbegriffs in Form eines Menschenbildes Gedanken zu machen und diese unter angemessener Argumentationsführung mit einem bestehenden Kompetenzbegriff schlüssig zu verbinden. Insbesondere ergibt sich die Notwen-digkeit dieses Vorgehens aus der Tatsache, dass hier eine Anschlussstudie an die Arbeit von Zimmermann (2011) durchgeführt wird, die auf die dort zugrunde gelegten Begriffe aufbauen möchte. Nachfolgende Gesichtspunkte werden als relevant erachtet:

- Eine Menschenbildannahme wird vorgenommen, um eine Voraussetzung für das Verständnis von Kompetenz(entwicklung) resp. Entwicklung von Handlungskompetenz zu schaffen.
- Im Anschluss findet sich eine Definition von Kompetenz resp. Handlungskompetenz mit Bezug zum beruflichen Kontext.
- Da es sich um eine Studie zur Erfassung von Handlungskompetenz handelt, werden Aspekte der Kompetenzmessung aufgeführt.
- Des Weiteren gilt es die Definition der Handlungskompetenz von Erzieher/innen in Kontexten früher naturwissenschaftlicher Bildung theoriegestützt zu besprechen.

8.1 Eine Menschenbildannahme

Da Erzieher/innen als Experten für die berufliche Tätigkeit des Bildens, Betreuens und Erziehens von Kindergartenkindern als verantwortlich gelten, stehen sie bezogen auf das frühpädagogische Erziehungssystem stets im Fokus von Professionalisierungsbemühungen. Die Notwendigkeit für die Professionalisierung dieser beruflichen Fachkräfte wird mit dem „gesellschaftlichen Wandel der Industriegesellschaft zu einer Kompetenzgesellschaft" (Minks 2008, zit. n. Grimm u. a., 2010, S. 32) begründet. Mit der Bezeichnung einer „Kompetenzgesellschaft" steht eine Worthülse im Raum, die an dieser Stelle mit einer Menschenbildannahme verbunden mit dem Kompetenzgedanken gefüllt wird. Ausgangsfragen beziehen sich darauf, was unter einem Menschen zu verstehen ist, was ihm eigen und deswegen allgemein vorauszusetzen ist. Mit einem Menschenbild soll hier eine Voraussetzung für die Rechtfertigung von Kompetenzentwicklung hergestellt werden.

Der Mensch kann als ein Wesen beschrieben werden, dessen Lebensspanne mit der Geburt bis zum Tod zeitlich vorgegeben ist. Angesichts seiner irdischen Begrenztheit erwächst ihm die Aufgabe innerhalb dieses zeitlichen Rahmens sein Leben sinnvoll und bewusst zu gestalten. Die Art seiner Handlungen richtet sich nach dem haltgebenden Sinn, den er unter Berücksichtigung seiner biologischen Voraussetzungen, seiner Sozialisation, seines Wissens und seiner Fähigkeiten ihm widerfahrenden Situationen jeweils zuschreibt. Ohne seine Endlichkeit würde der Mensch keine Sinnsuche anstreben müssen. In den sinngebenden Zuschreibungen bezogen auf eigenes Handeln soll hier der Gedanke angedeutet werden, dass sich der Mensch damit eine Kontrollinstanz gegenüber eigenen Emotionen wie z.B. Angst schafft. Das eigene Handeln immer wieder selbstbestimmt an neuen sinnvollen Zielen auszurichten und dadurch selbstbewusst zu handeln, kann stabilisierend wirken.

Mit diesem existentiellen Grundgedanken des menschlichen Daseins kann der Wunsch nach Selbstgestaltung des Menschen beschrieben werden. In dem Maße, in dem sich der Mensch entwickelt und sich seines Menschseins und damit auch seiner befristeten Lebensspanne bewusst wird, kann er selbst Verantwortung für sein Handeln und das anderer Personen übernehmen, zu einer bewussten Teilhabe am gesellschaftlichen Leben und zu einer bewussten Lebensführung kommen. Das betrifft sowohl das Private als auch die berufliche Tätigkeit. Alles menschliche Handeln ist daher auf bewusste und an Sinn orientierte Selbstgestaltung ausgerichtet. Die Annahme der lebenslangen bewussten und sinnvollen Selbstgestaltung bezieht sich sowohl auf einzelne Individuen als auch auf die Menschheit an sich. Unter dieser Voraussetzung ist die Ermöglichung zur Ausbildung von kulturellen Werten, von Wissen und Fähigkeiten für nachfolgende Generationen sinnvoll. Unter dem Gesichtspunkt der Erhaltung des Menschen an sich, sind das Erlernen von Fähigkeiten und die damit verbundene Selbstgestaltung sinnvoll.

Unter der Prämisse der „Bildsamkeit des Menschen" wie sie Johann Friedrich Herbart (1776–1841) als erster systematisch als Grundbegriff in die Pädagogik einführte (Schulenberg, 1957, S. 171; vgl. Blankertz, 2011, S. 144–147), wird die Selbstgestaltung des Menschen als möglich angesehen. Bildsamkeit ist bei Herbart die Eigenschaft des Menschen eines prinzipiell in ihm angelegten „Übergehen[s] von Unbestimmtheit zur Festigkeit" (Schulenberg, 1957, S. 171). Diese Eigenschaft wird von Herbart als grundlegende Bedingung für Erziehung gesehen (vgl. ebd.). Indem der Mensch bildsam bzw. bildbar ist, ist das selbst organisierende Handeln in variablen Situationen erst möglich.

Mit synonymen Begrifflichkeiten wie „Plastizität, Anpassungsfähigkeit, Lernfähigkeit, Entwicklungsfähigkeit, Erziehbarkeit und Bildungsfähigkeit" (ebd., S. 170f.) lässt sich für den bildsamen Menschen eine prinzipielle Offenheit für Perturbationen und damit eine Bereitschaft für Veränderungen bezeichnen. In diesem Sinne verbindet sich die Menschenbildannahme eines nach Sinn suchenden und selbstgestaltenden Individuums mit der konstruktivistischen Auffassung.

Ganz im Sinne von Heinrich Roth (1906–1983) muss es eine Verständigung darauf geben, dass sich der Mensch verändert, dass er „sich nicht gleichbleibt" (H. Roth, 1968, S. 367). Er muss sich „immer wieder neuen inneren und äußeren Lagen" anpassen (ebd.). „Der Mensch wandelt sich, und mit ihm wandelt sich seine Umwelt; wo sie sich ändert oder er sie ändert, ändert er sich mit ihr. [...] Der Mensch ist nicht einfach der, den die Psychologie diagnostiziert, sondern nur unter gleichbleibenden Lebensbedingungen ist und bleibt er der gleiche" (Roth 1968, S. 49 f.). Während Herbart die Bildsamkeit des Menschen bis zur Jugendzeit festlegt, weiten z.b. Erich Weniger, Eduard Spranger und Wilhelm Flitner diesen Begriff auf die gesamte Lebensspanne des Menschen aus (vgl. ebd.). Damit wird angenommen, dass der Mensch eines jeden Alters bildsam ist und neue Fähigkeiten erlernen kann.

Es stellt sich die Frage, wie das Menschenbild mit dem Kompetenzbegriff theoretisch verbunden werden kann.

8.2 Definition von Kompetenz und Handlungskompetenz

Das eigene Leben nach eigenen Bedürfnissen, Wünschen, Zielen und Einstellungen in Abhängigkeit von Veränderungen in der Welt bewusst und sinnvoll zu gestalten, bedeutet sich als Mensch selbst bewusst zu organisieren. Um selbstbestimmt und selbstverantwortlich im Leben handeln zu können, müssen Fähigkeiten erlernt werden. Durch die physische, geistige und soziale Auseinandersetzung mit den Dingen in der Welt bildet sich der Mensch: er entwickelt Kenntnisse (Wissen), Fähigkeiten und psychisch-emotionale Eigenschaften wie z.B. Einstellungen, motivationale und volitionale Aspekte, womit er die Welt verstehen und die er als Gelingensbedingungen in ihm widerfahrenden Situationen wiederum erfolgreich und verantwortungsvoll anwenden kann. Insofern entwickeln sich durch „Einschreibungen ins Selbst" (Haeske, 2008, S. 115, 137, 187) selbstorganisatorische Verhaltensdispositionen (vgl. Erpenbeck & Von Rosenstiel, 2007, S. XIX). All diese im Menschen angelegten und entwickelten Gelingensbedingungen für adäquates und selbst organisiertes Verhalten in bestimmten Situationen sollen hier als Kompetenz aufgefasst werden. In diesem Sinne verbindet sich die hier dargelegte Menschenbildannahme mit dem Kompetenzbegriff von Franz Emanuel Weinert (1930–2001). Nach Weinert sind Kompetenzen „die bei Individuen verfügbaren oder von ihnen erlernbaren kognitiven Fähigkeiten und Fertigkeiten, um bestimmte Probleme zu lösen, sowie die damit verbundenen motivationalen, volitionalen und sozialen Bereitschaften und Fähigkeiten um die Problemlösungen in variablen Situationen erfolgreich und verantwortungsvoll nutzen zu können" (Weinert, 2002, S. 27f.).

In dieser Definition von Kompetenz werden fünf Bereiche angesprochen, in denen sich „Kompetenz" manifestiert: Zunächst ist das Subjekt zentral, denn es verfügt bereits über Fähigkeiten oder erlernt diese. Des Weiteren sind die unterschiedlichen Situationen angesprochen, in denen das Subjekt diese Fähigkeiten einsetzt. Damit ist der dritte Bereich angesprochen, denn der Einsatz der Fähigkeiten soll sich auf das Problemlösen beziehen. Damit dies gelingt ist der vierte Bereich angesprochen: die Bereitschaften wie Motivation, Willen und deren Anwendung in sozialen Gefügen sind notwendig, damit Problemlösungen erfolgreich sein können. Ein wichtiger fünfter Aspekt ist die Übernahme von Verantwortung, die in jedem kompetenten Handeln steckt.

Bis auf den Schwerpunkt des Problemlösens ist die Kompetenzdefinition von Weinert mit der Definition von Handlungskompetenz wie sie in der Berufs- und Wirtschaftspädagogik und in der berufspädagogischen Weiterbildungsdiskussion seit den 1990ern verwendet wird (vgl. Reetz, 2003, S. 2) vergleichbar.

Handlungskompetenz ist ein berufspädagogisches Bildungsziel[17] (Klieme & Hartig, 2008, S. 12) und Leitziel auch in der Erzieher/innen-Ausbildung (vgl. Stumbrat, 2008, S. 84f.). Handlungskompetenz bezieht sich auf die „Bereitschaft und Fähigkeit des Einzelnen, sich in beruflichen, gesellschaftlichen und privaten Situationen sachgerecht durchdacht sowie individuell und verantwortlich zu verhalten" (KMK, 2007, S. 10ff.). Dabei entfaltet sich Handlungskompetenz in den Dimensionen Fach-, Personal-, Sozial-, Methoden- und Lernkompetenz (ebd.). In dieser Zusammensetzung hat Heinrich Roth den Begriff der Handlungskompetenz als Teil einer allgemeinen Persönlichkeitslehre, Persönlichkeitsbildung, Persönlichkeitsentwicklung in die Erziehungswissenschaften zur Zeit der Bildungsreform in Deutschland zu Beginn der 1970er Jahre eingeführt (vgl. H. Roth, 1968).

8.3 Handlungskompetenz von Erzieher/innen in Kontexten früher naturwissenschaftlicher Bildung

Die Frage danach, über welche Fähigkeiten Erzieher/innen in Kontexten bereichsspezifischer früher naturwissenschaftlicher Bildung verfügen sollen, beantwortet Zimmermann (2011) mit den vier Teilkompetenzen Reflexionskompetenz, Selbstkompetenz, Sachkompetenz und Handlungskompetenz. Über diesen vier Elementen entwickelt Zimmermann (ebd., S. 186) die übergeordnete Definition der Naturwissenschaftlichen Frühförderkompetenz (NFFK).

NFFK bezeichnet die „Fähigkeiten, die Erzieherinnen benötigen, um den Lernprozess von Kindern im Kindergarten in ihrer Begegnung und Auseinandersetzung mit alltagsbezogenen Phänomenen der belebten und unbelebten Natur spezifisch zu begleiten und zu fördern. Zielperspektive für die Förderung der Kinder ist, beim Kind Selbstaktivität und Kompetenzerleben zu ermöglichen,

---

17 Die Ausbildung von Erzieher/innen an Fachschulen bzw. Fachakademien für Sozialpädagogik ist nach dem Lernfeldkonzept konzipiert, das „Handlungskompetenz" als Leitziel impliziert (vgl. Stumbrat, 2008).

damit die Neugier auf das Entdecken und die Begeisterung für naturwissenschaftliche Zusammenhänge möglichst lebenslang erhalten bleibt" (ebd.).

Zimmermann (ebd., S. 67) stellt heraus, dass die Weinert'sche Kompetenzdefinition (Weinert 2001, S. 27f.) sowohl für die Fortbildung als „kategoriales Grundgerüst" adaptiert wurde als auch für die Erfassung und Analyse der NFFK bedeutsam ist. Die im Zentrum der vorliegenden Studie stehende Handlungskompetenz ist nach Zimmermann (2011, S. 148) die „Fähigkeit, frühe naturwissenschaftliche Bildung zu ermöglichen durch das Aufgreifen der kindlichen Interessen als Ausgangspunkt für die Gestaltung von erfahrungsbasierten, situationsadäquaten und handlungsergiebigen Lernumgebungen. Dazu gehört eine positive Grundhaltung, die u.a. durch Wertschätzung und Stärkenorientierung gekennzeichnet ist". Diese Hauptdimension von NFFK wird wiederum durch die vier Subdimensionen der positiven Grundhaltung, der Geduld, der Gestaltungsfähigkeit und des Didaktischen Geschicks konkretisiert.

Bei Zimmermann wird deutlich, dass sich das Subjekt, das über Fähigkeiten verfügen soll, allein auf die Erzieher/in bezieht. Der Fokus richtet sich auf das Ermöglichen von früher naturwissenschaftlicher Bildung, das sich konkret im Aufgreifen von Kinderinteressen und der davon geleiteten Gestaltung von Lernumgebungen manifestieren soll. Damit ist eine grundlegende soziale Bereitschaft impliziert, den Kindern als Erzieher/in Bildungsprozesse ermöglichen zu wollen. Es werden daher volitionale Aspekte berücksichtigt. Mit der Setzung, dass die Lernumgebungen den Kindern Erfahrungen ermöglichen sollen, den Situationen im Kindergarten angemessen sein und Handeln in ergiebigem Maß ermöglichen soll, werden drei normative Aspekte und grobe Orientierungen für das Handeln der Erzieher/innen mit klarem Situationsbezug in beruflichen Kontexten der Erzieher/innen angesprochen. Zimmermann betont bereits in der Definition von Handlungskompetenz eine der vier Subdimensionen, die der positiven Grundhaltung. Demnach wird auf wertschätzendes und stärkenorientiertes Handeln der Erzieher/innen, das Ausdruck ihrer positiven Grundeinstellung gegenüber den Kindern ist, besonders Wert gelegt. Dies bezieht sich auf die Handlungsabsicht der Erzieher/innen, d.h. auf ihre volitionalen Fähigkeiten mit den Kindern wertschätzend und stärkenorientiert umgehen zu wollen und zu können.

Bei der übergeordneten NFFK-Definition wird die Förderung der lebenslang anhaltenden Begeisterung der Kinder für naturwissenschaftliche Phänomene der belebten und unbelebten Natur angesprochen. In dieser Weitsicht sind sowohl die gesellschaftliche Relevanz des erzieherischen Handelns als auch die Bereitschaft zu sehen, die Kinder nachhaltig und verantwortungsvoll fördern zu wollen und zu können. Insofern verbindet sich die NFFK-Definition mit dem gezeichneten Menschenbild.

Damit ist die Definition von Handlungskompetenz nach Zimmermann deutlich auf die Ermöglichung der nachhaltigen Bildungsprozesse der Kinder ausgerichtet, auf dessen Sicherung eine Kompetenzentwicklung der Erzieher/in durch Fortbildung und Coaching fokussiert ist. Mit der Ermöglichung der Selbsttätigkeit und dem Kompetenzerleben der Kinder als konstruktivistisches Bildungsziel, bezieht sich Zimmermann auf das derzeit aktuelle Bild des Kindes (vgl. Kapitel 5.3). Da die Zimmermann'sche Definition von Handlungskompetenz das Kindbild fokussiert, wird hier vorgeschlagen, die Definitionen von NFFK und Handlungskompetenz um die Menschenbildannahme einer selbstbestimmten Erzieher/in, die den Sinn in ihrer beruflichen Tätigkeit sieht, Kinder naturwissenschaftlich zu bilden, ergänzend zu denken. Denn erst wenn die Erzieher/in den Sinn in ihrer Tätigkeit für sich und ihre Selbstgestaltung im Leben sieht, ist eine Voraussetzung für bewusstes Handeln und entsprechend für kontinuierliche Kompetenzentwicklung geschaffen. Die Erzieher/in hätte demnach ihre Aktivitäten nicht nur darauf auszurichten, was die Kinder brauchen. Sondern sie hätte gleichzeitig immer wieder zu prüfen, inwiefern ihr pädagogisches Handeln in Kontexten früher naturwissenschaftlicher Bildung ihren eigenen und zur Selbstgestaltung als sinnvoll und passend gehaltenen Möglichkeiten und Zielsetzungen folgt.

Aus dieser Perspektive heraus lässt sich ein Aufbau von Handlungskompetenz im naturwissenschaftlichen Bereich für die Erzieher/in begründen, weil er aus eigener Motivation heraus entstehen kann. Erst wenn diese Grundlage geschaffen ist, ist die Erzieher/in motiviert ihr Potential im Hinblick auf Anforderungen in frühkindlichen Bildungsprozessen zu entfalten und weiter zu entwickeln.

Mit der konstruktivistischen Didaktik in Fortbildungen und Coachings der Forscherstation ist diese Menschenbildannahme implizit aber einseitig gegeben. Deutlich sollte werden, dass das eigene Erleben und Reflektieren naturwissenschaftlicher Phänomene nicht nur im Dienst stehen sollte, die Bildungsprozesse der Kinder zu befördern, sondern auch danach ausgerichtet sein sollte, pädagogisches Handeln am eigenen Sinn auszurichten, damit das Selbst einer Erzieher/in sich entwickeln kann.

Zentral ist darüber hinaus, dass der Arbeitskontext, in dem die Erzieher/innen stehen, auch als ihr Lernkontext aufgefasst wird. Insofern lassen sich die hier untersuchten und videografierten pädagogischen Angebote als doppelter Lernkontext charakterisieren: ein Lernkontext, in dem Kinder naturwissenschaftliche Kompetenzen aufbauen und ein Lernkontext, in dem Erzieher/innen ihre beruflichen Fähigkeiten zur Umsetzung handlungssteuernden Wissens in naturwissenschaftlichen Bildungsangeboten anwenden, reflektieren und daraufhin weiter entwickeln.

Hier stellt sich die Frage, was unter Kompetenzentwicklung bzw. Entwicklung von Handlungskompetenz zu verstehen ist und wie sie festgestellt werden soll. Zimmermann (2011, S. 68, 79, 105, 111f.) geht bei Kompetenzentwicklung von einem Lernprozess aus, der in seiner Qualität insbesondere von der Reflexionskompetenz der Erzieher/innen über sich selbst und ihre Fähigkeiten, frühe naturwissenschaftliche Bildung im Sinne professioneller Handlungsfähigkeit umzusetzen, abhängt. Um Kompetenzentwicklung als Auswirkung des Fortbildungstreatments festzustellen, schätzen sich bei Zimmermann die an Fortbildungen teilnehmenden Erzieher/innen anhand eines von Zimmermann (2011) entwickelten Fragebogens (F1) bzgl. ihrer Naturwissenschaftlichen Frühförderkompetenz (NFFK) auf einer fünfstufigen Skala, und damit auch bzgl. Handlungskompetenz, selbst zu drei Messzeitpunkten ein. Die Entwicklung der NFFK-Selbsteinschätzungen wird an den veränderten Einschätzungen abgelesen. Der Forschungsgegenstand bei Zimmermann und Metzner unterscheidet sich insofern, als bei Zimmermann selbsteingeschätzte Einstellungen der Erzieher/innen bzgl. NFFK untersucht und bei Metzner tatsächliche Verhaltensweisen derselben Erzieher/innen in Bildungsangeboten aus einer Außenperspektive im Hinblick auf Handlungskompetenz analysiert und in Handlungsprofilen dargestellt werden (vgl. zweiter empirischer Teil: Handlungsprofile). Eine Übertragung einer gestuften Einschätzskala für eine Fremdeinschätzung von Handlungskompetenz und deren Entwicklung wurde für die vorliegende nicht als sinnvoll angesehen, weil hier die individuellen Ausprägungen einzelner Aspekte von Handlungskompetenz bei Erzieher/innen und deren Veränderung über den Zeitraum der gesamten Fortbildungsreihe zunächst im Fokus standen. Kompetenzentwicklung bezieht sich demnach auf positive Veränderungen im Handlungsrepertoire einer Erzieher/in, die im Sinne der Definition von Handlungskompetenz nach Zimmermann interpretiert werden (vgl. erster empirischer Teil: Hermeneutische Zuordnung; vgl. zweiter empirischer Teil: Handlungsprofile).

Im Folgenden finden sich die Definitionen der Subdimensionen von Handlungskompetenz aus dem NFFK-Konstrukt (ebd., S. 187–190), weil sie einen wichtigen Bezugspunkt für die Erstellung des in der vorliegenden Studie zu generierenden Beobachtungsinstrumentes darstellen (vgl. erster empirischer Teil – Kapitel 10.7: Hermeneutische Zuordnung):

Positive Grundhaltung: „Wertschätzung, Empathie, Authentizität, Stärkenorientierung"

Geduld: „Geduld mit sich selbst und den Kindern; Übernahme und Förderung einer fragenden Haltung: Kindern keine fertigen Antworten liefern, sondern sie zum Fragen und Selbst-Beantworten anregen. Bildungsprozesse des

Kindes erkennen, begleiten und zwischen Strukturierung und Offenheit ausgewogen unterstützen. Geduld ist ein bedeutsamer personaler Kompetenzfaktor, der eng verbunden ist mit einer Subdimension der Kategorie „Selbstkompetenz", nämlich den „Persönlichen Ressourcen": Sie wird durch Ausdauer und Konzentrationsfähigkeit begünstigt […]. Geduld wird in der Studie von (Zimmermann, 2011) als die Fähigkeit definiert, „abwarten zu können, bis das Kind eine Handlung selbstständig durchgeführt hat. Dabei geht es insbesondere um die Fähigkeit der Erzieherin, vertraute Interventionsstrategien wie den Impuls, Wissen zu vermitteln, zurück zu stellen und eigenes und fremdes Nicht-Wissen als motivierendes Durchgangsstadium zu begreifen. Die Erzieherin widersteht selbst dem Bedürfnis, sich „fertige" Antworten liefern zu lassen, stattdessen lässt sie sich und den Kindern Zeit und Raum für die Entwicklung von Fragen und die Entfaltung individueller Ideen, Lernwege und Fehlhandlungen. Die Geduld der Erzieherin beinhaltet folglich zwei Perspektiven. Die Geduld der Erzieherin mit sich selbst und ihre Geduld mit dem Kind."

Gestaltungsfähigkeit: „Bei der Gestaltung von Lernumgebungen versucht die Erzieherin die Balance zu halten zwischen Vorstrukturierung, die dem Kind Sicherheit gibt und eine erste Orientierung ermöglicht, und der Offenheit, die individuelle Lernwege und Lösungen anregt und fördert. […]."

Didaktisches Geschick: „Das entwicklungspsychologische Wissen (Sachwissen) nutzen, um Kinder zur Betrachtung von Naturphänomenen und zur Entwicklung eigener Fragestellungen anzuregen; den Kindern Welt erschließende Erfahrungen durch eigenständiges Handeln ermöglichen. Die Erzieherin schafft ein angstfreies ‚Lernklima', in dem kindgerechtes Lernen stattfinden kann. Dabei stehen die entwicklungspsychologischen Voraussetzungen und individuellen Fähigkeiten der Kinder im Vordergrund. ‚Didaktisches Geschick' ist bei Zimmermann (2011, S. 149) als Grundausdruck dem baden-württembergischen Orientierungsplan für Bildung und Erziehung entnommen und bezeichnet den ‚didaktischen Kern der NFFK, die Kinderperspektive wahrzunehmen, Kinderfragen anzuregen und sie als Ausgangspunkt des pädagogischen Handelns aufzugreifen.'

8.4 Ein historischer Exkurs zur Handlungskompetenz in der Frühpädagogik

Die Bedeutung Friedrich Wilhelm August Fröbels (1782–1852) wird aus neuerer historisch-wissenschaftlicher Sicht darin gesehen, dass er als Erster eine detaillierte theoretische, auf philosophischer Grundlage beruhende gehaltvolle Pädagogik der frühen Kindheit entworfen hat. Dies habe er schon im Jahre 1826 in seinem pädagogischen Hauptwerk „Die Menschenerziehung" (Fröbel, 1826) getan, als er noch gar nicht habe wissen können, dass er ab 1840 von Kindergärten sprach (vgl. Reyer & Franke-Meyer, 2012, 00:27:21 bis 00:27:55 [hh:mm:ss]; vgl. Diesterweg, 1967, S. 575; Reyer, 2009, S. 268f.). Neben der Forderung nach Selbsttätigkeit des Kindes im Spiel mit sogenannten Spielgaben (vgl. Diesterweg, 1967, S. 575; vgl. Reyer & Franke-Meyer, 2012), „hatte [Fröbel] hohe Erwartungen an eine pädagogische Fachkraft[18], die eine umfassende Bildung aufweisen sollte sowie die Fähigkeit, das eigene Handeln zu reflektieren und theoretisch Gelerntes in Handeln umzusetzen" (Amthor 2003, zit. n. Stumbrat, 2008, S. 23). Bemerkenswert, mit welcher Schärfe und Tiefe Friedrich Fröbel seiner theoretischen Konzeption bereits beim Aufkommen der bewussten frühkindlichen Bildung durch wesentliche Aspekte wie das spielerische Lernen und die Selbsttätigkeit der Kinder, den Bildungsgedanken in der Frühpädagogik und die Reflexions- und Handlungskompetenz von Erzieher/innen bis heute Aktualität verleiht.

8.5 Erfassung von Handlungskompetenz anhand eines Beobachtungsinstrumentes

Das Forschungsinteresse dieser Arbeit bezieht sich auf die Erfassung und Beschreibung von Handlungskompetenz bei Erzieher/innen in Kontexten früher naturwissenschaftlicher Bildung. Im Folgenden sollen einige Bedingungen bei der Instrumentenerstellung erläutert werden. Daran schließt sich eine Auseinandersetzung mit dem konkreten Forschungsgegenstand an. Ausgangsfrage ist: Was kann überhaupt erfasst werden?

Bedingungen zur Entwicklung eines Beobachtungsinstrumentes
„Erziehungswissenschaftler/innen benötigen Analyseinstrumente, um Deutungs- und Handlungsmuster der Akteure in schulischen und außerschulischen Arbeitsfeldern, komplexe soziale Lebenszusammenhänge, biografische Lebensverläufe, institutionelle Rahmenbedingungen, Interaktions-, Sozialisations-, Lern-, Erziehungs- und Bildungsprozesse systematisch erfassen, beschreiben und interpretieren zu können. Dabei gilt es, sowohl der Einzigartigkeit jeder Person und jedes pädagogischen Feldes gerecht zu werden, als auch deren Typik, strukturelle Regelmäßigkeiten und historische Voraussetzungen herauszuarbeiten. Die eigenen theoretischen und empirischen Analyseinstrumente sind stets kritisch zu reflektieren, um die Grenzen der jeweiligen Welterfassung und

---

18 Georg Heinrich Theodor Fliedner (1800-1864) bildete 1836 zum ersten Mal pädagogische Fachkräfte aus (Reyer & Franke-Meyer, 2012).

Deutungen mit auszuloten und langfristig zu erweitern. Diesen Themen widmet sich die erziehungswissenschaftliche Forschung, um für Disziplin und Profession relevante Erkenntnisse zu ermitteln […]" (Friebertshäuser, Prengel, & Langer, 2010, S. 7).

An die Entwicklung von Analyseinstrumenten sind jedoch Erwartungen geknüpft. Sie sollen durch wissenschaftliche Methoden abgesichert sein und sich als effizient erweisen. Sie sollen auf der Grundlage aktueller Forschungsergebnisse zu Lern- und Bildungsprozessen im Kindergarten die Analyse und Bewertung von Unterricht ermöglichen und Lerneffekte bei Kindern finden lassen.

Hannelore Schwedes hebt das noch unbefriedigende Verhältnis zwischen Analysezeit und Lernertrag hervor, wenn Analyseinstrumente in der Praxis eingesetzt werden: Sie fordert mehr Zeit für die Entwicklungsarbeit geeigneter und „ausgereifter Verfahren, mit denen Unterrichtsvideos von Lehramtsstudierenden ausgewertet werden können, so dass die Zeit für die Analyse und der (Lern)Ertrag in einem ausgewogenen Verhältnis stehen und bestimmte Aufgaben routinemäßig in der Ausbildung von Lehramtsstudierenden abgefordert werden können" (Schwedes, 2005, S. 68f.). Es wird also „noch viel Entwicklungsarbeit nötig sein, um effiziente Verfahren der Selbstüberprüfung, der Analyse und Bewertung von Unterricht sowie die Überprüfung der Lerneffekte bei den Schüler/innen während des Unterrichts zu finden" (ebd., S. 83). Die Forderung nach Praktikabilität und einfacher Anwendbarkeit von Instrumenten zu Professionalisierungszwecken bei Lehramtsstudierenden, lässt sich auf das frühpädagogische Feld übertragen. Es sei „nach wie vor dort ein tägliches Thema, wo sich die Beteiligten der Professionalität ihres Handelns bewusst werden müssen: […] Es käme darauf an, ein Instrumentarium zur Verfügung zu haben, das erlaubt, sachangemessen zu identifizieren, was professionelles Handeln kennzeichnet. Gerade daran mangelte es bislang (vgl. Sehringer & Scheltwort, 2004, S. 18f.).

„Da der Qualitätssicherung in Kindertageseinrichtungen erst in jüngster Zeit verstärkte Aufmerksamkeit gewidmet wird, mangelt es derzeit noch an Instrumenten zur differenzierten Erfassung [insbesondere] der Handlungskompetenzen frühpädagogischer Fachkräfte im Bildungsbereich Sprache" (Ruberg, 2011, S. 103). Handlungsbedarf für ein Instrumentarium besteht aber auch im Bereich der Naturwissenschaft, weil Erzieher/innen sich insbesondere in bereichsspezifischen Gebieten wie z.B. mathematischer und naturwissenschaftlicher Förderfelder eher zurückhaltend verhalten (Smidt, 2012) und daher in diesen Bereichen gefördert werden sollten. Tietze et al. (1997, S. 9) fügen hinzu: Um die Prozessqualität „in hinreichender Breite und Objektivität erfassen" und beurteilen zu können, sollten Messinstrumente nicht aufgrund „persönlich pädagogischer

Eindrücke" (ebd.) entwickelt werden, mit denen nur unzureichende intuitive Bewertungen der eigenen Arbeit möglich sind. Es können nur objektive, valide und reliable Messinstrumente, die durch wissenschaftliche Verfahren entwickelt und abgesichert sind, umfassend und professionell als Methoden zur Qualitätsverbesserung und Qualitätssicherung eingesetzt werden (vgl. ebd.).

Verbunden mit der Forderung nach Einhaltung wissenschaftlicher Gütekriterien ist die Forderung der OECD infolge der zweiten Starting-Strong-Studie von 2002 bis 2004 nach einer systematischen und effektiven Herangehensweise bei der Erfassung pädagogischer Qualität als Beitrag zur Weiterentwicklung und Verbesserung der Prozesse im Kindergarten: „Was aber zu fehlen scheint, oder zumindest nicht angemessen berücksichtigt wird, ist ein leistungsfähiges System für eine Unterstützung der Beschäftigten bei ihrer täglichen Arbeit und ihren Bemühungen, ihre praktischen Kenntnisse und Fähigkeiten zu verändern und zu verbessern. Es besteht eine Kluft, eine fehlende Verbindung, zwischen dem Inhalt von Plänen, Ausbildung und Bewertung auf der einen Seite, und der alltäglichen Praxis auf der anderen. Insgesamt sind relativ wenige effektive Systeme in Kraft, um die Fachkräfte bei der Analyse, Diskussion, Bewertung und Verbesserung ihrer Praxis zu unterstützen" (OECD, 2004, S. 52).

Was kann erfasst werden? – Kompetenz und Performanz

Bei der Erfassung und Beschreibung von Handlungskompetenz durch ein Analyseinstrument stellt sich die Frage, was tatsächlich beschrieben und erfasst werden kann. Denn wenn Kompetenz als kognitiv im Menschen angelegte Disposition zu verstehen ist, kann sie von außen nicht beobachtet also nicht erfasst und nicht beschrieben werden.

Neben Selbstauskünften durch direkte Befragung kann menschliches Verhalten durch Beobachtung erfasst werden. „Handlungskompetenzen kann man nicht sehen; man kann sie nur indirekt aus der Beobachtung des methodischen Handelns von Lehrern erschließen. Der Begriff ist ein »theoretisches Konstrukt«, mit dem Wissenschaftler bestimmte psycho-physische Fähigkeiten von Individuen bezeichnen" (H. Meyer, 1987, S. 21). Dabei deutet Hilbert Meyer auf den im Zusammenhang mit der Erfassung von Handlungskompetenz nützlichen Begriff der Performanz hin. Der Linguist Noam Chomsky prägte das Begriffspaar Kompetenz und Performanz (vgl. Chomsky 1973; Vonken 2005, S. 19ff., Gnahs 2010, S. 19): „Während sprachliche Kompetenz die menschliche Sprachfähigkeit bezeichnet und das ihr zugrunde liegende Regelsystem […], bezeichnet Performanz die aktuelle Realisierung dieser Sprachfähigkeit in gesprochenen Sätzen […]" (Baacke, 1973, S. 102). „Performanz" als den aktuellen Gebrauch einer angeborenen sprachlichen Fähigkeit.

Damit unterscheidet sich Chomsky in seiner Vorstellung von Kompetenz zwar von der Weinert'schen, der Kompetenz nicht als angeborene sondern als erlernbare Fähigkeit und Fertigkeit sieht. Dennoch bleibt von Chomsky das aus der Sprachwissenschaft in die Erziehungswissenschaft übertragene performative Handeln, das nur in „der Realisierung der jeweiligen Disposition erschließbar" wird (Zimmermann, 2011, S. 65). Das bedeutet, dass das kompetente performative Verhalten von Erzieher/innen, verstanden als ‚situationsbezogene Handlungsfähigkeit' (ebd.) in naturwissenschaftlichen Kontexten, nur in realen Explorier- und Experimentiersituationen mit den Kindern erschlossen werden kann.

Vonken stellt hierbei die generell kritische Frage, „ob sich aus Handlungen […] auf Kompetenzen für Handlungen schließen lässt" (Vonken, 2005, S. 56). Es wird in der vorliegenden Studie davon ausgegangen, dass generell alles Kompetenz sein kann. Entscheidend ist aber eine Definition, die einen Maßstab darstellt, weil sie aus dem umfassenden, potentiell möglichen und bereits vorhandenen Handlungsrepertoire systematisch auswählt. Die Studie stellt sich dieser Frage bereits im ersten empirischen Teil (Kapitel 10.7: Hermeneutische Zuordnung und Hermeneutische Brücke).

„Wenn Kompetenz eine Frage der Definition ist, dann sollte man annehmen, dass sie immer schon vorhanden ist, dass sie ja nur noch definiert werden muss. Man muss es wagen, Kompetenz zu definieren, indem man das, was gegeben und vorfindbar ist, zur eigenen Kompetenz macht. Von Kompetenz wird angenommen, dass sie eine Disposition ist, die als solche nicht direkt beobachtbar ist, und nur aus der Performanz ableitbar ist. Sobald wir handeln können, sind wir kompetent" […] „Kompetenz ist also vorhanden. Weil ein Subjekt, das sich seiner Kompetenz gewahr werden will, immer schon kompetent ist, braucht es auch nichts hinzuzufügen, um kompetent zu werden" (Haeske, 2008, S. 122ff.). Dieser Gedanke von Haeske scheint unlogisch bezogen auf das Individuum. Denn die Erlernbarkeit von Kompetenzen deutet darauf hin, dass sich das Individuum das durch Handeln sich zunächst prinzipiell gegebene Kompetenzen erst zu eigen macht. Wenn es bestimmte Handlungen theoretisch schon gibt, heißt es nicht, dass sie eine Person bereits internalisiert hat.

8.6 Ein Resümee

Das normative Konstrukt der domänenspezifischen Handlungskompetenz von Erzieher/innen in Kontexten früher naturwissenschaftlicher Bildung wurde von Zimmermann (2011) entwickelt und bezieht sich auf die Fähigkeit der Ermöglichung einer naturwissenschaftlichen Bildung von Kindergartenkindern, indem

Kinder durch eigene Erfahrungen und Handlungen in angemessenen Situationen an Naturphänomene der belebten und unbelebten Natur herangeführt werden. Erzieher/innen brauchen dafür eine positive Grundhaltung, Geduld, Gestaltungsfähigkeit und Didaktischen Geschick.

Die vorliegende Studie greift diesen Begriff als Anschlussstudie auf und entwickelt ein bislang fehlendes Menschenbild einer Erzieher/in. Notwendig erscheint dies einerseits, weil es in der allgemeinen Kompetenzdebatte häufig unterschlagen wird. Andererseits wird vor dem Hintergrund einer Vorstellung vom Menschen klar, weshalb Fähigkeiten überhaupt ausgebildet, verändert oder beibehalten werden sollten. Der Mensch als selbstbestimmtes Wesen, das in Anbetracht seiner begrenzten Lebenszeit in seinen Handlungen einem Sinn nachgeht, gestaltet sich selbst. Hier wird davon ausgegangen, dass ein Mensch, der sich selbst bestimmen und selbst nach individuellem Sinn gestalten kann, leistungsfähiger ist und den an ihn gestellten Ansprüchen (z.B. Bildungsansprüchen) genügen kann. Das widerspricht einer gänzlich ökonomischen Sichtweise auf Kompetenzentwicklung. Insofern wird hier die Empfehlung gegeben, die Definition von Handlungskompetenz unter dem Gesichtspunkt des skizzierten Menschenbildes zu denken.

Bei der Entwicklung eines Beobachtungsinstrumentes zur Erfassung und Beschreibung von Handlungskompetenz gilt die Orientierung an den klassischen Gütekriterien. Die Begründung dafür manifestiert sich in möglichst objektiven Aussagen gegenüber subjektiven Eindrücken in Bezug auf Handlungskompetenz. Grundlage eines Instrumentes zur Erfassung von Handlungskompetenz ist die Gewinnung von beobachtbaren, performativen Handlungen, die einen Bewertungsmaßstab brauchen. Kompetenzentwicklung wird hier als positive Veränderung eines gezeigten Handlungsrepertoires im Sinne des entwickelten Bewertungsmaßstabes gesehen.

9. Empirischer Teil

Nachdem die theoretischen Grundlagen der Studie gelegt wurden, folgen drei empirische Teile der Studie. Der erste Teil beschreibt den Entwicklungsprozess des Beobachtungsinstrumentes zur Erfassung von Handlungskompetenz bei Erzieher/innen in naturwissenschaftlichen Bildungsangeboten im Kindergarten. Im zweiten Teil findet eine Anwendung des Instrumentes statt, worauf hin im dritten Teil ein Vergleich zwischen Selbsteinschätzungen ausgewählter Erzieherinnen bzgl. Handlungskompetenz und der Fremdeinschätzung der Handlungskompetenz durch das Beobachtungsinstrument vorgenommen wird.

9.1 Forschungsdesign der Studie

Die vorliegende Untersuchung wurde in der Zeit von 11/2010 bis 02/2014 durchgeführt und versteht sich als Anschlussstudie an die Arbeiten von Dhein (2011) und Zimmermann (2011): Alle drei Studien sind methodisch (Handlungsbeobachtung in Videos), inhaltlich (Kompetenz und Kompetenzentwicklung, sozialkonstruktivistische Lerntheorie) und aufgrund der Datenbasis miteinander verschränkt, verfolgen dennoch unterschiedliche Forschungsziele. Aus den beiden Vorgänger-Studien stehen videografierte pädagogische Angebote aus dem Kindergarten als Datenbasis zur Verfügung. Aufgrund der unterschiedlichen Themen dieser Angebote (wie z.B. Spiegel- oder Feuerphänomene) stellen die Angebote eine Stichprobe mit verschiedenen und nicht vergleichbaren Bedingungen dar. Insofern ist von einem quasi-experimentellen Forschungsdesign auszugehen.

Die Untersuchung ist als Längsschnittstudie (Panelstudie) zu charakterisieren und wird als explorative Feld- und Fallstudie durchgeführt. Sie besteht aus drei aufeinanderfolgenden empirischen Teilen und weist zwei Typen der Triangulation (vgl. Denzin 1978, zit. n. Lamnek, 2005, S. 147) auf.

(1) Methodentriangulation: In der gesamten Studie werden qualitative und quantitative Forschungsmethoden der Datenerhebung und Datenanalyse als induktive und deduktive kenntniserweiternde Schlussverfahren miteinander kombiniert (mixed-method-Design).

(2) Datentriangulation: für einen systematischen Vergleich wird im dritten empirischen Teil eine externe Datenbasis (Selbsteinschätzungen von Erzieherinnen bzgl. Handlungskompetenz) aus der Studie von Zimmermann (2011) den Ergebnissen aus einer Fremdeinschätzung durch das in der vorliegenden Studie zu entwickelnde Beobachtungsinstrument gegenübergestellt.

Forschungsmethodologischer Schwerpunkt bleibt das qualitative, deskriptive Paradigma. Da keine Merkmalskorrelationen hergestellt und keine Signifikanzen getestet werden, sondern Handlungen im Rahmen von Lehr-Lern-Interaktionen im Kindergarten beschrieben und im Hinblick auf Handlungskompetenz interpretiert werden, folgt die vorliegende Studie dem Ansatz der erziehungswissenschaftlichen Videografie nach Dinkelaker & Herrle (2009, S. 11, 17).

Alle weiteren Angaben zum Forschungsdesign werden in der folgenden Tabelle aufgeführt und in den entsprechenden empirischen Teilen konkret beschrieben.

Tab. 2: Forschungsdesign im Überblick

Forschungs-methodologie	**Untersuchungsplan:** Videostudie, quasi-experimentelles Forschungsdesign, explorative Feld- und Fallstudie im Längsschnittdesign (Panelstudie), Triangulation qualitativer und quantitativer Forschungsmethoden (Datenerhebung und Datenauswertung), Datentriangulation		
	Wissenschaftlicher Ansatz: Erziehungswissenschaftliche Videografie (Dinkelaker & Herrle 2009)		
	Erster empirischer Teil: Entwicklung des Instrumentes	**Zweiter empirischer Teil: Anwendung des Instrumentes**	**Dritter empirischer Teil: Handlungsvalidierung, Instrumentvalidierung**
Datenauswahl, Arbeits-schritte, Methoden, Teilergebnisse	Qualitative Auswertung durch vollständige Transkription von drei Videos, erste Kategorienbildung, qualitative Inhaltsanalyse – Zusammenfassung (Mayring, 2002)	Datenaufbereitung durch vollständige Transkription fünf ausgewählter Videos eines Erzieher-Tandems als Vorbereitung zur kategoriengeleiteten Videoanalyse	Qualitative Auswertung durch vergleichende Gegenüberstellung (Brunswig 1910) der Selbsteinschätzungen eines Erzieherinnen-Tandems bzgl. NFFK und der Fremdeinschätzung mittels Beobachtungsinstrument
	Qualitative Auswertung von 21 Videos mittels Kategorienbildung durch Handlungsbeobachtung nach dem Kategorienentwicklungszyklus (Jacobs et al. 1999)	Quantitative Datenerhebung durch Handlungsbeobachtung mittels kategoriengeleiteter Videoanalysen (Niedderer et al. 1998) anhand des entwickelten Beobachtungsinstrumentes	

Hermeneutische Zuordnung der Kategoriensysteme und Kategorien als Handlungsmuster zu Handlungskompetenz (Zimmermann 2011) (theoriegeleitete Interpretation)	Qualitative Auswertung quantitativer Daten durch transkriptgestützte „dichte Beschreibung" (Geertz 1987) von Handlungsmustern in Handlungsprofilen (deskriptive Statistik)	
Teilergebnisse: Beobachtungsinstrument: Kategoriensysteme, Kodiermanual, hermeneutische Zuordnung; Festlegung der Kodiereinheit, Schulungsleitfaden	**Teilergebnisse:** Beschreibung von Handlungskompetenz und seiner Entwicklung in Handlungsprofilen mit Coachingimpulsen	**Teilergebnis:** Systematischer Vergleich zwischen Selbst- und Fremdeinschätzungen (Handlungsvalidierung, Validierung des Beobachtungsinstruments)
Beginn der Studie: 11/2010		Ende der Studie: 02/2014

9.2 Erhebung von Videodaten als Datenbasis

Für eine Analyse pädagogischen Handelns und von Interaktionen zwischen Erzieher/innen und Kindern eignen sich Videodaten, weil sie „sowohl Hörbares als auch Sichtbares konservieren und das Zusammenspiel von Ereignissen auf beiden Wahrnehmungsebenen zu erfassen in der Lage sind" (Dinkelaker & Herrle, 2009, S. 15). In der vorliegenden Studie wird dabei auf eine externe Datenbasis zurückgegriffen[19], die im Rahmen der Fortbildungsreihe „Mit Kindern die Welt entdecken" der Forscherstation, dem Heidelberger Klaus-Tschira-Kompetenzzentrum für frühe naturwissenschaftliche Bildung gGmbH, in einem Zeitraum von achtzehn Monaten in den Jahren 2006 bis 2007 erhoben worden ist[20].

Achtzehn Erzieherinnen[21] aus drei Heidelberger Kindergärten besuchten dabei jeweils als Erzieherinnen-Tandem die Fortbildungsreihe. Teil des Fort-

---

19 Die Autorin war bei der Erhebung der Videodaten nicht beteiligt. Sie kam erst zu einem späteren Zeitpunkt an das Kompetenzzentrum, um dort als Fortbildnerin und Coach mit Erzieher/innen und Lehrer/innen zu arbeiten und ihre Studie aufzunehmen.

20 Eine ausführliche Beschreibung des Heidelberger Fortbildungskonzeptes zur frühen naturwissenschaftlichen Bildung im Elementarbereich ist in der Dissertation von Zimmermann (2011) zu finden.

21 Diese Kohorte (N=18 Erzieherinnen) war Teil der Gesamtstichprobe von N=27 aus der Pilotfortbildung (vgl. Zimmermann 2011, S. 295ff., S. 382). Zimmermann hat ein

bildungskonzeptes waren die von Erzieherinnen-Tandems selbst geplanten Angebote zur frühen naturwissenschaftlichen Bildung, die zwischen einzelnen Fortbildungsterminen in einem jeweiligen Abstand von ein bis zwei Monaten umgesetzt worden sind. Dabei gestalteten die neun Tandems in ihren eigenen Kindergartengruppen in unterschiedlicher Anzahl Angebote zu unterschiedlichen Naturphänomenen und ließen sie zu Forschungszwecken von einer Forschungsgruppe der Forscherstation (vgl. Dhein, 2011; vgl. Zimmermann, 2011) videografieren. Insgesamt entstanden in drei Kindergärten 52 verschiedene videografierte pädagogische Angebote mit einer durchschnittlichen Dauer von 46,5 Minuten, die für die Videoanalysen genutzt werden konnten. Aufgrund mindestens einer zweiten Kamera pro Angebot und damit verbunden unterschiedlichen Kameraperspektiven konnten insgesamt 104 Videos (vgl. Tab. 3) für die Analysen genutzt werden.

Zu Beginn der Untersuchung wurde die bestehende Datenbasis vollständig gesichtet, neu archiviert und die Stichprobe bezüglich der Untersuchungsteilnehmer für die drei empirischen Hauptuntersuchungsschritte durch ein Theoretical Sampling aufbereitet. Dabei wurden 35 Videos für den Entwicklungsprozess des Instrumentes bereitgehalten (erster empirischer Teil), 17 Videos für die Anwendung des Instrumentes bereitgestellt (zweiter empirischer Teil) und neun Videos von E7 und E9 für eine Handlungsvalidierung der Erzieherinnen zur Verfügung gestellt (dritter empirischer Teil).

Leitend für die theoriegeleitete Auswahl videografierter pädagogischer Angebote war einerseits die Anzahl der Videos pro Tandem. Ausgehend von der zweiten Forschungsfrage nach der Entwicklung von Handlungskompetenz wurden diejenigen Erzieherinnen-Tandems mit den meisten pädagogischen Umsetzungen in den Pool der Anwendungsbeispiele gewählt, damit die Voraussetzung für die Beobachtung einer möglichen der Verhaltensweisen gegeben war. Das konnten nur die Kindergartengruppen 2, 8 und 9 mit acht bzw. neun Umsetzungen sein. Zwischen Kindergruppe 2 und 9 mit jeweils neun Umsetzungen wurde gelost, sodass sowohl für die Entwicklung als auch für die Anwendung und Validierung des Instrumentes Angebote mit der höchsten Anzahl zur Analyse vorlagen. Kindergruppe 2 fiel in den Entwicklungsteil, Kindergruppe 9 wurde neben Kindergruppe 8 für die Anwendung bereitgehalten. Letztlich wurde

---

Erzieher/innen-Tandem (E10, E15) aus ihrer Studie ausgegrenzt, weil es nur ein Video einer pädagogischen Umsetzung vorweisen konnte und auch nicht an Coachings teilgenommen hat. Zimmermann kommt daher auf eine Teilstichprobe für diese Teilstudie von n=16.

sich aus Zeitgründen dafür entschieden, lediglich Kindergruppe 8 sowohl für die Anwendung als auch für den Vergleich zu nutzen. Bei diesem theoretical sampling sollten Verzerrungen der Ergebnisse vermieden werden, indem nicht dieselben Videos sowohl zur Anwendung des Instrumentes als auch zum Vergleich der Einschätzungen herangezogen wurden, die bereits zur Entwicklung des Instrumentes verwendet worden sind.

Tab. 3: Angaben zur Datenbasis (Videos) und zum Theoretical Sampling hinsichtlich Entwicklung und Anwendung des Analyseinstrumentes nach der Datenerhebung von 2006 – 2007 (18 Monate)

		Kindergruppe	Erzieher/innen	Anzahl der Umsetzungen [päd. Angebot]	Dauer [Std] K1+K2	Dauer pro Video im Ø [Min]	Teilnahme der Tandems am Coaching mit Selbst- u. Fremdeinschätzung der Erzieherinnen
Empirie Teil 1: Entwicklung		1	E16, E18	7	8,9	38,14	ja
		2	E11, E13	9	12,5	41,6	ja
		3	E4, E5	5	6,56	39,36	ja
		4	E21, E23	4	4,44	33,3	ja
		5	E24, E27	6	8	40	ja
		6	E10, E15	1	1,57	47,1	nein
		7	E6, E8	3	7,75	77,5	ja
	gesamt	7	14	35	49,72	~ 45	12
Empirie Teil 2: Anwendung		8	E7, E9	9	14,14	47,13	ja
		9	E20, E22	8	9,75	36,56	ja
	gesamt	2	4	17	23,89	~ 42	4
	Gesamt	9	18	52 *(104)*	73,61	46,5	16
Empirie Teil 3: Vergleich		8	E7, E9	9	14,14	47,13	Ja Selbsteinschätzungen als Grundlage für den Vergleich mit der Fremdeinschätzung durch das Analyseinstrument
	Gesamt	1	2	9	14,14	47,13	2

Vor der Datenerhebung wurden zur Absicherung der Datennutzung vorschriftsgemäß zuerst die Träger der Einrichtungen zu einer Einwilligung gebeten. Im Anschluss wurden von Eltern, als rechtliche Vertreter der drei- bis sechsjährigen videografierten Kinder, Einwilligungserklärungen zur Freigabe von Foto- und Videoaufnahmen der Kinder zu Forschungszwecken eingeholt. Eine Einwilligung ist aus zivilrechtlichen Bestimmungen im sogenannten Kunsturhebergesetz (KunstUrhG, §22) (Bundesministerium der Justiz, 1907, Abs. 22) notwendig, wonach jeder Mensch ein Recht am eigenen Bild bzw. ein Bildnisrecht hat, das geschützt werden muss.

9.3 Datenaufbereitung – Begründung der Transkription von Videos

Für die umfassende Analyse von Videomaterial in einer Forschungsarbeit stellt sich die zentrale Frage, „wie sich auditiv und visuell vermittelte Informationen zum Zweck des Erkenntnisgewinns in ihren Bedeutungsstrukturen erfassen und auf eine zeichentheoretische Ebene übertragen lassen" (Moritz, 2010, S. 164). In der vorliegenden Studie wurde sich für eine Aufbereitung in Form von Transkripten entschieden. Videos als Ausgangsdaten erfahren in sogenannten Verbaltranskripten eine schriftliche Darstellung (vgl. Dinkelaker & Herrle, 2009, S. 32). „Ein Transkript ist das Ergebnis einer mehrmaligen, intensiven, mit Stereokopfhörern durchgeführten und mitunter auch die Aufnahme einer zweiten Videokamera heranziehenden Auseinandersetzung mit den Unterrichtsausschnitten. Es ist deswegen für die Analyse um ein Vielfaches ausgearbeiteter und besser handhabbar als die originale Videoaufnahme" (Brandt, Krummheuer, & Naujok, 2001, S. 20). Videodaten sind komplexe Daten. Ein Transkript ist eine Form der Datenreduktion, die hilfreich ist, um konzentriert sprachliche Äußerungen der Probanden kategorial erfassen zu können. Dabei sollte bewusst sein, dass ein Transkript kein „Abbild" der sprachlichen Handlungen aus den originalen Videodaten sein kann.

Im Folgenden werden Argumente aufgeführt, die ausschlaggebend für die Erstellung vollständiger Transkripte sowohl im ersten als auch im zweiten empirischen Teil der Arbeit waren:

Erster empirischer Teil:

- **Reduktion von Komplexität**: Ein Video enthält akustische und visuelle Daten. Mit der Transkription für den ersten empirischen Teil wurde sich auf Sprachhandlungen der Erzieher/innen und Kinder für die qualitative Inhaltsanalyse konzentriert und damit ein erster Reduktionsschritt für die Analysen vollzogen. Notwendig erschien dieses Vorgehen aufgrund des hohen Geräuschpegels im Kindergarten und damit einhergehender häufig schwer zu verstehender Äußerungen von Erzieherinnen und Kindern, die erst durch mehrmaliges Hören zuzuordnen waren.

- **Intensive Auseinandersetzung mit den Daten**: Transkripte erschienen als sinnvoll, da die Autorin die Video-Datenerhebung nicht selbst vorgenommen hat. Um eine intensive Auseinandersetzung mit den Daten zu ermöglichen, d.h. um ein „Gefühl für die Daten", für mögliche Begrifflichkeiten zur Beschreibung von Kategorien zu gewinnen, wurden Transkripte angefertigt. Bereits beim Transkribieren konnten Auffälligkeiten, Ideen für Kategorien und Memos notiert werden.
- **Vorbereitung für Kodierung in Videograph**: Die Übertragung der transkribierten Videos in die verwendete Software Videograph (Rimmele, 2012) unterstützte den an die qualitative Inhaltsanalyse anschließenden Kategorienentwicklungsprozess mittels Videograph. Der Interpretationsprozess der Handlungen in den Videos, der bei der Kodierung stattfindet, sollte durch die Transkripte erleichtert und unterstützt werden.
- **Dokumentation**: Die Transkripte dienten als Dokumentationsgrundlage, die immer wieder und schnell eingesehen werden konnte. Sie boten einen Überblick über das Datenmaterial, der hilfreich war, um z.B. durch den Timecode bzw. durch Zeilennummerierung der Aussagen bestimmte Sequenzen gezielt nachzuhören. Die Transkripte wurden außerdem für die Auswahl von Ankerbeispielen herangezogen, die im Beobachtungsinstrument ihre Verwendung finden (vgl. Anhang - Kapitel 15.1.1: Kodiermanual). Dadurch wird das empirische Vorgehen in der Studie nachvollziehbar. Durch die genaue Dokumentation (mit Zeilenangabe und Timecode der Äußerungen) können die Interpretationsprozesse und Theorieherleitungen aus den Daten belegt und zurückverfolgt werden. Dadurch ist das qualitative Gütekriterium der Transparenz gegeben (vgl. Bennewitz, 2010, S. 49).
- **Grundlage für Diskussion zur Kategorienbildung**: Die Transkripte dienten als Diskussionsbasis z.B. in einer Arbeitsgruppe oder in einem Forschungsseminar.

Zweiter empirischer Teil:

- **Transparenz im Forschungsprozess**: Vollständige Transkripte wurden für die Videos im zweiten empirischen Teil in Videograph (Rimmele 2012) für jede einzelne Beobachtungseinheit (Fünf-Sekunden-Intervalle) angefertigt, um für Dritte transparent zu machen, auf welche konkreten sprachlichen Äußerungen sich bei der Kodierung im empirischen Teil 2 (Instrumentenanwendung) bezogen wurde. Sie ließen außerdem schnellere Kodierungen zu, weil keine Zeit zum Nachhören der Aussagen aufgewendet werden musste.

- **Vorbereitung für Detailanalysen**: Vollständige Transkripte wurden erstellt, damit bei der Auswertung der Kodierungen transkriptgestützte Detailanalysen möglich wurden.

9.4 Datenaufbereitung – Transkriptionsregeln

Bei der Transkription ergibt sich das Problem „bewegte" Daten in einen statischen Text zu überführen, der die Situation möglichst realistisch aber auch für die Auswertung praktikabel darstellt (vgl. Herz, Dresing, & Pehl, 2010). Es kommt hinzu, dass sich schnell Fehler beim Transkribieren einschleichen, weil mündliche Aussagen flüchtig sind, der Transkript-Verfasser selbst teilweise Korrekturen einfügt, Wörter auslässt oder hinzufügt oder auch verändert, sodass ein anderer Sinn entsteht (vgl. Herz u. a., 2010). Um die potentiellen Fehlerquellen beim Transkribieren zu minimieren und wissenschaftlichen Ansprüchen zu genügen, wurden Transkriptregeln aufgestellt. „Das Regelsystem ermöglicht eine klare Nachvollziehbarkeit bei der Generierung des schriftlichen Datenmaterials und eine einheitliche Gestaltung, wenn in diesen Prozess mehrere Personen involviert sind. Gerade bei der computergestützten Auswertung sind angemessene Transkriptionsregeln wichtig, um beispielsweise Suchfunktionen und Sprecherunterscheidungen leicht möglich zu machen" (Kuckartz, Dresing, Rädiker, & Stefer, 2008, S. 27).

Zunächst wurden bei der Transkription der Videos Klarnamen anonymisiert. Die Erzieherinnen wurden mit denselben Codes belegt, die Zimmermann (2011) in ihrer Studie verwendet hat, um eine Einheitlichkeit und Verbindung der Studien herzustellen. Neben verbalen Äußerungen der Erzieherinnen und der Kinder wurden auch deren Aktivitäten beschrieben und im Schreibstil (*in Klammern*) angegeben. Da keine linguistischen Analysen durchgeführt werden sollten, wurde die Umgangssprache meistens geglättet und ein Minimaltranskript angefertigt, das sich auf die reinen sprachlichen Äußerungen von Erzieher/innen und Kindern bezieht. Bei den Transkripten für die qualitative Inhaltsanalyse im ersten empirischen Teil wurden Sprecherwechsel als Einheiten berücksichtigt. Zur Transkription wurde das open source Programm „f4", downloadbar von der Internetplattform audiotranskription.de (Dresing & Pehl, 2013), verwendet. Es bietet die Möglichkeit, das Video abzuspielen und parallel dazu mit Zeitmarkensetzungen für Beginn und Ende der Beobachtungseinheit zu transkribieren. Um den Zeitaufwand für die Transkribenten zu verringern, wurde der F4-Fußschalter (f4-pro USB-Fußschalter) genutzt. In der Literatur ist beschrieben, dass ein Fußschalter bis zu 30% effizientere und schnellere Bearbeitungszeit ermöglicht (ebd.), da beide Hände zum Transkribieren frei sind, der Fuß dazu benutzt wird, das Video zu starten und zu stoppen, die Abspielgeschwindigkeit zu verlangsamen oder zu beschleunigen.

9.5 Handlungsbeobachtung als Datenerhebungsverfahren

Für die Entwicklung (erster empirischer Teil) und Anwendung (zweiter empirischer Teil) von Kategoriensystemen wurde die Methode der systematischen Beobachtung von Handlungen in videografierten pädagogischen Angeboten als eine Form der Datenerhebung gewählt (vgl. Pötschke, 2010, S. 55ff.). Im ersten empirischen Teil wurde dabei nach dem Kategorienentwicklungszyklus (Jacobs, Kawanaka, & Stigler, 1999) zur Entwicklung von Kategorien, im zweiten empirischen Teil nach der kategoriengeleiteten Videoanalyse (Niederer u. a., 1998) zur Anwendung des Instrumentes vorgegangen.

Greve und Wentura (1997, S. 22f.) spezifizieren diese wissenschaftliche Form von Beobachtung zum einen als „deduktive Beobachtung", bei der es um ein systematisches hypothesenprüfendes Verfahren zur Datenerhebung geht. Zum anderen gehört das in der vorliegenden Studie gewählte Vorgehen zur Methode der technisch vermittelten Beobachtung, weil das Video als informationstragendes Hilfsmittel verbunden mit der „*Speicherbarkeit* der Beobachtung" zur Beobachtung genutzt wird (ebd., S. 26).

Diese wissenschaftliche Beobachtung unterscheidet sich von der Alltagsbeobachtung, da begründet einer Fragestellung nachgegangen wird, um Annahmen zu prüfen; eine systematische Auswahl an pädagogischen Angeboten getroffen wurde und systematische Methoden zur Sicherstellung von Replizierbarkeit und Objektivität angewandt wurden (vgl. Greve & Wentura, 1997, S. 13). Die Beobachtungsform in der vorliegenden Teilstudie kann mit der Einteilung von Pötschke (2010, S. 56) als teilnehmend (und bezogen auf die Autorin: nichtteilnehmend, da die Datenerhebung in den Kindergärten nicht von der Autorin selbst, sondern in Vorgängerstudien von anderen Forschergruppen durchgeführt wurde), strukturiert, offen (und bezogen auf die Autorin: verdeckt, Begründung: s.o.), als Feldbeobachtung und Fremdbeobachtung charakterisiert werden.

Durch die wissenschaftliche Beobachtung können neben verbalen auch nonverbale Aktivitäten beschrieben und erfasst werden. Moritz (2010, S. 164) weist darauf hin, dass audiovisuelle Daten, wie sie der Studie zugrunde liegen, auch „explizit nichtsprachliche Daten" beinhalten, die ganz andere Informationen bereithielten als Verbaltexte in der Qualitativen Sozialforschung. In der vorliegenden Studie soll sich die Analyse sowohl auf das sprachliche als auch auf das nicht-sprachliche Handlungsrepertoire der Erzieher/innen und Kinder beziehen.

10. Erster empirischer Teil: Entwicklung des Beobachtungsinstrumentes

10.1 Forschungsproblem und Forschungsziel

Das erste Hauptforschungsproblem der Studie bezieht sich auf die Operationalisierung des Konstruktes der Handlungskompetenz von Erzieher/innen in Kontexten früher naturwissenschaftlicher Bildung. Mit Operationalisierung ist „die Überführung von theoretischen Begriffen in messbare Merkmale (Objekt mit Eigenschaften) gemeint" (Raithel, 2006, S. 34), damit ihr Vorhandensein z.B. in einem pädagogischen Angebot, überprüft werden kann. Voraussetzung dafür ist, dass Indikatoren von Handlungskompetenz beschrieben werden. Handlungskompetenz kann als Disposition nicht gemessen werden, sondern muss für eine Beschreibung und Erfassung durch festgelegte Indikatoren aus dem konkreten Verhalten (Performanz) von Erzieher/innen rekonstruiert werden.

Für den ersten empirischen Teil stellt sich damit zunächst die Frage, inwiefern performatives Verhalten von Erzieher/innen in geplanten, naturwissenschaftlichen Bildungsangeboten im Kindergarten kategorial und den klassischen Gütekriterien (Reliabilität, Validität) entsprechend beschrieben und in einem Beobachtungsinstrument dargestellt werden kann. Darüber hinaus ist fraglich, wie die entwickelten Kategorien mit der Definition von Handlungskompetenz nach Zimmermann (2011) in Verbindung gebracht werden können, um mit dem Instrument tatsächlich Handlungskompetenz festzustellen.

10.2 Forschungsfragen

Hauptforschungsfrage

1. Wie lässt sich Handlungskompetenz von Erzieher/innen in Kontexten früher naturwissenschaftlicher Bildung in einem Beobachtungsinstrument operationalisieren?

Unterforschungsfragen

1.1 Welche Aspekte pädagogischen Handelns können als Indikatoren professionellen Handelns in Kontexten früher naturwissenschaftlicher Bildung beschrieben werden?

1.1.1 Inwiefern kann der Aspekt der Struktur eines naturwissenschaftlichen Bildungsangebotes im Kindergarten kategorial ausdifferenziert werden?

1.1.2 Inwiefern kann der Aspekt des kommunikativen Handelns von Erzieher/innen in naturwissenschaftlichen Bildungsangeboten im Kindergarten ausdifferenziert werden?

1.1.3 Inwiefern können die entwickelten Kategorien verbaler Handlungen von Erzieher/innen in naturwissenschaftlichen Bildungsangeboten ausdifferenziert werden?

1.2 Inwiefern können die Kategorien des Beobachtungsinstruments mit der Definition von Handlungskompetenz im Sinne von NFFK zugeordnet werden um Handlungskompetenz messbar zu machen?

10.3 Datenbasis und Forschungsschritte im Überblick

Im Folgenden wird die Datenbasis beschrieben, die für den ersten empirischen Teil zur Entwicklung des Instrumentes aus der Grundgesamtheit von 52 (*104*) Videoaufnahmen ausgewählt wurde (vgl. Tab. 5). Insgesamt wurden im Entwicklungsprozess des Instruments an 24 Videos aus einem Datenpool von 35 Videos unterschiedliche Forschungsschritte durchgeführt. Diese Forschungsschritte werden überblicksartig zunächst in einer Legende dargestellt, um sie nachfolgend als Code für entsprechende Videos in Tab. 5 anzugeben.

Tab. 4: Legende zur Datenbasis im ersten empirischen Teil

Legende	
T	Für bestimmte Sequenzen wurde in diesem Video ein Transkript angefertigt.
Ta	Das Transkript des gesamten Videos ist nach Mayring ausgewertet worden.
V	In diesem Video ist mittels der Kodiersoftware Videograph eine Handlungsbeobachtung durchgeführt worden, um Kategorien zu entwickeln.
x	An diesen Videos ist keine Auswertung vorgenommen worden.
o	Es ist kein Video vorhanden.
Fett	Durch Handlungsbeobachtung in diesen Videos sind Kategorien entwickelt worden. Die Dauer einzelner Videos [Dauer Kamera 1 und Dauer Kamera 2] wird in [hh:mm:ss] angegeben.
INT	Sequenzen aus diesen Videos wurden für eine der vier Überprüfungen der Interkoderreliabilität genutzt (INT 1, INT 2, INT 3, INT4)
Thema	Thema des pädagogischen Angebotes
U	Umsetzung des pädagogischen Angebotes

Zusammenfassung einzelner Forschungsschritte im ersten empirischen Teil
Nach einer vollständigen Sichtung aller Videos wurden drei Videos zur vollständigen Transkription und Qualitativen Inhaltsanalyse (Mayring, 2002) ausgewählt. Bei 21 Videos (s. fett gedruckte Zeitangaben der Kamera 1 und Kamera 2 in Tab. 5) wurde jeweils an ausgewählten Videosequenzen eine Handlungsbeobachtung mit Kategorienentwicklung durchgeführt. Dazu wurden Transkripte angefertigt, um die Kodierungen überprüfbar zu machen. Weitere Videos wurden zu Interkoderreliabilitätsüberprüfungen herangezogen (Int 1 bis Int 4).

Tab. 5: Datenbasis für den ersten empirischen Teil

Code	Kiga-gruppe	U	Thema	Dauer Kamera 1	Dauer Kamera 2
Ta, V	1	1	Gras zum Wachsen bringen	**00:28:38**	00:28:54
X	1	2	Fortsetzung Gras zum Wachsen bringen	00:43:07	00:40:51
T, V	1	3	Kerze + Luft	**00:23:19**	00:20:38
Int 2, Int 4	1	4	Gegenstände fallen lassen	00:40:47	00:43:13
T	1	5	Kerzenrauch einfangen	**00:39:53**	00:47:12
x	1	6	Feuer	00:41:19	00:40:29
Ta	1	7	Magnetismus	**00:48:00**	00:47:14
Ta, V	2	1	Luft	**00:44:15**	00:44:05
Int 1, V	2	2	Wasser - Unterdruck	**00:46:30**	00:50:25
x	2	3	Arzt zu Besuch	00:40:08	00:39:10
x	2	4	Was löst sich in Wasser	00:55:03	00:54:58
T, V	2	5	Schwimmen und Sinken 1 - Nägel	**00:47:20**	**00:47:23**
x	2	6	Kerze und Docht	00:40:05	00:42:18
Int 3	2	7	Schattentheater	00:40:31	00:37:22
x	2	8	Schwimmen und Sinken 2	00:49:00	00:54:02
T, Int 4	2	9	Kressesamen	00:30:14	00:31:25
T, V	3	1	Herbst-Luft	00:38:37	**00:38:18**
x	3	2	Kerze-Feuer-Luft	00:38:47	00:34:34
V	3	3	Kerze-Wachs-Wasser	**00:42:00**	00:41:39
x	3	4	Wasser-Zucker-Kamm-Kerze	00:30:34	00:31:19
V, Int 2	3	5	Farbe	**00:47:08**	**00:50:47**

Code	Kiga-gruppe	U	Thema	Dauer Kamera 1	Dauer Kamera 2
x	4	1	Schwimmen und Sinken	00:31:35	o
Int 2	4	2	Wasser-Sprudel	00:44.23	00:43:45
Int 1, V	4	3	Tinte-Pipette	**00:35:44**	**00:35:13**
Int 2	4	4	Kerze	00:38:26	00:37:15
V	5	1	Ei in Salzwasser	**00:31:32**	o
Int 2	5	2	Getränke-Farben mischen	00:44:47	00:44:49
x	5	3	Kerze-Luft	00:52:22	00:51:25
x	5	4	Wasser aufsaugen	00:50:06	00:50:05
Int 4	5	5	Luftikus fliegen lassen	01:02:34	01:01:49
V	5	6	Düfte-Parfüm	**00:37:14**	00:38:15
Int 1	6	1	Luftballonboot	00:46:48	00:47:19
V	7	1	Farben trennen	**01:27:02**	**01:26:48**
V, T teilw., Int 4	7	2	wundersame Spirale	**01:33:38**	01:33:39
V, Int 2	7	3	Wasserbechertrick	**00:52:13**	**00:51:43**

10.4 Methoden der Datenauswertung

Im ersten empirischen Teil wurde sich methodisch für eine induktive Herangehensweise zur Gewinnung von Kategorien entschieden. Dazu wird im Folgenden das methodische Vorgehen sowohl bei der Qualitativen Inhaltsanalyse nach Mayring (2002) als auch beim Kategorienentwicklungszyklus nach Jacobs et al. (1999) genauer erläutert.

10.4.1 Qualitative Inhaltsanalyse

Zunächst wurden drei Videos vollständig vorbereitend für die Kategorienbildung transkribiert und im Anschluss in Anlehnung an die zusammenfassende qualitative Inhaltsanalyse (Mayring, 2002) ausgewertet. Ziel der Inhaltsanalyse ist eine Datenreduktion um auf dem Weg der Operationalisierung von Handlungskompetenz zu Indikatoren (verstanden als Kategoriensysteme mit Kategorien) zu kommen. Dieser methodische Auswertungsschritt führte zu ersten kategorialen Ideen auf der Sichtstruktur im Bereich der Strukturierung des Angebotes (Phasen im Angebot), im Bereich des kommunikativen Handelns (verbale Handlung) und es wurden die Zielgruppen (Erzieher/innen *und* Kinder) für die Analyse deutlich.

Das Vorgehen lässt sich wie folgt beschreiben: In einem ersten Schritt wurden passend zu relevanten Transkriptstellen paraphrasierende Situationsbeschreibungen angefertigt. In einer weiteren Spalte finden sich Memos, d.h. generalisierende als Gedankensplitter gedachte Beschreibungen der entsprechenden Situation auf einer höheren Abstraktionsebene. Diese Beschreibungsformen ermöglichten eine intensive Auseinandersetzung mit dem Kontext des Geschehens im Kindergarten, aus dem wesentliche Merkmale einer Situation in Form von Kategorien hervorgingen. Die Memos stellen die Brücke zwischen dem eigentlichen Geschehen und den möglichen Kategorien dar. Beispielhaft für die insgesamt drei mittels qualitativer Inhaltsanalyse untersuchten Videos wird im Folgenden der Prozess der qualitativen Inhaltsanalyse anhand des Beispiels der Erzieherinnen E11 und E13 zum Thema „Luft" im ersten pädagogischen Angebot skizziert.

Tab. 6: transkribierte Videosequenz und Qualitative Inhaltsanalyse zur Gewinnung erster Kategorien – pädagogisches Angebot der Erzieher/innen E11 und E13 zum Thema „Luft"

Nr. der Analyse-einheit; Timecode	Transkript	Paraphrasierung	Reduktion 1: Memo: generalisierende Beschreibung der Situation auf einer bestimmten Abstraktionsebene	Reduktion 2: Mögliche Kategorie
48 [00:05:58]	E13: Und was haben wir da noch gemacht? Nicht nur die Bötchen, sondern was noch? Was haben wir noch im Stuhlkreis gemacht?	E13 fragt die Kinder nach weiteren Erinnerungen an die letzte Experimentierstunde. Außer den Bötchen ist noch etwas im Stuhlkreis an Experiment gemacht worden.	Thema /Kontext erinnern und herstellen; Aktivierung Kinder (W-Impulsfrage) [Impuls: W-Frage, E13 fordert Kinder auf, genauer nachzudenken, was noch gemacht wurde. Sie will, dass sich Kinder an alles erinnern, dadurch beweist sie Konsequenz. Sie legt Wert auf Vollständigkeit]	Hinführung zum Thema; Erzieher/in spricht und aktiviert die Kinder

Nr. der Analyse-einheit; Timecode	Transkript	Paraphrasierung	Reduktion 1: Memo: generalisierende Beschreibung der Situation auf einer bestimmten Abstraktionsebene	Reduktion 2: Mögliche Kategorie
49 [00:05:59]	Felix: Weiß nicht.	Felix äußert, dass er nicht weiß, was beim letzten Experiment gemacht wurde.	Thema /Kontext erinnern und herstellen; Ein Kind äußert sich.	Hinführung zum Thema; Äußerung eines Kindes
50 [00:06:10]	Emily: Über Luft. Wir haben in den Luftballon eine Nadel gemacht und dann gesehen, dass da Blubberbläschen gekommen sind.	Emily erinnert sich an einen Versuch, bei dem in einen Luftballon mit einer Nadel ein Loch gestochen wurde, der Luftballon unter Wasser gehalten wurde. Dabei waren Blubberbläschen zu beobachten.	[Kontext: Versuch im Voraus –> Loch in Luftballon, Ballon in Wasser, um Luft sichtbar zu machen]; Erzählstruktur: und dann…; Thema /Kontext erinnern und herstellen	Hinführung zum Thema; Äußerung eines Kindes
51 [00:06:12]	E13: Hast du die einfach so gesehen?	Erzieherin stellt eine Nachfrage und erweitert dadurch den Dialog.	Thema /Kontext erinnern und herstellen; Aktivierung der Kinder (wer wird alles befragt, mit welchen Kindern wird der Dialog gehalten?); Einleitung in eine Erklärung [besser als Warum zu fragen]Aktivierung Kinder (indirekte Impulsfrage; Anzahl der Kinder) Impuls (indirekte Frage): Dialog - Art des Dialogs der Erzieherin mit Kindern	Aktivierung Kinder (Anzahl der Kinder: wie viele Kinder werden aktiviert?, was tun die anderen Kinder)

124

52 [00:06:13]	Emily: Mhm. (verneint)	Dialog der Erzieherin mit Kind über Vorstellungen/ Erinnerungen der Kinder zu/an vorangegangenem/s Phänomen	Thema /Kontext erinnern und herstellen; Aktivierung der Kinder (Vorstellungen)	Aktivierung der Kinder (Vorstellungen zu Phänomenen, Prozessen)
53 [00:06:14]	E13: Sondern?	Impuls (indirekte Frage): Aufforderung eine Erklärung zu geben	Thema /Kontext; Aktivierung der Kinder (Erklärung, kausale Antwort)	Aktivierung Kinder (Erklärung: Kinder sollen erklären, wie etwas zusammenhängt d.h. eine kausale Antwort geben)
...	...	...	...	...
113 [00:08:56]	E11: ...vorsichtig das Tuch weg-nehmen?	Die Erzieherin hilft dem Kind, eine sinnliche Wahrnehmung zu machen, indem die ihm sagt, das Tuch vorsichtig wegzunehmen.	sinnliches Erleben und Erfahren [Erzieher/in regt Kinder dazu an, mit mind. zwei Sinnen das Phänomen zu entdecken]	sinnliches Erfahren, Erleben ermöglichen, Impuls geben
114 [00:09:00]	[Emily nimmt das Tuch weg]	Das Kind nimmt das Tuch weg und beobachtet das Phänomen.	Handeln und beobachten	Sinnliches Erfahren, Erleben
115 [00:09:03]	Kinder: Blaues Wasser! [erstaunt]	Situation wahrnehmen und verstehen: Kinder nehmen wahr, dass sich blaues Wasser im Eimer befindet. Sie verbalisieren ihre Beobachtung.	Situation wahrnehmen und verstehen; Kinder verbalisieren das Erlebte	Situation wahrnehmen, verstehen, verbalisieren [Rahmenbe-dingungen/ Umstände für den Versuch wahrnehmen]

Diese Analyse hat die Art der Kategorienbildung und weitergehende Analysen u.a. insofern beeinflusst, als eine passende Beobachtungseinheit und Beobach-tungsform (Timesampling) in Form von grammatikalischen Sätzen einer Person entwickelt wurde. Außerdem wurden die hier entwickelten Ideen für Kategorien in Videograph (Rimmele 2012) aufgenommen und durch den Kategorienent-wicklungszyklus weiterentwickelt.

10.4.2 Kategorienentwicklungszyklus

Ein Transkript wird nie eine Gesprächssituation vollständig erfassen können, weil Kommunikation zu vielschichtig ist und z.b. beim Transkribieren von Videos nur visuelle und auditive Informationen festgehalten werden können (vgl. Herz u. a., 2010). Insofern ergibt sich bei der bloßen Transkription und bei qualitativen Inhaltsanalysen der verschriftlichten Daten ein Datenverlust. Dieser wurde in der Studie durch den zweiten methodischen Schritt versucht zu kompensieren – geleitet von der ersten Forschungsfrage auf der Basis beobachtbarer, performativer Verhaltensweisen Indikatoren von Handlungskompetenz zu finden, um danach Handlungskompetenz bei Erzieher/innen beschreiben zu können. Hierbei wurden das Videomaterial anhand eines qualitativen zyklischen Analyseprozesses, dem Kategorienentwicklungszyklus [im folgenden KEZ] nach Jacobs et al. (1999), durch videogestützte Handlungsbeobachtung untersucht. Dieser Zyklus besteht aus „watching, coding, and analyzing the data, with the goal of transforming the video images into objective and verifiable information" (ebd. 1999, S. 718). Dabei wurde nachstehendem Ablauf gefolgt (s. Abb. 2): "The cycle begins as researchers watch and discuss the tapes, and let the rich visual images lead them to frame hypotheses. Once they have generated one or more hypotheses, the researchers can begin to develop a coding system to test their ideas. The development of this system might require watching additional tapes or repeated viewings of particular tapes. The researcher's goal in this phase of the cycle is to develop objective codes, so that independent coders will make the same judgement about a particular segment of video" (Jacobs u. a., 1999, S. 718).

Abb. 3: Cycle of coding and analysis of videotape data (Jacobs et al. 1999)

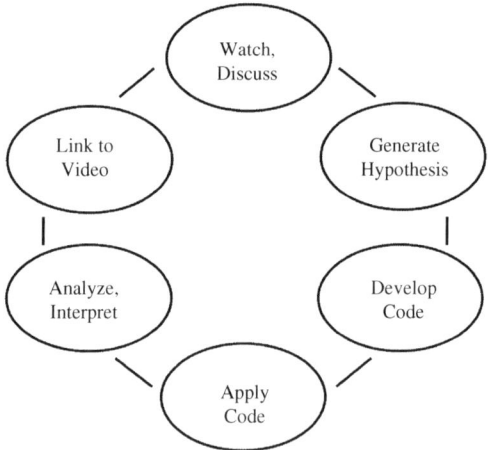

Jacobs et al. (1999, S. 718) heben Videodaten als Werkzeug für die sich im gesamten Zyklus abwechselnden qualitativen und quantitativen Forschungsschritte hervor, um zu reliablen, validen und objektive Kategoriensystemen zu gelangen. „Video data make possible a cyclical analytical process that takes advantage of the fact that they can be used as both quantitative and qualitative research tools. […], videos allow for novel research questions to emerge from the data, while at the same time providing a means to test these questions in a quantitative manner" (Jacobs u. a., 1999, S. 718).

10.5 Vorläufige Kategoriensysteme

Aus dem oben beschriebenen Prozess der Kategorienentwicklung ist ein Kodiermanual mit vorläufig neun niedrig-inferenten und jeweils in sich abgeschlossenen, polytomen Kategoriensystemen (d.h. mehr als zwei Kategorien pro Kategoriensystem) und dem Kodierleitfaden entstanden (vgl. Metzner & Welzel-Breuer, 2013). Alle Kategoriensysteme sind nominalskaliert (vgl. Wirtz & Caspar, 2002, S. 45). Ein „Nominalskalenniveau ist dann gegeben, wenn immer eine eindeutige Zuordnung gegeben ist" (vgl. ebd., S. 50). […] In jedem Kategoriensystem wurde eine Restkategorie „Sonstige" geschaffen, um Nominalskalenniveau zu erreichen (vgl. ebd.). Bei der Erstellung des Kodiermanuals wurde darauf geachtet, dass die Kategorien eindimensional, disjunkt, vollständig und konkret sind (vgl. Pötschke, 2010, S. 56). Bei den Kodierungen einzelner Videosequenzen können jeweils Kategorien zugeordnet werden, indem „für eine bestimmte Beobachtungseinheit entschieden [wird], ob eine bestimmte Merkmalsausprägung vorliegt" (Wirtz & Caspar, S. 33).

Im Folgenden wird das Operationalisierungsschema der vorläufigen nummerierten Kategoriensysteme des Kodiermanuals vorgestellt. Ausführliche Beschreibungen der einzelnen Kategorien sind bei der Auswertung des angewendeten Beobachtungsinstrumentes im zweiten empirischen Teil der Studie (vgl. Kapitel 11.6) zu finden. Das gesamte Kodiermanual ist im Anhang dieser Studie (s. Anhang - Kapitel 15.1.1: Das Kodiermanual) platziert.

Bei der Entwicklung des Kodierleitfadens wurde sich am technischen Bericht zur Durchführung einer Videostudie von Seidel et al. (2003) angelehnt. Daher sind im Kodierleitfaden Beschreibungen zu folgenden Angaben entstanden:

a) inhaltliche Beschreibung
b) Beschreibung der Beobachtungssysteme
c) spezifische Kodierungsregeln

In den Beschreibungen des Kodierleitfadens wurde darauf geachtet, dass allgemein gängige Begriffe verwendet werden, die keiner weiteren Explikation bedürfen. Es wurde mit vielen Beispielen gearbeitet, um die Treffsicherheit bei den Kodierungen zu erhöhen.

Tab. 7: Operationalisierungsschema vorläufiger Kategoriensysteme auf drei Ebenen

Strukturierung eines pädagogischen Angebotes
1. Angebotsphasen
2. Sozialform
Beschreibung kommunikativen Handelns der Erzieher/in und der Kinder
3. Sprachliche Handlung der Erzieher/in (Ebene der Zielperson)
4. Nicht-sprachliche Handlung der Erzieher/in (Ebene der Zielperson)
5. Sprachliche und nicht-sprachliche Handlung der Kinder (Gruppenebene)
6. Sprachliche Handlung der Kinder (Ebene der Zielperson)
7. Nicht-sprachliche Handlung der Kinder (Ebene der Zielperson)
Beschreibung und Erfassung von kommunikativen Absichten der Erzieher/in
8. Absicht der Erzieher/in mit der Sprachhandlung (Illokution)
9. Beabsichtigte Handlung bei Kind/Kindern durch die Sprachhandlung der Erzieher/in (Perlokution)

(1) Mit der Ebene der Strukturierung eines pädagogischen Angebotes wurden ein Kategoriensystem zur zeitlich-inhaltlichen Strukturierung (Angebotsphasen) und ein Kategoriensystem zur räumlichen bzw. organisatorischen Strukturierung (Sozialform) des pädagogischen Angebotes als mögliche Indikatoren von Handlungskompetenz in naturwissenschaftlichen Bildungsangeboten im Kindergarten festgelegt. Hierdurch ist die Forschungsfrage Nr. 1.1.1 beantwortet.

(2) Im Bereich des kommunikativen Handelns wurden fünf Kategoriensysteme bezogen auf sprachliche und nicht-sprachliche Handlungen von Erzieher/innen und Kindern entwickelt. Hierdurch ist die Forschungsfrage Nr. 1.1.2 beantwortet.

(3) Im Bereich der sprachlichen Handlungen der Erzieher/innen wurde sich an der Sprechhandlungstheorie nach Searle (Hindelang, 2000, S. 17; Linke u. a., 1996, S. 186f.) orientiert, um kommunikative Absichten der Erzieher/innen mit ihren Sprechhandlungen erfassen zu können. Dabei werden Äußerungen in Form von Aussagen, Fragen oder Handlungsanweisungen erfasst, die einen propositionalen Gehalt haben. Mit diesen Aussagen, Fragen oder Handlungsanweisungen sind die Absichten der Erzieher/innen mit ihren sprachlichen Äußerungen (Illokution) verbunden. Mit den beabsichtigten Handlungen bei den Kindern der Erzieher/innen durch ihre

sprachlichen Äußerungen (Perlokution) stehen Kategorien zur Verfügung, die sprachliche Handlungskoordinierung der Erzieher/in bezogen auf die Kinder zu konkretisieren. Beispielsweise kann eine Erzieher/in mit einer das Kind aktivierenden Äußerung beabsichtigen, dass ein Kind damit beginnt, zu explorieren und zu experimentieren (handeln). Dabei können sich die Kategoriensysteme (Nr. 8 und Nr. 9) immer nur auf einzelne Erzieher/innen beziehen.

(4) Die sprachlichen und nicht-sprachlichen Handlungen von Erzieher/innen und Kindern sind in Bezug auf die Tätigkeitstheorie auf der Ebene der Operationen angesiedelt. Mit der Illokution und Perlokution der sprachlichen Handlung der Erzieher/in werden die Teilziele von Operationen gedacht (vgl. Kapitel 7.2). Hierdurch ist die Forschungsfrage Nr. 1.1.3 beantwortet.

10.6 Entwicklung des Beobachtungsinstrumentes nach klassischen Gütekriterien

Um reliable und valide Kategoriensysteme zu entwickeln und damit eine Güte des Beobachtungsinstrumentes herzustellen, wurde mittels Interkoderreliabilitätsüberprüfungen und argumentativen Validierungen die Beschaffenheit der Kategorien in ihren Kategoriensystemen mehrmals überprüft und weiterentwickelt. Dabei wurde sich an den klassischen Gütekriterien der Reliabilität, Validität und Objektivität orientiert. Ziel dieses Verfahrens ist es, aufgrund von einzelnen Beobachtungen zu allgemeingültigen Aussagen in Form eines Beobachtungsinstrumentes zu kommen (Objektivierung).

Reliabilität

Die „Reliabilität kennzeichnet die Zuverlässigkeit oder Genauigkeit einer Messung. Eine Beurteilung ist reliabel, wenn andere Beurteiler mit gleichem Wissensstand zu einem ähnlichen Urteil kommen" (Wirtz & Caspar, 2002, S. 15). In der vorliegenden Studie wurde sich in diesem Zusammenhang für die mehrmalige Überprüfung der Interkoderreliabilität entschieden, die abzugrenzen ist der Intrakoderreliabilität und von der instrumentellen Reliabilität (vgl. Kolb & Hans-Bredow-Institut, 2004, S. 337f.). Interkoderreliabilität meint die Übereinstimmungsmessung zwischen unterschiedlichen Kodierern oder Reproduzierbarkeit der Messung (ebd.) „Je mehr die Reliabilität beachtet und verbessert wird, desto eher können die meist im Zentrum des Untersuchungsinteresses stehenden Zusammenhänge mit anderen Merkmalen erkannt und bestätigt werden" (Wirtz & Caspar, 2002, S. 29). Eine der wichtigsten Voraussetzungen für reliable Beurteilungen ist im allgemeinen, dass den Beurteilern möglichst exakt gleiche, standardisierte Informationen über die Objekte bei der Beurteilung vorliegen (vgl. Wirtz & Caspar, 2002, S. 31). Zum einen war das durch die gespeicherten transkriptgestützte Videoaufzeichnungen gegeben, die immer wieder abspielbar waren. Zum anderen wurde diese sowohl durch einen Kodierleitfaden als auch durch Kodierregeln bei den Interkoderreliabilitätsüberprüfungen gesichert.

Validität

„Ob ein Messinstrument das misst, was es messen soll (Kriterium der Validität), wird durch den Nachweis, dass ein Messinstrument das, was es misst, genau misst (Kriterium für Reliabilität), nicht beantwortet" (Wirtz & Caspar, 2002, S. 16). Insofern ist die Reliabilität ein notwendiges aber noch kein hinreichendes Gütekriterium. „Ist die Zuverlässigkeit eines Messinstrumentes nicht zufriedenstellend, so stehen dem Untersucher eine Vielzahl von Möglichkeiten zur Verbesserung der Zuverlässigkeit der Urteile zur Verfügung" (Wirtz & Caspar, 2002, S. 30). Beispielsweise können verschiedene Validierungsverfahren angewendet werden. Wichtigstes Gütekriterium bei der Validierung qualitativer Daten (vgl. Bortz & Döring, 2006, S. 326–335) ist die Konsensbildung (konsensuelle Validierung, interpersonaler Konsens), die von verschiedenen Personengruppen abhängig ist. In der vorliegenden Studie wurden die beiden interaktiven Verfahren der argumentativen Validierungen, d.h. der Konsensbildung mit außenstehenden Laien und Kollegen, als auch der argumentativen Validierungen (Überprüfungen der Interkoderreliabilität) durchgeführt.

10.6.1 Interkoderreliabilität und Validierung

Vor den vier Haupt-Überprüfungen der Interkoderreliabilität in der Zeit von Juni 2011 bis Ende Mai 2012 wurden fünf Vor-Überprüfungen mit Studierenden bzw. Kollegen aus dem Forschungsinstitut und mit einer 18-mannstarken Gruppe von Studierenden eines Masterstudiums, Studierenden im Grundschul- und Realschul-Lehramt, Doktoranden, Post-Doktoranden und Professoren im Rahmen eines interdisziplinären Forschungsseminars zum wissenschaftlichen Arbeiten an der Pädagogischen Hochschule Heidelberg in Form von ersten Kodierungen mittels Videograph und von argumentativen Validierungen durchgeführt. Diese Voruntersuchungen dienten zum einen dazu, Kategoriensysteme in ihren Anfängen zu testen und frühzeitig Aspekte für die Entwicklung des Analyseinstrumentes im Hinblick auf dessen Güte zu reflektieren. Zum anderen konnten konstruktive Hinweise für das Vorgehen einer Überprüfung der Interkoderreliabilität abgeleitet werden (vgl. Anhang – Kapitel 15.1.3: Schulungsleitfaden). Relevante Aspekte sind in die Entwicklung der Beschreibung der Zielsetzung des Instrumentes, des Ablaufplans, der Kodierregeln und des Kodiermanuals eingeflossen.

Tab. 8: Ablauf der Überprüfungen der Interkoderreliabilität und der Validierungen des Kodiermanuals

06/2011 bis 05/2012	Fünf pilotierende und argumentative Validierungsgespräche zur Entwicklung vorläufiger Kategoriensysteme mit insgesamt 20 Personen bestehend aus Studenten, Kollegen, (Post-) Doktoranden, Professoren			
	Hauptüberprüfungen der Interkoderreliabilität			
Kriterien	**Erste**	**Zweite**	**Dritte**	**Vierte**
Datum	2./3.07.2012 zwei Tage je à 7 Stunden	10./11.07. 2012 zwei Tage je à 7 Stunden	28.-30.08.2012 drei Tage je à 7 Stunden	10.-13.10.2012 vier Tage je à 7 Stunden
Kodierer	1,2,3	1,4,5	1,4,5,6	1,4,5
Pädago-gisches Angebot	Gegenstände fallen lassen	Gegenstände fallen lassen	Kressesamen	– Luftikus – Wundersame Spirale – Kressesamen – Kerze – Gegenstände fallen lassen
Probanden	Erzieherinnen: E16, E18	Erzieherinnen: E16, E18	Erzieherinnen: E11, E13	Zehn Erzieherinnen: E6, E8, E11, E13, E16, E18, E21, E23, E24, E27
Kodierzeit	1 min 40 sek	1 min 40 sek	3 min 30 sek	22 min 30 sek
maximale Anzahl der zu kodier-enden Intervalle	20	20	42	270
Zeitstich-probe	5 sek	5 sek	5 sek	5 sek
Nachreflexion und Argu-mentative Vali-dierung	ja	ja	ja	ja

Die Entwicklung eines validen und reliablen Beobachtungsinstrumentes ist ein zeitintensiver Prozess. Neben fünf pilotierenden und argumentativen Validierungsgesprächen wurden insgesamt vier Haupt-Überprüfungen der Interkoderreliabilität in der Zeit von Anfang Juli 2012 bis Ende November 2012 durchgeführt. Für die Überprüfungen der Interkoderreliabilität und anschließenden argumentativen Validierungen wurden insgesamt sechs verschiedene Kodierer mit unterschiedlichem Grad der Involviertheit in das pädagogische Fachgebiet und der Beteiligung an der Entwicklung der Kategoriensysteme einbezogen. Neben der Autorin (<u>1</u>), konnten zwei Personen (**4, 5**) für wiederholte Kodierungen und intensive Auseinandersetzung mit dem Instrument eingesetzt werden (vgl. Metzner & Welzel-Breuer, 2013). Für die Güte eines Instrumentes ist es wichtig, neben im Forschungsfeld erfahrenen Kodierern auch solche Kodierer einzubeziehen, denen das Forschungsfeld eher unbekannt ist. Hierfür konnten drei Personen (2 = promovierter Biologe, arbeitet im IT-Bereich; 3 = angehende Lehrkraft; 6 = Abiturient) gewonnen werden, die zuvor nicht an der Entwicklung des Analyseinstrumentes beteiligt waren. Sie haben jeweils einmal an einer Interkoderreliabilitätsüberprüfung und an der folgenden argumentativen Validierung teilgenommen und dadurch die Entwicklung des Instrumentes beeinflusst.

Gewünscht aber nicht umgesetzt: Das Spektrum der Kodierer sollte bei einer fünften Überprüfung um drei Erzieher/innen (7, 8, 9) konkret ergänzt werden, damit im Sinne eines Theorie-Praxis-Transfers eine Einschätzung zur Anwendung des Analyseinstruments in der Praxis aus der anvisierten Zielgruppe der Elementarpädagog/innen hätte integriert werden können. Aus zeitlichen Gründen konnte das Vorhaben einer fünften Interkoderreliabilitätsüberprüfung nicht realisiert werden.

10.6.2 Beobachtungstraining, Probanden, Videosequenzen und Kodierzeit

Die verschiedenen Kodierer erhielten pro Durchgang ein intensives Beobachtungstraining entlang eines hier entwickelten Schulungsleitfadens (vgl. Anhang – Kapitel 15.1.3). Denn: „Am wichtigsten ist die Schulung von mehreren Beobachtern, die unter Verwendung eines Beobachtungsleitfadens und klaren Beobachtungskriterien die gleiche Situation parallel beobachten, wenn das Beobachtungssetting das zulässt. Ein solches Vorgehen erlaubt im Nachhinein die Berechnung von Gütemaßen, die die Reliabilität der Daten bewerten (Interbeobachterreliabilität)" (Pötschke, 2010, S. 57). Eine gute Schulung hilft, Fehlerquellen zu vermeiden.

Um das Analyseinstrument in all seinen Kategorien im Hinblick auf Reliabilität testen zu können, wurden aus den für die Operationalisierung zur Verfügung stehenden Videos möglichst unterschiedliche Sequenzen innerhalb der Angebote für die Kodierungen ausgewählt. Alle Kodierer kodierten jeweils dieselben festgelegten Sequenzen nach vorgegebenem Ablaufplan und Laufzettel mit der detailliert beschriebenen Videoauswahl (vgl. Anhang – Kapitel 15.1.4). Durch diese Vorgaben sollten gleiche Bedingungen für alle Kodierer mit dem Ziel größtmöglicher interner Validität erreicht werden. Aufgrund der komplexen Interaktionen zwischen Erzieher/innen und Kindern, des hohen Lärmpegels im pädagogischen Angebot und der teilweise audio-visuell unzureichenden Videoaufnahmen wurde unterstützend für jede zu kodierende Sequenz und Analyseeinheit ein überprüftes Transkript in Videograph (Rimmele, 2012) zur Verfügung gestellt. Positive Auswirkung hatte dies bezüglich des zeitlichen Rahmens der Interkoderreliabilitätsüberprüfungen.

In den ersten beiden Haupt-Überprüfungen wurden die Aktivtäten des Erzieherinnen-Tandems (E16 und E18) und der Kinder in derselben Sequenz des pädagogischen Angebotes „Gegenstände fallen lassen" kodiert. In der dritten Haupt-Überprüfung konnten vier Kodierer die Kategoriensysteme auf die Aktivitäten von den Erzieherinnen E11 und E13 für eine Sequenz von 3 Minuten und 30 Sekunden im Angebot „Kressesamen" anwenden. Hierfür wurden im Gegensatz zu Überprüfung 1 und 2 insgesamt drei Tage (jeweils 7 Zeitstunden) anstatt zwei Tage (jeweils 7 Zeitstunden) aufgebracht. Auf diese Weise entwickelte sich das gesamte Kodierverfahren weiter. In der vierten Überprüfung wurden insgesamt vier Tage für den Kodierumfang von 22 Minuten und 30 Sekunden anberaumt. In diesem vierten Durchgang konnten in fünf unterschiedlichen pädagogischen Angeboten insgesamt zehn verschiedene Erzieherinnen mit ihren Kindergruppen kodiert werden.

10.6.3 Intervalle, Stichprobenplan, Validierung

Aufgrund der stetigen Überarbeitung des Kodiermanuals konnte das Kodierpensum von der ersten zur letzten Überprüfung gesteigert werden. Durch die Videoanalysen und Überprüfungen der Interkoderreliabilität wurde ein Zeitstichprobenplan (timesampling) von fünf Sekunden festgelegt. Es zeigte sich, dass in 5-Sekunden-Schritten das verbale und nonverbale Verhalten der Erzieher/innen und Kinder zwar nicht exakt aber relativ genau erfasst werden kann, weil sprachliche Handlungen mit Sätzen bzw. Ellipsen als Einheit häufig mit der Dauer eines 5-Sekunden-Intervalls übereinstimmten. Eine Beobachtungseinheit von zehn Sekunden wurde zu Beginn getestet, ist aber wegen zu großer Ungenauigkeit verworfen worden. Mit Kodierregeln wurden bzgl. des 5-Sekunden-Intervalls Ungenauigkeiten bzw. Sonderfälle geregelt wie z.B. Überlappungen von Sätzen über zwei Intervalle hinweg (vgl. Anhang - Kapitel 15.1.2: Kodierregelung).

In jeweiligen Nachreflexionen im direkten Anschluss an die Kodierungen wurden erste Eindrücke und detaillierte Aufschriebe aller Kodierer analysiert, über Probleme mit dem Kodierleitfaden beim Kodieren und mögliche Lösungsansätze diskutiert und dokumentiert. In argumentativen Validierungen am jeweiligen Folgetag wurde im Kodierteam jede einzelne Kodierung eines jeden Kodierers für jede Sequenz verglichen und besprochen, Ideen und Änderungsvorschläge für die Beschreibungen im Kodiermanual schriftlich fixiert. Relevante Aspekte wurden im Kodierleitfaden angepasst (vgl. Kapitel 10.6.6: Ergebnisse der vier Hauptüberprüfungen der Interkoderreliabilität).

10.6.4 Das Kodieren und die Kodierregelung

Kodieren bedeutet, dass einer bestimmten Videosequenz – in der vorliegenden Studie bestehend aus einem vorgeschriebenen 5-Sekunden-Zeitintervall (Timesampling) – eine Kategorie zugeordnet wird. Dabei handelt es sich um eine Interpretationsleistung des Kodierers, Videosequenzen mit ihrer Bedeutung entsprechend der vorgegebenen Kategorien zu interpretieren. Die Interpretationen des Kodierers werden als kodierte Kategorien festgehalten. So ist „d[D]irekt mit der Kodierung […] die Digitalisierung der Daten verbunden" (Pötschke, 2010, S. 61). Für die Güte von Messungen sind gleiche Bedingungen wichtig, unter denen die Kodierer ihre Beobachtungen durchführen. Deswegen wurden jedem Kodierer beim Beobachtertraining Kodierregeln ausgeteilt (vgl. Anhang – Kapitel 15.1.2). Die Kodierregeln wurden im Laufe mehrerer Interkoderreliabilitätsüberprüfungen kontinuierlich überprüft und angepasst.

„Wie bei allen Koeffizienten der Übereinstimmung und der Reliabilität wird ebenfalls vorausgesetzt, dass die Rater unabhängig voneinander urteilen und dass die gerateten Personen oder Objekte unabhängig voneinander beurteilt werden: Rater dürfen sich also nicht wechselseitig beeinflussen und die Beurteilung einer bestimmten Person darf keinen Einfluss auf die Beurteilung einer anderen Person haben" (Wirtz & Caspar, 2002, S. 45). Aus diesem Grund kodierten alle Kodierer einzeln in einem eigenen Zimmer an einem eigenen Computer. Erst nach abgeschlossenen Kodierungen fanden sich die Kodierer in einem Raum zur argumentativen Validierung zusammen.

„Bei einer sinnvollen Verwendung eines Kategoriensystems [sollte] sichergestellt sein, dass Nichtkategorisierungen sehr selten vorkommen. Als Orientierung kann gelten, dass jeder Rater mindestens 90% der Objekte ein gültiges Urteil abgeben sollte" (ebd., S. 50). In der vorliegenden Studie kamen Nichtkodierungen vor, die durch eine Nachkodierung durch den entsprechenden Kodierer nachgeholt wurde. Dadurch sind die Datensätze vollständig.

10.6.5 Berechnung der Interkoderreliabilität

„Maße der Übereinstimmung zwischen Ratern [hier: Kodierern] machen eine Aussage darüber, inwiefern verschiedene Rater [hier: Kodierer] verschiedene Objekte jeweils exakt gleich beurteilen. Eine vollkommene Übereinstimmung ist dann gegeben, wenn jedes einzelne Objekt von allen Ratern [hier: Kodierern] den gleichen Wert zugewiesen bekommt; für verschiedene Objekte können und sollten natürlich Unterschiede in den vergebenen Werten bestehen" (Wirtz & Caspar, 2002, S. 34). Das bedeutet, dass die Kodierer bei vorgegebenen Kategoriensystemen möglichst für dieselbe Untersuchungseinheit (Objekte) dieselben Kategorien auswählen sollten. „Sind die Einschätzungen durch die Rater [hier: Kodierer] nominalskaliert, können die Häufigkeiten verglichen werden[,] mit denen die verschiedenen Rater die Objekte den einzelnen Kategorien zugeordnet haben. Die Übereinstimmung zwischen verschiedenen Ratern wird anhand von Koeffizienten bestimmt, die die auf Nominalskalenniveau gegebene Information der Gleichheit versus Ungleichheit der Kategorienzuordnung durch die Rater berücksichtigen" (ebd., S. 45). Da in der vorliegenden Studie unterschiedliche Kodierer eingesetzt wurden, werden Koeffizienten für eine Aussage über die Reliabilität der Kategoriensysteme bestimmt.

Die Reliabilität wird aufgrund von übereinstimmenden bzw. nicht-übereinstimmenden Kodierungen errechnet. Eine mögliche Vorgehensweise ist die Berechnung von Cohens κ (kappa) und Scotts π (pi): Beides sind „Maße, die die standardisierte Differenz der beobachteten und erwarteten Übereinstimmungshäufigkeit verwenden" (ebd., S. 51). Dabei ist die „prozentuale Übereinstimmung (PÜ) […] das einfachste Maß der Übereinstimmung. Sie gibt den prozentualen Anteil der Fälle an, in denen zwei oder mehrere Rater das gleiche Urteil abgeben" (Fleiss, 1973 zit. nach Wirtz & Caspar, 2002, S. 56). Allerdings überschätzt die PÜ grundsätzlich die ‚wahre' Übereinstimmung, da sie nicht gegenüber dem Zufall bereinigt ist" (ebd., S. 50).

„Von einem angemessenen Übereinstimmungsmaß ist also zu fordern, dass es nicht nur quantifiziert, wie häufig Übereinstimmungen vorliegen, sondern, dass zusätzlich die Information verrechnet wird, wie stark die Häufigkeit der Übereinstimmungen oberhalb der bei Zufall erwarteten Häufigkeit von Übereinstimmungen liegen" (ebd., S. 51). Deswegen ist Cohens Kappa als zufallskorrigiertes Übereinstimmungsmaß das am häufigsten angewandte Maß zur Bestimmung der Übereinstimmung (ebd., S. 56). „Cohens κ (kappa) und Scotts π (pi) basieren auf der prozentualen Übereinstimmung (PÜ) und haben gegenüber dieser den Vorteil, dass sie das Verhältnis beobachten zu der bei Zufall erwarteten Übereinstimmung berücksichtigen: kappa und pi liefern somit eine standardisierte

Maßzahl (zwischen -1 und +1) für das Ausmaß, in dem die tatsächlich beobachtete Übereinstimmung positiv von der Zufallserwartung abweicht" (ebd., S. 55). In der vorliegenden Studie wird das Übereinstimmungsmaß Cohens Kappa verwendet. Im Folgenden werden dessen Berechnungsformel und das bewertete Ausmaß der Übereinstimmung der Cohens Kappa-Werte dargestellt.

Definitionen (Wirtz & Caspar, 2002, S. 56):

P_0 = Relativer Anteil der Fälle, in denen die Rater identische Urteile abgegeben haben ($PÜ_{beobachtet}$/100%)

P_e = Relativer Anteil der Übereinstimmungen bei zufälligem Raterverhalten ($PÜ_{erwartet}$/100%)

$$\text{Cohens Kappa } (\kappa) = \frac{P_0 - P_e}{1 - P_e}$$

Tab. 9: Cohens Kappa-Werte und deren Beurteilung (Wirtz&Caspar 2002, S. 59)

Kappa-Wert	Ausmaß der Übereinstimmung
$\kappa \leq 0,1$	Keine Übereinstimmung
$0,1 \leq \kappa \leq 0,4$	Geringfügige Übereinstimmung
$0,4 \leq \kappa \leq 0,6$	Akzeptable Übereinstimmung
$0,6 \leq \kappa \leq 0,75$	Gute Übereinstimmung
$\kappa > 0,75$	Sehr gute Übereinstimmung

Der „Koeffizient κ kann nur bestimmt werden, wenn die Übereinstimmung zweier Rater bestimmt werden soll. Roth (1984 zit. nach Wirtz & Caspar, 2002, S. 67) schlägt daher bei [einem] r > 2 Ratern vor, κ für alle Raterpaare zu ermitteln und den Median dieser Werte als Schätzung der durchschnittlichen Übereinstimmung zwischen allen Ratern zu betrachten" (Wirtz & Caspar, 2002, S. 67).

Der Median ist eines unter vielen lagetypischer Maße. Je nach Eignung zur Darstellung der Ergebnisse werden unterschiedliche lagetypische Maße verwendet. Während der Modus, „definiert als die am häufigsten vorkommende Ausprägung einer Variablen" [...] bei Daten jeden Messniveaus bestimmt werden [kann] (Kromrey, 2006a, S. 436f.), gilt der Median für ordinale Skalen (ebd. S. 439). Der Median gehört zu den Quantilen, die „eine Reihe von ihrer Größe nach geordneten einzelnen Werten x_i in gleichgroße Abschnitte, in bestimmte Mengenverhältnisse" (ebd., S. 437). „War für die Ermittlung des Modus die Feststellung der empirischen Häufigkeit je Merkmalswert erforderlich, so ist zur Bestimmung der Quantile das Sortieren der einzelnen Messwerte entsprechend ihrem Rangplatz notwendig. Daraus folgt, dass zur Bestimmung von Quantilen die Daten mindestens ordinales Messniveau aufweisen müssen." „Besonders gebräuchlich unter den Quantilen sind die Quartile, die die geordnete Reihe der Beobachtungswerte in vier Abschnitte zerlegen. Der Median wird auch als 2. Quartil (Q_2) oder Zentralwert (x_z) bezeichnet: er zerlegt die Reihe von Werten im Verhältnis 2:2 (vgl. ebd.). „[…] Bei einer ungeraden Zahl von Messwerten existiert ein einziger Messwert, der in der Mitte liegt, und zwar an der Stelle (n+1)/2. […]" (Weins, 2010, S. 66f.).

Wirtz und Caspar (vgl. Wirtz & Caspar, 2002, S. 46) empfehlen weiterhin, bei wenigen Ratern [Kodierern] „die Übereinstimmungsmatrix, auf der die Berechnung der Gütemaße beruht, genau darzustellen: Hierdurch wird deutlich, welche Unterschiede zwischen den Raterurteilen die Güte der Daten beeinträchtigen." Unter Umständen seien die Rohdaten aussagekräftiger als verschiedene Koeffizienten, die bei bestimmten Datenstrukturen die gewünschten Informationen nur noch sehr eingeschränkt enthielten (ebd.). Mit den aufgeführten Begründungen werden in der vorliegenden Studie neben den reinen Kappa-Koeffizienten und den Medianen auch Angaben von Rohdaten gemacht, die das tatsächliche Kodierverhalten der Kodierer transparent darstellen. Diese Angaben sind für jeden Durchgang der Interkoderreliabilität in den Anhang gesetzt worden (vgl. Kapitel 15.1.6 bis 15.1.9).

10.6.6 Ergebnisse aus den vier Haupt-Interkoderreliabilitätsüberprüfungen

Die vier Haupt-Interkoderreliabilitätsüberprüfungen samt argumentativen Validierungen stellen den Kern der Entwicklung eines reliablen und validen Kodiermanuals dar, der Grundelemente von Handlungskompetenz beschreibt. Sie sollten nacheinander gelesen werden, weil sie den Entstehungsprozess des Kodiermanuals darstellen. Damit die Ergebnistabellen aus den vier Durchgängen gedeutet werden können, werden in der folgenden Legende entsprechende Kürzel aufgeführt.

Tab. 10: Legende für die Deutung der Ergebnisse in den Tabellen zur Überprüfung der Interkoderreliabilität

K	Anzahl der Kategorien pro Kategoriensystem							
κ	Reliabilitätskoeffizient Cohens Kappa, wird paarweise errechnet							
Ü von n	Summe der übereinstimmenden Kodierungen von n= [max. zu kodierenden Intervallen]							
KP	Bezeichnung für das Kodierpaar							
KP	A	B	C	D	E	F	G	H	I
Kodierer	**1**+3	3+2	**1**+2	4+5	5+**1**	4+**1**	4+6	6+5	6+**1**

Die Ergebnistabellen der einzelnen Interkoderreliabilitätsüberprüfungen führen die Kategoriensysteme durchnummeriert auf. Diese Nummern beziehen sich auf die im Kodiermanual angegebenen Kategoriensysteme. Sie sind notwendig, damit in den nachfolgenden Tabellen die Cohens Kappa-Werte einzelnen Kategoriensystemen semantisch zugeordnet werden können.

Die Ergebnisse der einzelnen Interkoderreliabilitätsüberprüfungen müssen unter Berücksichtigung der in Nuancen veränderten Kategoriensysteme durch argumentative Validierungen interpretiert werden. Aus diesem Grund sind nach den Ergebnistabellen relevante Erkenntnisse aus den jeweiligen argumentativen Validierungen, bestimmte Aspekte betreffend (z.B. Schulung, Kodierregeln, Kategoriensystem), in Form einer vorgekommenen Problemstellung und der entsprechenden Lösung dieser Problemstellung aufgeführt.

10.6.6.1 Erste Überprüfung der Interkoderreliabilität mit Ergebnissen der anschließenden argumentativen Validierung

Die in der ersten Interkoderreliabilitätsüberprüfung (folgend mit „Interkoder" bezeichnet) erzielten Mediane, berechnet über die einzelnen paarweisen Cohens Kappa-Werte, liegen bezogen auf das Ausmaß der Übereinstimmung zwischen „keiner Übereinstimmung" und „guter Übereinstimmung". Zwar können in Abhängigkeit vom Kodierpaar (KP) und bei einzelnen Kategoriensystemen Kappa-Werte (graue Felder) gute bis sehr gute Übereinstimmungen festgemacht werden. Insgesamt wurde bei keinem Kategoriensystem ein zufriedenstellendes Ergebnis (mit Ausnahme von E16), das in der vorliegenden Studie ab einem Kappa-Wert von 0,6 und aufwärts angenommen wird, erreicht.

Tab. 11: erste Überprüfung der Interkoderreliabilität - Cohens Kappa-Werte für einzelne Kategoriensysteme

KP	1	2	3_{E16}	3_{E18}	4_{E16}	4_{E18}	5	6	7	8_{E16}	8_{E18}	9_{E16}	9_{E18}
A	0,41	0	0,33	0,39	**0,6**	0,55	**0,76**	0,45	0,23	0,34	0,24	0,15	0,5
B	0,28	0	0,29	0,2	**0,68**	**0,93**	0,1	0,41	0,08	0,35	-0,03	0,23	0,54
C	0,49	**0,8**	**0,65**	0,08	0,48	0,49	0,07	0,52	**0,71**	0,36	-0,05	0,49	0,57
MEDIAN	0,41	0	0,33	0,2	0,6	0,55	0,1	0,41	0,23	0,34	-0,03	0,23	0,54

Eine erste Überarbeitung der ersten Version des Kodiermanuals (erster Teil des Beobachtungsinstrumentes) bezog sich auf folgende Aspekte:

Tab. 12: erste argumentative Validierung - Aspekt: Schulung

PROBLEMSTELLUNG	LÖSUNG
Schulung	
Wie kann eine Schulung verbessert werden?	Anhand einer Schulung zu Kategoriensystemen mit einer konkreten Beispielsequenz sollten den Kodierern die Kategorien und Kategoriensysteme klar werden, sodass sie diese unmittelbar nach der Schulung auf die vorgegebenen Videosequenzen anwenden können. Durch eine gemeinsame Kodierung als konkretes Beispiel für die Anwendung der Kategoriensysteme kann eine intensive Vorbereitung in die Kategorie gesichert werden.
	Für die Schulung und den gesamten Kodierablauf muss ausreichend Zeit (mehr als 120 min) für Pausen eingeplant werden. Die Pausen sollten während des Kodierens möglich und für jeden Kodierer frei einteilbar sein.
	Die Kodierer sollten mit der Kodiersoftware vertraut werden und selbst Zeit dafür bekommen, um auszuprobieren z.B. wie sich Intervalle verschieben lassen, wie sich kodieren lässt, wie sich Kodierungen wieder löschen lassen.

Tab. 13: erste argumentative Validierung - Aspekt: Technische Vorkehrungen

PROBLEMSTELLUNG	LÖSUNG
Technische Vorkehrungen	
Sollte ein Transkript bei der Kodierung zur Verfügung gestellt werden?	Bei der ersten Interkoderreliabilitätsüberprüfung wurde kein Transkript zur Verfügung gestellt, um zu prüfen, ob ein Transkript für weitere Interkoderreliabilitätsüberprüfung notwendig ist. Die erste Überprüfung ergab, dass für das Kodieren ein Transkript notwendig ist. Denn ein Transkript legt fest, was durch mehrmaliges Hören tatsächlich im Video gesagt wurde. Deswegen wurden alle weiteren zu kodierenden Sequenzen mit einem Transkript unterlegt.
Welche technischen Details müssen bei der Interkoder noch beachtet werden?	Die technischen Vorkehrungen müssen optimiert werden, sodass die Videos problemlos abgespielt werden können. Dadurch soll ein Zeitverlust vermieden werden.

Tab. 14: erste argumentative Validierung - Aspekt: Kodierregelung

PROBLEMSTELLUNG	LÖSUNG
Kodierregelung	
Nicht-Sprachliche Handlung der Erzieher/in: was muss beim Kodieren beachtet werden?	Bei der Kodierung des Kategoriensystems „nicht-sprachliche Handlungen der Erzieher/in" sollte der Ton abgeschaltet werden, damit sich während des Kodierens nur auf nonverbale Aktivitäten konzentriert werden kann.
Was soll kodiert werden, wenn die Erzieher/in nicht vollständig im Bildausschnitt zu sehen ist?	Wenn Handlungen der Erzieher/in ersichtlich sind und eindeutig gedeutet werden können, werden Kodierungen vorgenommen.
Wird phänomenbezogen oder angebotsbezogen kodiert? Ist überhaupt auseinanderzuhalten, was speziell phänomenbezogen und was angebotsbezogen ist?	Es gilt: Es wird bezogen auf das gesamte pädagogische Angebot kodiert. Dort, wo bereichsspezifisch analysiert werden soll, wird „phänomenbezogen" in der Beschreibung im Beobachtungsmanual aufgenommen.
Wie kann die Darstellung des Beobachtungsmanuals angepasst werden?	Die Kategorien sollten im Leitfaden genauso durchnummeriert und aufgeschrieben werden, wie sie in Videograph als Kodie-rungswerte angezeigt werden. Das erhöht die Handhabbarkeit.
Wie soll man vorgehen, wenn eine Erzieher/in nur eine kurze Äußerung von einer Sekunde wie z.B. „Ja, genau" von sich gibt?	Es wurde eine Kodierregel festgelegt, die den zeitlichen Aspekt von Äußerungen berücksichtigt. Ansonsten gilt: Sobald eine Erzieher/in etwas sagt, wird für diese Äußerung eine Kodierung vollzogen.
Wie läuft die Kodierung ab?	Es wird immer ein Kategoriensystem mit seinen Kategorien durchkodiert, bevor sich der Kodierer einem weiteren Kategoriensystem zur Kodierung widmet.

Tab. 15: erste argumentative Validierung - Aspekt: Kategoriensysteme

PROBLEMSTELLUNG	LÖSUNG
Kategoriensysteme	
Problematisch wird von Kodierern empfunden, dass in einer Beobach-tungseinheit teilweise mehrere Handlungs-stränge vorkommen. Für welche Äußerung soll kodiert werden?	Kodierungen werden für Aktivitäten vorgenommen, die der Kodierer als handlungsleitend ansieht.
Soll Gestik aufgenommen werden?	Gestik als eigene Kategorie wird nicht in das Beobachtungs-instrument aufgenommen, weil es den Rahmen der vorliegenden Studie überschreiten würde.

„Sozialform": da vermischen sich noch Kategorien	Im Bereich der Sozialform werden die Beschreibungen angepasst.
Was passiert mit der Kategorie „strukturie-ren" im Kategoriensystem für nonverbale Handlungen der Erzieher/in?	Die Kategorie „strukturieren" durch die Erzieher/in soll aufgenommen werden, z.B. wenn die Erzieher/in ein Kind mit der Hand wegschiebt.
Wie soll mit der kleinen Kodiereinheit von 5 Sekunden die Struktur (Angebotsphasen) ermittelt werden?	Bei der Kategorie „Struktur" (Angebotsphasen) kann eine Kodierung dadurch erleichtert werden, dass die Kodierer das gesamte pädagogische Angebot einmal im Ganzen gesehen haben und daher einschätzen können, wann welche Phase beobachtet werden kann.
Die Kategoriensysteme „Keine" und „Andere" sind in den jeweiligen Kategoriensystemen unklar formuliert.	Durch die Nachbesprechung wurde „Keine" aus dem Kategoriensystem „Angebotsphasen" ausgesondert, weil es für das pädagogische Angebot keine Relevanz hat. Die Kategorie „Andere" wurde in „Sonstige" umformuliert. Beim Kategoriensystem „Perlokution" wurde die neue Kategorie „keine Absicht" hinzugefügt.
Worauf beziehen sich die Kategoriensysteme „Illokution" und „Perlokution"?	Illokution und Perlokution beziehen sich nur auf die Sprachhandlung der Erzieher/in und nicht auf die sprachlichen Handlungen der Kinder. Daher wird Illokution und Perlokution nur für die Erzieher/innen kodiert.
Es fehlen Ankerbeispiele für eine eindeutige Ko-dierung bei „vermuten" und „erklären" bezogen auf die sprachlichen Handlungen der Kinder	Für die „sprachliche Handlung der Kinder" werden für „vermuten" und „erklären" noch Ankerbeispiele in das Beschreibungsfeld integriert.
Es besteht Unklarheit der Ebenen, auf denen sich manche Kategoriensysteme befinden.	Die Kategoriensysteme „sprachliche Handlung der Kinder" und „nicht-sprachliche Handlung der Kinder" müssen von der Ebene der Illokution und Perlokution zur Ebene der kommunikativen Handlungen der Erzieher/innen und der Kinder verschoben werden.
Wenn man nicht sieht, welches Kind spricht, und ob es eine Handlung dabei oder kurz danach ausführt, wie soll der Kodierer vorgehen?	Es wird das kodiert, was akustisch bzw. visuell eindeutig wahrgenommen werden kann. Was nicht vom Beobachter eindeutig als Handlung wahrgenommen werden kann, wird mit der Kategorie „Sonstige" kodiert.
Sind die Handlungen der Erzieher/innen auf das Experimentieren bezogen? Welche konkreten Verhaltens-weisen sind gemeint?	Das Beobachtungsinstrument wird dahingehend angepasst, ob die Aktivitäten einer Erzieher/in allgemein pädagogisch oder auf „naturwissenschaftliche" Handlungen bezogen sind.

Tab. 16: erste argumentative Validierung - Aspekt: Kodiersoftware

PROBLEMSTELLUNG	LÖSUNG
Kodiersoftware	
Grenzen von Videograph: da sowohl der Transkript-text als auch die Angaben im Kodierungsbalken auch bei einer Vergrößer-ungsoption sehr klein sind, verklicken sich die Kodierer schnell.	Den Kodierern sollte ausreichend Zeit für die Kodierung gegeben werden. Die Kodierer sollen ihre Kodierungen auf Vollständigkeit überprüfen. Hilfreich sind große Bildschirme und die erweiterte Einstellungsgröße der Kodierungsbalken in Videograph.

Tab. 17: erste argumentative Validierung - Aspekt: Allgemeine Anmerkung

PROBLEMSTELLUNG	LÖSUNG
Allgemeine Anmerkung	
Kindergarten und Schule: Ein Unterschied?	Den Kodierern ist durch die erste Kodierung und die anschließende argumentative Validierung deutlich geworden, dass es um eine Perspektive für den Kindergarten geht und nicht um eine schulische Perspektive. Das muss erst selbst erlebt werden.

10.6.6.2 Zweite Überprüfung der Interkoderreliabilität mit Ergebnissen der anschließenden argumentativen Validierung

Nach der ersten Überarbeitung des ersten Entwurfs eines Kodiermanuals wurde die Reliabilität durch einen zweiten Kodierdurchlauf getestet. Dabei kamen die Kodierpaare (KP) D, E und F zum Einsatz. Diese Kodierpaare haben von allen eingesetzten Kodierpaaren aufgrund ihres beruflichen Hintergrundes die größte Nähe zum pädagogischen Forschungsfeld.

Bei der zweiten Interkoder fällt auf, dass „Angebotsphasen" und „Sozialform" sowohl in den einzelnen Cohens Kappa-Werten als auch im Median mit 0,8 und 0,91 eine sehr gute Übereinstimmung zeigen. In den Bereichen der nicht-sprachlichen Handlungen von E18, der sprachlichen Handlung der Kinder und bei der Illokution von E16 zeigen die Ergebnisse eine gute Übereinstimmung, denn die Mediane liegen in den Bereich zwischen 0,6 und 0,75. Alle anderen Kategoriensysteme liegen im Bereich der „geringfügigen" bis „akzeptablen" Übereinstimmung. Das kann als Verbesserung der Reliabilität des Instrumentes gegenüber der ersten Inderkoder gewertet werden.

Tab. 18: zweite Überprüfung der Interkoderreliabilität - Cohens Kappa-Werte für einzelne Kategoriensysteme; (N=20) 5-Sekunden-Intervalle

KP													

KP	1	2	3_{E16}	3_{E18}	4_{E16}	4_{E18}	5	6	7	8_{E16}	8_{E18}	9_{E16}	9_{E18}
D	**0,8**	**0,91**	0,5	0,27	0,38	**0,69**	0,54	**0,66**	0,24	0,56	0,39	0,46	0,16
E	**0,8**	1	0,45	0,46	0,58	0,54	0,49	**0,86**	0,56	**0,61**	**0,62**	0,29	0,40
F	1	**0,91**	**0,79**	0,48	0,58	**0,7**	0,22	**0,65**	**0,6**	**0,75**	0,23	0,39	0,26
MEDIAN	**0,8**	**0,91**	0,5	0,46	0,58	**0,69**	0,49	**0,66**	0,56	**0,61**	0,39	0,39	0,26

Dennoch ergab eine argumentative Validierung unter den Kodierern unterschiedliche noch ungeklärte Problemstellungen bei der Anwendung des bisherigen Kodiermanuals. Folgende Aspekte kamen zur Sprache:

Tab. 19: zweite argumentative Validierung - Aspekt: Schulung

PROBLEMSTELLUNG	LÖSUNG
Schulung	
Transkriptfehler in Videograph	Sobald ein Kodierer einen Transkriptfehler entdeckt, soll er bei der argumentativen Validierung darauf aufmerksam machen. Grund dafür ist, dass Transkriptfehler bei der Interpretation der Ergebnisse möglicherweise behilflich sein können.

Tab. 20: zweite argumentative Validierung - Aspekt: Kodierregelung

PROBLEMSTELLUNG	LÖSUNG
Kodierregelung	
Was ist handlungsleitend?	Handlungsleitend sind Aktivitäten, die maßgeblich dazu beitragen, dass das Geschehen weitergeführt wird.
Wie kann sich der Kodie-rer sicher sein, dass er richtig kodiert hat, wenn er den Kontext aufgrund der kleinen Beobach-tungseinheit nicht kennt?	Der Kontext ist wichtig, damit einem Kodierer klar sein kann, was er kodieren kann. Die Regel lautet: Ein Hin- und Herschieben des Zeitintervalls und damit einhergehender Beobachtung des Kontextes der Kodiereinheit ermöglicht Klarheit über den Kontext, sodass entsprechend die Kodierung für die Zieleinheit ausgeführt werden kann.

PROBLEMSTELLUNG	LÖSUNG
Kodierregelung	
Ein Kodierer hat bei der Kodierung das Zeitinter-vall eigenmächtig verän-dert um „schneller" ans Ziel zu kommen.	Das Zeitintervall darf vom Kodierer nicht verändert werden. Die bisherige Regelung: „Es muss jedes Intervall kodiert werden" wird erweitert um: „Der Kodierer soll in Videograph bei ‚Lock' klicken und einen roten Punkt setzen, damit sich das Intervall nicht verändert."
Begrifflichkeiten	Der Begriff „Rater" wird in „Kodierer" umgeschrieben.

Tab. 21: zweite argumentative Validierung - Aspekt: Kategoriensystem „Angebotsphasen"

PROBLEMSTELLUNG	LÖSUNG
Kategoriensystem „Angebotsphasen"	
Bei den Kategorien „Hin-führen" und „Austau-schen" ähneln sich die Interaktionen zwischen Erzieher/innen und Kin-dern, z.b. das Frage-Antwort-Spiel dominiert in beiden Phasen.	Es folgen Beschreibungen und/oder Regeln, die die beiden ähnlich erscheinenden Phasen unterscheiden lassen. Während sich das Hinführen auf das Erfragen von Vorerfahrungen der Kinder bzw. auf mögliche Fragestellungen auf das kommende Explorieren und Experimentieren bezieht, bezieht sich das Austauschen auf die konkreten Erfahrungen der Kinder mit dem aktuell ausprobierten Phänomen. Es wurde im Kodierleitfaden klarer beschrieben, wie das „Ausprobieren" und das „Austauschen" voneinander zu unterscheiden und genau abzugrenzen sind.
Wie sollen Übergangs-phasen geregelt werden?	Die Übergangssituationen wurden mit in die Beschreibungen aufgenommen. Es gilt, dass Übergänge noch mit in jene Kategorie zählen, die bis dahin kodiert wurde.
Was kennzeichnet genau „Hinführen"?	Bei „Hinführen" muss klar herausgestellt sein, dass es um den einleitenden Kontext geht, der zum aktuellen Thema hinführt.
„Ausprobieren": was soll kodiert werden, wenn nur ein Kind ausprobiert und die anderen Kinder zuhören?	Es muss darüber nachgedacht werden, ein neues Kategoriensystem zu entwickeln, das auch die Anzahl der Kinder zulässt. Dabei wäre zu überlegen, eine andere Kodiersoftware zu nutzen, bei der diese Option (z.B. Zielkind- und Gruppenebene) bereitgehalten wird.

Wenn Erzieher/innen mit den Kindern Regeln klä-ren, ist das noch Vorbe-reiten oder schon Auspro-bieren?	Regeln zum Ablauf des Ausprobierens, gehören in die Kategorie „Hinführen". Allgemeine Regeln können zwischendurch von Erzieher/innen eingebracht werden. Hier muss überlegt werden, in welche Phase dies insgesamt gehört.
Der Begriff Angebots-artikulation ist missver-ständlich, weil sich die Kodierer fragen, was artikuliert wird.	Angebotsartikulation wird aufgrund der besseren Verstehbarkeit umbenannt in „Angebotsphasen".

Tab. 22: zweite argumentative Validierung - Aspekt: Kategoriensystem „Sprachliche Handlung der Erzieher/in"

PROBLEMSTELLUNG	LÖSUNG
Kategoriensystem „Sprachliche Handlung der Erzieher/in"	
Bei „Frage" war unklar, ob immer dann „Frage" kodiert wird, sobald eine Frage auftaucht ohne den Adressaten der Frage zu berücksichtigen. Oder sollte der Adressat (z.B. nur Kolleg/in bzw. Erzie-her/in oder nur Kinder) in der Beschreibung und entsprechend in der Ko-dierung berücksichtigt werden?	Es wird immer „Frage" kodiert, egal, an wen die Frage gerichtet ist.
In den Kodierleitfaden müsste hinzugefügt werden, was alles zu „Aussage" zählt?	Es können neben vollständigen Aussagesätzen ellipsenhafte Äußerungen mit „Aussage" kodiert werden, solange andere Kategorien ausgeschlossen werden können und „Aussage" eindeutig ist. Es kann auch eine kurze Äußerung der Erzieher/in sein wie z.B. „Gut." Dafür wurde die zeitliche Regelung mit eingeführt.
Wie soll beim Kodieren vorgegangen werden, wenn eine Erzieher/in unverständlich spricht bzw. wenn sie den Mund bewegt, man als Kodierer aber nicht hören kann, was die Erzieher/in spricht?	Das Transkript legt fest, was verstehbar zu hören und entsprechend zu kodieren ist.

Tab. 23: zweite argumentative Validierung - Aspekt: Kategoriensystem „Sprachliche und nicht-sprachliche Handlung der Kinder"

PROBLEMSTELLUNG	LÖSUNG
Kategoriensystem „Sprachliche und nicht-sprachliche Handlung der Kinder"	
Es ist unklar, wann angebotsbezogen und wann experimentbezogen kodiert wird.	Es muss noch klarer herausgestellt werden, ob und wo angebotsbezogen und wo experimentbezogen kodiert werden soll.
Soll für ein Kind oder für alle Kinder kodiert werden? Auf welche Kinder/ auf welches Kind beziehen sich die Kategorien?	Die Anzahl der Kinder, für die kodiert werden soll, sollte im Kodiermanual berücksichtigt werden. Die Idee ist: Sobald ein Kind „handelt und spricht" wird „handeln und sprechen" kodiert, weil die Erzieher/in mit diesem Verhalten konfrontiert ist und darauf reagieren sollte.
Es ist schwierig „han-deln" zu kodieren, wenn nur drei bis vier Kinder von der ganzen Gruppe handeln, ein paar herum-stehen und ein paar einer Erzieher/in zuhören. Der Kodierer hat hier trotz-dem „handeln" kodiert.	Um die Anzahl der „handelnden" Kinder zu erfassen, wird ein neues Kategoriensystem benötigt, womit die Anzahl explorierender und experimentierender Kinder beobachtet werden könnte.
Es ist die Frage entstanden, was gegeben sein müsste, damit eindeutig „handeln" bei den Kindern kodiert werden könnte.	Die Idee ist, dass Fälle entwickelt werden, die zu Beginn der Kodierung festgelegt werden, wie z.B. (1) Nur ein Kind wird beobachtet, worauf sich vor der Kodierung festgelegt wird. Das würde bedeuten, dass für jedes einzelne Kind kodiert werden könnte. Dazu müssten in Videograph entsprechende Kodierungsbalken vorbereitet werden. Es würden mehr Kodierer gebraucht. (2) Die Mehrheit der Kinder wird beobachtet. D.h. man zählt in jeder Sequenz ab, was die Mehrheit der Kinder gerade im Begriff ist, zu tun. (3) Handlungsleitende Handlungen werden kodiert.

Tab. 24: zweite argumentative Validierung - Aspekt: Kategoriensystem „Nicht-sprachliche Handlung der Erzieher/in"

PROBLEMSTELLUNG	LÖSUNG
Kategoriensystem: Nicht-sprachliche Handlung der Erzieher/in	
Was gehört zur Kategorie „Material organisieren"?	Zur Kategorie „Material organisieren" gehört, dass die Erzieher/in z.B. die Gegenstände in der Lernumgebung wieder zurechtrückt, Material holt und dieses den Kindern zur Verfügung stellt.

Die Beschreibungen der nicht-sprachlichen Hand-lungen sollten konkreter sein.	Die Formulierungen in den Beschreibungen der Kategorien werden auf unverständliche Passagen hin überprüft und mit dem Ziel der Begriffsschärfung und einer klaren Ausdrucksweise angepasst.
Was ist genau mit der Kategorie „Kinder beobachten" gemeint?	Kategorie wurde in der Beschreibung geschärft: „Kinder beobachten bedeutet, dass die Erzieher/in die Kinder im Blick hat, ihnen ihre Aufmerksamkeit gibt."
Eventuell wird man den Erzieher/innen nicht ge-recht, wenn man nur den Bildausschnitt durch das Kategoriensystem beurteilt.	Das ist eine Grenze der Forschungsmethode: Handlungsbeob-achtung auf der Basis von Videos. Dennoch wird immer nur das kodiert, was (akustisch, visuell) beobachtbar ist. Über andere Aktivitäten, die nicht im Video beobachtet werden können, kann keine Aussage getroffen werden und entsprechend keine Kodierung vorgenommen werden.
Kameraperspektive: Was ist zu tun, wenn die Erzie-her/in nur mit den Fuß-spitzen im Bildausschnitt zu sehen ist?	Hier muss eine neue Kodierregel entwickelt werden. Sobald die Handlung der Erzieher/in eindeutig zu beobachten ist, kann dieses nonverbale Handeln kodiert werden, auch wenn die Erzieher/in nicht vollständig im Bildausschnitt zu sehen ist.

Tab. 25: zweite argumentative Validierung - Aspekt: Kategoriensystem „Absicht der Erzie-her/in mit der sprachlichen Handlung (Illokution)"

PROBLEMSTELLUNG	LÖSUNG
Kategoriensystem „Absicht der Erzieher/in mit der sprachlichen Handlung (Illokution)"	
Wo ist die Grenze zwischen „anleiten" und „Struktur geben"?	Mit „anleiten" liegt der Schwerpunkt auf der inhaltlichen Führung durch die Erzieher/in, indem sie dem Kind eine Art Weg vorgibt, wie es handeln kann. Struktur geben ist organisatorisch gemeint.
Was passiert mit der Kategorie „aufgreifen und weiterführe"? Sollte sie als Sonderfall behandelt werden?	Die Kategorie „aufgreifen und weiterführen" wird in der dritten Interkoder noch einmal getestet. Wenn sich erweist, dass diese Kategorie in eine andere Kategorie innerhalb des Kategorien-systems der Illokution verschoben werden soll, dann wird das für die vierte Interkoder tatsächlich umgesetzt.
Worum geht es genau bei der Kategorie „Strukturie-ren und Orientierung ge-ben"?	Bei der Kategorie „Strukturieren und Orientierung geben" geht es um das Einhalten von Regeln und Ritualen als Aufgabe der Erzieher/in. Ein weiteres Ankerbeispiel wurde in die Beschreibung zu „Strukturieren und Orientierung geben" → Ankerbeispiel 6: „Stell dich mal an die andere Seite."

PROBLEMSTELLUNG	LÖSUNG
Kategoriensystem „Absicht der Erzieher/in mit der sprachlichen Handlung (Illokution)"	
Die Kategorie „Strukturieren und Orientierung geben" könnte in Kinder „anleiten" aufgehen.	Die Kategorie „Strukturieren und Orientierung geben" aus dem Kategoriensystem „Illokution" wird schlussendlich in „Anleiten" verschoben, weil als eine Form des Anleitens gesehen wird: *Fall (2) Die Erzieher/in formuliert den Ablauf und die Aufgabenstellung und sagt z.b. „Tisch Nummer 1 darf ausprobieren, was passiert, wenn man Farbe auf Taschentücher tropft." Aufgabe klären: Kind/ Kindern soll klar sein, was ihre Aufgabe ist.*
Es kommt vor, dass die Erzieher/in auch einfache Erklärungen gibt. Sollten bei Kategorie „erklären" (Illokution) auch einfache Erklärungen hinzugefügt werden?	Es werden auch einfache Erklärungen in die Beschreibung von „erklären" aufgenommen.
Die Kategorie „anleiten" sollte genauer beschrieben werden.	Die Kategorie „anleiten" erhält die zusätzliche Beschreibung: „Die Erzieher/in formuliert den Ablauf und die Aufgabenstellung und sagt z.B. ‚Tisch Nummer 1 darf ausprobieren, was passiert, wenn man Farbe auf Taschentücher tropft'. Aufgabe klären: Kindern soll klar sein, was ihre Aufgabe ist."
Was ist unter „anleiten" genau zu verstehen?	Das Anleiten ist eine konkrete Anweisung.
Was soll bei der Kate-gorie „sich orientieren" genau kodiert werden?	Diese Kategorie soll bei Äußerungen kodiert werden, bei denen die Erzieher/in entweder den Lernstand des Kindes erfragt oder allgemein, wie es dem Kind geht z.B. „Luisa, alles klar?"
Die Kategorien „initi-ieren/ aktivieren": akti-viert die Erzieher/in auch durch Aufspringen („Los geht's"), Kodierer war sich hier unsicher und kodierte „Sonstige"	Die Erzieher/in aktiviert die Kinder mit ihrer nonverbalen Handlung, ihrem Aufspringen und sie unterstützt die Aktivierung durch ihre verbale Äußerung.

Tab. 26: zweite argumentative Validierung - Aspekt: Kategoriensystem „Nicht-sprachliche Handlung der Kinder"

PROBLEMSTELLUNG	LÖSUNG
Kategoriensystem „Nicht-sprachliche Handlung der Kinder"	
Für wie viele Kinder wird kodiert?	Das ist ein noch ungelöstes Problem, worüber noch weiter nachgedacht werden muss.

Phänomenbezogene Handlungen?: was soll beobachtet werden, wo ist die Grenze zu anderen Handlungen?	Es wird noch deutlicher herausgestellt, was unter „phänomenbezogenen Handlungen" zu verstehen ist.
In der Kategorie „beob-achten" ist bei der Be-schreibung „phänomen-bezogen beobachten und Kinder hören der Erzie-her/in zu" keine Trenn-schärfe gegeben.	Es soll das Beobachten allgemein kodiert werden, weil damit die Zeit der Aufmerksamkeit der Erzieher/in bezogen auf die Kinder allgemein kodiert wird.

Tab. 27: zweite argumentative Validierung - Aspekt: Kategoriensystem „Beabsichtigte Handlung bei den Kindern durch die sprachliche Handlung der Erzieher/in (Perlokution)"

PROBLEMSTELLUNG	LÖSUNG
Kategoriensystem „Beabsichtigte Handlung bei den Kindern durch sprachliche Handlung der Erzieher/in (Perlokution)"	
Einzelne Aussagen der Erzieher/in wie z.B. „Gehst du bitte runter" sind schwierig in die vor-gegebenen Kategorien einzuordnen. Wie soll bei der Kodierung vorgegangen werden?	Die Bedeutung der Äußerung bezogen auf die perlokutive Absicht muss genau vom Kodierer überlegt werden. Sie kann nicht immer schnell und eindeutig erfasst werden. Hier braucht es eine sehr gute Schulung der Kodierer mit vielen Beispielen und ein pädagogisches Grundverständnis der Kodierer.
Was ist mit der Äußerung „Genau, klasse!" Wie soll für eine solche Äußerung kodiert werden?	Die Äußerung „Genau, klasse!" sollte mit der Kategorie „Kind/Kinder bestärken" aus dem Kategoriensystem „Illokution" kodiert werden.
	„Kinder sollen sich ruhig und still verhalten" wird aus der Beschreibung eliminiert.
„Wenn Kinder dazwi-schen rufen, wird die In-tention unterbrochen, was kodiere ich, wenn die Er-zieher/in einfach auf die Frage eines Kindes ant-wortet? und dabei den angefangenen Satz unterbricht.	Die Zeit der Einzelhandlungen (z.B. Aussage) zählt (vgl. Schulungsleitfaden Regel 25: Handlungsleitendes Kodieren und Überschneidung von unterschiedlichen Sätzen in einem Intervall: Es wird immer kodiert, was als handlungsleitend eingeschätzt wird. Im Falle einer Kategorien-Überschneidung in einem Intervall und einer Unklarheit darüber, was handlungsleitend sein soll, entscheidet die Dauer einer Handlung über die Kodierung. Kodiert wird dann, was den größeren Zeitanteil einnimmt. Im Zweifelsfall (z.B. bei zwei kurzen hintereinander folgenden Aussagen mit unterschiedlichem Aussagegehalt) wird diejenige Kategorie kodiert, die als wichtiger eingeschätzt *wird*.

10.6.6.3 Dritte Überprüfung der Interkoderreliabilität mit Ergebnissen der anschließenden argumentativen Validierung

Bei der dritten Überprüfung der Interkoderreliabilität konnten insgesamt vier Kodierer eingesetzt werden. Deswegen finden sich auch mehr paarweise errechnete Cohens-Kappa-Werte als in der ersten und zweiten Überprüfung der Interkoderreliabilität. Die dritte Interkoder zeigt ein durchwachsenes Bild der Cohens-Kappa-Werte.

Auffallend ist, dass im Bereich der Strukturierung der pädagogischen Angebote (Angebotsphasen, Sozialform) entweder vollständige Übereinstimmung oder gar keine Übereinstimmung erreicht wurde. Der Median zeigt in beiden Fällen 0 an. Die argumentative Validierung ergab, dass unklare Beschreibungen der Kategorien „Hinführen" und „Austauschen" bei „Angebotsphasen" zu Verwechslung geführt hat. Bei Sozialform verhält es sich ebenso, dass die Kategorien z.B. „Großgruppe" und „Übergang" exakter im Kodierleitfaden beschrieben werden müssen, damit sie kodiert werden können.

Im Bereich der sprachlichen Handlungen bei Erzieher/innen ist mit den Cohens-Kappa-Medianen von 0,73 und 0,65 ein sehr zufriedenstellendes Ergebnis erreicht worden. Im Bereich nicht-sprachlicher Handlungen der Erzieher/innen müssen die Kategorien klarer beschrieben werden.

Überraschenderweise liegt der Median bei „sprachlichen und nicht-sprachlichen Handlungen der Kinder" sehr zufriedenstellend bei 0,78, wohingegen die „sprachlichen Handlungen der Kinder" und die „nicht-sprachlichen Handlungen der Kinder" auf einem akzeptablen Niveau bleiben. Im Bereich der Illokution und Perlokution bei der Erzieherin E11 übersteigen die Mediane die zufriedenstellende Grenze von 0,6. Bei E13 (8_{E13}, 9_{E13}) liegen diese Werte darunter.

Tab. 28: dritte Überprüfung der Interkoderreliabilität - Cohens Kappa-Werte für einzelne Kategoriensysteme; (N=42) 5-Sekunden-Intervalle

KP	1	2	3_{E11}	3_{E13}	4_{E11}	4_{E13}	5	6	7	8_{E11}	8_{E13}	9_{E11}	9_{E13}
						Kategoriensysteme							
G	1	1	0,75	0,63	0,25	0,79	0,86	0,57	0,65	0,62	0,43	0,65	0,74
D	0	0	0,71	0,67	0,37	0,47	0,75	0,56	0,03	0,56	0,33	0,77	0,64
F	(-)0,02	0	0,91	0,74	0,48	0,49	0,81	0,66	1	0,64	0,56	0,81	0,48
H	1	0	0,69	0,56	0,13	0,48	0,72	0,43	0,05	0,71	0,65	0,7	0,71
I	0	0	0,79	0,69	0,16	0,6	0,81	0,46	1	0,63	0,57	0,61	0,54
E	0	1	0,7	0,58	0,66	0,21	0,66	0,52	0,03	0,51	0,42	0,59	0,52
MEDIAN	0	0	0,73	0,65	0,31	0,49	0,78	0,54	0,35	0,63	0,5	0,68	0,59

Im Folgenden werden entsprechend bestimmter Aspekte die Problemstellungen bei den Kodierungen und Lösungsansätze beschrieben, die in der dritten argumentativen Validierung angesprochen worden sind.

Tab. 29: dritte argumentative Validierung - Aspekt: Kodierregeln

PROBLEMSTELLUNG	LÖSUNG
Kodierregeln	
Unklar war, was mit ‚handlungsleitend' gemeint ist. Frage: Wie kann der Kodierer sicher sein, was handlungsleitend ist? Dazu müsste er Folgesequenzen kennen. Darf der Kodierer Folge-sequenzen betrachten, damit er daraus auf die handlungsleitende Aktivität schließen kann?	Durch das Beobachten der nachfolgenden Sequenzen darf sich der Kodierer den Kontext erschließen, um die handlungsleitende Aktivität zu kodieren.

Tab. 30: dritte argumentative Validierung - Aspekt: Verfahren „Überprüfung der Interkoderreliabilität"

PROBLEMSTELLUNG	LÖSUNG
Verfahren „Überprüfung der Interkoderreliabilität", Komplexität	
Die Kodierer empfinden es als anstrengend, wenn zu Beginn der Schulung alle Kategoriensysteme eingeführt und sich „gemerkt" werden sollen. Es gibt den Vorschlag, die Schulung in unterschiedliche Kategoriensysteme und Kodierung nacheinander abzuwechseln, sodass sich die Kodierer auf frisch geschulte Kategorien konzentrieren können.	Das Verfahren einer „Überprüfung der Interkoderreliabilität" wurde an die Komplexität des Analyseinstrumentes angepasst. Wichtig ist, dass die Kodierer die Kategoriensysteme und die einzelnen Kategorien verstehen, um sie anwenden zu können. Aus diesem Grund wurden die Kodierer zunächst in den Kategorien auf der Ebene der Strukturierung (Angebotsphasen, Sozialform) geschult. Sofort im Anschluss wurde eine vorausgewählte Sequenz kodiert. (s. Schulungsleitfaden im Anhang, Kapitel 15.1.3: u.a. ausreichend Pausen einplanen, da Kodierungen anstrengend sind, enorme Konzentrationsfähigkeit erfordern. Beim Kodieren ist im Sinne einer Güte der Kodierungen auf intensive Pausen zu achten. Es sollten für den Umfang dieser Kodierungen mindestens 3 Tage eingeplant werden.)

PROBLEMSTELLUNG	LÖSUNG
Verfahren „Überprüfung der Interkoderreliabilität", Komplexität	
Der Anspruch, das Instrument sowohl für Forschungszwecke als auch für die praktische Anwendung durch die Erzieher/innen einzusetzen, erscheint zu anspruchsvoll und in dieser Studie aufgrund der Komplexität nicht umsetzbar.	Aus dem jetzigen Instrument ist abzuleiten, dass eine intensive Schulung für potentielle Anwender in der Forschung erforderlich ist. Um das Analyseinstrument für Kodierungen in der Praxis durch die Erzieher/innen selbst anwendbar zu machen, müssen noch viele empirische Schritte folgen. Anschlussstudien könnten das Instrument mit Erzieher/innen testen, um Ideen für ein Instrument zu generieren, das in der Praxis – und nicht nur zu Forschungszwecken – einsetzbar ist.

Tab. 31: dritte argumentative Validierung - Aspekt: Kategoriensysteme

PROBLEMSTELLUNG	LÖSUNG
Kategoriensysteme	
Bei einigen Kategorien wird eine begriffliche Schärfung als wichtig erachtet, z.B. bei Kategorien aus Angebotsphasen und Kategorien von Sozialform.	Die Kategoriensysteme „Angebotsphasen" und „Sozialform" wurden in ihren inhaltlichen Beschreibungen, Ankerbeispielen und spezifischen Kodierungsregeln getestet und überarbeitet. Während der argumentativen Validierung wurden Änderungsvorschläge hervorgebracht und abgewogen, welcher Begriff das zu Beobachtende inhaltlich treffender beschreibt bzw. welche Kategorie umstrukturiert werden muss, damit keine Verwechslungen der Kategorien „Hinführen" und „Austauschen" vorkommen. Auf eine intensivere Schulung der Kategorien wurde sich eingestellt.
Es gibt den Vorschlag, dass die Kategorie „Kind/Kinder initiieren/ aktivieren" (nonverbale Handlung) gelöscht werden sollte, weil zu viel Interpretation in diese Beschreibungen und Kodierungen hineingelegt wird.	Bei nicht-sprachliche Handlung der Erzieher/in wurde die fünfte Kategorie „Kind/Kinder initiieren/aktivieren" gelöscht. Sie kommt ohnehin bei der Illokution vor. Dort wird „Kind/er aktivieren" als Absicht kategorial beschrieben.
Fraglich ist, ob die Absicht (Illokution) auch von nicht-sprachlichen Handlungen der Erzieher/in aufgenommen werden sollte.	Es bleibt dabei nur die „Absicht der sprachlichen Handlung der Erzieher/in" aufzunehmen.

Es gibt den Vorschlag, bei Illokution der Erzieher/in, das „aufgreifen und weiterführen" in der Beschreibung von der Kategorie Kind/Kinder „aktivieren" aufzugreifen.	Die Beschreibung „aufgreifen und weiterführen" wird in „Kind/Kinder aktivieren" bei Illokution integriert.
Die Kategorie „strukturieren und Orientierung geben" sollte umbenannt werden, weil es eine Schnittmenge mit „anleiten" gibt.	Die Kategorie „strukturieren und Orientierung geben" wird umbenannt in „strukturieren".
Die Kodierer merken an, dass die Kategorien nur auf Kontexte früher naturwissenschaftlicher Bildung angewendet werden können.	Die Kontextabhängigkeit wurde mehrmals betont: Die Kategorien sind jeweils nur im Kontext zu kodieren und anwendbar. Da die Erzieher/in und der Coach normalerweise bei der Umsetzung des pädagogischen Angebotes dabei sind, ist dadurch der Kontext beiden Kodierern präsent.

Tab. 32: dritte argumentative Validierung - Aspekt: Stichprobenplan und Anzahl der Intervalle

PROBLEMSTELLUNG	LÖSUNG
Stichprobenplan und Anzahl der Intervalle	
Die Beobachtungseinheit von 5 Sekunden Länge wurde von den Kodierern für richtig erachtet.	Das Kodierintervall von 5 Sekunden wurde erprobt. Es wurde bestätigt, dass die 5 Sekunden bezogen auf Sätze als Kodiereinheit anwendbar sind. Aufgrund dieser Erkenntnis wurden alle 10sek-Intervalle in der Kodiersoftware Videograph auf 5-sek-Intervalle vollständig umgeschrieben, um in weiteren Interkoderreliabilitätsüberprüfungen auf der Basis von 5-Sekunden-Intervallen kodieren zu können.

10.6.6.4 Vierte Überprüfung der Interkoderreliabilität mit Ergebnissen der anschließenden argumentative Validierung

Die oben beschriebenen Lösungen für die einzelnen Problemstellungen wurden umgesetzt und in einer vierten Überprüfung der Interkoderreliabilität des Kodiermanuals erneut getestet. Im Folgenden sind dazu in mehreren Tabellen Cohens-Kappa-Werte aufgeführt, die in Abhängigkeit verschieden großer Stichproben (N) berechnet wurden, um möglichst genaue Aussagen treffen zu können. Ein Grund für das Zustandekommen unterschiedlich großer Stichproben ist, dass ein Kodierer nicht das vorgegebene Kodierpensum im vorgegebenen

Zeitrahmen geschafft hat. Deswegen konnte nur für das Kodierpaar „E" eine Stichprobe von N=270 [5-sek-Intervallen] für die Berechnung der Cohens Kappa-Werte zugrunde gelegt werden (Tab. 34).

Tab. 33: vierte Überprüfung der Interkoderreliabilität - Cohens Kappa-Werte für einzelne Kategoriensysteme; (N=224) 5-Sekunden-Intervalle

KP	Kategoriensysteme											
	1	2	3	3	4	4	5	6	7	8	8	9	9
D	0,54	0,95	0,79	0,8	0,43	0,72	0,38	0,63	0,38	(-) 0,13	0,05	0,76	0,73
E	0,53	0,97	0,82	0,76	0,5	0,74	0,35	0,54	0,6	(-) 0,18	0,14	0,78	0,76
F	0,8	0,94	0,84	0,82	0,39	0,8	0,62	0,63	0,48	(-) 0,13	0,13	0,77	0,75
MEDIAN	0,54	0,95	0,82	0,8	0,43	0,74	0,38	0,63	0,48	(-) 0,13	0,13	0,77	0,75

Tab. 34: vierte Überprüfung der Interkoderreliabilität - Cohens Kappa-Werte für einzelne Kategoriensysteme; (N=270) 5-Sekunden-Intervalle

KP	Kategoriensysteme											
	1	2	3	3	4	4	5	6	7	8	8	9	9
E	0,6	0,91	0,81	0,78	0,52	0,71	0,42	0,58	0,63	(-) 0,03	0,03	0,79	0,77

Tab. 35: vierte argumentative Validierung - Aspekt: Schulung

PROBLEMSTELLUNG	LÖSUNG
Schulung	
Was sollen Kodierer tun, wenn sie während der Kodierens Fragen und Verbesserungsvorschläge haben oder Unklarheiten in den Beschreibungen der Kategoriensysteme bestehen?	Anmerkungen bei der Kodierung können auf der Rückseite des Blattes mit dem jeweiligen Kategoriensystems im Kodierleitfaden geschrieben werden. Die Kodierleitfäden werden nach der Kodierung eingesammelt. Die Leitfäden haben eine Nummer, die mit der Videograph-Datei und der Nr. des USB-Stick am Rechner übereinstimmt, sodass Zuordnungen zwischen der Kodierung eine bestimmten Kodierers und dessen entsprechender Anmerkungen gemacht werden können.
Die Kinderkategorien sind zu wenig ausdiffer-enziert. Es ist nicht klar, ob sich auf ein Kind bezogen oder ob die ganze Gruppe berück-sichtigt werden soll.	Vor der Kodierung sollte das Forschungsinteresse festgelegt werden, damit eine Kodierung für entsprechende Kategorien(systeme) ablaufen kann.

Tab. 36: vierte argumentative Validierung - Aspekt: Kategoriensystem „Absicht der Erzieher/ in mit der sprachlichen Handlung (Illokution)"

PROBLEMSTELLUNG	LÖSUNG
Kategoriensystem „Absicht der Erzieher/in mit der sprachlichen Handlung (Illokution)"	
Was zählt zu „Kind/er aktivieren"?	Es kann auch sein, dass die Erzieher/in Handlungen kommentiert und dadurch die Aufmerksamkeit der Kinder lenkt und aktiviert.
Vorschlag für eine zusätzliche Beschreibung der Kategorie „Kinder bestärken"	Kinder beruhigen, wenn sie Angst von dem Experiment haben, Beziehung aufbauen

Tab. 37: vierte argumentative Validierung - Aspekt: Kategoriensystem „Nicht-sprachliche Handlung der Erzieher/in"

PROBLEMSTELLUNG	LÖSUNG
Kategoriensystem „Nicht-sprachliche Handlung der Erzieher/in"	
Die Kategorie „Material organisieren" ist zu detailliert. Gemeint sind auch andere Tätigkeiten der Erzieher/in als nur Material zu organisieren. Ein Vorschlag ist, diese Kategorie umzubenennen.	Die Kategorie „Material organisieren" wird in „Lernumgebung gestalten" umbenannt, weil diese Bezeichnung treffender und umfassender bezeichnet, was gemeint ist.

Tab. 38: vierte argumentative Validierung - Aspekt: Kategoriensystem „sprachliche Handlung der Kinder"

PROBLEMSTELLUNG	LÖSUNG
Kategoriensystem: „Sprachliche Handlung der Kinder"	
Es besteht das Problem, was kodiert werden soll, wenn mehrere Kinder gleichzeitig sprechen wie z.B. ein Kind beschreibt und ein anderes Kind stellt im selben Moment eine Frage?	Die Frage der Kategoriensysteme für das Verhalten der Kinder muss neu überlegt werden.

Tab. 39: vierte argumentative Validierung - Aspekt: Allgemeine Anmerkungen

PROBLEMSTELLUNG	LÖSUNG
Allgemeine Anmerkungen	
Die Kodierung von päda-gogischen Angeboten wird als sehr komplex empfunden.	Komplexität könnte ein Aspekt für Kompetenzentwicklungs-stufen der Erzieher/innen sein.

PROBLEMSTELLUNG	LÖSUNG
Allgemeine Anmerkungen	
Das bisherige Beobachtungsinstrument ist grob in seinen Kategorien.	Idee: bisher besteht der Kodierleitfaden aus Kategoriensystemen mit Kategorien. In einer weiterführenden Arbeit könnte der Leitfaden durch Subkategorien ergänzt und dadurch verfeinert werden.

10.6.7 Kategoriensysteme des Beobachtungsinstrumentes

Aus allen vier Überprüfungen der Interkoderreliabilität werden bzgl. der Kategoriensysteme und Kategorien bestimmte immer wiederkehrende und nicht im Beobachtungsinstrument aufgelöste Problematiken ersichtlich. Diese beziehen sich auf die Kategoriensysteme für Kinder und auf das Kategoriensystem „Illokution".

In Bezug auf die Kinderkategorien hat sich folgende Schwierigkeit ergeben: Mit den in der Studie entwickelten Kategoriensystemen und Kategorien lassen sich nur ungenaue Kodierungen vornehmen, weil die Anzahl der zu kodierenden Kinder im bisherigen Kategoriensystem nicht berücksichtigt wird. Mit den hier entwickelten Kategorien kann nur für ein Kind kodiert werden. Eine Kodierung mit dem Anspruch alle Kinder in der Beobachtung zu berücksichtigen ist mit den hier entwickelten Kategoriensystemen nicht möglich.

Eine Schlussfolgerung daraus ist, dass das Beobachtungsinstrument Möglichkeiten zur kategorialen Erfassung der zu beobachtenden Anzahl der Kinder z.B. auf einer Zielkind-Ebene und auf einer Gruppen-Ebene zulassen sollte. Eine Idee für künftige Kategorienentwicklungsprozesse ist, dass im Vorfeld einer Kodierung sogenannte Fälle festgelegt werden, wonach kodiert werden soll. Die Kinderkategoriensysteme müssten aufgrund unzureichender Reliabilität vollständig neu entwickelt und bzgl. der klassischen Gütekriterien neu überprüft werden.

In Bezug auf das Kategoriensystem „Illokution" wurde deutlich, dass es Kodierern schwer fiel, Absichten mit Sprachhandlungen schnell zu erfassen. Ein Fazit ist, dass eine umfassende Schulung insbesondere in diesem Kategoriensystem notwendig ist. Die Kodierer sollten außerdem im Bereich frühpädagogischer Handlungen ein umfassendes Einfühlungsvermögen und Interesse haben, damit auf dieser sensiblen Ebene zuverlässig kodiert werden kann.

Diese resümierenden Erkenntnisse sind für den nächsten Operationalisierungsschritt in Form einer hermeneutischen Zuordnung insofern relevant, als dass in der Konsequenz sowohl die Kinderkategoriensysteme als auch das Kategoriensystem „Illokution" sprachlicher Handlungen der Erzieher/innen aufgrund unzureichender Reliabilität nicht verwendet werden können. Alle anderen Kategoriensysteme weisen eine zufriedenstellende Reliabilität auf und können für die hermeneutische Zuordnung genutzt werden.

Für die Anwendung des Beobachtungsinstrumentes sind daher folgende Kategoriensysteme nützlich:

Strukturierung eines pädagogischen Angebotes
1. Angebotsphasen
2. Sozialform

Beschreibung kommunikativen Handelns der Erzieher/in
3. Sprachliche Handlung der Erzieher/in
4. Nicht-sprachliche Handlung der Erzieher/in

Beschreibung und Erfassung von kommunikativen Absichten der Erzieher/in
9. Beabsichtigte Handlung bei Kind/Kindern durch die Sprachhandlung der Erzieher/in (Perlokution)

10.7 Hermeneutische Zuordnung – Operationalisierung von Handlungskompetenz

Bisher wurde ein Beobachtungsmanual entwickelt, das performatives Verhalten von Erzieher/innen in naturwissenschaftlichen Kontexten kategorial beschreibt und einen Kodierleitfaden zur Erfassung der Verhaltensweisen bereithält. Fraglich ist noch, wie die entwickelten Kategoriensysteme und Kategorien mit Handlungskompetenz im Sinne von Zimmermann (2011) verbunden werden können, damit das Verhalten von Erzieher/innen einerseits kodiert und andererseits im Hinblick auf Handlungskompetenz interpretiert werden kann.

Vorbereitend für die Interpretation performativen Verhaltens bzgl. Handlungskompetenz wurden im Theorieteil unterschiedliche theoretische Perspektiven besprochen, die eine theoretische Einbettung der entwickelten Kategoriensysteme und Kategorien darstellen. Diese Verbindung der theoretischen Bezüge zu den einzelnen Kategorien des entwickelten Beobachtungsinstrumentes können im Anhang (Kapitel 15.1.9, Tabelle 62) zusammengefasst nachverfolgt werden. Aus den theoretischen Aspekten geht in Verbindung mit Kategorien des Beobachtungsinstrumentes ein normativer Maßstab – hier als Hermeneutische Brücke genannt – hervor, der für die Verbindung zwischen durch systematische Beobachtung gewonnenen Kategorien des Beobachtungsinstrumentes und einzelnen Indikatoren von Handlungskompetenz nach Zimmermann (2011) relevant ist. Durch diese empirische und normative Verknüpfung (Hermeneutische Brücke) findet eine Operationalisierung der Zimmermann'schen Definition von Handlungskompetenz statt. Damit operationalisiert werden kann, wird die Zimmermann'sche Definition von Handlungskompetenz in einzelne Indikatoren aufgeschlüsselt. Die gesamte hermeneutische Zuordnung (Tab. 40), bestehend aus Indikatoren von Handlungskompetenz nach Zimmermann, Hermeneutischer Brücke und Kategoriensystemen nach Metzner, dient als Interpretationsgrundlage für Kodierungen pädagogischen Handelns von Erzieher/innen im Hinblick auf Handlungskompetenz. Indem das Konstrukt „Handlungskompetenz" nach Zimmermann durch neue empirische und normative Aspekte ausdifferenziert wird, findet eine Abduktion statt (vgl. Bohnsack, Marotzki, & Meuser, 2006, S. 12f.).

Die Subdimensionen (SD) von Handlungskompetenz werden in Tabelle 40 in folgender Weise als Kürzel dargestellt:

- PG steht für positive Grundhaltung
- G steht für Geduld
- GF steht für Gestaltungsfähigkeit
- DG steht für Didaktisches Geschick

In der Tabelle (Tab. 40) werden die nach sinnhaften Aspekten aufgeschlüsselten Subdimensionen von Handlungskompetenz durchnummeriert angegeben. Die Aktivitäten der Kinder sind mit einem K für Kinder gekennzeichnet und mit dem Kürzel für die entsprechende Subdimension, unter die Zimmermann (2011) diesen Indikator für Handlungskompetenz subsumiert hat.

Obwohl bei den Interkoderreliabilitätsüberprüfungen die Cohens-Kappa-Werte für das Kategoriensystem „Illokution" nicht zufriedenstellend waren, wird es bei der hermeneutischen Zuordnung trotzdem (*kursiv*) aufgenommen. Das soll zeigen, dass die einzelnen Kategorien für die Autorin von Bedeutung sind, weil sie sich zu den Indikatoren von Zimmermann tatsächlich aus Sicht der Autorin theoretisch zuordnen lassen. Um bei der Beschreibung von Handlungsprofilen (zweiter empirischer Teil) Tendenzen des Verhaltens zeigen zu können, wird die Zuordnung von Illokution als wichtig erachtet.

Tab. 40: Hermeneutische Zuordnung - Operationalisierung von Handlungskompetenz

SD	Indikatoren von Handlungskompetenz nach Zimmermann	Hermeneutische Brücke nach Metzner	Kategoriensysteme und Kategorie nach Metzner (Handlungsmuster)
PG1	Die Erzieher/ -in geht wertschätzend und empathisch mit Kindern um.	*Wertschätzung und ein empathischer Umgang der Erzieher/in zeigt sich in einer positiven kommunikativen Zuwendung ihrerseits gegenüber den Kindern. Das kann sich äußern, indem die Erzieher/in die Kinder lobt, zustimmend reagiert und/oder eine Stärke konkret benennt. Wertschätzung und Empathie bringt die Erzieher/in dem Kind entgegen, indem sie sich bei ihm z.B. nach seinem Lernstand erkundigt und dadurch orientiert, um sich für weitergehende Aktivitäten zu entscheiden. Somit zeigt sie dem Kind ihr Interesse und ihre Aufmerksamkeit an seinen Aktivitäten.*	*Illokution:* sich orientieren
		Wertschätzende Aktivitäten sind z.B. das begleitende Unterstützen, bei dem die Erzieher/in dem Kind hilft, Aktivitäten auszuführen.	nicht-sprachlich: Kinder begleitend unterstützen
PG2	Die Erzieher/ in stellt die Stärken der Kinder heraus.	*Mit einer sprachlichen Handlung kann die Erzieher/in eine Stärke eines Kindes klar benennen und damit beabsichtigen, das Kind zu fördern.*	*Illokution: Kinder bestärken*
PG3	Die Erzieher/ in ist authentisch.	Ihre Authentizität kann die Erzieher/in zeigen, indem sie selbst naturwissenschaftliche Phänomene ausprobiert. Sie befindet sich dabei auf einer Ebene mit den ausprobierenden Kindern und zeigt echtes Interesse, sowohl am Phänomen als auch an den Aktivitäten der Kinder. Die Erzieher/in kann im Sinne einer symmetrischen Reziprozität durch eigenes Ausprobieren einschätzen, welche Erfahrungen und Erkenntnisse dieses Lernarrangement für Kinder bereithält. Dadurch bereitet sie sich auf einen Dialog mit den Kindern über eigene Erfahrungen vor.	nicht-sprachlich: ausprobieren

SD	Indikatoren von Handlungs- kompetenz nach Zimmermann	Hermeneutische Brücke nach Metzner	Kategoriensyste- me und Kategorie nach Metzner (Handlungsmus- ter)
G1	Die Erzieher/ in hat Geduld mit sich selbst.	Geduldiges Abwarten und Beobachten der Kinder beim selbsttätigen Ex- plorieren und Experimentieren, sind ein Zeichen dafür, mit sich selbst als Erzieher/in Geduld zu haben. Geduld mit sich selbst zeigt sich auch, indem die Erzieher/in das Gesamtgeschehen und die explorierenden Kinder im Blick hat. Dadurch steht die Erzieher/ in in einer beobachtenden Beziehung zu den Kindern und zeigt ihre Bereit- schaft, auf mögliche Zuwendungsbe- kundungen der Kinder reagieren zu können. Sie mischt sich aber nicht in die Aktivitäten der Kinder ein und *gibt keine Erklärungen*. Das selbsttätige Ausprobieren der Er- zieher/in zeigt, dass sie die Kinder so gut in ihre Lernumgebung eingebettet hat, dass sie selbst Zeit, innere Ruhe, Gelassenheit und Raum zum Auspro- bieren findet. Sie vertraut den Kindern, dass sie durch ihre Selbsttätigkeit ihre eigenen Lernerfahrungen machen.	nicht-sprachlich: beobachten, ausprobieren *Illokution: erklären*
G2	Die Erzieher/ in hat Geduld mit den Kindern.	Die Erzieher/in nimmt sich Zeit, um die Kinder und das Gesamtgeschehen im Blick zu haben. Dabei lässt die Erzieher/in die Kinder geduldig selbsttätig Erfahrungen mit naturwissenschaftlichen Phänomenen machen. Sie mischt sich nicht in die Aktivitäten der Kinder ein, zeigt ihnen aber durch ihre beobachtende Haltung, dass sie Ansprechpartnerin für die Kinder ist.	nicht-sprachlich: beobachten
G3	Die Erzieher/ in hat keine fertigen Antworten.	Die Fähigkeit eines geduldigen Umgangs zeigt sich in der Qualität der Äußerungen der Erzieher/in gegenüber den Kindern. Aktivierende Antworten oder Aussagen, die	sprachlich: Frage, Aussage oder keine Äußerung, nicht-sprachlich: ausprobieren

		das „wir" betonen, um tatsächlich gemeinsam einer Frage auf den Grund zu gehen, zeigen, dass die Erzieher/in keine fertigen Antworten hat und dadurch geduldig ist. Aktivierende unvollständige Sätze wie z.B. „Weiter so" und/ oder kurze, aktivierende Äußerungen können als neue Handlungsimpulse verstanden werden. Durch eigenes Ausprobieren schafft die Erzieher/in die Voraussetzung dafür, keine fertigen Antworten zu geben, sondern als Vorbild selbst mit auszuprobieren.	
G4	Die Erzieher/in regt Kinder zum Fragen an.	Es wird davon ausgegangen, dass die Kinder dann zum Fragen angeregt werden, wenn sie in ihrer Selbsttätigkeit gefördert und möglichst selbsttätig Erfahrungen mit dem naturwissenschaftlichen Phänomen erleben können. Eigenerfahrungen der Kinder werden als Ausgangspunkt für Beobachtungen, Staunen und folglich für Fragen der Kinder gesehen. Die Erzieher/in wählt dementsprechend ein Lernarrangement mit ausreichend langen Ausprobierphasen und aktivierenden Sozialformen, sodass die Kinder genügend Zeit und Raum für individuelle Erfahrungen und Beobachtungen haben.

Sprachliche und nicht-sprachliche Aktivitäten der Erzieher/in, die eine Fragehaltung der Kinder bzw. Verbalisieren von Fragen begünstigen, sind als geduldiges Verhalten der Erzieher/in einzuschätzen. Dazu verhilft eine Balance zu halten zwischen symmetrischer und komplementärer Reziprozität. | Angebotsphasen; Sozialform; sprachliche Handlung der Erzieher/in, *Illokution*, Perlokution, nonverbale Handlung der Erzieher/in |
| G5 | Die Erzieher/in regt Kinder zum Selbst-Beantworten ihrer Fragen an. | Damit Kinder ihre Fragen selbst beantworten können, sollten sie als Voraussetzung dafür vorher eine eigene Frage gestellt haben. Dazu brauchen sie ausreichend Zeit für das | Angebotsphasen + sprachliche Handlung der Erzieher/in + Perlokution: |

SD	Indikatoren von Handlungs-kompetenz nach Zimmermann	Hermeneutische Brücke nach Metzner	Kategoriensysteme und Kategorie nach Metzner (Handlungsmuster)
		Experimentieren in Ausprobierphasen. Während des Ausprobierens motiviert die Erzieher/in die Kinder durch ihre sprachlichen Handlungen, selbst etwas auszuprobieren.	handeln, handeln und sprechen
K_G1	Kinder stellen selbst Fragen	[Die Kategorien für die Aktivitäten der Kinder werden aufgrund unzureichender Ergebnisse bei den durchgeführten Interkoderreliabilitätsüberprüfungen hier nicht operationalisiert. Es müssten zunächst weitere Überprüfungen der Reliabilität und argumentative Validierungen durchgeführt werden, um die Kategorien zu objektivieren. Hinweise finden sich in den Ausführungen zur den stattgefundenen argumentativen Validierungen in der vorliegenden Arbeit.]	–
K_G2	Kinder beantworten ihre Fragen selbst		–
G6	Die Erzieher/in wartet ab, bis das Kind eine Handlung selbstständig durchgeführt hat.	[Dieser Aspekt von Geduld kann mit den entwickelten Kategorien nicht eindeutig erfasst werden. Für eine Einschätzung müssten Erzieher/in-Kind-Dyaden länger beobachtet werden.]	nicht-sprachlich: beobachten
G7	Die Erzieher/in widersteht der Interventionsstrategie Wissen zu vermitteln.	Die Art der Wissensvermittlung zeigt sich in der Häufigkeit und Qualität der Äußerungen einer Erzieher/in. Zum einen finden wenige wissensvermittelnde Äußerungen in Form von Aussagen oder Handlungsanweisungen statt. Zum anderen können Wissen vermittelnde Äußerungen vorkommen, wenn sie in angemessener Art und Weise stattfinden, d.h. dass Kinder zum (weiteren) Explorieren und Experimentieren angeregt werden.	sprachlich: Aussage, Handlungsanweisung, keine Äußerung + *Illokution: erklären, anleiten* + Perlokution: aufnehmen sprachlich: keine Äußerung + nicht-sprachlich: beobachten, Kinder begleitend unterstützen + Lernumgebung gestalten

G8	Die Erzieher/in motiviert die Kinder, selbst zum Wissen zu gelangen.	Die Erzieher/in gestaltet die Lernumgebung so, dass sie selbst kein Wissen zu vermitteln braucht. Indem die Erzieher/in z.B. den Kindern Materialien zum Explorieren und Experimentieren bereitstellt bzw. die Kinder auf alternative Materialien zum Ausprobieren aufmerksam macht, nimmt sie nicht die Rolle einer Wissensvermittler/in sondern die einer motivierenden Lernbegleiter/in ein. Die Erzieher/in aktiviert die Kinder durch ihre sprachlichen Handlungen zum selbst Ausprobieren und zum Verbalisieren ihrer Erfahrungen in unterschiedlichen Phasen des Angebotes.	Angebotsphasen: Hinführen, Ausprobieren, Austauschen + Sozialform, Sprachhandlung: Frage, Aussage, Handlungsanweisung + *Illokution: Kinder aktivieren* + Perlokution: handeln, handeln und sprechen, sprechen nicht-sprachlich: Lernumgebung gestalten
G9	Die Erzieher/in entwickelt selbst Fragen.	Eine Fragehaltung entsteht durch echtes Interesse am Naturphänomen. Das eigene Ausprobieren der Erzieher/in befördert, dass sie eine mögliche und anfänglich eigene Frage durch weiterführende Fragen erweitert.	sprachlich: Frage nicht-sprachlich: ausprobieren
G10	Die Erzieher/in entfaltet selbst individuelle Ideen, Lernwege und Fehlhandlungen.	Indem eine Erzieher/in selbst ausprobiert, kann sie ihre individuellen Experimentierideen entwickeln und dabei eigene Lernwege gehen. Dabei kann sie verschiedene Wege ausprobieren und manche Wege als angemessener als andere für sich identifizieren.	nicht-sprachlich: ausprobieren
G11	Die Erzieher/in zeigt Aus-dauer.	Die Erzieher/in lässt sich Zeit für das gesamte pädagogische Angebot.	Angebotsphasen
G12	Die Erzieher/in ist konzentriert.	[Dieser Aspekt von Geduld kann mit den entwickelten Kategorien nicht erfasst werden.]	–
K_G3	Kinder führen Handlungen selbstständig durch.	[Die Kategorien für die Aktivitäten der Kinder werden aufgrund unzureichender Ergebnisse bei den durchgeführten Interkoderreliabilitätsüberprüfungen hier	–

163

SD	Indikatoren von Handlungskompetenz nach Zimmermann	Hermeneutische Brücke nach Metzner	Kategoriensysteme und Kategorie nach Metzner (Handlungsmuster)
K_G4	Kinder gehen individuelle Lernwege.	nicht operationalisiert. Es müssten zunächst weitere Überprüfungen der Reliabilität und argumentative Validierungen durchgeführt werden, um die Kategorien zu objektivieren. Hinweise finden sich in den Ausführungen zur den stattgefundenen argumentativen Validierungen in der vorliegenden Arbeit.]	
K_G5	Kinder dürfen Fehler machen.		
GF1	Die Erzieher/in erkennt Bildungsprozesse des Kindes.	Damit die Erzieher/in Bildungsprozesse bei Kindern erkennen kann, muss sie Bedingungen dafür schaffen, die das ermöglichen. Indem die Kinder in Ausprobierphasen die Gelegenheit zum Explorieren und Experimentieren haben, schafft die Erzieher/in die Voraussetzung dafür, die Kinder bei ihren Aktivitäten zu beobachten und dabei Bildungsprozesse der Kinder zu erkennen. Indem sie sich durch ihre sprachlichen Handlungen *beim Kind bzgl. seines Lernstandes orientiert*, kann sie weiterführende und angemessene Handlungen einleiten. Um zu erkennen, was die Kinder sprachlich können und inwiefern die Kinder fähig sind, ihre Ideen, Erfahrungen, Fragen oder Vermutungen im sozialen Kontext zu entfalten, sind Austauschprozesse notwendig.	Angebotsphase: Ausprobieren, Austauschen; nicht-sprachlich: Kinder beobachten *Illokution: sich orientieren*
GF2	Die Erzieher/in begleitet Bildungsprozesse des Kindes.	Durch die Selbsttätigkeit der Kinder finden Bildungsprozesse statt. Indem die Erzieher/in die Kinder beobachtet und dadurch ihre Bereitschaft für mögliche Zuwendung und Unterstützung der Kinder deutlich macht, begleitet sie nicht nur die Bildungsprozesse der Kinder, sondern ermöglicht sie dadurch erst. Durch unterstützende Aktivitäten, wie durch	nicht-sprachlich: beobachten, Kinder begleitend unterstützen + Lernumgebung gestalten; *Illokution: strukturieren*

		z.B. das helfende Ausschneiden einer Feuerspirale, begleitet die Erzieher/in den Selbstbildungsprozess der Kinder.	
GF3	Die Erzieher/in strukturiert die Lernumgebung orientierend vor. Die Erzieher/in hält bei der Gestaltung der Lernumgebung eine Balance zwischen Vorstrukturierung und Offenheit	Einerseits werden die Kinder auf das Explorieren und Experimentieren vorbereitet und in Frage- oder Aufgabenstellungen begleitet. Andererseits haben die Kinder ausreichend Zeit dafür, in der Ausprobierphase eigene explorierende Erfahrungen machen zu dürfen. Die Erfahrungen werden in Austauschprozessen miteinander reflektiert, gebündelt und sprachlich festgehalten. Die Balance zwischen dem bewusst begleitenden Erzieher/in-Kind-Dialog in Hinführungs- und Austauschphasen und den eigenen Erfahrungen der Kinder im Ausprobieren stellt eine Ausgewogenheit zwischen Strukturierung und Offenheit in der Gestaltung von Bildungsprozessen dar.	Angebotsphasen + Sozialform *Illokution: strukturieren*
GF4	Die Erzieher/in hält die Lernumge-bung offen, damit individuelles Lernen der Kinder möglich ist.	Die Zeitanteile, in denen die Kinder in einer bestimmten räumlichen Organisation (Sozialformen) im pädagogischen Angebot organisiert sind, lassen auf die Art und Intensität der Aktivierung der Kinder schließen. Je mehr Kinder selbst aktiv sein können, desto mehr findet individuelles Lernen der Kinder statt und desto mehr zeigt sich die Gestaltungsfähigkeit der Erzieher/in. In Kleingruppen oder noch kleineren Sozialformen haben die Kinder die Möglichkeit zum eigenständigen Handeln.	Sozialform
DG1	Die Erzieher/in regt die Kinder an, Naturphäno-mene zu be-trachten.	Mit der Betrachtung von Naturphänomenen ist das sinnliche Erleben durch genaues Hinschauen, Hinhören, Fühlen und genaues Beobachten verbunden. In Hinführungs-, Ausprobier- und Austauschphasen kann die Erzieher/	Angebotspha-sen: Hinführen, Ausprobieren, Austauschen + Sozialform; Sprachhandlung: Frage, Aussage,

SD	Indikatoren von Handlungs-kompetenz nach Zimmermann	Hermeneutische Brücke nach Metzner	Kategoriensysteme und Kategorie nach Metzner (Handlungsmuster)
		in sprachlich die Kinder dazu ermuntern, die Phänomene genauer anzusehen. Indem die Erzieher/in Experimentiermaterialien verteilt, lenkt sie die Aufmerksamkeit der Kinder darauf und regt dadurch nonverbal das Betrachten von Naturphänomenen an. Indem die Erzieher/in auf Dinge zeigt, etwas demonstriert oder vormacht, lenkt sie ebenfalls die Aufmerksamkeit der Kinder auf das Naturphänomen und bietet dadurch begleitende Unterstützung an.	Handlungsanweisung + Perlokution: handeln nicht-sprachliche Handlung: begleitend unterstützen, Lernumgebung gestalten
DG2	Die Erzieher/in regt die Kinder an, eigene Fragen zu stellen	[Dieser Indikator tritt bereits bei G4 auf. Er wird bei G4 operationalisiert, weil Geduld im Sinne von Zimmermann bedeutet, als Erzieher/in mit Kindern eine Fragehaltung einzunehmen anstatt den Kindern erklärende Antworten überzustülpen.]	–
DG3	Die Erzieher/in ermöglicht eigenständiges Handeln der Kinder.	Ermöglichen wird hier als „zu etwas verhelfen, arrangieren, zu etwas befähigen" gedacht. Die Kinder sind selbsttätig, indem sie Handlungen selbst ausführen wie z.B. das Explorieren und Experimentieren mit unterschiedlichen Gegenständen und Materialien. Die Kinder sind auch selbsttätig, indem sie die Möglichkeit und Zeit erhalten ihre Erfahrungen zu verbalisieren und damit Sprachhandlungen selbst auszuführen.	Angebotsphasen: Hinführen, Ausprobieren, Austauschen + Sozialform; Sprachhandlung: Frage, Aussage Sprachliche Handlung: Handlungsanweisung + Perlokution: handeln, sprechen Sprachhandlung: keine Äußerung + nicht-sprachliche Handlung: beobachten

K_D G6	Kinder betrachten Naturphänome-ne.	[Die Kategorien für die Aktivitäten der Kinder werden aufgrund unzureichender Ergebnisse bei den durchgeführten Interkoderreliabilitätsüberprüfungen hier nicht operationalisiert. Es müssten zunächst weitere Überprüfungen der Reliabilität und argumentative Validierungen durchgeführt werden, um die Kategorien zu objektivieren. Hinweise finden sich in den Ausführungen zur den stattgefundenen argumentativen Validierungen in der vorliegenden Arbeit.]	–
K_D G7	Kinder handeln eigenständig.		
K_D G8	Kinder stellen eigene Fragen.		
K_D G9	Kinder machen Erfahrungen.		
DG4	Die Erzieher/in schafft ein angstfreies Lernklima.	Im Schaffen eines angstfreien und kindgerechten Lernklimas wird das Deutlichmachen der Sinnhaftigkeit des Tuns gesehen. Die Erzieher/in entwickelt gemeinsam mit den Kindern den Kontext ihres Handelns, um verstehbar zu machen, warum exploriert und experimentiert wird. Dadurch wird eine vertraute und sinnvolle Lernumgebung geschaffen, die die Kinder motiviert sich auf Erfahrungen mit einem naturwissenschaftlichen Phänomen einzulassen. Die Kinder wissen, warum sie explorieren und experimentieren, weil sie die Aufgabe, das Problem, den Grund kennen oder selbst neugierig geworden sind. Im Ausprobieren gewinnen die Kinder an Erfahrung. Hier können Ideen und Fragen entstehen. Im Austauschprozess können die Kinder ihre Gefühle und Wahrnehmungen in Bezug auf die Erlebnisse verarbeiten und werden darin von der Erzieher/in und den anderen Kindern ernst genommen und unterstützt. Die Beteiligung der Kinder am Nachbereiten ist ein abrundendes Ereignis, bei dem die Kinder aus dem pädagogischen Angebot entlassen werden.	Angebotsphasen: Hinführen, Ausprobieren, Austauschen Sozialform

SD	Indikatoren von Handlungs-kompetenz nach Zimmermann	Hermeneutische Brücke nach Metzner	Kategoriensyste-me und Kategorie nach Metzner (Handlungsmus-ter)
		Ein Zeichen für ein angstfreies Klima ist, wenn die Kinder in aktivierenden Sozialformen wie z.b. in Kleingruppen selbst ausprobieren dürfen und durch ihre Eigenaktivität die Kontrolle über ihr eigenes Handeln haben.	
DG5	Die Erzieher/in ermöglicht kindgerechtes Lernen.	Kindgerecht bedeutet, dass die Kinder entsprechend ihrer natürlichen Neugier und ihres natürlichen Spieldranges schnell in angemessenen Sozialformen einen direkten Zugang zum thematisch sinnvollen Explorier- und Experimentiergeschehen haben können. Damit die Kinder selbst explorieren können, ist die Beziehung der Kinder zur Erzieher/in grundlegend. In einer positiven Beziehungsgestaltung durch Präsenz der Erzieher/in während ihres Beobachtens und durch positive kommunikative Aktivitäten der Erzieher/in gegenüber dem Kind wird die kindgerechte Bildungs- und Erziehungstätigkeit der Erzieher/in gesehen.	Angebotsphasen: Austauschen; Sozialform, nicht-sprachlich: Kinder beobach-ten, Sprachhand-lung: Aussage + *Illokution: Kinder bestärken*
DG6	Die Erzieher/In berück-sichtigt individuelle Fähigkeiten der Kinder.	Abgestimmt auf die individuellen Fähigkeiten der Kinder, unterstützt die Erzieher/in die Kinder beim Experimentieren. Je nach Fähigkeit der Kinder, motiviert sie sie, entweder selbst die Dinge in die Hand zu nehmen. Oder die Erzieher/in hilft den Kindern begleitend unterstützend.	Sprachhandlung: Handlungsan-weisung, nicht-sprachlich: Kinder begleitend unter-stützen, Perlokuti-on: handeln
DG7	Die Erzieher/in nimmt die Kinderperspek-tive wahr.	Indem die Erzieherin die Kinder beobachtet, schafft sie sich die Möglichkeit, die Kinderperspektive wahrzunehmen. Die Erzieher/in kann durch das eigene Ausprobieren einschätzen, welche Erfahrungen und	nicht-sprachlich: Kinder beobachten, ausprobieren *Illokution: sich orientieren, Kinder bestärken*

		Erkenntnisse dieses Lernarrangement für Kinder bereithält. Nicht nur dadurch kann sie die Kinderperspektive wahrnehmen, *sondern auch indem sie direkt auf Kinderfragen reagiert.*	
DG8	Die Erzieher/in regt Kinderfragen an.	[Dieser Indikator tritt bereits bei G4 auf. Er wird bei G4 operationalisiert, weil Geduld im Sinne von Zimmermann bedeutet, als Erzieher/in mit Kindern eine Fragehaltung einzunehmen anstatt den Kindern erklärende Antworten überzustülpen]	–
DG9	Die Erzieher/in nimmt Kinderfragen als Ausgangspunkt für pädagogisches Handeln.	[Dieser Indikator kann mit den Kategorien nicht eindeutig beantwortet werden. Für eine Beantwortung wären Detailanalysen notwendig.]	–

10.7.1 Handlungskompetenz gemessen an den Begriffen „Absicht" und „Erfolg"

Bei der Aufschlüsselung einzelner Indikatoren von Handlungskompetenz in den Definitionen der vier Subdimensionen von Handlungskompetenz (NFFK) werden zwei Aspekte deutlich. Zum einen finden sich in den Definitionen von Handlungskompetenz nach Zimmermann (2011) Handlungen, die rein didaktische Absichten der Erzieher/in betreffen. Beispielsweise wird mit der Definition „Die Erzieher/in ermöglicht kindgerechtes Lernen" (DG5) ausgedrückt, dass die Erzieher/in pädagogische Maßnahmen mit der Absicht ergreift, damit Kinder kindgerecht und selbsttätige explorieren, experimentieren und dadurch lernen können. Damit ist aber nicht gesagt, dass die Kinder tatsächlich lernen, d.h. es ist nicht gesagt, dass die Absicht auch tatsächlich im Erfolg endet. Eine Antwort darauf, ob die Kinder tatsächlich kindgerecht im Sinne von NFFK lernen, wird eher mit z.b. den Indikatoren „Kinder betrachten Naturphänomene" (K_DG6) oder „Kinder stellen eigene Fragen" (K_DG8) beantwortet bzw. überprüft. Insofern wurden in der Zimmermann'schen Definition von Handlungskompetenz unterschiedliche Perspektiven identifiziert, die mit unterschiedlichen didaktischen Sichtweisen verbunden sind. Eine erste Perspektive bezieht sich auf Aktivitäten der Erzieher/in, dem Lehren. Eine zweite Perspektive bezieht sich auf die Aktivitäten der Kinder, dem Lernen.

Diese feine begriffliche Unterscheidung bei didaktischen Auffassungen zwischen einem sogenannten Absichtsbegriff und einem Erfolgsbegriff wurde u.a. von Ewald Terhart thematisiert. „Unter Zugrundelegung des Erfolgsbegriffs wird einer Aktivität nur dann die Bezeichnung »Lehren« zugesprochen, wenn auch gelernt wird, Erfolg also eingetreten ist. Bleibt dieser aus, hat dann eben per definitionem kein Lehren stattgefunden" (Terhart, 2009, S. 17). „Der Absichtsbegriff von Lehren dagegen bindet die Verwendung des Begriffs »Lehren« nicht an den Erfolg, sondern an das Vorliegen der Absicht, durch Lehren bei anderen Lernen auszulösen, zu unterstützen, zu befördern etc. Damit können auch diejenigen Aktivitäten des Lehrers als Lehren bezeichnet werden, die kein oder ein anderes als das angestrebte Lernen zur Folge hatten" (Terhart, 2009, S. 18).

10.8 Zusammenfassung des ersten empirischen Teils

Im ersten empirischen Teil wurde der Entwicklungsprozess eines überwiegend reliablen und validen Beobachtungsinstrumentes beschrieben, das auf der Basis von Videoaufnahmen Fremdeinschätzungen bezüglich der Handlungskompetenz von Erzieher/innen in Kontexten früher naturwissenschaftlicher Bildung ermöglicht.

Das Instrument baut sich notwendig aus drei miteinander verschränkten Teilen auf: aus einem Raster mit fünf reliablen und validen Kategoriensystemen bestehend aus nominalskalierten und niedriginferenten Kategorien, aus einem Kodierleitfaden und aus einer hermeneutischen Zuordnung mit theoriegeleiteter hermeneutischer Brücke. Mit den Kategoriensystemen werden auf der Prozessebene Sichtstrukturen auf unterschiedlichen Handlungsebenen eines naturwissenschaftlichen Bildungsangebotes im Kindergarten beschrieben. Durch den validierten Kodierleitfaden werden diese Sichtstrukturen in Videoaufnahmen erfassbar. Inwiefern die Ausprägungen der auf der Sichtstruktur erfassten Handlungen von Erzieher/innen als handlungskompetent interpretiert werden können, wird mit der jeweiligen hermeneutischen Brücke in der hermeneutischen Zuordnung zwischen Kategoriensystemen samt Kategorien und Indikatoren von Handlungskompetenz nach Zimmermann (2011) angegeben. Durch das abduktive Verfahren wurde eine höhere Ausdifferenzierung der Indikatoren von Handlungskompetenz erreicht, sodass genauere Aussagen darüber möglich sein sollen, inwiefern Erzieher/innen bei Umsetzungen von pädagogischen Angeboten in der Praxis handlungskompetent sind. Mit diesem Entwicklungsprozess ist das erste Forschungsanliegen in Form der Entwicklung eines Beobachtungsinstrumentes zur Erfassung von Handlungskompetenz erreicht worden.

11. Zweiter empirischer Teil: Anwendung des Beobachtungsinstrumentes und deskriptive Analyse von Handlungskompetenz bei ausgewählten Erzieher/innen

11.1 Forschungsproblem und Forschungsziel

Im ersten empirischen Teil der Studie wurde ein dreiteiliges Beobachtungsinstrument entwickelt, das mithilfe von Handlungsbeobachtung videografierter pädagogischer Angebote als Grundlage für die Erfassung und Beschreibung von Handlungskompetenz der Erzieher/innen dient. Der zweite empirische Teil der Studie dient der instrumentgestützten und längsschnittlichen Erfassung und Beschreibung der Handlungskompetenz ausgewählter Erzieher/innen in Kontexten früher naturwissenschaftlicher Bildung. Bei der Anwendung stellt sich die Frage, welche Indikatoren von Handlungskompetenz bezogen auf welche Erzieher/innen tatsächlich erfasst und auf welche Weise beschrieben werden können.

Bei der Anwendung des generierten Beobachtungsinstrumentes und bei der Analyse der Handlungskompetenz wird einem vertieften Forschungsinteresse nachgegangen. Dieses bezieht sich zunächst darauf, inwiefern die Erzieher/innen das Fragenstellen bei Kindern in naturwissenschaftlichen Bildungsangeboten ermöglichen. Damit wird exemplarisch der Aspekt Geduld (G4) bei den Erzieher/innen als Indikator von Handlungskompetenz nach Zimmermann (2011) herausgegriffen und auf der Basis der entsprechenden hermeneutischen Brücke interpretiert (s. Kapitel 10.7, Tabelle 40).

Das vertiefte Forschungsinteresse begründet sich dadurch, dass Dhein (2011) in ihrer explorativen Fallstudie festgestellt hat, dass Kindergartenkinder im Alter von vier bis sechs Jahren beim Explorieren und Experimentieren mit Naturphänomenen in ihrem Lernprozess (Bedeutungsentwicklung) bis zu den Komplexitätsebenen der EIGENSCHAFTEN und EREIGNISSE kommen können. Diese beiden Ebenen implizieren, dass sich die Kinder durch die Auseinandersetzung mit naturwissenschaftlichen Phänomenen von unsystematischen Explorationen zu immer systematischerem Explorieren und Experimentieren gelangen können. Erst auf den Ebenen der Eigenschaften und Ereignisse seien die Kinder in der Lage, eine Fragehaltung zu zeigen, indem sie selbst Fragen stellen und diesen Fragen durch systematisches und „wissenschaftliches" Experimentieren nachgehen (ebd.). Voraussetzung dafür ist, dass die Kinder im Vorfeld genügend

Zeit für selbsttätige, unsystematische und immer systematischere Explorationen haben (ebd.). Dhein (2011) geht davon aus, dass dieser Lernprozess durch ein Durchlaufen von unteren nach höheren Komplexitätsniveaus charakterisiert ist, d.h. einem bottom-up-Prinzip folgt. Dhein (ebd.) hält das kontinuierliche Verbalisieren der eigenen Erfahrungen beim Explorieren und Experimentieren für die sprachliche Entwicklung der Kinder als notwendig. Diese sprachliche Entwicklung der Kinder ist notwendig, um als Kind selbst Fragen formulieren zu können. Den Erzieher/innen wird in diesen Erzieher/in-Kind-Interaktionsprozessen eine wichtige Rolle zuteil. Dhein (ebd., S. 417) formuliert die Hypothese, dass „[D]ie Art der Instruktion durch die Erzieherin und die Erzieherin-Kind-Interaktion [...] einen Einfluss auf die Bedeutungsentwicklung [Lernen] des Kindes [besitzen]". In diesem Zusammenhang stellt sich die Frage, inwiefern die Erzieher/innen bei der Ermöglichung des Fragenstellens der Kinder das bottom-up-Prinzip beachten, damit die Kinder Ebenen des Fragenstellens erreichen können. Hauptsächlich wurde mit diesem Hintergrund die folgende Hermeneutische Brücke (vgl. Kapitel 10.7, Tab. 40, Geduld: G4) entwickelt. Weitere theoretische Aspekte wurden bereits im Theorieteil ausgeführt und können im Anhang 15.1.9 (Tab. 57) zusammengefasst nachverfolgt werden:

„Es wird davon ausgegangen, dass die Kinder dann zum Fragen angeregt werden, wenn sie in ihrer Selbsttätigkeit gefördert und möglichst selbsttätig Erfahrungen mit dem naturwissenschaftlichen Phänomen erleben können. Eigenerfahrungen der Kinder werden als Ausgangspunkt für Beobachtungen, Staunen und folglich für Fragen der Kinder gesehen.
Die Erzieher/in wählt dementsprechend ein Lernarrangement mit ausreichend langen Ausprobierphasen und aktivierenden Sozialformen, sodass die Kinder genügend Zeit und Raum für individuelle Erfahrungen und Beobachtungen haben.
Sprachliche und nicht-sprachliche Aktivitäten der Erzieher/in, die eine Fragehaltung der Kinder bzw. Verbalisieren von Fragen begünstigen, sind als geduldiges Verhalten der Erzieher/in einzuschätzen. Dazu verhilft eine Balance zu halten zwischen symmetrischer und komplementärer Reziprozität."

Wenn die Erzieherinnen das bottom-up-Prinzip beachten, indem sie die Kinder zur Selbsttätigkeit und zum Verbalisieren ihrer Erfahrungen anregen, müsste sich auf der Seite der Kinder eine Fragehaltung entwickeln. Insbesondere wäre davon auszugehen, wenn die Kinder aufgrund der 18-monatigen Fortbildungszeit ihrer Erzieher/innen regelmäßig die Gelegenheit zum Explorieren und Experimentieren erhalten. Zwei Fragen stehen daher im Fokus: Stellen die Kinder tatsächlich Fragen und wie entwickelt sich das Fragenstellen der Kinder im Längsschnitt? Zimmermann (2011) hat das Fragenstellen der Kinder als Indikator von Handlungskompetenz der Erzieher/innen (K_G1) in die Handlungskompetenz-Definition aufgenommen (vgl. Kapitel 10.7, Tab. 40, Geduld: K_G1).

An dieser Stelle ist bewusst, dass aufgrund unzureichender Reliabilität die entwickelten Kategoriensysteme für die Aktivitäten der Kinder in naturwissenschaftlichen Angeboten (vgl. Kapitel 10.6.6) nicht angewendet werden können. Um jedoch im Sinne des Erfolgsaspektes (vgl. Kapitel 10.7.1) der Frage nachzugehen, ob die Kinder tatsächlich Fragen stellen, soll ersatzweise eine transkriptgestützte Auswertung dahingehend durchgeführt werden.

Für die Art der Beschreibung wurde sich für die Methode der „dichten Beschreibung" nach Clifford Geertz (1987) entschieden. Sie ist im methodischen Teil im Kapitel 11.3.2 näher ausgeführt.

11.2 Forschungsfragen

Aus den obigen Ausführungen werden im Folgenden die aufeinander bezogenen Haupt- und Unterforschungsfragen für den zweiten empirischen Teil der Studie abgeleitet.

Hauptforschungsfrage

2. Inwiefern kann Handlungskompetenz ausgewählter Erzieher/innen bei der Umsetzung naturwissenschaftlicher Bildungsangebote in Handlungsprofilen beschrieben werden?

Unterforschungsfragen

2.1 Inwiefern lässt sich durch die Anwendung des Beobachtungsinstrumentes die Handlungskompetenz ausgewählter Erzieher/innen bei der Umsetzung naturwissenschaftlicher Bildungsangebote in Handlungsprofilen beschreiben?

   2.1.1 Regen die ausgewählten Erzieher/innen E7 und E9 die Kinder bei der Auseinandersetzung mit naturwissenschaftlichen Phänomenen in naturwissenschaftlichen Bildungsangeboten zum Fragenstellen an? (G4)
   2.1.2 Stellen die Kinder selbst Fragen? (K_G1)

2.2 Inwieweit kann eine Entwicklung der Handlungskompetenz von Erzieher/innen in naturwissenschaftlichen Bildungsangeboten festgestellt und in Handlungsprofilen beschrieben werden?

   2.2.1 Inwiefern entwickelt sich das Anregen der Kinder zum Fragenstellen durch die Erzieher/innen in naturwissenschaftlichen Bildungsangeboten in einem Längsschnitt? (G4)
   2.2.2 Inwiefern ändert sich das Frageverhalten der Kinder in naturwissenschaftlichen Bildungsangeboten in einem Längsschnitt? (K_G1)

11.3 Methoden der Datenerhebung und Datenauswertung

Im Folgenden werden Methoden der Datenerhebung und –auswertung vorgestellt, die für den zweiten empirischen Teil dieser Arbeit als angemessen betrachtet werden.

11.3.1 Kategoriengeleitete Videoanalyse als quantitative Datenerhebung

Die Anwendung des Beobachtungsinstruments ist als kategoriengeleitete Videoanalyse zu charakterisieren. Niederer et al. (vgl. 1998, S. 3–13) nutzen die kategoriengeleitete Videoanalyse (engl. CBAV: Categorial Based Analysis of Videotapes) um über die Analyse einer großen Menge an Videoaufzeichnungen komplexe Lernsituationen durch grobe Kategorien zu beschreiben. Da im zweiten empirischen Teil fünf pädagogische Angebote vollständig anhand der generierten Kategoriensysteme und Kategorien analysiert werden sollen (vgl. Kapitel 11.4.1), ist die CBAV geeignet.

Für Niederer et al. (vgl. 1998, S. 3) ist die kategoriengeleitete Videoanalyse eine methodische Ergänzung zu ausführlichen qualitativen Transkriptanfertigungen, deren Analysen und Interpretationen. Kategorienbasierte Auswertung bedeutet die „Durchsicht [der Transkripte oder Videos] unter einem bestimmten Aspekt, gewissermaßen mit unterschiedlichen ‚Lesebrillen‘. Diese thematischen Aspekte werden allgemein als Kategorien bezeichnet. […] Technisch gesehen, muss man sich unter einer Kategorie einen Begriff, ein Wort oder auch einen Kurzsatz vorstellen, wie z.B. ‚Vorwissen‘ (…). Anhand dieser Kategorien können [die Transkripte bzw. die Videos] durchgelesen werden, um thematisch zu einer Kategorie gehörende Aussagen dem entsprechenden Code [der entsprechenden Kategorie] zuzuordnen. Diese Zuordnung von Textpassagen zu einer Kategorie wird in der qualitativen Sozialforschung als ‚codieren‘ bezeichnet" (Kuckartz u. a., 2008, S. 36). Niederer et al. (vgl. 1998, S. 3) beschreiben folgende Vorzüge der CBAV-Methode:

- „instead of observing real processes of teaching we use video tapes. This offers a chance of looking at the same processes again and again, and with different observers.
- the method and the categories used are related especially to learning situations […] in science education.
- the analysis itself works more or less in real time, without transcripts and thereby allows to review a bigger amount of data."

Bei der Kodierung werden quantitative Daten erhoben. Als Kodiersoftware wird hier zur kategoriengeleiteten Videoanalyse Videograph (Rimmele 2012) verwendet, die bereits im ersten empirischen Teil für die Gewinnung der Kategoriensysteme und Kategorien genutzt wurde.

11.3.2 Deskriptive Statistik zur qualitativen Auswertung quantitativer Daten

Die quantitativen Daten, die durch die kategoriengeleitete Videoanalyse und kategoriale Zuordnung gewonnen werden, werden in der vorliegenden Studie deskriptiv ausgewertet. Diese deskriptive Statistik ist ein statistisches Verfahren, das herangezogen wird, um „Ordnung in die Daten zu bringen, die zunächst in ungeordneter und unübersichtlicher Form vorliegen" (Kromrey, 2006a, S. 425).

Dabei handelt es sich um eine univariate Statistik, bei der es um die Angabe von Häufigkeitsverteilungen bestimmter Merkmalsausprägungen [Kategorien] geht. „Ein einfaches Verfahren zur übersichtlichen Darstellung der in den Daten enthaltenen Informationen ist die Erstellung univariater (eindimensionaler) Häufigkeitsverteilungen. Eine Häufigkeitsverteilung ergibt sich dadurch, dass festgestellt wird, wie häufig die einzelnen Ausprägungen eines Merkmals in der Gesamtheit der Untersuchungseinheiten aufgetreten sind; anders ausgedrückt: Die Untersuchungseinheiten werden entsprechend der jeweils beobachteten Ausprägungen einer Variablen (den Messwerten) den möglichen Ausprägungen dieser Variablen zugeordnet" (ebd., S. 425f.). An den Häufigkeitsverteilungen von Fünf-Sekunden-Intervallen kann gesehen werden, in welchem Ausmaß bestimmte Verhaltensweisen von Erzieher/innen vorkommen, die im Sinne von Handlungskompetenz (NFFK) interpretiert werden können. Dabei unterscheiden sich die Angaben der Häufigkeitsverteilungen: bei der Angabe der genauen Zahl der Fälle wird von absoluter Häufigkeit der Merkmalsausprägung gesprochen. Für den Vergleich von Ergebnissen aus verschiedenen Erhebungen eignen sich die Angaben der relativen Häufigkeit als Prozentwertangabe (vgl. ebd.). In der folgenden Auswertung der Daten werden beide Formen von Angaben der Häufigkeitsverteilung bestimmter Merkmale verwendet. Bei den Prozentwerten werden zur besseren Lesbarkeit ausschließlich gerundete Zahlen angegeben.

Insgesamt wird sich die Darstellung der Häufigkeitsverteilungen in statistischen Tabellen (numerische Darstellung) und in Stab- bzw. Balkendiagrammen (graphische Darstellung) abwechseln. „Das Stabdiagramm ist eine geeignete Form der graphischen Darstellung von Häufigkeitsverteilungen diskreter Merkmale mit geringer Zahl von Ausprägungen sowie bei nominalskalierten Variablen" (Kromrey, 2006a, S. 432). Da in der vorliegenden Studie Kategoriensysteme mit einer überschaubaren Anzahl von Kategorien vorliegen, kann von diskreten Variablen gesprochen werden, d.h. von Variablen (Kategoriensystemen) mit wenigen möglichen Ausprägungen (Kategorien).

Auf der Basis der quantitativen Daten wird für die Darstellung der Auswertung die Methode der „dichten Beschreibung" nach Clifford Geertz (1987) angewendet. Mit einer „dichten Beschreibung" ist eine ursprünglich von Gilbert Ryle (1900–1976) eingeführte ethnographische Vorgehensweise zum Verstehen von Aktivitäten in einer bestimmten Kultur gemeint. Das Vorgehen ist durch eine besondere „geistige Anstrengung" des Forschenden geprägt, der in die interpretierende und elementare Beschreibung seine Rolle, seinen Hintergrund und seine Auslegungen integriert (vgl. ebd.). Dies ist aus Sicht der Autorin in der vorliegenden Studie gegeben, weil die gesamte Entwicklung des Beobachtungsinstrumentes mit seinen interpretierenden Anteilen und die Auswahl der theoretischen Aspekte für die hermeneutische Brücke von der Autorin vorgenommen wurden. Außerdem wurden alle Kodierungen (zweiter empirischer Teil) von der Autorin selbst vorgenommen, sodass der Hintergrund in den gesichteten und kodierten Videos für Auswertungsprozesse genutzt werden kann (vgl. Kapitel 11.5: Inhaltliche Kurzbeschreibungen der pädagogischen Angebote).

Geertz fordert für eine „dichte Beschreibung" drei Elemente: beobachten, beschreiben und analysieren (vgl. ebd., S. 29). Somit ist die dichte Beschreibung nicht nur ein beobachtendes und beschreibendes sondern auch ein deutendes Verfahren. „Es werden keine allgemeinen Aussagen angestrebt, die sich auf verschiedene Fälle beziehen, sondern nur Generalisierungen im Rahmen eines Einzelfalls" (ebd., S. 37).

Ausgehend von diesen Prämissen entstehen in der vorliegenden Studie Handlungsprofile für ausgewählte Erzieher/innen. Mit Transkriptausschnitten werden die instrumentgestützten Beobachtungen verdichtend beschrieben und Deutungen dadurch belegt. Eine Deutung der Beobachtungen mündet hier in einen fragengeleiteten Coachingimpuls, der in einem realen Coaching als Fazit zusammengefasst und als Rückmeldung an die Erzieher/innen gegeben werden würde. Aus diesen Coachingimpulsen werden Hypothesen und/oder eine besondere Implikation abgeleitet. Die Coachingimpulse stellen ein mögliches Feedback an Erzieher/innen dar. Die Implikation wird als Ideengeber zur Überarbeitung des Fortbildungs- und Coachingkonzeptes betrachtet.

Da die Datenbasis unter bestimmten Fragestellungen (Kapitel 11.2) ausgewertet wird, ist bei der deskriptiven Darstellung der Ergebnisse nicht von einer Informationsverdichtung, sondern von einer Informationsreduktion auszugehen (Kromrey, 2006a, S. 420). Durch die Coachingimpulse wird die konkrete Datenbasis für den dritten empirischen Teil der vorliegenden Studie geschaffen, die den externen Daten (Selbsteinschätzungen der Erzieher/innen) von Zimmermann (2011) vergleichend gegenübergestellt werden.

11.4 Ergebnisse der Anwendung des Beobachtungsinstrumentes auf das Fallstudientandem E7 und E9

Im Folgenden werden anhand einer explorativen Fallstudie, die sich auf das Erzieherinnen-Tandem E7 und E9 bezieht, die Ergebnisse einer Anwendung des generierten Beobachtungsinstrumentes dargestellt.

11.4.1 Beschreibung der Datenbasis

Die Erzieherinnen E7 und E9 bilden das Fallstudientandem, das im zweiten empirischen Teil untersucht wird. E7 ist Jahrgang 1952, E9 wurde 1980 geboren (Zimmermann 2011, S. 382). Sie haben während des Fortbildungstreatments insgesamt neun pädagogische Angebote zu unterschiedlichen Themen geplant und im Kindergarten mit den insgesamt 22 drei- bis sechsjährigen Kindern umgesetzt. Für die Anwendung des Beobachtungsinstrumentes wurden fünf von neun Umsetzungen (d.h. insgesamt 10 Videos aufgrund von 2 Kameras pro Angebot) ausgewählt. Dabei wurden immer die geraden Umsetzungen ausgelassen. Eine Begründung dieses Vorgehens liegt in der zweiten Hauptforschungsfrage, die nach der Entwicklung der Handlungskompetenz von Erzieherinnen über den Zeitraum der beruflichen Fortbildungen zur frühen naturwissenschaftlichen Bildung fragt. Es wird davon ausgegangen, dass Veränderungen im Sinne des Aufbaus handlungsrelevanten Wissens (Wahl et al. 1995, 61, zit. n. Zimmermann 2011, S. 78) Zeit brauchen, um sich entwickeln und festigen zu können. Die Annahme einer Weiterentwicklung des kompetenten pädagogischen Handelns von Erzieherinnen wird dadurch gestützt, dass sie zwischen den „ungeraden" Angeboten je ein weiteres pädagogisches Angebot umgesetzt und entsprechend ein Coaching in Anspruch genommen haben.

In der folgenden Tabelle (Tab. 41) sind Details zu allen kodierten und nicht kodierten pädagogischen Angeboten der Erzieherinnen E7 und E9 dargestellt. Diese beziehen sich u.a. auf die Reihenfolge der pädagogischen Angebote mit Datumsangaben und auf die dazwischenliegenden wahrgenommenen Coachingtermine (C) (vgl. Zimmermann 2011, S. 382). Daneben wird die jeweilige Dauer der gefilmten Angebote angegeben. In jedem Angebot wurden zwei Kameras aufgestellt, entsprechend finden sich zwei Zeitangaben pro Umsetzung. Relevant sind die Angaben zu Kamera 1 und 2 deswegen, weil zum einen deutlich wird, welches Video mit welcher Anzahl an Beobachtungseinheiten (n) vollständig und mit jedem reliablen Kategoriensystem kodiert wurde (fett gedruckt). Zum anderen wird deutlich, dass und welches Video (nicht fett gedruckt) ergänzend bei der kategoriengeleiteten Videoanalyse (Kodierung) herangezogen wurde. Mit der Gesamtstichprobe wird die tatsächliche Anzahl der 5-Sekunden-Intervalle (Beobachtungseinheit) pro vollständig kodiertem Video angegeben, die mit jedem einzelnen Kategoriensystem kodiert wurden. In der letzten Spalte ist der Phänomenbereich pro Angebot aufgelistet, der sich inhaltlich pro Angebot unterscheidet (vgl. Kapitel 11.5: Inhaltliche Kurzbeschreibungen der pädagogischen Angebote). Insgesamt wird durch den Wert $N_{(Summe)}$ die Grundgesamtheit an Beobachtungseinheiten angegeben, mit der jedes einzelne der fünf reliablen Kategoriensysteme bezogen auf fünf kodierte Videos angewendet wurde. Bei den fünf reliablen Kategoriensystemen wurden also bei fünf pädagogischen Angeboten für zwei Erzieherinnen insgesamt 23552 5-Sekunden-Intervalle kodiert. Alle kodierten Videos wurden vollständig pro 5-Sekunden-Intervall transkribiert, sodass genaue Kodierungen und transkriptgestützte Analysen erfolgen konnten.

Tab. 41: Übersicht zu vollständig kodierten (fett gedruckt) und nicht kodierten (kursiv gedruckt) pädagogischen Angeboten der Erzieherinnen E7 und E9 und Coachingtermine (C)[22]

Angebot	Datum der Umsetzung	Dauer des gefilmten Angebotes [hh:mm:ss]	Gesamtstichprobe [5sek-Intervall]	Phänomenbereich
1.*	**23.02.2006** C: 07.04.2006	**Kamera 1: 01:02:32** Kamera 2: 01:02:37	n=750	Gärungsprozesse
2.	*20.03.2006* *C:07.04.2006*	*Kamera 1: 00:55:33* *Kamera 2: 00:53:04*	*Nicht kodiert*	*Was löst sich auf*
3.	**15.05.2006** C: 16.05.2006	Kamera 1: 00:43:07 **Kamera 2: 00:42:46**	n=513	Wasser leiten
4.	*12.06.2006* *C: 13.06.2006*	*Kamera 1: 00:28:23* *Kamera 2: 00:28:13*	*Nicht kodiert*	*Heißluftballon*
5.*	**03.07.2006** C: 04.07.2006	**Kamera 1: 00:38:55** Kamera 2: 00:36:36	n=466	Luftballonrakete
6.	*16.10.2006*	*Kamera 1: 00:43:17* *Kamera 2: 00:41:51*	*Nicht kodiert*	*Das Ei in der Flasche*
7.	**11.12.2006** C: 12.12.2006	Kamera 1: 00:42:15 **Kamera 2: 00:39:56**	n=377	Spiegelphänomene

---

22 Anmerkung: Das sechste Angebot „Das Ei in der Flasche" wurde von Zimmermann (2011) nicht aufgeführt. Dadurch findet sich hier eine andere Reihenfolge der pädagogischen Angebote als bei Zimmermann. Dieser Aspekt sollte auch für den dritten empirischen Teil der vorliegenden Studie berücksichtigt werden.

8.	05.02.2007 C: 18.04.2007	Kamera 1: 00:40:43 Kamera 2: 00:35:54	Nicht kodiert	Was schwimmt im Wasser
9.*	22.03.2007 C: 23.03.2007	**Kamera 1: 01:09:52** Kamera 2: 01:08:59	**n=838**	**Element Wasser**
			N(Summe)=2944	
Mit fünf reliablen Kategoriensystemen wurden bezogen auf fünf zu kodierende pädagogische Angebote von zwei Erzieherinnen insgesamt **23552** Fünf-Sekunden-Intervalle kodiert (mit der Kodierung von „Illokution" wurden insgesamt 29440 Fünf-Sekunden-Intervalle kodiert)				

Alle Analyseeinheiten für den gesamten kodierten Datensatz werden durchnummeriert und mit dem Kürzel „AEg" angegeben. In den Handlungsprofilen der Erzieherinnen E7 und E9 (ab Kapitel 11.6 bis 11.10) wird sich mit dem Kürzel „AEg" und der entsprechenden laufenden Nummer auf diese Beobachtungseinheiten [5-Sekunden-Intervalle] und Transkriptstellen bezogen. Die Tabelle 42 gibt einen kurzen Überblick über die Zuordnung der Analyseeinheiten (AEg) der kodierten pädagogischen Angebote. Das erste, fünfte und neunte pädagogische Angebot ist jeweils mit einem Stern markiert. Das bedeutet, dass das erweiterte Komplexitätsebenenmodell nach Dhein (2011) auf diese Angebote angewendet worden ist (vgl. Kapitel 11.11).

Tab. 42: Analyseeinheiten (AEg) der kodierten pädagogischen Angebote

Analyseeinheiten [AEg] von... bis...	Pädagogisches Angebot
AEg 1 - AEg 750	Erstes pädagogisches Angebot
AEg 751 - AEg 1263	Drittes pädagogisches Angebot
AEg 1264 - AEg 1729	Fünftes pädagogisches Angebot
AEg 1730 - AEg 2106	Siebtes pädagogisches Angebot
AEg 2107 - AEg 2944	Neuntes pädagogisches Angebot

11.5 Inhaltliche Kurzbeschreibungen der pädagogischen Angebote des Fallstudientandems E7 und E9

Um dem Rezipienten einen „Einblick" in die audio-visuellen Daten zu geben, werden die kodierten pädagogischen Angebote der Erzieherinnen E7 und E9 als deskriptiver und genauer Beobachtungsschritt einer dichten Beschreibung im Folgenden als Kontext dargestellt. Außerdem wird jeweils der fachwissenschaftliche Hintergrund zu jedem Beispiel erläutert. Die Beschreibungen sollen dazu dienen, sich das Geschehen in den jeweiligen Angeboten inhaltlich vorstellen und anschließende Deskriptivanalysen nachvollziehen zu können.

1. Angebot: Gärungsprozesse im Kuchenteig

Vor kurzem haben die Kinder mit ihren Erzieherinnen im Kindergarten einen Glückskuchen gebacken. Da waren Backpulver, Mehl und Zucker drin. Die Erzieherinnen wollen im aktuellen Angebot mit den Kindern der Frage auf den Grund gehen, warum beim Backen des Glückskuchens „aus ganz wenig Teig ganz viel Teig" geworden ist.

Die Erzieherinnen haben dazu eine Anleitung mit der gezeichneten Reihenfolge aller Arbeitsschritte zum Experiment vorbereitet und aufgestellt. Nach und nach darf ein Kind aus dem Stuhlkreis hervortreten und einen Arbeitsschritt ausprobieren: einen Luftballon aufblasen, eine Zitrone zerschneiden und ausdrücken, drei Gläser Wasser über einen Trichter in eine Flasche mit etwas Backpulver füllen, um dann zu beobachten, was in der Flasche und mit dem übergestülpten Luftballon passiert. Immer ein Kind kommt zum Ausprobieren in die Mitte des Sitzkreises, in dem die Erzieherin E9 an einem Tisch mit Backzutaten sitzt und dem jeweiligen Kind beim Ausprobieren hilft. Alle anderen Kinder sitzen mit der Erzieherin E7 im Stuhlkreis und beobachten das Geschehen. Hin und wieder sehen sie auf die Anleitung, um den nächsten Schritt zu besprechen. Ein nächstes Kind ist an der Reihe.

Nach der Hälfte der Zeit wechseln die Erzieherinnen die Sozialform. Nachdem die Kinder einmal gemeinsam in der Großgruppe anhand der Experimentieranleitung das Vorgehen des Versuchs kennen gelernt haben, darf immer ein Teil der Kinder im Wechsel denselben Versuch an einem kleinen Experimentiertisch noch einmal selbst durchführen. Die Anleitung stellen die Erzieherinnen im Hintergrund auf. Die Erzieherinnen sehen den Kindern zu bzw. assistieren ihnen, geben Hinweise oder stellen den Kindern Fragen zum Experiment aus ihrer stehenden Position heraus. Alle anderen Kinder, die nicht am Experimentiertisch ausprobieren, spielen im Zimmer mit anderen Gegenständen.

Welcher fachwissenschaftliche Hintergrund zum Versuch „Gärungsprozesse im Kuchenteig" wird hier für die Kinder erfahrbar?:

Gärung im Kuchenteig ist ein chemischer Prozess bei dem Backpulver und die Säure des Zitronensaftes miteinander reagieren. Dabei entsteht das Gas Kohlenstoffdioxid (CO_2). Ein Gas hat die Eigenschaft, dass es flüchtig ist und sich ausdehnt. Das CO_2 kann nicht aus dem Kuchenteig entweichen, weil dieser durch Gluten (Proteine) zusammengehalten wird. Aus diesem Grund „pustet" das CO_2 den Teig auf, sodass er „aufgeht" (vgl. Krekel & Schönmehl, 2010, S. 71). Im Versuch mit den Kindern möchten die Erzieherinnen nachweisbar zeigen, dass beim Mischen der Backzutaten „Luft" (Kohlenstoffdioxid) entsteht, die im

Luftballon – übergestülpt über die Flasche – sichtbar aufgefangen werden kann und den Kuchenteig „groß" werden lässt.

3. Angebot: Wasser leiten

Am Anfang des dritten pädagogischen Angebotes steht eine Geschichte, die Erzieherin E7 den Kindern erzählt. Es ist Montagmorgen und E7 hat eine Pflanze mitgebracht. Diese Pflanze senkt das Köpfchen, weil E7 ihr vor dem Wochenende nicht genügend Wasser gegeben hat. E7 stellt die Frage, wie die Pflanze auch über das Wochenende oder während der Ferien über eine längere Zeit bewässert werden kann, ohne dass eine Person mit der Gießkanne gießen muss. Die Kinder überlegen wie die Erde von alleine nass werden könnte. Dann hat Linus eine gute Idee: das Schälchen wäre unser Blumentopf; dann schnell noch die Bauklötze zu einem kleinen Turm bauen und oben ein anderes Schälchen mit Wasser gefüllt draufstellen. Jetzt braucht man noch etwas, das das Wasser in den Blumentopf leitet. Linus hängt dazu einen Papierstreifen in das obere Wasserschälchen und verbindet es mit seinem Blumentopfschälchen. Linus wartet. Und dann: „Es fließt runter!" Das ging ganz schön schnell. Alle Kinder probieren nun aus, eine Wasserleitung zu bauen und zu beobachten, ob das Wasser auch „läuft". „Bei uns tropft's runter!", „Bei uns tropft's auch!" rufen die Kinder begeistert als ihr Wasser den Weg vom Wasserschälchen zum Blumentopfschälchen geschafft hat. Ein Kind hat eine wichtige Beobachtung gemacht: „Man muss immer gucken, dass der Papierstreifen im Wasser bleibt." Und: "Das Wasser muss immer höher sein als der Blumentopf." Bei manchen Kindern klappt es aber noch nicht so gut mit dem Blumengießautomat. E7: „Da brauchen wir noch ein bisschen Geduld." Die Zeit während des Experimentierens ging nun ganz schön schnell vorbei. Aber die Kinder lassen beim Aufräumen noch einen Versuchsaufbau stehen. Sie werden damit vielleicht in nächster Zeit einen noch größeren Turm mit Etagen bauen und versuchen, ob das Wasser auch von noch weiter oben in den Blumentopf fließt. Die Erzieherin E7 ermuntert die Kinder, ihre Erfindung auch einmal zuhause mit ihren Eltern auszuprobieren.

Welcher fachwissenschaftliche Hintergrund zum Versuch „Wasser leiten" wird hier für die Kinder erfahrbar?:

Zwischen den beiden unterschiedlichen Materialien, dem festen Papier und dem flüssigen Wasser, wirken sogenannte Kapillarkräfte (Adhäsionskräfte). In der Struktur des Papiers, die durch feine Furchen und Löcher gekennzeichnet ist, liegt die Ursache seiner Saugfähigkeit. Aufgrund dieser Saugfähigkeit von Papier, das im Versuch zwischen zwei Gefäßen als wasserleitendes Verbindungsstück eingesetzt wird, kann das Wasser angesogen werden und das Papier benetzen. Das Wasser haftet daher am Papier und kann von einem Gefäß in das andere Gefäß transportiert werden. Am Ende des Papiers tropft das Wasser in den Blumentopf. Da sich die Kapillarkraft auch entgegen der Schwerkraft zeigt, also Feuchtigkeit entgegen der Schwerkraft im Papier aufgesogen werden kann, könnten die Kinder in einem weiteren Versuch ausprobieren, ob das Wasser auch aus dem „Keller" ihres Turmes in den Blumentopf fließt.

5. Angebot: Luftballonrakete

„Flugzeuge haben Düsen […]", „Da kommt hinten Luft raus […], das habe ich gespürt […]", „Da ist so ein weißer Strich hinten", so äußern sich die Kinder zu Beginn des pädagogischen Angebotes, wenn es um das Flugzeugfliegen geht. Die Erzieherin E9 hat schon etwas vorbereitet: „Jetzt habe ich hier ganz viele Luftballons, wie schafft man das denn jetzt, dass die auch fliegen, wie ein Flugzeug?" Dazu darf erst einmal jedes Kind versuchen einen Luftballon aufzupusten. Dann lassen alle gemeinsam ihre Luftballons fliegen. Und es funktioniert. Was für eine Aufregung im Kindergarten. Sieht fast aus wie eine Rakete so ein fliegender Luftballon! Damit der Luftballon aber wirklich durchstartet wie eine Rakete, probieren die Kinder und Erzieherinnen gemeinsam in der großen Gruppe aus, wie der Luftballon an einer Schnur gerade durch das Kindergartenzimmer fliegt. Das erfordert noch ein paar vorbereitende Aktivitäten: einen Luftballon aufpusten, eine Schnur spannen und festhalten, den Luftballon an einem Röhrchen mit Klebstreifen befestigen, die Schnur durch das Röhrchen fädeln, eine Wäscheklammer zum Start der Luftballonrakete abknipsen, damit die Luft aus dem Luftballon raus kann. Erzieherinnen und Kinder überlegen und helfen sich gegenseitig, wie was miteinander verbunden werden muss. Schon nach dem zweiten Versuch saust der Luftballon flott an den Kindern vorbei. Jubel und Trubel! Aber wieso fliegt der Luftballon eigentlich und wieso in die eine Richtung und nicht in die andere? „Weil die Luft geht da hin […]", „Die Luft treibt den Ballon an", „Der Luftdruck aus dem Ballon [macht das]" und „Die Luft will nicht, dass der Luftballon bei ihr ist" fällt den Kindern ein. Dann hat E7 die Idee ein Luftballonwettfliegen zu machen. Und gleich geht's los. Nochmal Luftballon aufpusten, Schnur spannen und so weiter. Wäscheklammer ab… und beobachten. Der blaue Luftballon fliegt aber gar nicht so weit wie der gelbe Luftballon. Warum ist das so? „Bei dem einen war zu wenig Luft drin", sagt ein Kind. Die Kinder beobachten den Luftballon ziemlich genau und äußern so ihre Gedanken: „Das Loch vom Luftballon ist wie eine Düse von einem echten Flugzeug" und „Die Luft schiebt den Luftballon weg." „Und man muss ganz, ganz viel Luft reinmachen in den Luftballon, damit der Luftballon eine weite Strecke zurücklegen kann." Die Erzieherin E7 erklärt nochmal: „Das ist wie so ein

Rückstoß, kennt ihr das? „Wenn man viel Luft reinpustet, kann es sein, dass der Luftballon irgendwann platzt. Aber warum eigentlich? „Weil die Luft macht den immer dicker und immer dicker", weiß ein Kind. Aber ewig kann ein Luftballon nicht aufgepustet werden. E7 erklärt: „Der Luftballon besteht aus Gummi, und der Gummi wird immer dünner und dünner" und irgendwann, wenn zuviel Luft im Ballon ist, dann macht es ‚Peng‘, dann hat die Luft gewonnen!" Nun nehmen die Kinder alle ihre Sachen und wollen das Experiment draußen im Freien noch einmal ausprobieren.

Welcher fachwissenschaftliche Hintergrund zum Versuch „Luftballonrakete" wird hier für die Kinder erfahrbar?:
Durch das Anfassen und Aufpusten des Luftballons machen die Kinder die Erfahrung, dass ein Luftballon ein elastischer Hohlkörper ist, der mit der eigenen Atemluft nur unter Kraftaufwand durch die kleine, runde Luftballonöffnung befüllt werden kann. Dass es hier physikalisch gesehen auch um Luftdruck geht, nehmen die Kinder implizit wahr, denn das Aufpusten ist für viele Kinder noch eine Herausforderung, sodass eine Erzieherin beim Aufpusten teilweise helfen muss. Das hier erfahrbare Rückstoßprinzip erklärt sich dadurch, dass der Luftballon in die entgegengesetzte Richtung fliegt, in die die aus der Luftballonöffnung schnell und kraftvoll kommende Luft strömt. Aus sozial- und sprachwissenschaftlicher Perspektive erfahren die Kinder die soziale Interaktion, indem sie in der Gruppe die Luftballonrakete ausprobieren und sich gegenseitig bei der erfolgreichen Umsetzung des Versuchs helfen. Die Kinder beobachten und beschreiben gemeinsam mit den Erzieherinnen die einzelnen Prozesse beim Fliegenlassen des Luftballons.

7. Angebot: Spiegelphänomene

In der Mitte eines Stuhlkreises liegen Spiegel auf einem Tuch. Beim Anblick der Spiegel erinnern sich die Kinder und Erzieherinnen gemeinsam an vergangene Stunden, in denen mit Spiegeln, Licht und Karton mit Schlitzen experimentiert wurde. Dabei haben die Kinder beobachtet, dass das Licht irgendwie immer wieder „zurückgekommen" ist. Genau das ist die Idee, die die Erzieherinnen mit den Kindern heute aufgreifen möchten. Sie möchten einmal genauer untersuchen, wie das mit dem Zurückkommen von Licht so ist.

„Licht kann man mit Spiegeln lenken und wir sehen es z.B. auf Simon's Kleidung", stellen die Kinder fest. Das klappt, wenn sich Simon in die Mitte des Stuhlkreises stellt, die Erzieherin E7 mit der Taschenlampe irgendwohin leuchtet und ein anderes Kind mit dem Spiegel das Licht einfängt und auf Simon's Bauch lenkt.

Die Erzieherin E7 kommt auf die Idee, dass es da noch ein Spielgerät im Zimmer gibt, mit dem die Kinder täglich spielen. Es ist ein Periskop und man kann damit um die Ecke schauen und das Geschehen beobachten. Das können z.b. auch U-Boote. Weil die Kinder jeden Tag mit dem Periskop spielen, wollen es die Erzieherinnen mit den Kindern heute einmal auseinander bauen. Die Kinder sollen wissen, wie das mit dem Periskop und dem „um-die-Ecke-Gucken" eigentlich funktioniert. Nacheinander dürfen einzelne Kinder der Erzieherin E7 dabei helfen, nach und nach ein Teil dieses Spielgerätes abzubauen. Die anderen Kinder sitzen dabei im Stuhlkreis und sehen zu, genau wie E9.

Danach folgt auch gleich ein Ratespiel: mitten im Stuhlkreis wird eine große blaue Turnmatte hochkant hingestellt. Manche Kinder stehen auf der einen Seite, andere Kinder auf der anderen Seite der Matte. Ein Kind hält einen kindergroßen Spiegel so, dass sich die Kinder auf den beiden Mattenseiten nur über den Spiegel sehen können. Sie dürfen „erraten", wer wohl auf der anderen Mattenseite steht.

Welcher fachwissenschaftliche Hintergrund zum Versuch „Spiegelphänomene" wird hier für die Kinder erfahrbar?:
Spiegelphänomene sind physikalische Erscheinungen und ein Sachthema aus dem Bereich der Optik. Die Kinder erfahren den Spiegel als reflektierende Fläche in unterschiedlichen Größen und Anwendungsfeldern. Beim Versuch, das Licht der Taschenlampe mit dem Spiegel „einzufangen" und auf eine Person zu lenken, erleben die Kinder, dass das Licht reflektiert werden kann, denn die Kleidung des Jungen ist durch das in seine Richtung gelenkte Licht hell geworden. Mit dem Periskop können die Kinder die Umgebung aus einer anderen Perspektive beobachten. Es ist ein optisches Instrument zum Beobachten aus einer Deckung heraus. Durch das Auseinanderbauen des Periskops lernen die Kinder den Aufbau und Funktionsweise des Periskops kennen, womit Licht „umgelenkt" werden kann. Beim Versuch mit der blauen Matte machen die Kinder die Erfahrung, dass der Spiegel mit seiner glatten Oberfläche ein Spiegelbild der Kinder erzeugt. Zu erklären ist dies dadurch, dass der Spiegel glatt genug ist, sodass Parallelität erhalten bleibt und ein Abbild der Kinder entsteht.

9. Angebot: Element Wasser
Kinder können Wasser auf unterschiedliche Weise naturwissenschaftlich im Kindergarten erleben. Die Erzieherinnen E7 und E9 haben drei verschiedene Experimentiertische mit je verschiedenen Wasserphänomenen vorbereitet. Beim ersten Versuch dürfen die Kinder Papier ausschneiden, falten und dann

ins Wasser legen und dabei beobachten, was mit dem gefalteten Papier passiert. E9 stellt diesen Versuch vor und sagt: „Das wird später eine Blume." Am zweiten Tisch finden die Kinder Materialien wie Spülmittel, Strohhalme und zwei Teller, in die sie die Seifenbrühe schütten können. Die Kinder dürfen probieren Seifenblasen zu pusten. Der dritte Tisch hält verschiedene Gefäße, Gießkannen und zwei große Plastikflaschen mit Löchern bereit. Die Kinder sollen hier Wasser mit der Gießkanne so in die Flaschen füllen, dass kein Wasser aus den Flaschen herauskommt. Nachdem die Erzieherin E9 die Aufgaben erklärt hat, macht sie die Kinder noch auf das ritualisierte Klingelzeichen aufmerksam. Das lasse sie immer dann ertönen, wenn die Kinder von einem Tisch zum nächsten gehen sollen, um auch noch die anderen Experimente erleben zu können. Die Kinder verteilen sich an die Tische und legen los. Jedes Kind ist hier aktiv und kann ausprobieren. Die Erzieherinnen helfen den Kindern und probieren selbst häufig auch aus. Nachdem alle Kinder alle Experimente ausprobiert haben, treffen sich Kinder und Erzieherinnen in einem großen Kreis. Die Kinder dürfen im Stehkreis erzählen, was sie heute beim Experimentieren erlebt haben. „Bei der Blume hat sich das Wasser so in das Papier gesaugt, dadurch ist es weich geworden" hat ein Kind beobachtet. „Der Knick weicht auf und dann geht die Papierblume im Wasser auf", sagt ein anderes Kind. „Ein toller Wassertrick, den man auch mal den Eltern vorführen kann", finden die Erzieherinnen und Kinder. Interessant bei den Seifenblasen ist, „dass man vorsichtig pusten muss, damit die Seifenblase riesen groß wird und sich ausdehnt". Manche Kinder haben eine Seifenblase auf einen Spiegel gepustet und sie ist dann runtergerutscht. Und wie haben es die Kinder nun geschafft, Wasser in die mit Löchern versehenen Flaschen zu schütten, ohne dass Wasser herausläuft? „Zuerst ist das Wasser aus den Löchern herausgekommen und das sah wie ein Springbrunnen aus." Die Wasserstrahlen sind auch nicht alle ganz gleich herausgekommen. Die Kinder sagen: „Manche waren so gerade runter, manche ein Bogen, manche kürzer und manche länger." „Der Druck macht, dass das Wasser raus kommt", weiß ein Kind. „Wenn man die Löcher zuhält, kommt kein Wasser mehr raus." Nach dieser Austauschphase helfen alle mit, die vielen Experimentiergegenstände und Materialien wieder aufzuräumen.

Welcher fachwissenschaftliche Hintergrund zum Versuch „Element Wasser" wird hier für die Kinder erfahrbar?

Im ersten Versuch falten die Kinder eine Blume aus Papier, die auf eine Wasseroberfläche gesetzt wird. Aufgrund des Kapillareffektes bzw. der Saugfähigkeit des Wassers wird das Papier durch das Wasser benetzt und aufgesogen. Dadurch lösen sich die Falze auf und die „Wunderblume" geht im Wasser auf.

Beim Aufpusten von Seifenblasen erleben die Kinder im zweiten Versuch, dass aus Seifenlauge bunte, kugelförmige Hohlkörper entstehen, wenn sie mit einem Strohhalm vorsichtig in diesen Flüssigkeitsfilm hineinpusten. Die Entstehung der Seifenblase wird durch die Oberflächenspannung des Wassers möglich, die zu einem elastischen Verhalten der Oberfläche der Seifenblase führt.

Beim dritten Versuch befinden sich in den Flaschen Löcher in unterschiedlichen Höhen. Die Kinder füllen Wasser in die Flaschen. Beim Austreten des Wassers aus diesen Löchern sind Wasserstrahlen unterschiedlicher Form zu beobachten. Zu erklären ist das durch den unterschiedlichen Wasserdruck in den verschiedenen Lochhöhen. Beim oberen Loch ist der Wasserdruck am geringsten, während er beim untersten Loch am größten ist. Ohne den Hintergrund des Wasserdrucks zu kennen, beobachten und benennen die Kinder die unterschiedlichen Verlaufskurven des heraustretenden Wassers und haben dadurch eine Erfahrung mit Wasserdruck gemacht.

11.6 Handlungsprofil: Fragengeleitete Analyse zur Ermöglichung des Fragenstellens bei Kindergartenkindern (Absichtsaspekt)

Im Fokus der folgenden Analyse steht die Unterforschungsfrage, ob die Erzieherinnen E7 und E9 die Kinder zum Fragenstellen anregen? Sie gehört zur Hauptforschungsfrage, inwiefern bei E7 und E9 Handlungskompetenz bei der Umsetzung naturwissenschaftlicher Bildungsangebote festgestellt und in Handlungsprofilen beschrieben werden kann.

Inwiefern E7 und E9 performatives Verhalten im ersten pädagogischen Angebot zum Thema „Gärungsprozesse im Kuchenteig" zeigen, das die Kinder zum Fragenstellen tatsächlich anregt und als handlungskompetent im Sinne von Geduld (G4) interpretiert werden kann, soll im Folgenden erörtert werden. Der Indikator Geduld (G4) wird operationalisiert durch folgende Kategoriensysteme und Kategorien des generierten Beobachtungsinstrumentes (vgl. Kapitel 10.7, Tab. 40; Geduld: G4):

1a. Angebotsphase + Sozialform
1b. Sprachliche Handlung der Erzieher/in, *Illokution,* Perlokution, nonverbale Handlung der Erzieher/in

11.6.1 Analyse Teil 1

zu 1a.:

Inwiefern regen die ausgewählten Erzieher/innen E7 und E9 auf den Ebenen der „Angebotsphase" und der „Sozialform die Kinder bei der Auseinandersetzung mit naturwissenschaftlichen Phänomenen in naturwissenschaftlichen Bildungsangeboten zum Fragenstellen an? (G4)

In der hermeneutischen Brücke (Kapitel 10.7, Tab. 40) wird mit dem Punkt Geduld (G4) davon ausgegangen, dass eine erhöhte Ausprobierzeit Voraussetzung dafür ist, Kindern aufgrund eigener Erfahrungen mit dem naturwissenschaftlichen Phänomen eigenes Staunen, Irritiertsein, Wundern und damit Verbalisieren und Fragenstellen prinzipiell zu ermöglichen. Eine Analyse der Angebotsphasen zeigt, in welchem Häufigkeitsverhältnis Ausprobierphasen zu den anderen Phasen stehen.

Insgesamt besteht das Kategoriensystem „Angebotsphasen" aus fünf Kategorien für fünf verschiedene Phasen und einer Restkategorie „Sonstige". Mit „Vorbereiten" sind Sequenzen im pädagogischen Angebot gemeint, die sich auf allgemeine und vorbereitende Rahmenaktivitäten für das aktuelle pädagogische Angebot von Erzieher/innen und Kindern beziehen. In Hinführungsphasen findet die Einführung zum Thema des aktuellen pädagogischen Angebotes statt. In dieser Zeit sollen die aktuelle Situation und der Kontext des Explorier- und Experimentierangebotes vertraut werden. Während der Ausprobierphasen erleben die Kinder mit den Erzieher/innen naturwissenschaftliche Phänomene. Ob die Kinder dabei hauptsächlich selbsttätig sind oder ob Erzieher/innen das Ausprobieren stark lenken, ist für die Kodierung nicht relevant. Ausschlaggebend ist, dass aus Sicht der Erzieher/innen mit dem aktuellen naturwissenschaftlichen Phänomen Erfahrungen gemacht werden. Die Austauschphase gleicht einer Reflexionsphase, in der in einem Dialog zwischen Erzieher/innen und Kindern die Erfahrungen mit dem aktuellen naturwissenschaftlichen Phänomen besprochen, gebündelt und/oder zu deuten versucht werden. In der Nachbereitungsphase wird meistens das Zimmer von Kindern und Erzieher/innen wieder aufgeräumt. Das Thema kann jedoch noch einmal auf eine andere Weise vertieft oder seine Fortsetzung in weiteren Stunden des Explorierens und Experimentierens besprochen werden. Insgesamt soll durch dieses Kategoriensystem keine einzuhaltende Reihenfolge vorgegeben werden. Mit den Kategorien besteht lediglich die Möglichkeit, diese Phasen in den pädagogischen Angeboten zu erkennen und kategorial zu erfassen.

Abb. 4: Relative Häufigkeitsverteilung [%] der Angebotsphasen, erstes pädagogisches Angebot, E7, E9

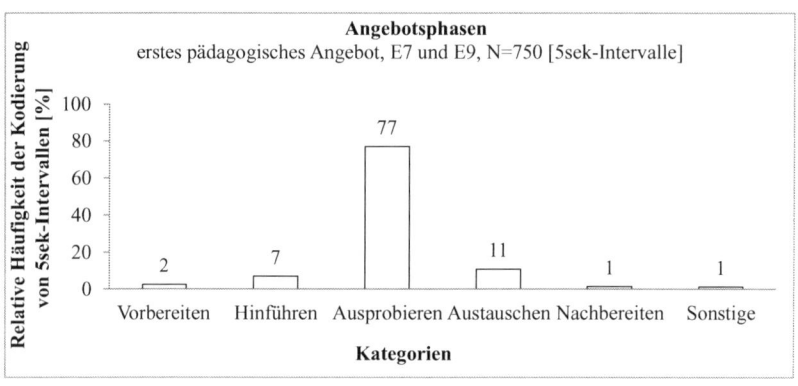

Die Erzieherinnen E7 und E9 stellen im ersten pädagogischen Angebot mit einer Gesamtstichprobe von N=750 5-sek-Intervallen zum Thema „Gärungsprozesse im Kuchenteig" aufgrund der großen Zeitspanne für die Ausprobierphase 77% der Gesamtzeit den Kindern sehr viel Zeit für das Ausprobieren zur Verfügung.

Kurzes Hinführen (7% Zeitanteil) weist darauf hin, dass die Erzieherinnen E7 und E9 die Kinder auf den Kontext des Angebotes vorbereiten. Das Austauschen nimmt mit 11% der Gesamtzeit einen der Hinführungsphase vergleichbaren Wert an, worin die Erzieherinnen mit den Kindern gemeinsam Erfahrungen mündlich festhalten und bündeln. Die Ausprobierphase nimmt mehr als drei Viertel der Zeit ein. Fraglich ist, inwieweit die Erzieherinnen das Angebot bzgl. der Sozialform so arrangiert haben, dass möglichst viele Kinder gleichzeitig die Möglichkeit zum eigenen Explorieren und folglich zum Entwickeln und Stellen von Fragen hatten.

Sozialform

Bei der Analyse der Sozialform im Sinne von G4 kommt es darauf an, aktivierende Sozialformen zu finden. Diese geben einen Hinweis auf die Anzahl der aktivierten Kinder, d.h. inwiefern alle Kinder durch das räumliche Arrangement den Zugang zum Experiment als Voraussetzung zum Fragenstellen erhalten haben. Das Beobachtungsinstrument hält Kategorien bereit, bei denen Kinder in Kleingruppen (drei bis sechs Kinder), in Großgruppen (sieben Kinder und mehr), einzeln oder als Partnerkinder beobachtet werden können. Mit „Übergang" wird die Wechselzeit bezeichnet, in der die Kinder von einer Sozialform in eine neue oder wieder in dieselbe Sozialform gehen. Für alle übrigen Beobachtungen gibt es die Kategorie „Sonstige".

Abb. 5: Relative Häufigkeitsverteilung [%] der Kodierung in Bezug auf Sozialformen, erstes pädagogisches Angebot, E7, E9

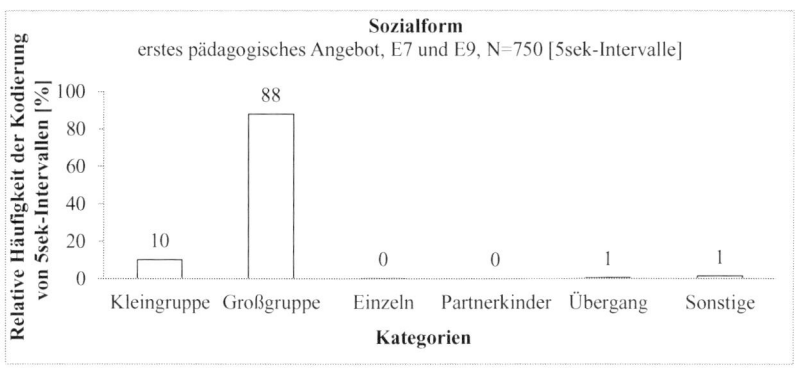

Das Diagramm veranschaulicht, dass im ersten pädagogischen Angebot die Großgruppe den häufigsten Wert (88%) annimmt. Das liegt daran, dass die Erzieherinnen eine vergleichsweise lange Zeit mit den Kindern gemeinsam im Stuhlkreis um einen Versuch herum sitzen. Vereinzelt dürfen Kinder in der Großgruppe etwas ausprobieren, während der Rest der Kinder zusieht. Nach dieser langen Stuhlkreisphase, dürfen die Kinder den Versuch an einem kleinen Tisch selbst ausprobieren – ohne die direkten Anweisungen der Erzieherinnen. Geplant haben die Erzieherinnen, dass immer drei Kinder am Experimentiertisch ausprobieren können, während alle anderen Kinder sich inzwischen anderweitig beschäftigen können. E7 sagt dazu: „*Aber ihr seht, da sind nur drei Stühle da. Das heißt, es können immer nur drei Kinder arbeiten. Aber die anderen können zuschauen, wenn sie möchten. Und wir wechseln natürlich auch. Ja?*" (E7: AEg 353–355). In dieser Zeit am kleinen Experimentiertisch wechseln sich Groß- und Kleingruppe ab, da die Kinder in unterschiedlicher Anzahl immer mal wieder an den kleinen Experimentiertisch gehen, um entweder selbst zu experimentieren oder um darauf zu warten, dass sie an der Reihe sind. Der kleine Experimentiertisch ist häufig für mehr als sechs Kinder attraktiv, aber nur wenige Kinder können mangels Plätzen gleichzeitig ausprobieren. Die Zeit in Kleingruppen wird zu 10% der Gesamtzeit beobachtet. Weitere Sozialformen kommen in diesem ersten pädagogischen Angebot nur zu geringen Anteilen vor.

Wenn Großgruppe und Kleingruppe am häufigsten vorkommen, stellt sich die Frage, zu welchen Anteilen sich Groß- und Kleingruppe v.a. auf Ausprobierphasen verteilen. Das könnte genauer Aufschluss darüber geben, welche Qualität die Aktivitäten in Groß- und Kleingruppen jeweils haben. Um das sichtbar zu machen, findet sich eine Rechenkombination aus Angebotsphasen und der Sozialform: Großgruppe.

Abb. 6: Relative Häufigkeitsverteilung [%] der Kombination: Angebotsphasen und Sozialform: Großgruppe, erstes pädagogisches Angebot, E7, E9

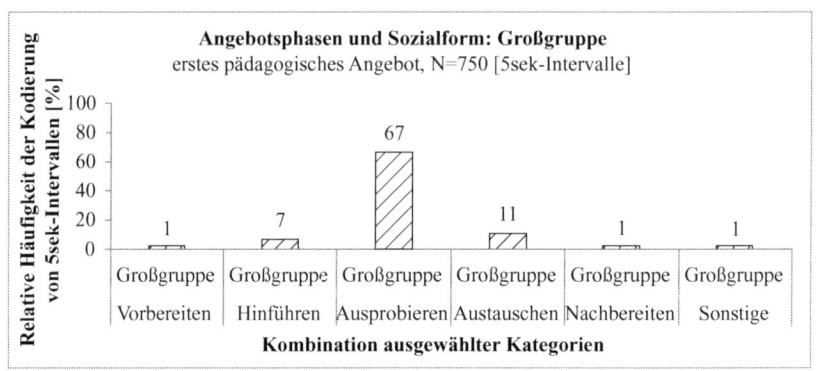

Die Häufigkeit der Ausprobierphase in Kombination mit der am häufigsten auftretenden Sozialform, der Großgruppe (Modus), ergibt, dass tatsächlich das Ausprobieren in der Großgruppe bezogen auf die Gesamtstichprobe von N=750 [5sek-Intervalle] zu 67% des Zeitanteils stattfindet. 7% der Gesamtzeit wird in der Großgruppe mit Hinführen, 11% der Gesamtzeit mit Austauschen verbracht.

Die zeitlich ausgedehnte Ausprobierphase, die in der Großgruppe stattfindet, macht stutzig, weil Aktivitäten in der Großgruppe eher an den frontalen, fragend-entwickelnden Unterricht in der Schule erinnern. Zu vermuten ist ein lenkender Erziehungsstil der Erzieherinnen E7 und E9 im ersten pädagogischen Angebot, bei dem sie die Aktivitäten der Kinder häufig steuern. Zeichen, die auf steuernde Aktivitäten der Erzieherinnen hindeuten, zeigen sich z.B. im Aufstellen einer Stellwand und einer daran angebrachten Experimentieranleitung mit aufeinanderfolgenden Arbeitsschritten und im gemeinsamen Abarbeiten dieser einzelnen Teilaufgaben. Die Kinder werden bei diesem „Abarbeiten" nur abwechselnd einzeln aktiv. Den Kindern soll dabei der Ablauf des Experimentes näher gebracht werden, damit sie im Anschluss den Versuch selbst durchführen können (vgl. erstes päd. Angebot, E9: *Jetzt wisst ihr, was wir machen müssen, ne?"* AEg 154, E9: *„Jetzt wisst ihr ja schon wie's geht, ne?"* AEg 200).

Im Folgenden wird das Ergebnis der Rechenkombination aus Angebotsphasen und der Sozialform: Kleingruppe dargestellt.

Abb. 7: Relative Häufigkeitsverteilung [%] der Kombination: Angebotsphasen und Sozialform: Kleingruppe, erstes pädagogisches Angebot, E7, E9

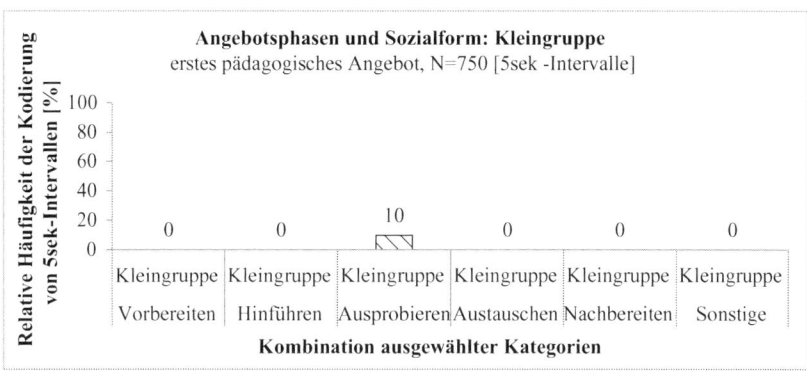

Im Vergleich zur Großgruppe nimmt die Kleingruppe, die insgesamt 10% relativer Häufigkeit der Kodierungen bezogen auf das gesamte Angebot ausmacht (vgl. Abb. 5), kombiniert mit Ausprobierphase auch 10% der kodierten Zeit (vgl. Abb. 7) ein. Das heißt, dass sich die Kinder während keiner anderen als der Ausprobierphase in Kleingruppen befinden. Aufgrund dieser im Vergleich zur Großgruppe geringen Zeit des Ausprobierens in der Kleingruppe wird die Annahme eines eher lenkenden Erziehungsstils durch E7 und E9 im ersten pädagogischen Angebot gestützt.

Welche Rolle die Experimentieranleitung in der zweiten Hälfte des pädagogischen Angebotes spielt, wird im folgenden Dialog zwischen E9 und den Kindern ersichtlich:

E9: *„Und das Bild stellen wir euch mit hinter… Und dann könnt ihr auch immer mal gucken wie war denn das, wie mussten wir denn das machen. […]." (AEg 356–357)*

Kind: *„Wir müssen es nicht nach dem Plan machen?" (AFg 412)*

E9: *„Ihr müsst nicht. Ihr könnt ganz frei ausprobieren. Wenn ihr wollt, könnt ihr nach dem Plan machen." (AEg 412–413)*

Die Erzieherinnen stellen demnach die Experimentieranleitung zur Sicherheit im Hintergrund auf, damit sich die Kinder ggf. beim selbsttätigen Explorieren und Experimentieren daran orientieren können.

11.6.1.1 Coachingimpuls 1

Die Erzieherinnen stellen den Kindern im ersten pädagogischen Angebot zum Thema „Gärungsprozesse im Kuchenteig" zwar viel Ausprobierzeit zur

Verfügung, was bezogen auf Geduld (G4) positiv einzuschätzen ist. Die Kombination mit der Sozialform als weiterer Teilaspekt von Geduld zeigt, dass kaum aktivierende Sozialformen z.b. in Form einer Kleingruppe (vgl. SPEEL in: Textor 2012) vorkommen und aufgrund dessen nicht allen Kindern die Möglichkeit zum individuellen Explorieren und Experimentieren und damit zum Fragenstellen gegeben wird. Im Coaching könnte angeregt werden, eine Planung des pädagogischen Angebots mit aktivierenderen Sozialformen von Beginn an vorzunehmen. Es sollte beachtet werden, dass alle Kinder ihre individuellen Lernwege gehen können, die als Ausgangspunkt für eigene Fragen der Kinder betrachtet werden (G4). Das zur Verfügungstellen einer Experimentieranleitung weist auf ein systematisches und zielorientiertes Vorgehen seitens der Erzieherinnen hin, was eine erste Vermutung eines lenkenden Erziehungsstils von E7 und E9 anstellen lässt.

11.6.1.2 Hypothese 1

Die Gestaltung der naturwissenschaftlichen Lernumgebung mit aktivierenden Sozialformen ist ein Hinweis auf die Handlungskompetenz im Rahmen von Geduld (G4) der Erzieher/innen.

11.6.2 Analyse Teil 2

Eine zweite Operationalisierung der Frage, inwiefern E7 und E9 die Kinder zum Fragen anregen, wurde mit den Kategoriensystemen „sprachliche Handlung der Erzieher/in", der „Absicht" (Illokution) der Erzieher/in und „der bei den Kindern beabsichtigten Handlung mit der sprachlichen Handlung der Erzieher/in" (Perlokution) durchgeführt. Durch diese Operationalisierung kann die Handlungssteuerung einer Erzieher/in durch ihr sprachliches Repertoire genauer untersucht werden. Daher ergibt sich folgende Forschungsfrage:

<u>zu 1b.:</u>
Inwiefern regen die Erzieherinnen E7 und E9 die Kinder durch ihre sprachliche Handlung zum Fragenstellen an?

Sprachliche Handlungen der Erzieher/innen im ersten pädagogischen Angebot

Für die Kodierung von Sprachhandlungen stehen die Kategorien „Frage", „Aussage" und „Handlungsanweisung" als grammatikalische Einheiten zur Verfügung. Die Kodierung einer Frage erfolgt dabei nach typischen Merkmalen wie z.B. gehobene Intonation am Satzende und/oder beim Auftreten eines Fragewortes. Mit Aussagen sind sprachliche Formulierungen gemeint, in denen Sachverhalte,

Meinungen oder Vermutungen der Erzieher/in zum Ausdruck kommen können. Handlungsanweisungen machen sich durch vorgebende bzw. anweisende Formulierungen bemerkbar. Außerdem kann kodiert werden, wenn „keine Äußerung" und „Sonstige" Äußerungen auftreten, die den übrigen Kategorien nicht zugeordnet werden können. Zunächst wird im folgenden Diagramm die Verteilung der Kodierungen (5sek-Intervalle) bzgl. der Kategorien zu sprachlichen Handlungen der Erzieherinnen E7 und E9 für einen Überblick dargestellt.

Abb. 8: Relative Häufigkeitsverteilung [%] der Kodierungen zur verbalen Handlung
der Erzieherinnen E7 und E9 im gesamten ersten pädagogischen Angebot
(Gärungsprozesse im Kuchenteig)

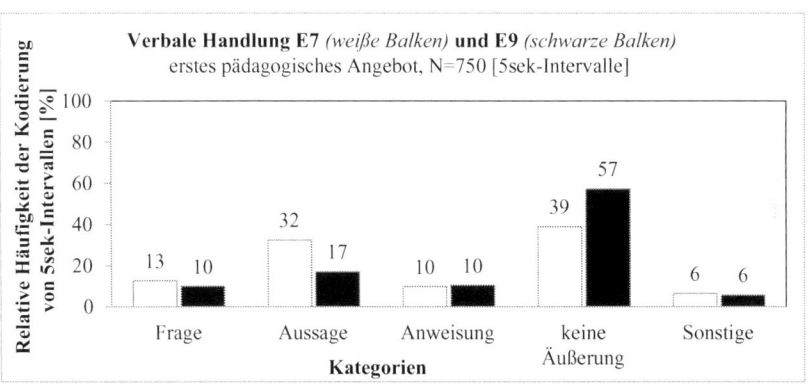

Im ersten pädagogischen Angebot zum Thema „Gärungsprozesse im Kuchenteig" dominiert die Kategorie „keine Äußerung" mit 39% für E7 und mit 57% für E9. Zu erklären ist dies u.a. dadurch, dass sich E7 eine Zeit lang nicht im Zimmer befindet. Außerdem übernimmt E7 häufiger im ersten Angebot die Gesprächsführung, sodass sich E9 über die Hälfte des ca. einstündigen Angebots nicht äußert. Bei E7 wurde das Treffen von Aussagen zu 32% des gesamten zeitlichen Anteils kodiert. In knapp der Hälfte dieses Zeitanteils wurde E9 beim Treffen von Aussagen mit 17% des Zeitanteils beobachtet. Während das Geben von Handlungsanweisungen bei beiden Erzieherinnen mit 10% relativer Häufigkeit der Kodierungen gleichauf ist, stellt E7 mit 13% einen Tick mehr Fragen als das E9 mit 10% der Zeit tut. E7 ist insgesamt im ersten pädagogischen Angebot sprachlich aktiver als ihre Kollegin.

Absicht mit der sprachlichen Handlung der Erzieher/in (Illokution)
Wenn die Erzieherinnen E7 und E9 sprachlich aktiv waren, stellt sich die Frage, welche Absichten sie verfolgt haben. Bei der Auswertung der „Illokution" muss

beachtet werden, dass sich dieses Kategoriensystem bei der Interkoderreliabilitätsüberprüfung nicht als reliabel erwies. Die „Illokution" wurde trotzdem von der Autorin mitkodiert. Unter Berücksichtigung der Reliabilitätsüberprüfungen müssen die Ergebnisse, die in Verbindung mit dem Kategoriensystem „Illokution" stehen, mit Vorbehalt betrachtet werden.

Um videogestützt Sprachhandlungen von Erzieher/innen näher in ihren Absichten beschreiben zu können, wurden insgesamt acht Kategorien entwickelt. Im Folgenden wird zur Vorstellung des Kategoriensystems aus dem Kodierleitfaden (s. Anhang Kapitel 15.1.1: Das Kodiermanual) zitiert, wobei sich die Beispiele auf die bei der Entwicklung des Beobachtungsinstrumentes (vgl. Kapitel 10.3, Tab. 6, im ersten empirischen Teil) verwendeten Videobeispiele beziehen.

Mit der Kategorie „strukturieren" werden die Sprachhandlungen einer Erzieher/in als organisierende sprachliche Aktivitäten charakterisiert, die für die Kinder strukturgebend sind. Solche Äußerungen haben entweder einen zeitlichen oder räumlichen Bezug wie z.B. *„Später dürft ihr nochmal daran riechen"* oder *„Du darfst dich auf diesen Stuhl setzen"*. In Sätzen wie *„Na, wie weit bist du?"* oder *„Wie klappt's bei dir?"* holt sich die Erzieher/in aktiv Informationen z.B. zum Lernstand des Kindes ein. Dadurch verschafft sie sich Orientierung und einen Überblick über die Kinder in einer bestimmten Situation (*„sich orientieren"*). *„Was haben wir denn das letzte Mal gemacht?"* oder *„Geh mal hin, dann darfst du auch mal daran riechen!"* sind Äußerungen, die mit der Kategorie „Kind/er aktivieren" kodiert werden. Diese Kategorie ist dadurch gekennzeichnet, dass die Erzieher/in die Kinder mit ihren Äußerungen entweder zum Denken und Sprechen und/oder zum aktiven Handeln oder Aufnehmen veranlassen möchte. Um die Kinder zu „bestärken", verwendet eine Erzieher/in z.B. lobende Äußerungen. Das sind solche Äußerungen, die eine Form der positiven Reaktion auf das Verhalten von Kindern darstellen. Beim „Erklären" versucht die Erzieher/in den Kindern beispielsweise naturwissenschaftliche Zusammenhänge zu einem erlebten Phänomen zu vermitteln. Dazu zählt eine Aussage wie *„Das Öl besteht aus kleinen Teilchen, die nennt man auch Moleküle"*. Aber auch einfache Erklärungen, die nicht mit Fachausdrücken einhergehen, werden mit „erklären" kategorial erfasst. Sobald eine Erzieher/in sprachliche Impulse gibt, die dem Kind z.B. einen Weg bei der Ausführung seiner Handlung vorgeben, steht das „Anleiten" der Kinder als Absicht der Erzieher/in im Vordergrund. Nicht nur Äußerungen wie *„Du schneidest immer auf der Linie"* sind damit gemeint, sondern auch die Besprechung von Aufgabenstellungen oder einem Versuchsablauf. „Keine" Absicht kommt vor, wenn die Erzieher/in nicht spricht. Mit „Sonstige" sind Äußerungen gemeint, die allen anderen Kategorien des Kategoriensystems „Illokution" nicht zugeordnet werden können.

Abb. 9: Relative Häufigkeitsverteilung [%] der Kodierungen zur Absicht der Erzieherinnen E7 und E9 mit ihren Sprachhandlungen (Illokution) im gesamten ersten pädagogischen Angebot (Gärungsprozesse im Kuchenteig)

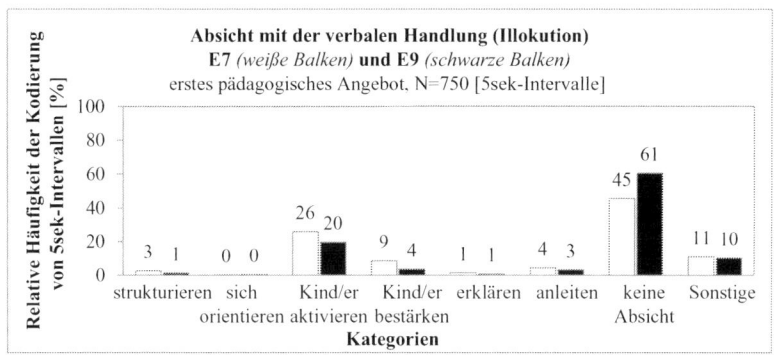

Bei der tendenziellen Einschätzung der Illokution der Erzieherinnen durch die Autorin fallen zunächst zwei Kategorien ins Auge. Der Hauptanteil der Illokution liegt mit 45% bei E7 und mit 61% bei E9 darin, keine Absichten zu haben. Dieses Bild passt zu den für dieses Angebot vergleichsweise geringen Redeanteilen beider Erzieherinnen (vgl. Abb. 8). Wenn die Erzieherinnen sprechen, so ist die Erzieherin E7 mit 26% und die Erzieherin E9 mit 20% bezogen auf das gesamte Angebot dabei, die Kinder zu „aktivieren". Zu 9% „bestärkt" E7 die Kinder, während E9 in 4% des Zeitanteils für bestärkende sprachliche Aktivitäten zu beobachten ist. Alle anderen Kategorien sind in ihren Häufigkeiten sehr gering ausgeprägt, wenn die Gesamtstichprobe des ersten pädagogischen Angebots von N=750 5sek-Intervallen in Betracht gezogen wird.

Beabsichtigte Handlung bei den Kindern durch die Sprachhandlung der Erzieher/in (Perlokution)

Im Folgenden geht es darum, herauszufinden, welche Absichten die beiden Erzieherinnen E7 und E9 mit ihren Äußerungen bei den Kindern im ersten pädagogischen Angebot haben (Perlokution) und ob diese beabsichtigten Handlungen bei Kindern als handlungskompetent im Sinne von Geduld (G4) interpretiert werden können.

Indem die Erzieher/innen den Kindern entweder eine Frage stellen, ihnen etwas sagen oder ihnen eine Anweisung geben, können sie unterschiedliche Absichten bei den Kindern hegen (s. Abb. 10): wenn sie die Kinder zum Handeln bringen möchten, bedeutet das, dass die Kinder einen Impuls zum Explorieren bzw. Experimentieren, zum genauen Beobachten oder zum sinnlichen Wahrnehmen erhalten. Beim „Handeln und Sprechen" sollen die Kinder ihre

Beobachtungen, ihre Vorgehensweisen und Wahrnehmungen ausführen und gleichzeitig bzw. wenig zeitversetzt verbalisieren. Wenn die Erzieher/innen die Absicht haben, die Kinder zum Sprechen zu bringen, sollen die Kinder ihre Wahrnehmungen, Beobachtungen und Handlungen beschreiben bzw. den Erzieher/innen und/oder anderen Kindern davon berichten. Beim „Aufnehmen" treten die Kinder eher in eine passive Rolle, in der sie dem Gesagten der Erzieher/in zuhören und Gesagtes kognitiv aufnehmen. Sobald die Erzieher/in bzgl. der Kinder keine Absichten hat, weil sie entweder nicht spricht oder sich mit ihrer sprachlichen Äußerung an die Kolleg/in wendet, wird „keine Absicht" kodiert.

Abb. 10: Relative Häufigkeitsverteilung [%] der Kodierungen zur beabsichtigten Handlung der Erzieherinnen E7 und E9 (Perlokution) im gesamten ersten pädagogischen Angebot (Gärungsprozesse im Kuchenteig)

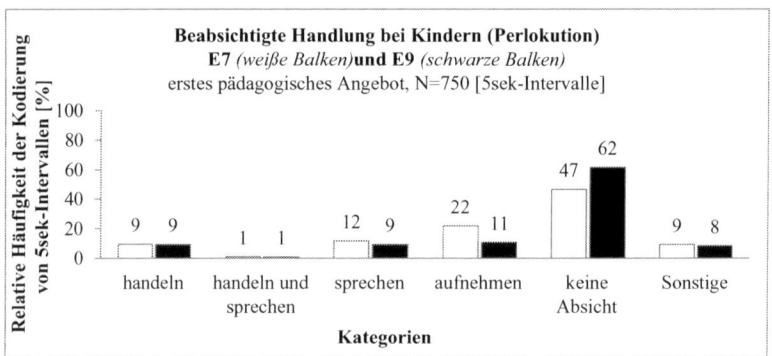

Im ersten pädagogischen Angebot überwiegt bei beiden Erzieherinnen die Kategorie „keine Absicht" bei den Kindern durch die eigene Sprachhandlung (Perlokution) (s. Abb. 10). Bei E7 betrifft das 47% des gesamten Zeitanteils, bei E9 sind es 62%. Dieses Bild ist stimmig mit den Ergebnissen zur verbalen Handlung beider Erzieherinnen (s. Abb. 8): denn E7 und E9 sind insgesamt in ihren verbalen Handlungen während der ersten pädagogischen Umsetzung überwiegend nicht aktiv. Kleine prozentuale Schwankungen zwischen verbaler Handlung der Erzieherin und der Perlokution der Erzieherin bedeuten, dass die Erzieherin sich zwar äußert, dies jedoch nicht in Richtung der Kinder sondern in Richtung der Kollegin tut. Es finden sich einige Prozentpunkte mehr bei „keine Absicht", weil es Äußerungen gibt, die nicht an die Kinder gerichtet sind und daher mit „keine Absicht bei Kindern" kodiert wurden.

Wenn die Erzieherinnen jedoch sprechen, so ergibt sich ein relativ homogenes Bild für die Kategorien „handeln", „sprechen" und „Sonstige" mit Werten zwischen acht und zwölf Prozent der relativen Häufigkeitsverteilung von 5-Sekunden-Intervallen. Mit nur einem Prozent der zeitlichen Intervalle regen die Erzieherinnen

E7 und E9 die Kinder zum „Handeln und Sprechen" an. Vergleichsweise mehr und mit deutlichem Unterschied zu E9 (11%) beabsichtigt E7 zu 22% der Zeit mit ihrer Sprachhandlung, dass die Kinder ihr zuhören und ihr Gesagtes aufnehmen. Insgesamt möchte E7 aktiv mehr Aktivitäten bei den Kindern bewirken als E9.

11.6.2.1 Coachingimpuls 2

Die erste Rückmeldung bzgl. der sprachlichen Aktivitäten der Erzieherinnen im ersten Angebot beinhaltet, dass sie sich vordergründig sprachlich nicht aktiv im 62,5-minütigen ersten pädagogischen Angebot verhalten. E7 ist sprachlich aktiver als E9. Wenn die Erzieherinnen sprechen, beabsichtigen sie hauptsächlich, die Kinder zu aktivieren. Am meisten regen sie bei den Kindern das „Aufnehmen" und das „Sprechen" an. Weniger Impulse erhalten die Kinder in den Bereichen des „Handelns" und des „Handelns und Sprechens", was in Bezug auf Geduld (G4) eher nicht als handlungskompetent erachtet wird. Denn bevor Kinder zum Verbalisieren und Fragenstellen angeregt werden, bräuchten sie zunächst Impulse für explorierende Erfahrungen, die als Grundlage ihres Lernprozesses und sprachlichen Entwicklungsprozesses gesehen werden (Scheler 2008; Dhein 2011). Insofern zeigt sich in diesem Überblick eine Umkehrung der theoretischen Intention.

Analyse der Sprachhandlung und Illokution

Eine weitere Frage bezieht sich darauf, welche Intentionen die Erzieherinnen E7 und E9 mit ihren jeweiligen Sprachhandlungen verfolgen. Für die Beantwortung dieser Frage, werden die unterschiedlichen Kombinationen zwischen den drei Sprachhandlungen „Frage", „Aussage" und „Handlungsanweisung" und den Kategorien des Kategoriensystems „Illokution" in den folgenden drei Abbildungen dargestellt.

Abb. 11: Absolute Häufigkeitsverteilung der Kombinationen aus Sprachhandlung: Frage und Illokution, erstes pädagogisches Angebot, E7 und E9

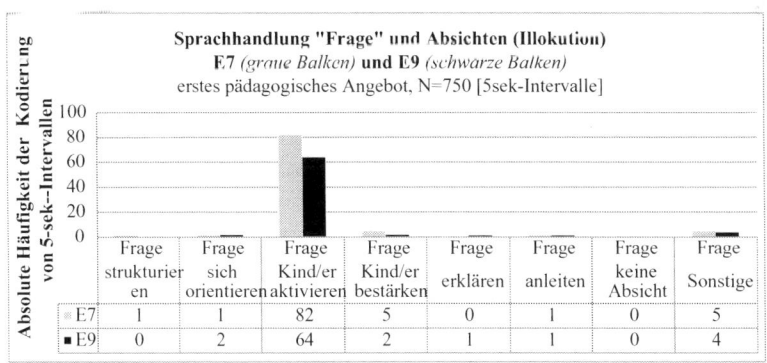

	Frage strukturieren	Frage sich orientieren	Frage Kind/er aktivieren	Frage Kind/er bestärken	Frage erklären	Frage anleiten	Frage keine Absicht	Frage Sonstige
E7	1	1	82	5	0	1	0	5
E9	0	2	64	2	1	1	0	4

Abb. 12: Absolute Häufigkeitsverteilung der Kombinationen aus Sprachhandlung: Aussage und Illokution, erstes pädagogisches Angebot, E7 und E9

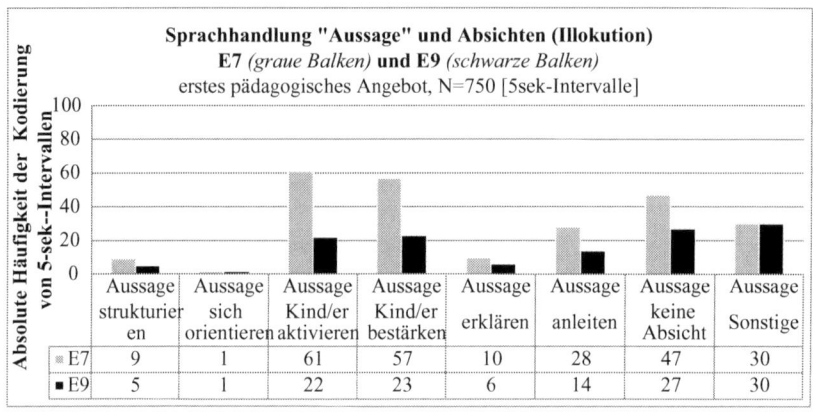

Abb. 13: Absolute Häufigkeitsverteilung der Kombinationen aus Sprachhandlung: Handlungsanweisung und Illokution, erstes pädagogisches Angebot, E7 und E9

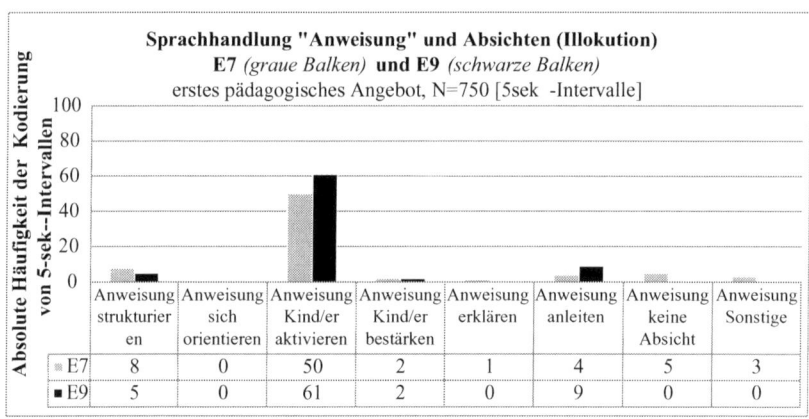

Aus der absoluten Häufigkeitsverteilung der unterschiedlichen Kategorie-Kombinationen wird deutlich, dass bei allen drei Sprachhandlungen (Frage, Aussage, Handlungsanweisung) das Aktivieren der Kinder als Absicht der Erzieherinnen E7 und E9 im Vordergrund steht. Insbesondere ist das mit Fragen und Handlungsanweisungen der Fall. Im Bereich der Aussagen zeigt sich bei beiden Erzieherinnen ein differenzierteres Bild. Wenn die Erzieherinnen sprachlich aktiv sind, dann nimmt neben dem Aktivieren (E7: 61 absolute Zählungen; E9: 22 absolute Zählungen von 5-sek-Intervallen) das Bestärken der Kinder einen

198

ähnlich hohen Wert an (E7: 57 absolute Zählungen; E9: 22 absolute Zählungen von 5-sek-Intervallen). Das Anleiten fällt in den mittleren Bereich der absoluten Häufigkeiten: bei E7 mit 28 kodierten 5-sek-Intervallen, bei E9 mit 14 kodierten 5-sek-Intervallen.

Kombination von Kategoriensystemen zur weiterführenden Detailanalyse
Wenn die Erzieherinnen die Kinder vor allem mit Fragen und Handlungsanweisungen öfter aktivieren, stellt sich die Frage, welches die beabsichtigten Handlungen damit bei den Kindern sind. Daher sollen im Folgenden die absoluten Häufigkeiten der Kombination aus „Kind/er aktivieren" mit dem Kategoriensystem „Perlokution" verbunden berechnet werden. Zunächst erscheint interessant, in welchen Bereichen (Perlokution) die Kinder von den Erzieherinnen im ersten pädagogischen Angebot aktiviert (Illokution) worden sind.

Abb. 14: Absolute Häufigkeitsverteilung der Kombinationen aus Absicht (Illokution): Kind/ er aktivieren und Perlokution, erstes pädagogisches Angebot, E7 und E9

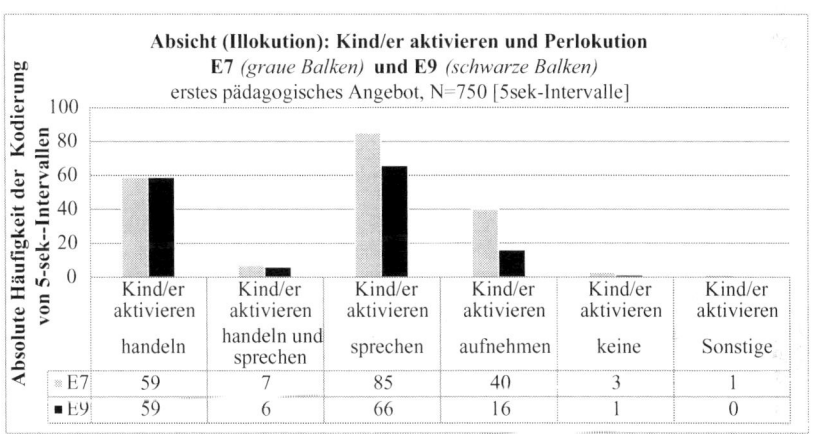

Aus der Abbildung geht hervor, dass beide Erzieherinnen die Kinder im ersten pädagogischen Angebot hauptsächlich zum Sprechen aktivieren. Bei E7 macht das 85 absolute Zählungen von 5-sek-Intervallen aus. Bei E9 sind es 66 von insgesamt N=750 möglichen 5-sek-Intervallen, die mit diesem Handlungsmuster belegt sind. Den zweiten Rang nimmt die Aktivierung von „Handeln" (beide Erzieherinnen mit 59 absoluten Zählungen der Kombinationen) ein. An dritter Stelle steht das Aktivieren des „Aufnehmens" der Kinder mit 40 Zählungen bei E7 und mit 16 Zählungen bei E9. Das „Handeln und Sprechen" wird mit sieben (E7) und sechs (E9) Zählungen sehr selten bei den Kindern beabsichtigt.

Sprachliche Handlung der Erzieher/in und Perlokution
Um zu sehen mit welchen sprachlichen Handlungen die Erzieherinnen die Kinder zum Handeln, Sprechen oder Handeln und Sprechen im ersten Angebot aktivieren wollen, werden die Kombinationsmöglichkeiten aus der „sprachlichen Handlung der Erzieherin" und „Perlokution" ausgewertet. Die Frage stellt sich, mit welcher Äußerung die Erzieherinnen welche beabsichtigte Handlung bei den Kindern verfolgen und damit zum Fragenstellen anregen (s. Geduld, G4). Relevant ist diese Fragestellung deswegen, weil dadurch sehr konkret das sprachliche Repertoire der Erzieherinnen untersucht werden kann. Für konkretes Feedback an die Erzieherinnen und detaillierte Zielsetzungen in Coachings erscheint diese Analyse als dienlich.

Dargestellt sind in der folgenden Tabelle (Tab. 43) zunächst nur die drei im Fokus stehenden Kodierungen der sprachlichen Kategorien „Frage", „Aussage", „Handlungsanweisung", die kombinierend mit der jeweiligen Perlokution: „handeln" bzw. „handeln und sprechen" bzw. „sprechen" als Handlungsmuster errechnet und beschrieben werden können (in absoluten und gerundeten relativen Häufigkeiten je bezogen auf die Teilstichprobe [n] und Gesamtstichprobe [N]). Hier ist davon auszugehen, dass alle Äußerungen der Erzieherinnen an die Kinder und nicht an eine der beiden Kolleginnen gerichtet sind.

Tab. 43: Handlungsmuster: Kombination ausgewählter Kategoriensysteme, erstes pädagogisches Angebot: Gärungsprozesse im Kuchenteig; E7, E9

Sprachliche Handlung Erzieher/in	Perlokution	E7 abs. H. [5sek-Intervall]	E7, rel. H. [%]	E7 rel. H. gesamt [%]	E9 abs. H. [5sek-Intervall]	E9, rel. H. [%]	E9 rel. H. gesamt [%]
Teilstichprobe		*n=71*		*N=750*	*n=71*		*N=750*
Frage	handeln	7	10	1	7	10	1
Aussage	handeln	23	32	3	11	16	2
Anweisung	handeln	**41**	58	6	**52**	73	7
Teilstichprobe		*n=7*		*N=750*	*n=6*		*N=750*
Frage	handeln und sprechen	7	100	1	6	100	1
Aussage	handeln und sprechen	0	0	0	0	0	0
Anweisung	handeln und sprechen	0	0	0	0	0	0

Teilstichprobe		n=89	N=750	n=71	N=750
Frage	sprechen	**68**	76	9	**53**	75	7
Aussage	sprechen	7	8	1	4	6	1
Anweisung	sprechen	12	14	2	14	20	2
Teilstichprobe		n=153	N=750	n=71	N=750
Frage	aufnehmen	6	4	1	5	7	1
Aussage	aufnehmen	147	96	20	**66**	93	9
Anweisung	aufnehmen	0	0	0	0	0	0

Sprachliche Handlung der Erzieher/in und Perlokution „handeln"

Beide Erzieherinnen (E7 und E9) versuchen die Kinder im ersten pädagogischen Angebot hauptsächlich durch Handlungsanweisungen (Tab. 43: 41 und
52 absolute Nennungen von jeweils 71 5-sek-Intervallen) – wie zum Beispiel
E7: „*Guckt mal hier. Kinder, guckt mal. Das ist ganz interessant. Als wenn der
Ballon atmet*" (E7: AEg 640) – zum eigenständigen Handeln und genauen Beobachten (Handeln) zu bringen. Mit dieser Handlungsanweisung fordert E7
im visuellen Wahrnehmen heraus. Sie verwendet eine Analogie zur Atmung,
wodurch die Kinder die Gelegenheit erhalten, eine neue Beobachtung mit einer bekannten Erfahrung zu verknüpfen. Indem die Kinder den Luftballon
genau in seinen „Bewegungen" beobachten sollen, steuert E7 die Aufmerksamkeit der Kinder und regt prinzipiell auch das Fragenstellen bei den Kindern an (G4).

Fragende Aufforderungen (Frage) zum genauen Hinsehen oder fragende
Aufforderungen, um eine Handlung (Handeln) auszuführen, zeigt auch E9 mit
den folgenden zwei Satzbeispielen: Mit dem Satz „*Seht, seht ihr hier schon, was
passiert ist?*" (E9: AEg 163–164) lenkt sie die Aufmerksamkeit der Kinder auf die
Flasche mit Backpulver, Zitronensaft und Wasser. Die Kinder sollen hier genau
beobachten, was sich in der Flasche abspielt. Mit dem Satz „*Mag jemand anderes
aufblasen?*" (E9: AEg 206) steuert E9 ebenfalls den Handlungsverlauf, indem ein
Kind gesucht wird, das einen Luftballon aufpusten und ihn der Flasche überstülpen möchte, in der sich das Backpulver-Wasser-Zitronensaft-Gemisch befindet
(E9: AEg 206). Nicht die Kinder selbst sind es, die an dieser Stelle ihre eigenen
Handlungen initiieren, sondern die Erzieherin E9 ist es, die durch ihre sprachliche Handlung die Handlungen der Kinder im Sinne der Experimentieranleitung
veranlasst. Solche Fragen, die die Kinder zum „Handeln" aktivieren sollen, kommen in überschaubarer Anzahl jeweils sieben Mal bei beiden Erzieherinnen im
ersten pädagogischen Angebot vor.

Sprachliche Handlung der Erzieher/in und Perlokution „handeln und sprechen"

Mit den Fragen *„Was passiert gerade?"* (E7: AEg 122) und *„Das dreht man so drüber und seht ihr, was da raus kommt?"* (E9: AEg 74–75) versuchen beide Erzieherinnen die Kinder zum „Handeln und Sprechen" zu bringen. Das geschieht, indem die Kinder das Backpulver-Zitronensaft-Wasser-Gemisch in einer Flasche mit übergestülptem Luftballon gezielt beobachten und gleichzeitig bzw. nur wenig zeitversetzt ihre Beobachtungen schildern sollen. Im ersten pädagogischen Angebot tritt das Handlungsmuster bestehend aus der Kombination „Sprachhandlung" und „handeln und sprechen" bei beiden Erzieherinnen jedoch nur selten auf: mit sieben absoluten Zählungen bei E7 und mit sechs absoluten Zählungen bei E9, die jeweils durch „Frage" und „handeln und sprechen" kombiniert auftreten, bildet dieses Handlungsmuster keinen Schwerpunkt bei beiden Erzieherinnen. Immerhin wird deutlich, dass die Erzieherinnen das „Handeln und Sprechen" mit Fragen fördern. Fraglich ist, ob die Erzieherinnen das entsprechende sprachliche Repertoire nicht eingesetzt haben oder nicht darüber verfügen.

Sprachliche Handlung der Erzieher/in und Perlokution „sprechen"

Im Gegensatz zu „handeln und sprechen" versuchen E7 mit 68 kodierten 5-sek-Intervallen und E9 mit 53 kodierten 5-sek-Intervallen auffällig häufiger die Kinder zum „Sprechen" zu aktivieren. Bezogen auf die Gesamtstichprobe von N=750 5-sek-Intervallen macht diese „Frage"-„Perlokution: sprechen"-Kombination immerhin zwischen rund 7% und 9% des gesamten Zeitanteils aus. Die Kinder werden meistens dazu veranlasst über das aktuelle Thema mit den Erzieherinnen zu sprechen, die Arbeitsschritte auf der Experimentieranleitung genau zu erkennen und zu benennen und Erklärungen dafür zu geben, warum aus wenig Teig viel Teig werden kann. Durch die Fragen wie z.B. von E7 *„Warum ist denn aus so wenig Teig so viel geworden?"* (E7: AEg 36–37) und von E9 *„Was hat sich denn gebildet durch das Saure und das Backpulver und Wasser?"* (E9: AEg 326) sind die Kinder aufgefordert, darüber nachzudenken und zu erklären, was mit dem Zitronensaft und dem Backpulver mit Wasser passiert ist. Das heißt, die Erzieherinnen erwarten mit ihren Fragen keine Fragen der Kinder sondern jeweils eine erklärende Antwort. Insofern zeigt sich, dass die Kinder von den Erzieherinnen nicht dabei unterstützt werden, sich zu wundern, über ein Phänomen zu staunen und davon ausgehend Fragen zu formulieren. Eher werden die Kinder in einen Frage-Antwort-Dialog gebracht, der immer wieder Bezug auf die Experimentieranleitung nimmt.

Sprachliche Handlung der Erzieher/in und Perlokution „aufnehmen"

Mit der Perlokution „aufnehmen" wurden Beobachtungseinheiten kodiert, bei denen die Kinder Gesagtes der Erzieherinnen aufnehmen sollten. Im Folgenden sind dazu Beispiele angeführt, die eine Vielfalt an Inhalten darstellen, die von den Kindern kognitiv aufgenommen werden können. Beispielsweise äußert sich E7 mit dem Satz *„Das ist richtig was ihr sagt.“* (E7: AEg 35) in Form eines Lobes. Mit *„Pschscht. Du brauchst keine Angst haben. Da ist kein Luftballon. Guck mal, der ist doch gar nicht aufgeblasen…“* (E7: AEg 178) versucht E7 ein Kind während des ersten pädagogischen Angebotes zu beruhigen. Das Kind weint vor Angst, der Luftballon könne laut Knallen wenn er platzt. Im dritten Angebot sollen Annabelle und Hanna und alle anderen Kinder bei der Äußerung *„Kinder ihr macht immer zusammen. Annabelle und Hanna machen zusammen, ja?“* (E9: AEg 818) verstehen, dass sie zu zweit ausprobieren sollen, eine „Wasserleitung“ zu bauen. Wenn Kinder Zusammenhänge bzgl. eines Periskops (Spiegelphänomene) verstehen sollen, von denen die Erzieherin ihnen berichtet, kann das in einem Satz wie dem folgenden ausgedrückt werden *„[…] wenn man sich hinter dem Schrank versteckt, kann man trotzdem sehn was auf der anderen Seite ist, […]“* (E7: AEg 1826). Mit Sätzen wie *„So, alle Kinder setzen sich mal hin.“* (E7: AEg 1384) oder *„So, jetzt stellen wir die Stühle hier rüber. Noch ein Stück zu mir.“* (E9: AEg 2921) erhalten die Kinder eine Orientierung bzgl. ihrer Raumposition. Um eine Aufgabenstellung kognitiv zu verstehen, hören die Kinder dem Gesagten von E9 (AEg 2237–2238) zu: *„Hier haben wir zwei Flaschen (hebt zwei Plastikflaschen hoch). So, in diesen Flaschen. Hier hab ich Löcher reingebohrt.“* Das Aufnehmen kann aber auch bedeuten, dass die Kinder in Kenntnis darüber gesetzt werden, was die Erzieherin gerade tut. Mit folgender Äußerung kommentiert E9 eigenes Verhalten und macht es dadurch transparent. *„Ok, die, bei den Kinder, die fertig experimentiert haben, da sammel ich jetzt mal die Klötze ein […]“* (E9: AEg 1202).

In solchen Momenten nehmen die Kinder eine passive Rolle in dem Sinne ein, dass sie selbst keine explorierenden oder experimentierenden Handlungen bzw. verbalisierenden Handlungen ausführen sollen. Beim „Aufnehmen“ hat die Erzieherin vordergründig die Absicht, dass die Kinder als Rezipienten ihr Gesagtes kognitiv aufnehmen. Sie werden zum Zuhören veranlasst.

Die Ergebnisse zeigen, dass mit 147 Aussagen der Erzieherin E7 ein „Aufnehmen“ bei den Kindern beabsichtigte. Mit rund 20% des Zeitanteils ist das eine beachtliche Zeit bezogen auf die gesamte Stichprobe von N=750 [5sek-Intervalle]. Im Falle von E9 wurden 71 Aussagen beobachtet, die mit „aufnehmen“ kodiert wurden. Das sind ca. 9% des gesamten zeitlichen Anteils. Die Perlokution „aufnehmen“ macht in Kombination mit Sprachhandlungen der Erzieherinnen daher insgesamt den größten Anteil aus. Mit Blick auf die Forschungsfrage, ob die Erzieherinnen die Kinder zum Fragenstellen anregen, deuten diese Zahlen darauf hin, dass die Kinder nicht zum Fragenstellen (G4) angeregt werden. Denn dazu wäre die häufigere Aktivierung der Selbsttätigkeit der Kinder im Handeln und/oder Sprechen notwendig.

11.6.2.2 Coachingimpuls 3

Im ersten Angebot entsteht ein Bild einer pädagogischen Vorgehensweise, die mehr den Dialog zwischen Erzieherinnen und Kindern bzw. auch den Monolog durch die Erzieherinnen fokussiert als das selbsttätige Handeln der Kinder zu fördern. Aufgrund der Analyse der Absichten mit ihren Sprachhandlungen von E7 und E9 (Perlokution) kann den Erzieherinnen die Rückmeldung gegeben werden, dass sie bei den Kindern im ersten pädagogischen Angebot insgesamt sehr häufig das Sprechen durch Fragen und das Aufnehmen durch Aussagen beabsichtigen zu aktivieren. Dagegen erhalten die Kinder insbesondere durch E7 weniger Impulse für die Ebene des „Handelns" und bei beiden Erzieherinnen noch weniger für das „Handeln und Sprechen". Wenn die Erzieherinnen die Kinder aktivieren, dann aktivieren sie sie mit Handlungsanweisungen zum „Handeln" und mit Fragen zum „Sprechen". Wobei die Erzieherinnen wiederum häufiger das Sprechen der Kinder aktivieren als das Handeln.

E7 zeigt ein Handlungsmuster mit dem Fokus auf die Förderung des „Handelns", in dem sie die Kinder ko-konstruktiv dabei unterstützt, wie sie z.B. die Beobachtung des sich hebenden und sich senkenden Luftballons einordnen können. Durch die gezielte Lenkung der Aufmerksamkeit der Kinder auf das Objekt (Luftballon), bietet E7 den Kindern ein den Erfahrungsbereich der Kinder erweiterndes Involvement im Interaktionsprozess (König 2010) an, das durch Scaffolding (Bruner 1976, zit. n. Crowther 2005) gekennzeichnet werden kann.

In dieser Erweiterung des Erfahrungsbereichs wird das Schaffen für Gelegenheitsstrukturen gesehen, den Kindern selbst über das eigenständige Handeln (hier: Beobachten) das Entwickeln von eigenen Fragen zu ermöglichen (G4). In Bezug auf Handlungskompetenz (G4) wäre daher eine häufigere Aktivierung von „Handeln" und „Handeln und Sprechen" in angemessener Weise deswegen sinnvoll, weil die Kinder dabei von der Erzieher/in dazu veranlasst werden, ein naturwissenschaftliches Phänomen genauer zu betrachten oder zu manipulieren.

Bei der Aktivierung von „Handeln und Sprechen" würden die Kinder im Interaktionsprozess durch die Erzieher/in gleichzeitig einen Impuls erhalten, um ihre individuellen Erfahrungen beim Handeln in Worte zu fassen. Dhein (2011) weist auf dieses förderliche zeitnahe Verbalisieren von Erfahrungen hin. Auf diese Weise würde bei der Auseinandersetzung mit naturwissenschaftlichen Aspekten ein enger kommunikativer Prozess zwischen Erzieher/in und Kind stattfinden, der zunächst das Handeln, darauffolgend das Verbalisieren und folglich das Fragenstellen der Kinder fördern kann. Ein erhöhtes Auftreten von Äußerungen mit der Perlokution „handeln und sprechen" könnte daher als kompetente Handlung einer Erzieher/in im Sinne von Geduld (G4) gelten, sofern sie sich in ihrer Art und Weise des Ausdrucks an der Selbsttätigkeit des Kindes orientierten.

Bezogen auf die Angemessenheit der Äußerungen der Erzieherinnen ergibt sich ein gemischtes Bild: Beide Erzieherinnen verwenden hauptsächlich Äußerungen, die eine gezielte Lenkung der Aktivitäten der Kinder verfolgen oder deren Inhalte von Kindern kognitiv aufgenommen werden soll. Die Analyse zeigt darüber hinaus, dass die fragenden und anweisenden Impulse von E7 und E9 in einer sehr systematischen Art und Weise geschehen. Die transkriptgestützte Auswertung verdeutlicht, dass die Kinder häufig aufgefordert werden anstatt Fragen zu stellen, z.b. eine Experimentieranleitung mit einzelnen Arbeitsschritten widerzugeben oder eine Erklärung dafür zu geben, warum aus wenig Kuchenteig viel Kuchenteig werden kann.

Die Systematik der erzieherischen Sprachhandlungen wird dabei vermutlich durch die vorbereitete Experimentieranleitung provoziert, die als unterstützender Rahmen einen zentralen und Orientierung gebenden Bezugspunkt im gesamten ersten pädagogischen Angebot markiert. Dieser Anleitungsrahmen scheint der Grund dafür zu sein, dass die Instruktionen der Erzieherinnen in sehr zielgerichteter Weise ablaufen. Dadurch wird jedoch ein spielerischer Freiraum zur Entstehung und zum Nachgehen eigener Explorier- und Experimentierideen der Kinder eher verhindert. Die Aktivitäten der Kinder in der Großgruppe sind auf die Anweisungen der beiden Erzieherinnen gerichtet. Gemeinsam und ohne Anleitung könnten sich Erzieherinnen und Kinder auf den Weg machen zu erfahren, was passiert, wenn Backpulver, Zitrone und Wasser in einem Gefäß gemischt werden. Um im Sinne von Geduld (G4) handlungskompetent zu sein, kann den Erzieherinnen das Feedback gegeben werden, ein sprachliches Repertoire (Fragen, Aussagen, Handlungsanweisungen) zu aktivieren oder neu zu entwickeln, das sich an einer symmetrischen Reziprozität ausrichtet und sich mit der komplementären Reziprozität in Balance befindet (Youniss, 1994, S. 155). In Bezug auf Handlungskompetenz im Sinne von Geduld (G4) ist die komplementäre Beziehungsgestaltung durch sprachliche Aktivitäten der Erzieherinnen insofern sinnvoll, weil sich die Kinder dadurch in der Rolle der Lernenden befinden und den Umgang mit den erfahreneren Erzieherinnen lernen können. Die Erwachsenen machen als erfahrenere Experten die Kinder auf naturwissenschaftliche Phänomene aufmerksam und bringen den Kindern dadurch Strategien beim Explorieren und Experimentieren näher. Allerdings wäre es weniger förderlich, wenn die Kinder einseitig durch die Erzieherinnen auf diese komplementäre Weise pädagogisch gefördert werden würden (vgl. ebd.). Denn dadurch hätten die Kinder keine Gelegenheit, im Sinne einer symmetrischen Reziprozität in die Rolle von gleichberechtigten Interaktionspartnern im Lernprozess zu schlüpfen und adäquate Handlungsmöglichkeiten zu entwickeln.

11.6.2.3 Hypothese 2

Das Anbieten offener Experimentiermöglichkeiten bei der Gestaltung einer naturwissenschaftlichen Lernumgebung ist ein Hinweis auf Handlungskompetenz im Rahmen von Geduld (G4).

11.6.3 Weiterführende Analyse Teil 2

Im Folgenden werden die vorangegangenen Darstellungen der Perlokution beider Erzieherinnen im ersten pädagogischen Angebot durch die Analyse unterschiedlicher Kombinationen von Kategorien aus unterschiedlichen Kategoriensystemen konkretisiert. Dadurch sollen detailliertere Aussagen über die Handlungskompetenz der Erzieherinnen E7 und E9 im Sinne von Geduld (G4) vorgenommen werden.

Angebotsphasen, sprachliche Handlung der Erzieher/in, Perlokution „handeln"

Angebotsphasen gelten als organisatorische und rahmende Bezugseinheiten während des Angebotes für bestimmte kommunikative Äußerungen. Im Folgenden soll überprüft werden, welches Bild sich ergibt, wenn die potentiell zum Fragen aktivierenden sprachlichen Aktivitäten der Erzieherinnen in Kombination mit einer bestimmten Angebotsphase auftreten. Durch die nähere Charakterisierung dieser Kombinationen soll die Angemessenheit der sprachlichen Äußerungen der Erzieherinnen E7 und E9 in den Angebotsphasen im Rahmen von Geduld (G4) untersucht werden.

Tab. 44: Handlungsmuster: Kombination ausgewählter Kategoriensysteme, erstes pädagogisches Angebot, E7 und E9, (Prozentangaben sind gerundet auf ganze Zahlen)

Phase	Sprachliche Handlung d. Erzieher/in	Perlokution	E7 abs. H. [5sek-Intervall]	E7, rel. H. [%]	E7 rel. H. $_{gesamt}$ [%]	E9 abs. H. [5sek-Intervall]	E9, rel. H. [%]	E9 rel. H. $_{gesamt}$ [%]
	Teilstichprobe		*n=2*		N=750	*n=0*		N=750
Hinführen	Frage	handeln	0	0	0	0	0	0
Hinführen	Aussage	handeln	0	0	0	0	0	0
Hinführen	Anweisung	handeln	2	3	0	0	0	0

Teilstichprobe			n=65	N=750	n=70	N=750
Ausprobieren	Frage	handeln	7	11	1	7	10	1
Ausprobieren	Aussage	handeln	22	34	3	11	16	2
Ausprobieren	Anweisung	handeln	36	55	5	51	73	7
Teilstichprobe			n=3	N=750	n=1	N=750
Austauschen	Frage	handeln	0	0	0	0	0	0
Austauschen	Aussage	handeln	0	0	0	0	0	0
Austauschen	Anweisung	handeln	3	100	0	1	100	0

Während des Ausprobierens wird hauptsächlich durch Anweisungen beider Erzieherinnen versucht, die Kinder zum Explorieren und Experimentieren als Voraussetzung zum Fragenstellen zu bringen. 36 Mal kommt die Kombination „Ausprobieren – Anweisung – Perlokution: handeln" bei E7 vor, was rund 5% des gesamten Angebotes ausmacht. Bei E9 werden bei dieser Kombination 51 absolute Zählungen sichtbar, was rund 7% des zeitlichen Anteils bezogen auf das gesamte erste Bildungsangebot darstellt. Die Erzieherinnen E7 und E9 versuchen demnach in der Ausprobierphase die Kinder hauptsächlich durch Anweisungen zum Handeln anzuregen. Wenn Handlungsanweisungen so häufig während des Ausprobierens auftreten und die Kinder in Ausprobierphasen selbsttätig sein sollen, um in diesen naturwissenschaftlichen Kontexten zum Fragenstellen angeregt zu werden, entsteht die Frage, ob Handlungsanweisungen das angemessene sprachliche Mittel der Erzieherinnen in der Interaktion mit den Kindern dafür sind, die Selbsttätigkeit und eigene spielerische Kreativität der Kinder zu aktivieren. Aus dem entwickelten Beobachtungsinstrument geht hervor, dass mit „Anweisungen" sprachliche Formulierungen der Erzieherinnen kodiert werden, die den Kindern Vorgaben machen, dass sie z.B. eine bestimmte Aktivität ausüben und/oder wie sich die Kinder in bestimmten Situationen verhalten sollen.

Sprachliche Handlung der Erzieher/in, Illokution, Perlokution „handeln"

Um dieses Muster „Handlungsanweisung" und „Perlokution: handeln" auf Angemessenheit hin überprüfen zu können, wird es weiter mit dem Kategoriensystem „Illokution" kombiniert. Das sind Kategorien, die die Absicht der Erzieher/innen mit ihren sprachlichen Handlungen konkretisieren. Durch die Kombination mit dem Kategoriensystem „Illokution" soll deutlich werden, welche Absicht die Erzieherinnen jeweils mit ihren Handlungsanweisungen jeweils hatten, als sie die Kinder zum „Handeln" bringen wollten.

Im Folgenden findet sich die kategoriale Kombination aus den drei Kategoriensystemen: „Sprachliche Handlung der Erzieher/in: Handlungsanweisung" mit „*Illokution*" und der „Perlokution: handeln".

Tab. 45: Handlungsmuster: Kombination der Kategoriensysteme „Sprachliche Handlung der Erzieher/in" mit „Illokution" und „Perlokution: handeln", erstes pädagogisches Angebot, E7 und E9

Sprachliche Handlung d. Erzieher/in	Illoku-tion	Perlokution	E7 abs. H. [5sek-Intervall]	E7, rel. H. [%]	E7 rel. H. gesamt [%]	E9 abs. H. [5sek-Intervall]	E9, rel. H. [%]	E9 rel. H. gesamt [%]
	Teilstichprobe		n=41		N=750	n=52		N=750
Anweisung	strukturieren	handeln	0	0	0	1	2	0
Anweisung	sich orientieren	handeln	0	0	0	0	0	0
Anweisung	Kind/er aktivieren	handeln	37	90	5	46	88	6
Anweisung	Kind/er bestärken	handeln	1	2	0	0	0	0
Anweisung	erklären	handeln	0	0	0	0	0	0
Anweisung	anleiten	handeln	3	7	0	5	10	1
Anweisung	keine Absicht	handeln	0	0	0	0	0	0
Anweisung	Sonstige	handeln	0	0	0	0	0	0

Aus dieser Tabelle (Tab. 45) geht hervor, dass die Erzieherinnen die Kinder mit ihren Handlungsanweisungen hauptsächlich zum Handeln „aktivieren" wollten. Mit 37 absoluten Zählungen bei E7 und 46 absoluten Zählungen bei E9 kommt dieses Muster „Anweisung – Kind/er aktivieren – handeln" bei beiden Erzieherinnen am häufigsten vor. Anhand der folgenden Beispiele an Äußerungen soll das Muster nachvollzogen werden können: „Gieß mal was raus." (E7: AEg 240, „Kind/er aktivieren"), „Nein, Zucker würde ich nicht reinkippen. Mach mal den Versuch, so wie wir ihn hier gemacht haben." (E7: AEg 593 „Kind/ er aktivieren"), „Dann nimmst du mal einen Löffel." (E9: AEg 119 „Kind/er aktivieren").

Ein Beispiel, das für das Muster „Handlungsanweisung" + „anleiten" + „handeln" steht, ist fas Folgende: „Und feste Finger auf eine Hand, und mit der anderen schneiden." (E9: AEg 218–219 anleiten). Dieses Muster kommt nur sehr selten vor. Daher kann insgesamt im Sinne von Geduld (G4) davon ausgegangen werden, dass die Erzieherinnen mit dem Handlungsmuster „Anweisung – Kind/er aktivieren – handeln" handlungskompetent sind.

Angebotsphasen, sprachliche Handlung der Erzieher/in, Perlokution „handeln und sprechen"

Bei der Beabsichtigung von „handeln und sprechen" bei den Kindern sind Äußerungen der Erzieher/innen gemeint, die die Kinder dazu veranlassen sollen, sowohl zu explorieren oder zu experimentieren als auch zeitgleich bzw. wenig zeitversetzt ihre Beobachtungen und Erfahrungen zu verbalisieren.

Tab. 46: Handlungsmuster: Kombination ausgewählter Kategoriensysteme, erstes pädagogisches Angebot, E7 und E9

Phase	Sprachliche Handlung d. Erzieher/in	Perlokution	E7 abs. H. [5sek-Intervall]	E7, rel. H. [%]	E7 rel. H. gesamt [%]	E9 abs. H. [5sek-Intervall]	E9, rel. H. [%]	E9 rel. H. gesamt [%]
Teilstichprobe			*n=0*		*N=750*	*n=0*		*N=750*
Hinführen	Frage	handeln und sprechen	0	0	0	0	0	0
Hinführen	Aussage	handeln und sprechen	0	0	0	0	0	0
Hinführen	Anweisung	handeln und sprechen	0	0	0	0	0	0
Teilstichprobe			*n=7*		*N=750*	*n=5*		*N=750*
Ausprobieren	Frage	handeln und sprechen	5	100	0,7	4	80	1
Ausprobieren	Aussage	handeln und sprechen	0	0	0	0	0	0
Ausprobieren	Anweisung	handeln und sprechen	0	0	0	1	20	0
Teilstichprobe			*n=0*		*N=750*	*n=1*		*N=750*
Austauschen	Frage	handeln und sprechen	0	0	0	0	0	0
Austauschen	Aussage	handeln und sprechen	0	0	0	0	0	0
Austauschen	Anweisung	handeln und sprechen	0	0	0	1	100	0

Dass die Erzieherin E7 die Kinder zum Handeln und Sprechen durch Fragen aktiviert, kommt bei ihr nur während der Ausprobierphase insgesamt mit fünf absoluten Zählungen vor. Bei E9 sind vier Zählungen während des Ausprobierens durch eine Frage und eine Zählung während des Ausprobierens durch eine Handlungsanweisung zu verzeichnen. Wie oben bereits ausgeführt, stellen sprachliche Aktivitäten in Kombination mit perlokutivem „Handeln und Sprechen" bei beiden Erzieherinnen keinen Schwerpunkt dar. Die Positionierung der Aktivierung des „Handelns und Sprechens" erscheint in Bezug auf Geduld (G4) in der Ausprobierphase als sinnvoll.

Angebotsphasen, sprachliche Handlung der Erzieher/in, „Perlokution: sprechen"

Mit der Aufforderung zum Sprechen kann die Absicht verbunden sein, dass die Kinder nicht nur ihre Erfahrungen verbalisieren, sondern auch zum Stellen neuer Fragen herausgefordert werden. Daher folgt hier die Analyse zu „Perlokution: sprechen", die durch Fragen, Aussagen oder Anweisungen der Erzieherinnen E7 und E9 in bestimmten Angebotsphasen auftauchen (s. Tab. 47).

Tab. 47: Handlungsmuster: Kombination ausgewählter Kategoriensysteme, erstes pädagogisches Angebot, E7 und E9

Phase	Sprach- liche Handlung d. Erzie- her/ in	Perloku- tion	E7 abs. H. [5sek- Inter- vall]	E7, rel. H. [%]	E7 rel. H. gesamt [%]	E9 abs. H. [5sek- Inter- vall]	E9, rel. H. [%]	E9 rel. H. gesamt [%]
Teilstichprobe			*n=21*		N=750	*n=0*		N=750
Hinführen	Frage	sprechen	18	86	2	0	0	0
Hinführen	Aussage	sprechen	0	0	0	0	0	0
Hinführen	Anweisung	sprechen	3	14	0	0	0	0
Teilstichprobe			*n=34*		N=750	*n=58*		N=750
Ausprobieren	Frage	sprechen	27	79	4	42	72	6
Ausprobieren	Aussage	sprechen	5	15	1	4	7	1
Ausprobieren	Anweisung	sprechen	2	6	0	12	21	2
Teilstichprobe			*n=32*		N=750	*n=13*		N=750
Austauschen	Frage	sprechen	23	72	3	9	69	1
Austauschen	Aussage	sprechen	2	6	0	0	0	0
Austauschen	Anweisung	sprechen	7	22	1	4	31	1

Um die Kinder über das Sprechen in einen Dialog zu bringen, nutzen beide Erzieherinnen in relativ homogener Häufigkeit über die drei Angebotsphasen „Hinführen", „Ausprobieren" und „Austauschen" hinweg hauptsächlich eine Frage. Ausnahme: bei E9 wurden beim Hinführen keine sprachlichen Aktivitäten beobachtet, die die Kinder zum Sprechen veranlassen. Die relativen Häufigkeiten der Kodierungen dieses Handlungsmusters in der Gesamtstichprobe von N=750 [5sek-Intervalle] bewegen sich mit niedrigen Zahlen zwischen 0% und 6% der kodierten Intervalle. Insgesamt aktivieren E7 und E9 mit ihren Sprachhandlungen die Kinder demnach am häufigsten während der Ausprobierphase zum „Sprechen" anstatt zum „Handeln und Sprechen" bzw. zum „Handeln". In Anbetracht der Tatsache, dass die Kinder beim Ausprobieren eher zum Handeln angeregt werden sollen, versuchen E7 und E9 mit den Kindern während des Ausprobierens einen Dialog aufzubauen.

In wie vielen Fällen haben die Erzieherinnen E7 und E9 die Kinder tatsächlich zum Verbalisieren einer Frage aktiviert? Aus den Transkripten geht hervor, dass die in der Hinführungsphase zum Sprechen auffordernden Fragen bei E7 kein Mal eine Frage der Kinder, sondern immer eine Antwort der Kinder herausfordern. Beispiele von E7 wie z.B. *„Was haben wir denn jetzt grad für ein Thema?"* (E7: AEg 11, Hinführungsphase), *„Weiß jemand wie Zitrone schmeckt?"* (E7: AEg 78, Ausprobierphase), *„Und was haben wir da auch gesehen beim Gären?"* (E7: AEg 331, Austauschphase) zeigen das.

Bei E9 intendieren die 42 die Kinder zum Sprechen auffordernden Fragen in der Ausprobierphase ebenso kein Mal eine Frage der Kinder, sondern beabsichtigen, dass die Kinder Antwort geben. Im ersten pädagogischen Angebot sind das bei E9 beispielsweise folgende Fragen: *„Was muss man da machen, mit den Röhrchen?"* (E9: AEg 126, Ausprobierphase), *„Was war die nächste Aufgabe?"* (E9: AEg 214, Ausprobierphase), *„Was ist denn jetzt mit dem Ballon passiert?"* (E9: AEg 277, Austauschphase).

Deutlich wird hieran, dass beide Erzieherinnen in der ersten Umsetzung den Kindern während des Explorierens und Experimentierens (Ausprobierphase) häufiger geschlossene als offene Fragen stellen. Die Fragen beider Erzieherinnen (E7 und E9) zielen in diesem ersten pädagogischen Angebot sehr systematisch, die Experimentieranleitung im Fokus behaltend, auf bestimmte Antworten der Kinder ab. Auch in den anderen Fällen wird den Kindern durch die kommunikativen Absichten der Erzieherinnen mittels Handlungsanweisungen und Aussagen nicht die Möglichkeit gegeben, sich fragend zu äußern. Stattdessen wird der Dialog durch die Erzieherinnen initiiert und dadurch immer wieder gelenkt. Äußerungen wie *„Sag's mal laut"* (E9: AEg 140) oder *„Das erklären auch mal andere Kinder"* (E7: AEg 146, Ausprobierphase) können als Beleg dafür gelten. Dieses einseitig lenkende Verhalten der Erzieherinnen fördert nicht die Selbsttätigkeit der Kinder in Ausprobierphasen, die für das eigenständige Fragenstellen (G4) notwendig wäre.

Angebotsphasen, sprachliche Handlung der Erzieher/in, Perlokution „aufnehmen"

Mehr Aufschluss für eine beabsichtigte Aktivität oder Passivität der Kinder durch die Sprachhandlungen der Erzieherinnen kann aus der Kategorie „aufnehmen" aus dem Kategoriensystem „Perlokution" hervorgehen. Aus der relativen Häufigkeitsverteilung der Kodierungen von Perlokution (vgl. Abb. 10) liegt „aufnehmen" mit 22% bei E7 und 11% bei E9 bei den höheren zeitlichen Anteilen für dieses Kategoriensystem. Die Kombination der Angebotsphase und der

Sprachhandlung der jeweiligen Erzieherin ergibt folgendes tabellarisches Bild (vgl. Tab. 48).

Tab. 48: Handlungsmuster: Kombination ausgewählter Kategoriensysteme, erstes pädagogisches Angebot, E7 und E9

Phase	Sprach- liche Handlung d. Erzie- her/ in	Perloku- tion	E7 abs. H. [5sek- Intervall]	E7, rel. H. [%]	E7 rel. H. gesamt [%]	E9 abs. H. [5sek- Intervall]	E9, rel. H. [%]	E9 rel. H. gesamt [%]
Teilstichprobe			*n=27*		*N=750*	*n=0*		*N=750*
Hinführen	Frage	aufnehmen	3	11	0	0	0	0
Hinführen	Aussage	aufnehmen	24	89	3	0	0	0
Hinführen	Anweisung	aufnehmen	0	0	0	0	0	0
Teilstichprobe			*n=108*		*N=750*	*n=66*		*N=750*
Ausprobieren	Frage	aufnehmen	2	2	0	4	6	1
Ausprobieren	Aussage	aufnehmen	95	88	13	55	83	7
Ausprobieren	Anweisung	aufnehmen	11	10	2	7	11	1
Teilstichprobe			*n=18*		*N=750*	*n=12*		*N=750*
Austauschen	Frage	aufnehmen	1	6	0	1	8	0
Austauschen	Aussage	aufnehmen	17	94	2	11	92	2
Austauschen	Anweisung	aufnehmen	0	0	0	0	0	0

Vergleichsweise häufig tritt die Nennung „aufnehmen" insbesondere in der Ausprobierphase mit einer Teilstichprobe von n=108 bei E7 und mit n=66 bei E9 auf. Bei Erzieherin E7 bedeutet es, dass sie zu 13% während der Ausprobierphase dabei beobachtet wurde, wie sie mit ihren Aussagen beabsichtigt, dass die Kinder sie beachten bzw. ihrem Gesagten Gehör schenken. Zusammen mit dem Wert bei E9 (7%) macht das einen vergleichsweise hohen zeitlichen Anteil im gesamten ersten pädagogischen Angebot aus. Auf den ersten Blick lässt das vermuten, dass die Kinder lange Zeit passiv sind und sehr häufig mit Zuhören und Beachten der Erzieherinnen beschäftigt sind, weswegen die eigene Kreativität und Selbsttätigkeit der Kinder mit Blick auf Geduld (G4) vernachlässigt sein könnte.

Absicht mit der sprachlichen Handlung (Illokution) der Erzieher/in
Um keine voreiligen Schlüsse zu ziehen, soll „aufnehmen" aus dem Kategoriensystem der Perlokution differenzierter charakterisiert werden. Dazu wird das Kategoriensystem „Illokution" herangezogen (s. Abb. 9).

Bei der Analyse der Tabelle 48 ergab sich die Frage, wie das perlokutive „aufnehmen" näher beschrieben werden kann, um Auskunft über die Qualität und Angemessenheit dieser Äußerungen der Erzieherinnen in Bezug auf die Ausgangsfrage nach der Ermöglichung des Fragenstellens bei Kinder (G4) geben zu können. Die Kombination dieser Kategorie mit den Kategorien aus der „Illokution" zeigt, für beide Erzieherinnen ein differenziertes Bild ihrer sprachlichen Absichten, die die Kinder „aufnehmen" sollten.

Tab. 49: Handlungsmuster: Kombination ausgewählter Kategoriensysteme, erstes pädagogisches Angebot, E7 und E9

Illokution	Perlokution	E7 abs. H. [5sek-Intervall]	E7, rel. H. [%]	E7 rel. H. *gesamt* [%]	E9 abs. H. [5sek-Intervall]	E9, rel. H. [%]	E9 rel. H. *gesamt* [%]
Teilstichprobe		*n=164*		*N=750*	*n=80*		*N=750*
strukturieren	aufnehmen	14	9	2	8	10	1
sich orientieren	aufnehmen	0	0	0	1	1	0
Kind/er aktivieren	aufnehmen	40	24	5	16	20	2
Kind/er bestärken	aufnehmen	58	35	8	25	31	3
erklären	aufnehmen	11	7	2	6	8	1
anleiten	aufnehmen	25	15	3	14	18	2
keine Absicht	aufnehmen	0	0	0	0	0	0
Sonstige	aufnehmen	15	9	2	10	13	1

Für E7 wurde eine Teilstichprobe von n=164 Kombinationen aus einer Kategorie des Kategoriensystems „Illokution" und „aufnehmen" erhoben. Die Verteilung zeigt, dass E7 schwerpunktmäßig die Kinder versucht hat, zu bestärken, indem sie ihnen ein Lob ausgesprochen oder sehr positiv auf die Kinder reagiert hat. Das sind 8% der kodierten 5-sek-Intervalle im gesamten Angebot. Auch bei E9 liegt im Bestärken der Kinder der Schwerpunkt ihrer Absichten, die insgesamt eine Teilstichprobe von n=80 Kombinationen aus einer Kategorie des Kategoriensystems „Illokution" und „aufnehmen" aufweist.

Ein Beispiel für die Kodierung der Kombination „Illokution: bestärken" und „Perlokution: aufnehmen" ist folgender Satz von E9 (AEg 305): *„Aber ihr habt schon eine gute Idee gehabt, man könnte einfach noch mehr von den Zutaten rein [geben]"*. Hier reagiert E9 in einer positiven Weise auf die Idee der Kinder mehr

Zutaten in die Flasche zu geben, damit der Luftballon tatsächlich dicker aufgepustet wird. E9 rundet den Satz damit ab, worauf sich ihr Lob bezieht. Diese
Art und Weise, wie Kinder hier von der Erzieherin bestärkt werden, erscheint
angemessen, weil sich das Lob an den Kindern orientiert. Außerdem wird den
Kindern gegenüber transparent gemacht, worauf sich das Lob bezieht. Insgesamt
passt diese Art der positiven Reaktion zum Kontext, bei dem ausgehend von der
Frage eines Kindes, warum der Luftballon auf der Flasche plötzlich *„nicht mehr
ganz hoch geht?"* (Kind: AEg 295), in der Gruppe Ideen dafür gesammelt werden.

   Das Repertoire an Belobigungen von E7 und E9 sieht jedoch unterschiedlich aus. Nachdem z.B. ein Kind zu Beginn des Angebotes beim Besprechen
der Experimentiermaterialien ein Päckchen Backpulver richtig erkannt und als
„Backpulver" (Kind: AEg 29; Kind: AEg 107) benannt hat, lobt die Erzieherin E7
das Kind mit *„Wo ist denn hier Backpulver? Geh mal vor. Zeig's uns mal! Richtig.
Backpulver haben wir rein getan."* (E7: AEg 29–31) bzw. *„Genau"* (E7: AEg 107).
Damit bestärkt sie ein Kind zweimal darin, für eine Äußerung, bei der es Backpulver meint zu sehen, obwohl eine Papiertüte auf dem mittigen Tisch liegt, und
für die das Kind den „richtigen" Begriff erwähnt hat. Es stellt sich die Frage,
warum und wofür das Kind gelobt wird? Dafür, dass es einen Begriff nennt, der
„passend" erscheint, obwohl er unpassend ist? Oder dafür, dass das Kind den
Erwartungen der Erzieherin entsprechend etwas „Richtiges" sagt?

   Was können die Kinder von ihren Plätzen im Stuhlkreis tatsächlich sehen?
Die Kinder können kein Backpulver sehen. Denn das befindet sich *vermutlich*
in den kleinen geschlossenen, gelblichen Papiertüten auf dem Tisch in der Mitte
des Stuhlkreises. Um Backpulver tatsächlich sehen zu können, müssten die Kinder hier die Vermutung anstellen, dass sich Backpulver in der Tüte befindet. Anschließend müssten sie dieser Vermutung durch ein Öffnen der Tüte, Betrachten
des Inhaltes und Abgleich mit den bisherigen Erfahrungen im Umgang mit Backpulver, der ein Wiederkennen von Backpulver ermöglicht, nachgehen, wenn sie
den Inhalt als Backpulver identifizieren wollten. An dieser Stelle versäumen es
die Erzieherinnen, die Kinder in der hinführenden Phase, dazu anzuregen, die
Materialien selbst mit mehr Genauigkeit wahrzunehmen, zu analysieren und zu
beschreiben, bevor sie eingesetzt werden. Zu schnell werden Dinge angenommen bzw. übernommen, die augenscheinlich nicht den Tatsachen entsprechen.

   Interessant erscheinen an dieser Stelle auch die Zahlen für Anleitungen, Ak-
tivierungen und Erklärungen in Verbindung mit dem perlokutiven „aufnehmen", die beide Erzieherinnen an die Kinder richten. Denn alle drei Kategorien
stellen steuernde Absichten dar. Beim „Erklären" findet z.B. eine Vermittlung
von Zusammenhängen oder Fachbegriffen statt. Während des Austauschens der
Erzieherinnen mit den Kindern über die Beobachtungen bei der Vermischung

von Wasser, Backpulver und Zitronensaft wird dieses erklärende Element („erklären") gegenüber den Kindern („aufnehmen") bei E7 deutlich: *„Da haben wir auch Blasen gesehen. Also, haben wir so eine Reaktion wie wir grade hier in der Flasche gesehen haben, auch bei unserem Teig. Das ist aber toll. Jetzt wissen wir warum [...] aus so wenig Teig sooo viel werden kann"* (E7: AEg 331–335). Hier übernimmt anstatt der Kinder E7 das Verbalisieren der erklärenden Zusammenhänge. Dabei verwendet sie den Fachausdruck „Reaktion". Die Kategorie „erklären" kommt bei E7 elf Mal vor, während sie sich bei E9 auf sechs absolute Beobachtungen beläuft. Die Kategorie „anleiten" und „aufnehmen" nimmt bei beiden Erzieherinnen etwas höhere absolute Werte an: bei E7 sind es 25 absolute Zählungen, bei E9 sind es 14 absolute Zählungen. Beim „Anleiten" werden von der Erzieherin Wege des Explorierens und Experimentierens sprachlich vorgegeben. Dies zeigt sich in Äußerungen wie: *„Es ist wichtig, dass man es vorher aufpustet."* (E9: AEg 441). Beim „Aktivieren" zum „Aufnehmen" stehen dagegen Äußerungen wie von E7 im Vordergrund: *„Backpulver. Und wir haben grad gesehen, wie das reagiert hat [...]"* (E7: AEg 320). Mit 40 absoluten Zählungen bei E7 und 16 absoluten Zählungen bei E9 liegt das „Aktivieren" der Kinder zum Zuhören („aufnehmen") auf dem zweiten Rang dieser Analyse (Tab. 49).

Insgesamt sind die Kinder daher in einer passiven Rolle, weil sie trotz vieler bestärkender Instruktionen, in der Summe überwiegend solche Impulse erhalten, bei denen sie angeleitet, zum Zuhören allgemein und zum Hören von Erklärungen aktiviert werden.

11.6.3.1 Coachingimpuls 4

Folgende Aspekte können in einem Coaching aufgrund der Anwendung des Beobachtungsinstrumentes und der Analyse der kategorialen Kombinationen als Rückmeldung an die Erzieherinnen gegeben werden:

Die Vermutung aus den vorangegangenen Analyseteilen eines Involvements der Erzieherinnen, das sich durch einen lenkenden Erziehungsstil und ein eher hierarchisches Beziehungsverhältnis im Sinne einer komplementären Reziprozität (1994, S. 154f.) kennzeichnet, kann hier weiter untermauert werden. Als Belege für dieses systematische und zielgerichtete Vorgehen der Erzieherinnen E7 und E9 können beispielsweise die große Häufigkeit an Anweisungen zum Handeln der Kinder während der Ausprobierphase aber auch die Aktivierung der Kinder mit den Erzieherinnen in einen Dialog zu treten anstatt die Kinder selbsttätig ausprobieren zu lassen und das schwerpunktmäßige Anregen des „Aufnehmens" von Gesagtem der Erzieherinnen angeführt werden. Außerdem werden den Kindern vergleichsweise häufig Erklärungen und Anleitungen gegeben. Aus den Analysen wird deutlich, dass die Erzieherinnen E7 und E9 im Dialog mit den Kindern hauptsächlich Antworten auf Fragen einfordern. Sie haben nicht immer angemessene sprachliche Impulse parat, die die Kinder zum Fragenstellen aktivieren.

In einem Coaching kann den Erzieherinnen die differenzierte Rückmeldung gegeben werden, ihre eigenen sprachlichen Handlungen so zu variieren, damit die Kinder die Möglichkeit haben, selbst Fragen zu stellen. Offene Fragen, wie sie z.b. in der EPPE-Studie als förderlich für die kognitiven Leistungen der Kinder evoziert worden sind (Siraj-Blatchford, 2010, S. 154f.), könnten die Erzieherinnen üben und bei der Gestaltung des pädagogischen Angebots einbringen. Beispielsweise könnten beide Erzieherinnen ihre verbalen Äußerungen in Austauschgesprächen so gestalten, dass die Kinder in ein Staunen kommen und dadurch zu eigenen Fragen angeregt werden. E7 und E9 könnten den Kindern dabei helfen, selbst Fragen dazu zu formulieren, was die Kinder erstaunt und was sie weiterhin herausfinden möchten. Indem die Erzieherinnen eine systematische und zielgerichtete Vorgehensweise verfolgen, verhindern sie eine freie und offene Vorgehensweise in ihrem eigenen pädagogischen Handeln.

Die exemplarische Analyse zeigt, dass der Einsatz sprachlicher Möglichkeiten der Erzieherinnen E7 und E9 exakter und der Situation angemessener gewählt werden sollte. Ein Lob bzw. eine positive Reaktion auf das Verhalten von Kindern ist nicht passend, wenn es den Kontext missachtet und die Orientierung an den Voraussetzungen der Kinder verliert. Grundlegende naturwissenschaftliche Arbeitsweisen wie ein Hinterfragen der Dinge, Eigenaktivität der Kinder, Kleinschrittigkeit und Genauigkeit bei der Benennung von Materialien bzw. Stoffen oder das erste vorsichtige Heranwagen an Vermutungen und deren Überprüfungen werden von E7 zugunsten eines schnellen Lobes („Genau") als Möglichkeit vertan und müssten von den Erzieherinnen geübt werden, um mit den Kindern „geduldig" (G4) umzugehen. Die Beispiele zeigen, dass eine intensive differenzierte Selbstreflexion der Erzieherinnen E7 und E9 in Bezug auf die Angemessenheit ihres sprachlichen und pädagogischen Verhaltens gegenüber den Kindern weiterhin notwendig ist, um konsequent „geduldig" (G4) zu sein. Das setzt voraus, dass die Erzieherinnen selbst intensiver Situationen wahrnehmen, antizipieren, für sich reflektieren und entsprechend umsetzen sollten. Bei der Auseinandersetzung mit naturwissenschaftlichen Phänomenen und im Umgang mit den Kindern sollten die Erzieherinnen ihr sprachliches und pädagogisches Verhalten auf ihre Selbstreflexionen abstimmen können. In Anbetracht der Vorbildfunktion der Erzieherinnen für Kinder ist im Vorfeld dazu das Schulen des eigenen vorausschauenden Denkens bei E7 und E9 zentral, damit die Strategien im Umgang mit naturwissenschaftlichen Phänomenen angemessen mit Kindern geübt werden können.

11.6.3.2 Hypothese 3

Ein exakter und der Situation angemessener Einsatz sprachlicher Möglichkeiten der Erzieherinnen E7 und E9 fördert im Rahmen einer differenzierten Selbstreflexion die Gestaltung offener Lerngelegenheiten für Kindergartenkinder.

11.6.4 Weiterführende Analyse Teil 2

Nach Youniss (1994, S. 154f.) dominiert bei dem Beziehungsprinzip der komplementären Reziprozität die Asymmetrie der Macht, etwas bewirken zu wollen. Es stellt sich die Frage, ob die Erzieherinnen E7 und E9 Aktivitäten zeigen, die als Gegenpol zur komplementären Reziprozität stehen. In der symmetrischen Reziprozität stehen nach Youniss (ebd.) das Selbst und der andere als Handelnder gleichberechtigt in der Situation. Keiner dominiert den anderen Handelnden. Die Balance zwischen symmetrischer und komplementärer Reziprozität wäre wichtig für ein ausgewogenes, harmonisches Lehr-Lern-Verhältnis zwischen Erzieher/innen und Kindern, weil die Kinder die Gelegenheit hätten, sich in unterschiedlichen Rollenkonstellationen zu behaupten. Die Analyse des Kategoriensystems „Nonverbale Handlung der Erzieher/in" soll Aufschluss über den Aspekt der symmetrischen Reziprozität bei E7 und E9 geben und weiterführend mit der Analyse von Handlungskompetenz im Sinne von Geduld (G4) zur Ermöglichung des Fragenstellens bei Kindern verbunden werden.

Kategoriensystem „Nicht-sprachliche Handlung der Erzieher/in"

Sechs Kategorien machen das Kategoriensystem „nonverbale Handlung der Erzieher/in" aus. Mit der Kategorie „Lernumgebung gestalten" werden nichtsprachliche Aktivitäten der Erzieher/in kodiert, bei denen sie ihre Handlungen auf die Gestaltung der Lernumgebung richtet. Die Erzieher/in ordnet Experimentiermaterial und/oder ist damit beschäftigt, den Kindern Experimentiermaterial zur Verfügung zu stellen. Die Erzieher/in gestaltet die Lernumgebung, indem sie z.B. Einrichtungsgegenstände wie Tische und Stühle in gewünschte räumliche Positionen bringt. Beim „begleitenden Unterstützen" ist die Erzieher/in den Kindern beim Ausführen von Handlungen behilflich, indem sie zeigende, vormachende bzw. demonstrierende und Orientierung gebende Aktivitäten ausübt. Das „Beobachten" der Kinder durch die Erzieher/in ist dadurch gekennzeichnet, dass die Erzieher/in den Kindern gegenüber aufmerksam ist, sich einen Überblick über das gesamte Geschehen beim Explorieren und Experimentieren macht. Dadurch behält sie das Gesamtgeschehen im Blick. Die Kategorie „ausprobieren" bedeutet, dass die Erzieher/in selbst das naturwissenschaftliche Phänomen ausprobiert. „Nicht im Bild" zu sein, heißt, dass die Erzieher/in im vorgegebenen Bildausschnitt im Video nicht zu sehen ist, sodass ihre nonverbalen Handlungen nicht kodiert werden können. Auch wenn keine eindeutigen Zuordnungen möglich sind, weil die Erzieher/in nur teilweise im Bild zu sehen ist, wird diese Kategorie gewählt. „Sonstige" ist wie bei allen anderen Kategoriensystemen eine Restkategorie, die hier nonverbalen Handlungen vorbehalten ist, die den anderen im Kategoriensystem für nonverbale Handlung vorgesehenen Kategorien nicht zugeordnet werden können.

Abb. 15: Relative Häufigkeitsverteilung [%] der Kodierungen zur nonverbalen Handlung der Erzieherinnen E7 und E9 im gesamten ersten pädagogischen Angebot (Gärungsprozesse im Kuchenteig)

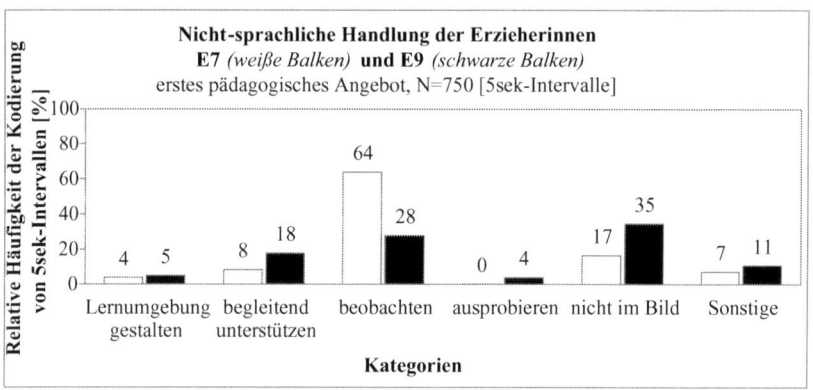

Der Fokus der Analyse im Zusammenhang mit der symmetrischen Reziprozität fällt hauptsächlich auf das selbsttätige Ausprobieren der Erzieherinnen. Während E7 im ersten Bildungsangebot nicht selbst ausprobiert, sind es bei E9 immerhin 4% der Kodierungen [5sek-Intervalle], in denen sie selbst experimentiert. Sie schneidet z.B. im Beisein der Kinder selbst eine Zitrone auseinander, füllt Backpulver, Wasser und Zitronensaft in eine Flasche und stülpt den Luftballon über die Flasche, um zu beobachten, was mit dem Ballon geschieht. Die nonverbalen Aktivitäten der Erzieherinnen sind hauptsächlich auf die Kinder gerichtet und werden nicht bzw. kaum damit verbracht, selbst das naturwissenschaftliche Phänomen zu erfahren. Wie kommt das?

Ein kurzer Überblick macht deutlich, dass die Erzieherin E7 zu 64% der kodierten 5sek-Intervalle mit „beobachten" der Kinder im ersten pädagogischen Angebot eingeschätzt wird. Das ist mehr als doppelt so viel als bei ihrer Kollegin E9, die mit 28% Zeitanteil damit beschäftigt ist, die Kinder zu beobachten bzw. das Geschehen im Blick zu behalten. Passend ist dieser Eindruck, wenn das Geschehen erinnert wird: E9 sitzt mit einzelnen Kindern in der Mitte des Stuhlkreises und unterstützt die Kinder beim Explorieren (18%). E7 beobachtet daher viel häufiger das Geschehen im ersten pädagogischen Angebot. Hin und wieder unterstützt E7 (8%) die Kinder begleitend, indem sie ihnen zum Beispiel durch demonstrierende Handbewegungen an der Stelltafel einzelne Arbeitsschritte veranschaulicht und dadurch bei der Interpretation der Experimentieranleitung hilft. Mit rund 4% bis 5% der Zeit widmen sich die Erzieherinnen dem Gestalten der Lernumgebung.

11.6.4.1 Coachingimpuls 5

Folgendes Feedback könnte den Erzieherinnen in einem Coaching gegeben werden: Die Zahlen lassen vermuten, dass die Erzieherinnen intensiv damit beschäftigt sind, die Kinder zu beobachten und das Gesamtgeschehen im Blick zu haben. Bei E7 ist das öfter als bei E9, was damit zu erklären ist, dass E9 zu einem Großteil des Angebotes die Führung in der Interaktion mit den Kindern übernimmt, während E7 häufiger zusieht.

Zeit für eigenes Ausprobieren lassen sich die Erzieherinnen nicht, weil die Kinder ohne die Erzieherinnen die Experimentieranleitung nicht lesen oder interpretieren könnten. So vermeiden es die Erzieherinnen, mit den Kindern auf eine gemeinsam explorierende Ebene zu gehen. Die Selbsttätigkeit der Kinder wird durch das gesamte Lernarrangement, bestehend aus Sitzkreis in der Großgruppe, kleinem Experimentiertisch, wenig Materialien zum Ausprobieren und Anleitung, vermutlich verhindert. Das begleitende und beobachtende Engagement der Erzieherinnen wird im Gegenzug erhöht. Ein selbsttätiges Ausprobieren der Erzieherinnen lässt das gewählte Lernarrangement nicht zu. Eine Balance zwischen symmetrischer und komplementärer Reziprozität (Youniss, 1994, S. 154f.) wäre ein Ziel für die Beziehungsgestaltung auf der nonverbalen Ebene in künftigen pädagogischen Angeboten.

11.6.4.2 Hypothese 4

Das selbsttätige Ausprobieren der Erzieher/innen ermöglicht den Kindern eine symmetrische Beziehungsgestaltung zur Erzieher/in zu erleben.

11.7 Die Entwicklung von Handlungskompetenz bei E7 und E9

Um die Entwicklung der Handlungskompetenz von E7 und E9 beschreiben zu können, werden die Aktivitäten der Erzieherinnen in ihrem Verlauf über die fünf kodierten pädagogischen Angebote beschrieben. Leitend ist die Frage inwiefern sich die Erzieherinnen E7 und E9 darin weiter entwickeln, um die Kinder zum Fragenstellen anzuregen (G4). Diese Unterforschungsfrage gehört zur folgenden Hauptforschungsfrage: Inwieweit kann eine Entwicklung der

Handlungskompetenz von Erzieher/innen in naturwissenschaftlichen Bildungsangeboten festgestellt und in Handlungsprofilen beschrieben werden?

11.7.1. Analyse Teil 1 zur Entwicklung von Handlungskompetenz

zu 1a.
**Entwickeln sich die Erzieherinnen darin weiter, die Kinder bezogen auf
Angebotsphasen: Ausprobieren und Sozialform zum Fragenstellen anzure-
gen (G4)?**

Es wird davon ausgegangen, dass eine erhöhte Ausprobierzeit Voraussetzung dafür ist, Kindern aufgrund eigener Erfahrungen mit dem naturwissenschaftlichen
Phänomen eigenes Staunen, Irritiertsein, Wundern und damit Fragenstellen zu
ermöglichen. Gleichzeitig sind Hinführungsphasen für eine Kontexteinführung
aber auch Austauschprozesse wichtig, damit die Kinder ihre Erfahrungen verba-
lisierend festigen können. Im Folgenden zeigt sich ein längsschnittlicher Überblick über die kodierten Angebotsphasen.

*Abb. 16: Relative Häufigkeitsverteilung [%] der Kodierungen von Angebotsphasen in fünf
pädagogischen Angeboten, E7, E9*

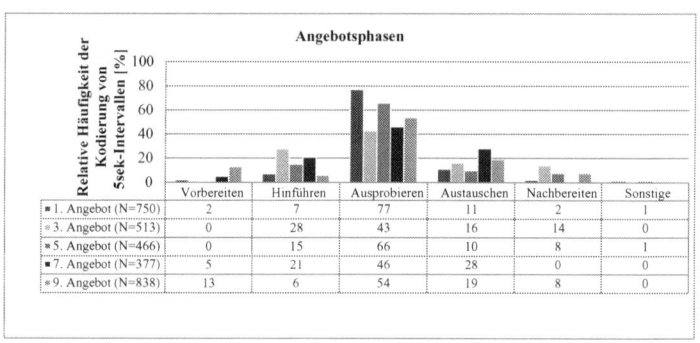

Grobe Trends im längsschnittlichen Verlauf der fünf kodierten pädagogischen
Angebote zeigen, dass Hinführungsphasen vom zeitlichen Anteil her abnehmen.
Ein abnehmender Trend des Zeitanteils ist auch bei den Ausprobierphasen zu
beobachten. Dagegen kann beim Austauschen ein leichter ansteigender zeitlicher Trend gesehen werden. Im Hinblick auf das Ermöglichen von Fragenstellen
der Kinder (G4) kann aus den Trends geschlossen werden, dass die Erzieherinnen E7 und E9 in allen fünf Angeboten den Schwerpunkt auf Ausprobierphasen
gelegt und dadurch versucht haben, den Kindern das Explorieren und Experimentieren zu ermöglichen und dadurch prinzipiell das Entwickeln von Fragen

ermöglicht haben. Mit dem Abwärtstrend der Ausprobierphasen zugunsten der Austauschphasen wird deutlich, dass den Erzieherinnen das Austauschen im Laufe des Treatments wichtiger geworden ist, ohne das Ausprobieren relevant zu vernachlässigen. In Austauschphasen haben die Kinder die Gelegenheit, ihre Erfahrungen mit dem naturwissenschaftlichen Phänomen unter Peers und den Erwachsenen zu schildern. Neben der Festigung der Erfahrungen, haben die Kinder mehr Zeit zum Verbalisieren. Außerdem werden dadurch soziale Austauschprozesse, die für die Entwicklung wichtig sind (Youniss, 1994), ermöglicht. Interessant erscheint, in welchen Sozialformen die Angebote stattfanden und ob hier Veränderungen zu sehen sind. Insgesamt ergibt sich im Verlauf ein ausgewogeneres Bild der Verteilung der Angebotsphasen.

Abb. 17: Relative Häufigkeitsverteilung [%] der Kodierungen von Sozialformen in fünf pädagogischen Angeboten, E7, E9

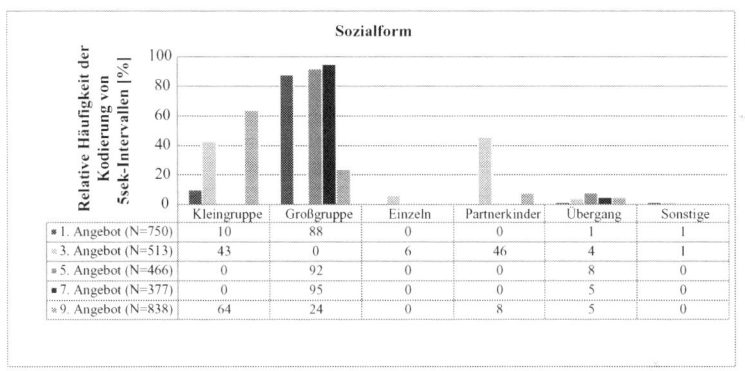

Bei den fünf pädagogischen Angeboten variiert der Modus der Sozialformen hauptsächlich zwischen Klein- und Großgruppe. Nur vereinzelt treten Arbeitsphasen einzelner Kinder oder Partnerkinder auf. Einzeln für sich arbeiten die Kinder praktisch nicht. Zwischen 1% und 8% des Zeitanteils finden Übergänge statt. Im ersten, fünften und siebten pädagogischen Angebot dominieren die Großgruppen. Es sei darauf hingewiesen, dass die Interaktionen im dritten und letzten Angebot hauptsächlich in Kleingruppen (43% und 64%) stattfinden.

Fraglich ist, wie Groß- oder Kleingruppe auf die unterschiedlichen Angebotsphasen verteilt sind. Aus der folgenden Analyse im Verlauf des Treatments ist zu schließen, inwiefern die Kinder während des Ausprobierens tatsächlich in Kleingruppen möglichst individuell aktiviert worden sind. Es werden zunächst die Zeitanteile der Kombinationen von Angebotsphasen und der Sozialform:

Großgruppe in relativen Häufigkeiten (gerundet auf ganze Zahlen) bezogen auf Vollerhebungen der jeweiligen pädagogischen Angebote angegeben.

Abb. 18: Relative Häufigkeitsverteilung [%] der Kodierungen der kombinierten Kategoriensysteme „Angebotsphasen" und der „Sozialform: Großgruppe" über fünf pädagogische Angebote (pA)

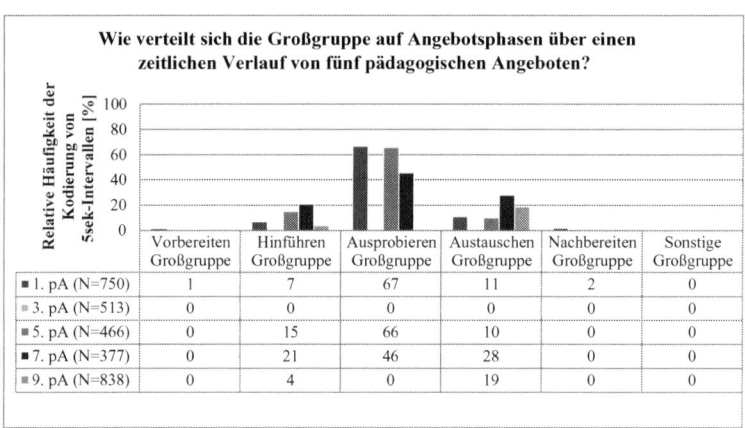

	Vorbereiten Großgruppe	Hinführen Großgruppe	Ausprobieren Großgruppe	Austauschen Großgruppe	Nachbereiten Großgruppe	Sonstige Großgruppe
■ 1. pA (N=750)	1	7	67	11	2	0
▨ 3. pA (N=513)	0	0	0	0	0	0
■ 5. pA (N=466)	0	15	66	10	0	0
■ 7. pA (N=377)	0	21	46	28	0	0
▨ 9. pA (N=838)	0	4	0	19	0	0

Das Diagramm (Abb. 18) zeigt, dass die Ausprobierphasen im ersten (67%), fünften (66%) und siebten pädagogischen Angebot (46%) in der Großgruppe stattfinden. Auch das Hinführen und das Austauschen werden zumeist in der Großgruppe organisiert.

Abb. 19: Relative Häufigkeitsverteilung [%] der Kodierungen kombinierter Kategoriensysteme „Angebotsphasen" und der „Sozialform: Kleingruppe" über fünf pädagogische Angebote (pA)

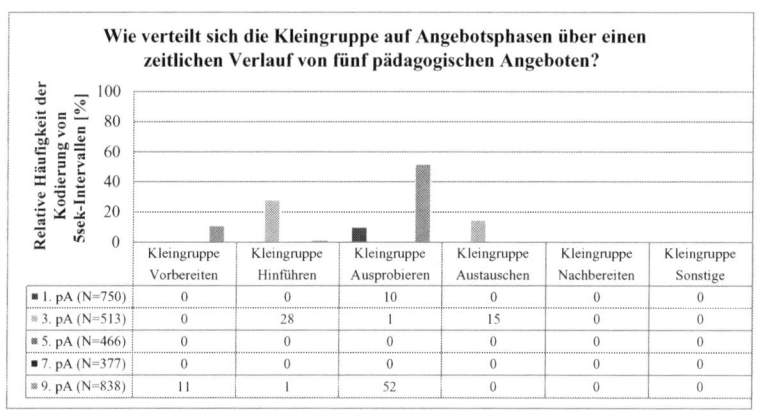

	Kleingruppe Vorbereiten	Kleingruppe Hinführen	Kleingruppe Ausprobieren	Kleingruppe Austauschen	Kleingruppe Nachbereiten	Kleingruppe Sonstige
■ 1. pA (N=750)	0	0	10	0	0	0
▨ 3. pA (N=513)	0	28	1	15	0	0
■ 5. pA (N=466)	0	0	0	0	0	0
■ 7. pA (N=377)	0	0	0	0	0	0
▨ 9. pA (N=838)	11	1	52	0	0	0

Ein Ausprobieren in der Kleingruppe kommt im ersten Angebot (10%) und auffällig deutlich erst im neunten pädagogischen Angebot mit 52% des zeitlichen Anteils vor. Im dritten Angebot sind die Kinder während der Hinführung (28%) und während des Austauschs (15%) zum Versuch „Wasser leiten" in Kleingruppen arrangiert. Bei der Betrachtung des videografierten neunten pädagogischen Angebots können die Kinder beobachtet werden, wie sie an Gruppentischen verteilt und arbeiten aufgabenverschieden zu unterschiedlichen Wasserphänomenen ausprobieren. Hier gibt es einen großen Unterschied zu den vorangegangenen pädagogischen Angeboten, die insgesamt weniger differenziert und weniger komplex organisiert sind (vgl. Kapitel 11.5: Inhaltliche Kurzbeschreibung: Element Wasser).

11.7.1.1 Coachingimpuls 6

Im Sinne von Geduld (G4) wird davon ausgegangen, dass die Kinder dann auf struktureller Ebene zum Fragen angeregt werden, wenn sie möglichst selbsttätig Erfahrungen machen können. Die Eigenerfahrungen der Kinder werden als Ausgangspunkt für Beobachtungen und folglich für Fragen der Kinder gesehen.

Das Lernarrangement wird insbesondere im letzten pädagogischen Angebot von E7 und E9 so gestaltet, dass die Kinder nicht nur in Kleingruppen selbsttätig sind, sondern auch genügend Ausprobierzeit zur Verfügung haben, um zu unterschiedlichen Themen zu explorieren und zu experimentieren (vgl. Kapitel 11.5: Inhaltliche Kurzbeschreibung zum neunten Angebot: Element Wasser). Den Erzieherinnen E7 und E9 kann demnach rückgemeldet werden, dass sie insbesondere im neunten pädagogischen Angebot ihre Handlungskompetenz darin zeigen, ein Lernarrangement so zu gestalten, dass selbsttätiges Lernen und dadurch auch das Stellen neuer Fragen der Kinder prinzipiell ermöglicht wird. In Bezug auf die Entwicklung von Handlungskompetenz kann hier hervorgehoben werden, dass die Erzieherinnen in Bezug auf die Strukturierung der pädagogischen Angebote im neunten pädagogischen Angebot gegenüber dem ersten pädagogischen Angebot an Handlungskompetenz hinzugewonnen haben. Den Erzieherinnen kann empfohlen werden, bezogen auf zeitliche Anteile einzelner Phasen und bezogen auf aktivierende Sozialformen auf diese Weise ihre pädagogischen Angebote weiterhin zu strukturieren.

11.7.1.2 Hypothese 5

Die Teilnahme an der Professionalisierungsmaßnahme in der Heidelberger Forscherstation bestehend aus Fortbildung und Coaching trägt zur Entwicklung von Handlungskompetenz (Geduld, G4) insofern bei, als die Erzieherinnen bei der Gestaltung pädagogischer Angebote am Ende der Fortbildungsreihe Wert auf eine ausgewogene Verteilung der Angebotsphasen als auch auf aktivierende Sozialformen legen.

11.8 Verlaufsbeschreibung

Um einen Einblick in die Entwicklung auch der verbalen und nonverbalen Aktivitäten des Fallstudientandems zu erhalten, werden im Folgenden dazu Verlaufsbeschreibungen aller fünf kodierten pädagogischen Angebote in Handlungsprofilen dargestellt. Diese Beschreibung dient der Darstellung der Entwicklung einzelner performativer Verhaltensweisen bei den ausgewählten Erzieherinnen über den Zeitraum von 18 Monaten hinweg. Mögliche Veränderungen in den Modi könnten weitere Hinweise auf eine Entwicklung zeigen, die näher im Sinne von Handlungskompetenz (Geduld, G4) analysiert dargestellt werden können.

11.8.1 Verlaufsbeschreibung für die Erzieherin E7 bezogen auf ihre sprachliche Handlung

Abb. 20: Relative Häufigkeitsverteilung [%] der Kodierungen zur verbalen Handlung der Erzieherin E7 in fünf kodierten pädagogischen Angeboten

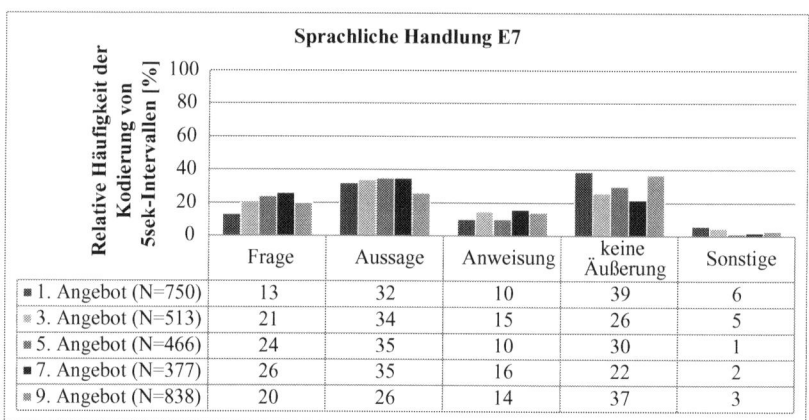

	Frage	Aussage	Anweisung	keine Äußerung	Sonstige
■ 1. Angebot (N=750)	13	32	10	39	6
▨ 3. Angebot (N=513)	21	34	15	26	5
▨ 5. Angebot (N=466)	24	35	10	30	1
■ 7. Angebot (N=377)	26	35	16	22	2
▨ 9. Angebot (N=838)	20	26	14	37	3

1. Angebot – Auswertung: Gärungsprozesse im Kuchenteig, E7, N=750 [5-sek-Intervalle]

Im ersten pädagogischen Angebot, das ca. eine Stunde dauert, soll durch einen Versuch herausgefunden werden, wie das Größerwerden von Kuchenteig im Backofen zu erklären ist. Hier dominiert bei Erzieherin E7 das Treffen von

Aussagen mit 32% der insgesamt zu kodierenden 5-Sekunden-Intervalle; abgesehen von ca. 24 Minuten (39% der gesamten Zeit), in der sie sich nicht äußert. Etwa gleichauf sind das Stellen von Fragen mit 13% und das Geben von Handlungsanweisungen mit 10% der Gesamtzeit. Sonstige Äußerungen, die häufig mit undeutlichen oder unklaren sprachlichen Handlungen verbunden sind, machen 1% der Zeit aus.

3. Angebot – Auswertung: Wasser leiten, E7, N=513 [5-sek-Intervalle]

Mit rund 34% lässt sich das Aussagentreffen beim Versuch, eine Wasserleitung für einen Blumentopf zu gestalten, als Modalwert beschreiben – gefolgt von „keine Äußerung" der Erzieherin E7 mit 26%. Das Fragenstellen hat sich bei E7 im Vergleich zum ersten Angebot mit 21% um etwa ein Drittel an 5-sek-Intervallen erhöht. Mit 15% kodierter Intervalle bezogen auf Handlungsanweisungen an die Kinder haben sich die Werte in diesem Angebot im Vergleich zum ersten Angebot erhöht. Sonstige Äußerungen wurden mit 5% beobachtet und kodiert. Insgesamt lässt sich ein homogenes Bild sprachlicher Handlungen beschreiben, wobei das Treffen von Aussagen am häufigsten auftaucht.

5. Angebot – Auswertung: Luftballonrakete, E7, N=466 [5-sek-Intervalle]

Die relative Häufigkeit nimmt gegenüber Angebot eins und drei in der fünften Umsetzung um wenige Prozentwerte zu. Auch die relative Häufigkeit der Aussagen von Erzieherin E7 ist im Vergleich zu den ersten beiden kodierten Videos angestiegen und liegt bei 35% des gesamten fünften Angebotes. Ein Anstieg der Prozentwerte ist auch bei „keine Äußerung" für E7 mit 30% zu verzeichnen. Dagegen gibt E7 mit 10% des Zeitanteils weniger Anweisungen an die Kinder, als dass sie ihnen Fragen stellt.

7. Angebot – Auswertung: Spiegelphänomene, E7, N=377 [5-sek-Intervalle]

Der Aufwärtstrend der relativen Häufigkeitswerte im Bereich der sprachlichen Handlungen von E7 nimmt im siebten Angebot beim Versuch die Funktionsweise eines Periskops, einem alltäglichen Spielzeug der Kinder, zu erkunden seinen Lauf. Vorreiterposition hat mit 35% das Aussagentreffen. Fragen tauchen währenddessen mit 26% des Zeitanteils auf. Mit 22% der Kodierungen äußert sich E7 nicht während die Kinder die Spiegelphänomene ausprobieren. Ein zeitlicher Anteil von 16% ist auf das Geben von Anweisungen verteilt.

9. Angebot – Auswertung: Element Wasser, E7, N=838 [5-sek-Intervalle]

Im neunten Angebot ist eine kleine Trendwende gegenüber den vorherigen kodierten Videos zu verzeichnen. Die relativen Häufigkeiten der Fragen (20%),

Aussagen (26%) und Anweisungen (14%) nehmen ab. Dagegen steigt der Prozentwert bei „keine Äußerung" auf 37% an. Sonstige Äußerungen sind mit 3% nur wenig vorhanden. Eine Begründung für diesen Trend kann wie folgt vermutet werden: indem alle Kinder an Kleingruppentischen Phänomene an unterschiedlichen Wasserversuchen erforschen dürfen, treten aufgrund der Selbsttätigkeit der Kinder die sprachlichen Äußerungen der Erzieherin E7 in den Hintergrund.

11.8.2 Verlaufsbeschreibung für die Erzieherin E9 bezogen auf ihre sprachliche Handlung

Abb. 21: Relative Häufigkeitsverteilung [%] der Kodierungen zur verbalen Handlung der Erzieherin E9 in fünf kodierten pädagogischen Angeboten

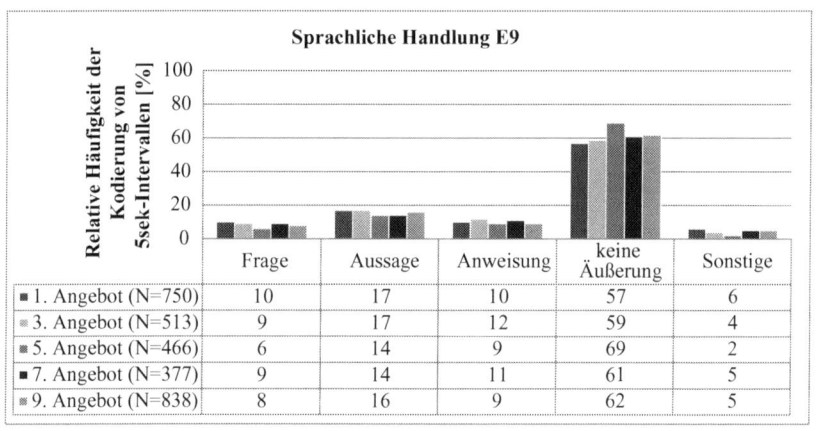

	Frage	Aussage	Anweisung	keine Äußerung	Sonstige
▪ 1. Angebot (N=750)	10	17	10	57	6
▨ 3. Angebot (N=513)	9	17	12	59	4
▪ 5. Angebot (N=466)	6	14	9	69	2
▪ 7. Angebot (N=377)	9	14	11	61	5
▨ 9. Angebot (N=838)	8	16	9	62	5

1. Angebot – Auswertung: Gärungsprozesse, E9, N=750 [5-sek-Intervalle]
Erzieherin E9 äußert sich mit 57% der Zeit über die Hälfte des pädagogischen Angebotes nicht. Wenn sie sprachlich aktiv ist, trifft sie mit 17% der Kodierungen häufiger Aussagen als Fragen zu stellen (10%) und Anweisungen zu geben (10%). Sonstige Äußerungen kommen mit 6% kodierter 5-sek-Intervalle vor.

3. Angebot – Auswertung: Wasser leiten, E9, N=513 [5-sek-Intervalle]
Auffallend im Angebot zur Erfindung eines „Wasser leitenden Blumengießautomates" ist, dass E9 mit beinah zwei Dritteln der Zeit (59%) keine Äußerung von sich gibt. Damit liegt sie im Bereich des Prozentwertes für dieselbe Kategorie im ersten Angebot. Auffallend aber korrespondierend mit dem hohen Prozentwert für „keine Äußerung" liegen die Werte aller anderen Merkmale unter 17% der

relativen Häufigkeit kodierter 5-sek-Intervalle. Zeitanteile für Aussagen (17%) und Anweisungen (12%) nehmen hier die etwas höheren Werte an. Das Fragenstellen wurde im dritten Angebot mit 9% zu einer geringeren Häufigkeit kodiert. Diese ist jedoch vergleichbar mit dem prozentualen Anteil der Zeit im ersten Angebot, in der E9 den Kindern gegenüber mit Fragen auftritt.

5. Angebot – Auswertung: Luftballonrakete, E9, N=466 [5-sek-Intervalle]
Der relative Anteil „keiner Äußerungen" steigt vom dritten zum fünften Angebot um über 10% auf 69% an. Dagegen fallen die Prozentangaben für die Anzahl kodierter 5-sek-Intervalle aller anderen Kategorien ab: Fragen werden von der Erzieherin E9 nur zu 6% der kodierten Zeit gestellt; zu 14% werden Aussagen getroffen und zu 9% kodierter Intervalle werden Handlungsanweisungen gegeben. Zu sonstigen Äußerungen lassen sich fast 2% der Intervalle zuordnen.

7. Angebot – Auswertung: Spiegelphänomene, E9, N=377 [5-sek-Intervalle]
Immer noch über der 60%-Marke liegt beim Explorieren und Experimentieren mit unterschiedlich großen Spiegeln die Kategorie „keine Äußerung" von E9. Alle anderen Ausprägungen des sprachlichen Handelns von E9 halten sich mit den zuvor kodierten Angeboten die Waage und verändern sich kaum: das Fragenstellen liegt bei 9%, das Treffen von Aussagen bei 14% und das Anweisunggeben bleibt bei 11% des zeitlichen Anteils.

9. Angebot – Auswertung: Element Wasser, E9, N=838 [5-sek-Intervalle]
Fast gleich sieht das Bild im neunten und letzten Angebot aus, bei dem die Erzieherinnen den Kindern ermöglicht haben, unterschiedlichen Wasserphänomenen explorierend und experimentierend nachzugehen. 62% machen die relative Häufigkeit kodierter Intervalle für das Merkmal „keine Äußerung" bezogen auf E9 aus. Niedrigster Wert sind sonstige Äußerungen (5%). Kaum häufiger stellt die Erzieherin E9 Fragen: mit 8% ist es der zweit-niedrigste Wert in dieser Erhebung. Das Geben von Anweisungen beläuft sich auf 9%. Mit den „Aussagen" kommt Erzieherin E9 auf rund 16% der gesamten Angebotszeit. Damit ist sie in ähnlicher Häufigkeit mit Aussagen präsent wie in allen anderen Angeboten.

11.8.2.1 Coachingimpuls 7 - Zur Verlaufsbeschreibung der sprachlichen Handlung für die Erzieherinnen E7 und E9

Bei einer vertikalen Betrachtung der Kodierungen zeigt sich in den Medianen folgendes Bild für E7: Bei der Kategorie „Frage" liegt der Median bei 21%; bei „Aussage" bei 34%, bei der „Handlungsanweisung" bei 14%, bei „keine Äußerung" bei 30% und bei „Sonstige" bei 2%. Werden die Mediane bei E7 betrachtet, kann festgestellt werden, dass E7 über alle kodierten Angebote hinweg gesehen hauptsächlich Aussagen trifft. An zweiter Stelle stehen „keine Äußerungen". Eine Fragehaltung durch häufiges Fragenstellen der Erzieherin E7 nimmt den dritten Platz ein. Die Tendenz für die Erzieherin E7 sieht im Bereich des Fragenstellens bis auf das letzte Angebot steigend aus. Das heißt, E7 stellt im Verlauf der Angebote mehr Fragen. Das Aussagentreffen steigt leicht an, bleibt aber relativ konstant bei etwa 34%, bis auf das letzte Angebot. Die Abnahme des Anteils der Äußerungen (Fragen, Aussagen, Anweisungen) geht zugunsten von „keine Äußerung". Das bedeutet, dass E7 im Verlauf und gegen Ende des Fortbildungstreatments mit entsprechenden pädagogischen Umsetzungen im Kindergarten weniger spricht.

Bei E9 ergibt sich bzgl. der Mediane ein ganz anderes Bild als bei E7: Die „Frage" ist mit einem Median von 9% gleichauf mit der „Handlungsanweisung". Dagegen nimmt die „Aussage" den Wert 16% an, „keine Äußerung" den Wert 61% und „Sonstige" liegt im Median bei 5%. Das bedeutet, dass die Erzieherin E9 im Vergleich zu E7 auffällig häufig in allen pädagogischen Angeboten durch sprachliche Zurückhaltung charakterisiert werden kann. E7 ist mit ihren sprachlichen Handlungen in allen fünf pädagogischen Angeboten präsenter als E9.

Durch ihre sprachlich stärker ausgeprägte Präsenz übernimmt E7 daher häufiger eine Handlungssteuerung der Kinder mittels Sprache (Habermas 1987). Durch ihr aktives sprachliches Involvement (König 2010) verschafft sich E7 häufiger die Gelegenheit, Kinder beispielsweise im genauen Hinsehen und Beobachten von Dingen in der Welt zu aktivieren, das Beschreiben von Beobachtungen anzuregen (Welzel-Breuer & Meyer 2011) oder Erfahrungen, Vorkenntnisse und Überlegungen der Kinder aufzugreifen, um zu gemeinsam verstandenem Wissen zu gelangen (Köhnlein 1998). Auf diese Weise räumt sich E7 auch mehr Zeit ein als E9, mit Kindern prinzipiell häufiger langanhaltende und gemeinsame Denkprozesse (sustained-shared-thinking) zu führen und möglicherweise den Kindern Wissen zu vermitteln.

Sich nicht häufig zu äußern, bedeutet dagegen nicht unbedingt, dass die Erzieherin E9 im Sinne von Geduld (G4) nicht handlungskompetent ist. Wenn E9 die Kinder eher in ihrem Ausprobieren gewähren lässt, ohne sich zu stark sprachlich einzubringen, kann vermutet werden, dass ihr die Selbsttätigkeit der Kinder wichtig ist. Damit würde E9 die Rückmeldung gemacht werden können, dass sie über den Verlauf hinweg, sprachlich zurückhaltender ist als E7. E9 versucht daher prinzipiell seltener als E7 den Kindern, Wissen zu vermitteln bzw. die Kinder anzuregen. Dadurch fördert sie die Selbsttätigkeit der Kinder im Sinne von Geduld (G4). Bei der Erzieherin E7 kann die Vermutung angestellt werden, dass sie die Selbsttätigkeit der Kinder, die für das Fragenstellen der Kinder eine Voraussetzung ist, weniger berücksichtigt als ihre Kollegin.

Die Deutung der Ergebnisse des Kategoriensystems „Sprachliche Handlung der Erzieher/in" wird hier über den Aspekt Geduld (G4) hinaus geführt und bezieht sich auf eine Erzieher/in-Erzieher/in-Perspektive. Die unterschiedlichen sprachlichen Redeanteile von E7 und E9, die sich kontinuierlich kaum verändernd über alle kodierten Angebote hinweg zeigen, lässt unterschiedliche Persönlichkeitsstrukturen von E7 und E9 vermuten. Möglicherweise verhält sich E9 aufgrund ihrer weniger dominanten Persönlichkeitsstruktur gegenüber der im sprachlichen Verhalten dominanteren Kollegin E7 zurückhaltend und gibt dadurch bei der Gestaltung von naturwissenschaftlichen Lernumgebungen Verantwortung an E7 ab. Umgekehrt könnte formuliert werden, dass E7 ihre Dominanz im sprachlichen Verhalten gegenüber E9 im Angebot intuitiv auslebt. Daher können unterschiedliche Erziehungsstile angenommen werden, die sich möglicherweise einander ergänzen. Problematisch wäre es dann, wenn eine der beiden Erzieherinnen dieses Ungleichgewicht nicht für tragbar halten würde, es als Problem oder Hindernis bei ihrer eigenen Gestaltung von Lernumgebungen bislang noch nicht thematisiert hätte.

Beide Aspekte, sowohl die Beachtung der Selbsttätigkeit der Kinder im Sinne von Geduld (G4) durch sprachliche Zurückhaltung bei E9 bzw. Missachtung der Selbsttätigkeit der Kinder durch stärkere sprachliche Präsenz bei E7 als auch damit einhergehend die Vermutung unterschiedlicher Persönlichkeitsstrukturen und entsprechender Erziehungsstile, können in einem Coaching thematisiert und auf Relevanz für E7 und E9 bei der Gestaltung von Lernumgebungen überprüft werden.

11.8.2.2 Hypothese 6

Eine sprachliche Zurückhaltung einer Erzieher/in bei der Gestaltung naturwissenschaftlicher Bildungsangebote ist ein Hinweis auf Handlungskompetenz im Sinne von Geduld (G4).

11.8.2.3 Hypothese 7

Die Persönlichkeitsstruktur von Erzieher/innen macht sich im Hinblick auf das sprachliche Repertoire einer Erzieher/in bei der Art und Weise der gemeinsamen Gestaltung einer Lernumgebung bemerkbar.

11.8.3 Verlaufsbeschreibung für die Erzieherin E7 bezogen auf Illokution

Die Tatsache, dass E7 mehr spricht als E9 und im sprachlichen Repertoire eine gleichmäßigere Häufigkeitsverteilung zeigt als E9, befreit nicht von der Frage nach der Qualität und Angemessenheit ihrer sprachlichen Handlungen. Mit den folgenden Analysen zu den Häufigkeitsverteilungen bzgl. Illokution (Kapitel 11.8.3 und 11.8.4) und Perlokution (Kapitel 11.8.5 und 11.8.6) über fünf kodierte pädagogische Angebote hinweg werden die Sprachhandlungen von E7 und E9 näher gekennzeichnet. Das ist möglich, da – mit Bezug zur Sprechhandlungstheorie – nur dann Illokution und Perlokution vorkommen können, wenn sich eine Erzieher/in gegenüber den Kindern tatsächlich äußert.

Beachtet werden sollte, dass das Kategoriensystem zu den Illokutionen trotz unzureichender Reliabilität (s. erster empirischer Teil der Studie) von der Autorin kodiert wurde, um eine Fremdeinschätzung der Autorin geben zu können. Im Folgenden werden daher die Ergebnisse der Kodierungen für fünf vollständig kodierte pädagogische Angebote bezogen auf Illokution für die Erzieherin E7 und nachfolgend für E9 mit beschrieben. Sie sollen mit Vorbehalt betrachtet werden.

Abb. 22: Relative Häufigkeitsverteilung [%] der Kodierungen zur Absicht der Erzieherin E7 (Illokution) mit ihrer Sprachhandlung in fünf kodierten pädagogischen Angeboten

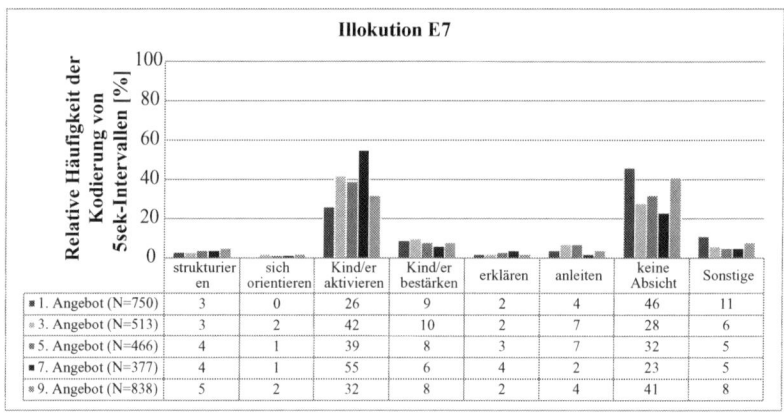

	strukturieren	sich orientieren	Kind/er aktivieren	Kind/er bestärken	erklären	anleiten	keine Absicht	Sonstige
■ 1. Angebot (N=750)	3	0	26	9	2	4	46	11
▪ 3. Angebot (N=513)	3	2	42	10	2	7	28	6
■ 5. Angebot (N=466)	4	1	39	8	3	7	32	5
■ 7. Angebot (N=377)	4	1	55	6	4	2	23	5
▪ 9. Angebot (N=838)	5	2	32	8	2	4	41	8

1. Angebot – Auswertung: Gärungsprozesse im Kuchenteig, E7, N=750 [5-sek-Intervalle]

Im ersten pädagogischen Angebot ragen zwei Kategorien heraus. Zu 46% der Zeit wurde bei der Erzieherin E7 „keine Absicht" festgestellt, als sie sich mit ihnen zum Thema „Gärung im Kuchenteig" mit den Kindern beschäftigte. Mit 26% wurde E7 mit „Kind/er aktivieren" eingeschätzt. Das „Bestärken" der Kinder, das sich durch positive Reaktionen der Erzieherin auf die Kinder zeigt, wurde zu 9% der möglichen Kodierungen beobachtet und kodiert. Das „Erklären" von

Sachverhalten, das „Anleiten" der Kinder beim Explorieren und Experimentieren und das „Strukturieren" der Kinder wurde mit Werten zwischen 2% und 4% selten beobachtet. Dass sich E7 hinsichtlich des Lernstandes bei den Kindern Orientierung verschafft, tritt nicht auf. Dagegen werden zu 11% „sonstige" Absichten kodiert, die nicht in das übrige Kategorienschema passen.

3. Angebot – Auswertung: Wasser leiten, E7, N=513 [5-sek-Intervalle]

Im dritten, knapp 43-minütigen Angebot zum Thema „Wasser leiten", bei dem sich die Kinder mit saugfähigen Stoffen eine Art Wasserleitung bauen, um vertrocknete Blumen zu gießen, werden die Kinder zu 42% der Zeit von E7 zu bestimmten Handlungen „aktiviert". Das kommt sehr viel mehr vor als noch im ersten pädagogischen Angebot. Da jedes Kind eigene Materialien (z.B. Kunststoff, Papier) und Gegenstände (Wasserschälchen und Bauklötze) zum Ausprobieren hat, sind die Kinder in diesem Angebot viel mehr aktiv als in der ersten Umsetzung. Mit 28% der kodierten 5-sek-Intervalle hat E7 „keine Absicht". Dritte Position der Häufigkeitsverteilung nimmt in diesem Angebot das „Bestärken" (10%) der Kinder ein. Zu 7% der kodierten Intervalle – etwas mehr als im ersten Angebot – verfolgt E7 die Absicht, die Kinder durch eine Anleitung zu unterstützen. Weitere Kategorien wie „erklären", „strukturieren" und „sich orientieren" wurden im Bereich von 2% bis 3% der Zeit als Absichten festgestellt, die nur selten vorkommen.

5. Angebot – Auswertung: Luftballonrakete, E7, N=466 [5-sek-Intervalle]

Den Modus im fünften pädagogischen Angebot zum Versuch mit der Luftballonrakete bildet das „Aktivieren" der Kinder mit 39% aller Kodierungen für dieses Kategoriensystem. Zu 32% der Zeit hegt E7 „keine Absicht", weil sie nicht spricht. Das „Bestärken" der Kinder (8%) und das „Anleiten" (7%) liegt bei der Kodierung für dieses Kategoriensystem im mittleren Bereich. In den unteren Häufigkeitsbereich fallen mit 4% die Kategorie „strukturieren", mit 1% die Variable „sich orientieren", mit 3% „erklären" und mit 5% die Kategorie „Sonstige".

7. Angebot – Auswertung: Spiegelphänomene, E7, N=377 [5-sek-Intervalle]

Das Angebot zum Thema „Spiegelphänomene" ist mit 55% hauptsächlich durch die Absicht des Aktivierens der Kinder bei E7 geprägt. „Keine Absicht" hat sie zu 23% der Fälle, weil sie sprachlich nicht aktiv ist. Alle anderen Kategorien wie „strukturieren" (4%), „sich orientieren" (1 %), „Kind/er bestärken" (6%), „erklären" (4%), „anleiten" (2%) der Kinder und „Sonstige" (5%) sind nur schwach ausgeprägt.

9. Angebot – Auswertung: Element Wasser, E7, N=838 [5-sek-Intervalle]

Im Bereich des „Aktivierens" der Kinder fällt gegenüber dem siebten Angebot die Kodierhäufigkeit beim neunten pädagogischen Angebot auf einen Wert von 32% ab. Dafür steigen bei E7 die Prozentwerte bei den Kategorien „keine Absicht" auf 41%, beim „Anleiten" auf 4%, beim „Strukturieren" auf 5% und beim „sich Orientieren" auf 2%. Insgesamt ist in diesen Bereich nur wenig Veränderung gegenüber dem siebten Angebot zu verzeichnen. Das Aktivieren der Kinder und keine Absicht zu haben, weil nicht gesprochen wird, bilden also den Modus. Das Vorhaben, den Kindern etwas zu „erklären", wird nur zu 2% des Zeitanteils von E7 verfolgt.

11.8.4 Verlaufsbeschreibung für die Erzieherin E9 bezogen auf Illokution

Nachdem die Erzieherin E7 bezogen auf die Ausprägungen der Illokution besprochen wurde, folgt hier die Beschreibung der Ergebnisse bzgl. desselben Kategoriensystems für die Erzieherin E9.

Abb. 23: Relative Häufigkeitsverteilung [%] der Kodierungen zur Absicht der Erzieherin E9 (Illokution) mit ihrer Sprachhandlung in fünf kodierten pädagogischen Angeboten

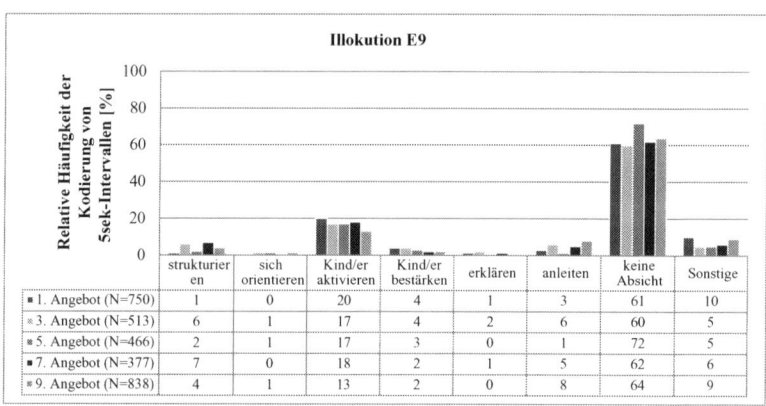

	strukturieren	sich orientieren	Kind/er aktivieren	Kind/er bestärken	erklären	anleiten	keine Absicht	Sonstige
▪ 1. Angebot (N=750)	1	0	20	4	1	3	61	10
▪ 3. Angebot (N=513)	6	1	17	4	2	6	60	5
▪ 5. Angebot (N=466)	2	1	17	3	0	1	72	5
▪ 7. Angebot (N=377)	7	0	18	2	1	5	62	6
▪ 9. Angebot (N=838)	4	1	13	2	0	8	64	9

1. Angebot – Auswertung: Gärungsprozesse im Kuchenteig, E9, N=750 [5-sek-Intervalle]

Auffällig häufig wurde bei E9 die Kategorie „keine Absicht" (61%) verwendet, um ihre Absichten im ersten pädagogischen Angebot zu kategorisieren. Gefolgt wird die Häufigkeit dieser Kodierung durch die Beobachtung von „Kind/er aktivieren" mit 20% des Anteils der Intervalle. Alle anderen Kategorien sind ausgesprochen niedrig ausgeprägt. Die Absicht, den Kindern eine Erklärung zu geben, kommt beispielsweise nur zu 1% der Kodiervorgänge vor. Mit einer Gesamtstichprobe von N=750 5-sek-Intervallen sind das sieben 5-sek-Intervalle, die mit „erklären" bei der Kodierung belegt wurden. Insgesamt hat E9 daher rund 35 Sekunden des einstündigen Angebotes damit verbracht, den Kindern Zusammenhänge zu erklären.

3. Angebot – Auswertung: Wasser leiten, E9, N=513 [5-sek-Intervalle]

Besonders selten wurde beim Versuch der Kinder, eine Wasserleitung zur Bewässerung eines Blumentopfes aus verschiedenen Stoffen zu bauen, bei E9 die Kategorie „sich orientieren" mit 1% der kodierten 5-sek-Intervalle kodiert. Einzusehen ist das, wenn erinnert wird, dass die Kinder in diesem Angebot an Gruppentischen sitzen und je zu zweit mit den Gegenständen selbstständig hantieren. Da ist es E9 wichtiger, die Kinder selbst ausprobieren zu lassen und „keine Absicht" (60%) zu haben bzw. die Kinder zu bestimmten Aktivitäten zu „aktivieren" (17%). Aber auch das Geben von Erklärungen und Anleitungen fallen auf Werte von nur 2% und 6% der Kodierungen. Hin und wieder „bestärkt" E9 die Kinder (4%).

5. Angebot – Auswertung: Luftballonrakete, E9, N=466 [5-sek-Intervalle]

Beim Versuch, einen aufgeblasenen Luftballon an einer Schnur wie eine Rakete quer durch das Kindergartenzimmer fliegen zu lassen, sind die Kinder selbst sehr viel mit dem Aufpusten von Luftballons beschäftigt. E9 wirkt aufgrund des Ergebnisses, mit 72% der Kategorie „keine Absicht" zu verfolgen, sehr zurückhaltend. Rund 28 Minuten hat E9 im ca. 38-minütigen Angebot gegenüber den Kindern demnach keine Absicht. Das bedeutet, dass sie in ca. 10 Minuten des Angebots den Kindern konkrete Impulse gibt, ansonsten hält sie sich zurück. Auf Absichten wie „strukturieren" (2%), „sich orientieren" (1%), „Kind/er bestärken" (3%), „erklären" (0%) und „anleiten" der Kinder (1%) legt die Erzieherin E9 kaum keinen Wert in der fünften Experimentierrunde. In der Hauptsache aktiviert sie die Kinder, wenn sie sprachlich aktiv ist (17%). Das sind rund sieben Minuten an Aktivierungszeit im gesamten Angebot durch E9.

7. Angebot – Auswertung: Spiegelphänomene, E9, N=377 [5-sek-Intervalle]

Wie in den bisherigen kodierten Angeboten hält sich E9 sprachlich und damit in ihren Absichten sehr zurück. Ihre Zurückhaltung zeigt sich darin, dass sie zu 62% der Intervalle „keine Absicht" (rund 20 Minuten) hat. Zu 7% möchte sie die Kinder durch ihr sprachliches Repertoire „strukturieren". Beispielsweise gibt sie den Kindern räumliche Positionen vor oder sie möchte, dass sich die Kinder an bestimmte Regeln halten oder Aufgabenstellungen verstehen. Einen Weg, wie die Kinder z.B. die Spiegel halten können, gibt sie mit 5% beim „Anleiten" vor.

Das „Erklären" von Sachverhalten ist nur zu 1% vertreten. Mit 18% möchte E7 die Kinder entweder zum Handeln, Handeln und Sprechen, zum Sprechen, zum Aufnehmen oder zu „sonstigen" Aktivitäten „aktivieren".

9. Angebot – Auswertung: Element Wasser, E9, N=838 [5-sek-Intervalle]
Große und kleine Seifenblasen pusten, Papierblumen falten und im Wasserbad aufgehen lassen oder Wasserstrahlen aus mit Löchern versehenen Wasserflaschen fließen lassen, beobachten und beschreiben – das sind Aktivitäten der Kinder im neunten und letzten Angebot. Die Kinder sind sehr aktiv. E9 hält sich dabei mit ihren sprachlichen Aktivitäten sehr zurück und hat zu über zwei Dritteln des Angebotes bei den Kindern „keine Absicht" (64%). 13% kodierter Intervalle machen die Kategorie „Kind/er aktivieren" aus. Den Kindern Vorgaben machen, wie sie explorieren und experimentieren können, das kommt in 8% aller 5-sek-Intervalle vor. Im letzten Angebot gibt E9 den Kindern keine Erklärungen, hin und wieder strukturiert sie die Kinder im Lernangebot (4%). Letzteres bezieht sich z.B. auf sprachliche Aktivitäten während die Kinder von einer zur anderen Experimentierstation überwechseln. Die Erzieherin gibt dazu immer wieder ein Triangelsignal.

11.8.4.1 Coachingimpuls 8 - Zur Verlaufsbeschreibung bezogen auf die Illokution der beiden Erzieherinnen E7 und E9

Bei der Analyse der Ergebnisse des Kategoriensystems „Absicht mit den Sprachhandlungen (Illokution)" spiegelt sich das zurückhaltende Bild, das bei der Analyse zu den sprachlichen Handlungen von E9 auftrat, wider. Abgesehen von „keiner Absicht" hat die Erzieherin E9 ihren illokutionären Schwerpunkt mit einem Median von 17% bei der Kategorie „Kind/er aktivieren". Für die Kategorie „Kind/er aktivieren" liegt der Median im Falle von E7 bei 42% der Zeit. Im Längsschnitt zeigt sich bei E7 in der Absicht, die Kinder zu bestimmten Aktivitäten zu aktivieren, insgesamt ein aufsteigender Tendenz. Bei E9 sieht das „Aktivieren" konstant über die Angebote hinweg aus. Die Kinder zu „bestärken" hält sich bei E7 mit gleichbleibender Tendenz über alle fünf kodierten Angebote hinweg bei 8% im Median. Die Kinder leitet E7 mit leicht steigender Tendenz vom ersten zum neunten pädagogischen Angebot hin mehr an. Ein ähnlicher aber dennoch schwach ausgeprägter Trend lässt sich hinsichtlich der Anleitungen bei E9 beschreiben. Erklärungen fallen bei beiden Erzieherinnen im Vergleich zu den anderen möglichen Kategorien nicht ins Gewicht. Das bedeutet, dass die Erzieher/innen den Kindern im Vergleich zu anderen Absichten, wenig Erklärungen geben wollten.

An dieser Stelle ist zu erwähnen, dass das Kategoriensystem „Illokution" sich in den Interkoderreliabilitätsüberprüfungen nicht als reliabel erwies. Eine

234

Kodierung und Auswertung wurde dennoch vorgenommen, um durch die Anwendung mögliche Tendenzen einer Einschätzung abzuleiten, aber auch um das Kategoriensystem „Illokution" weiter zu entwickeln.

Durch die Anwendung wurde deutlich, dass das Aktivieren der Kinder bei E7 und E9 im Verlauf die stärkste Merkmalsausprägung besitzt. Aufgrund der folgenden exemplarischen transkriptgestützten Auswertung kann herausgestellt werden, dass die Erzieher/innen trotz überschaubarer Häufigkeit dennoch über alle Angebote hinweg Erklärungen an die Kinder geben bzw. die Kinder auf einer Erklärungsebene ansprechen.

Indem die Erzieherin E7 im ersten pädagogischen Angebot beispielsweise Folgendes sagt: *„Die Luft, genau, das Gas. Und das treibt das auseinander im Ofen, dadurch ist unser kleines Stückchen Teig ganz groß geworden"* (E7: AEg 701–702, erstes pädagogisches Angebot), übernimmt E7 im Gespräch mit den Kindern eine zusammenfassende Erklärung, weshalb aus einem kleinen Stück Teig ein großer Teig werden kann. Die Erzieherin E7 gibt hier abschließend eine in ihren Augen richtige Lösung der Problematik.

Im dritten Angebot übernimmt E9 folgende Erklärungsversuche zum Experiment:

> *„Das erkläre ich euch jetzt, wenn ihr hier mal auf so einen Streifen hier unten reinschaut, dann seht ihr ganz [...] viele kleine Löcher, ja? Das könnt ihr auch bei euch schauen. (zeigt auf die Ker) Ganz viele kleine Löcher. Und in diesem Schwammtuch sind ganz viele kleine, ganz ganz dünne Röhrchen. Ja? Und das Wasser, das mag immer in diese Röhrchen reinfließen. (verdeutlicht den Vorgang am Streifen durch Handbewegungen). Ja, das mag die Wände von den Röhrchen und das zieht sich dann da hoch. [...] und da unten fließt es dann raus. Ja? (verdeutlicht die Aussage mit Handbewegungen) Wenn es hier hier durchgekrochen ist, das Wasser, dann fließt es hier unten wieder raus. Und dann tropft es raus. in den Röhrchen, genau, es fließt durch die Röhrchen und deshalb...?"* (E9: AEg 1153 - AEg 1161).

Im fünften Angebot zeigt E7 folgende Erklärungen:

> *„[...] Weil der eine Ballon hatte mehr Luft und der andere Ballon [...] hatte weniger Luft, ne. Und der L. hat es schon ganz [...] richtig gesagt. Das ist wie bei den Düsenflugzeugen. Das nennt man so, Rückstoß. Habt ihr das schon mal gehört? Habt ihr jetzt mal gehört, ist auch gar nicht so interessant. Interessant ist, dass die Luft unseren Luftballon [...] wegschieben kann und dass das bei den Flugzeugen genauso funktioniert."* (E7: AEg 1647- AEg 1652).

In einem anderen Beispiel, im siebten pädagogischen Angebot zum Thema „Spiegelphänomene", zeigt sich ein ähnliches Vorgehen bei E7. Mit der Äußerung *„Weil der Spiegel schräg ist, fällt das [...] Bild auf den anderen Spiegel drauf"* (E7: AEg 2093, siebtes pädagogisches Angebot) erklärt E7 den Kindern die Funktionsweise eines Periskops, das sie im Stuhlkreis gerade gemeinsam auseinander gebaut haben.

Im neunten Angebot werde von E7 folgende Erklärungen vorgenommen:

„In der Flasche, auf die Flasche ist mehr Druck. Ja? weil die Löcher ja hier unten...“
„und hier oben ist ja noch alles zu. Hier kann kein Wasser raus. Dann drückt das Wasser
nach unten und dann schiesst [...]das im Bogen raus. Hier haben wir schon Löcher weiter
oben, ja? [...] Das heißt das Wasser kann schon hier oben raus und der Druck ist gar nicht
mehr so stark, bei den Löchern“ (E7: AEg 2864 - AEg 2867).

In diesem Zusammenhang ist zu beachten, dass Kinder zu kausalem Denken fähig und daran interessiert sind, kausale Zusammenhänge selbst zu verbalisieren (Bullock&Sodian 2003, zit. n. Kammermeyer 2009 S. 180f.). Insofern ginge es darum, dass Kinder in ihren eigenen Worten Erklärungen und Zusammenhänge ausdrücken und nicht darum, dass Erzieherinnen den Kindern Erklärungen vorgeben. Die Förderung des Denkens und Argumentierens der Kinder sollte im Vordergrund stehen, das Bekehren und Belehren durch die Pädagog/in sollte dagegen nicht auftreten (vgl. Aeschlimann & Buck 2010).

Den Erzieher/innen kann die Rückmeldung gegeben werden, die sprachlichen Möglichkeiten bei der Umsetzung pädagogischer Angebote daran zu orientieren, im Sinne von Geduld (G4) weniger erklärende Zusammenhänge zu geben als auch die Kinder zur Selbsttätigkeit und individuellen Vorstellungen und Erklärungsversuchen zu aktivieren, die nicht durch eine „richtige“ Lösung der Erzieherinnen ergänzt wird. Kinderantworten können auch im Raum stehen gelassen werden, insbesondere bei der Austauschphase.

11.8.5 Verlaufsbeschreibung für die Erzieherin E7 bezogen auf Perlokution

Abb. 24: Relative Häufigkeitsverteilung [%] der Kodierungen zur beabsichtigten Handlung der Erzieherin E7 (Perlokution) in fünf kodierten pädagogischen Angeboten

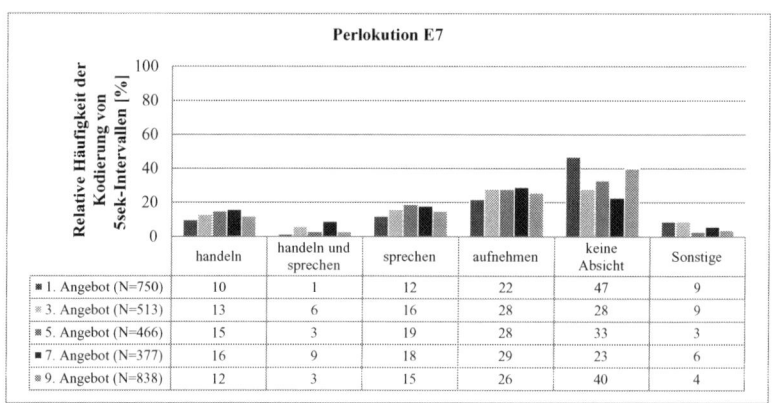

	handeln	handeln und sprechen	sprechen	aufnehmen	keine Absicht	Sonstige
■ 1. Angebot (N=750)	10	1	12	22	47	9
▨ 3. Angebot (N=513)	13	6	16	28	28	9
■ 5. Angebot (N=466)	15	3	19	28	33	3
■ 7. Angebot (N=377)	16	9	18	29	23	6
▨ 9. Angebot (N=838)	12	3	15	26	40	4

1. Angebot – Auswertung: Gärungsprozesse im Kuchenteig, E7, N=750 [5-sek-Intervalle]

Die beabsichtigten Handlungen bei Kindern durch Sprachhandlungen von E7 wie das „Handeln" und das „Sprechen" nehmen im ersten pädagogischen Angebot mit 10% bzw. 12% des Anteils von 5-sek-Intervallen etwa gleiche Werte an. Nur zu einem Prozent wird das „Handeln und Sprechen" bei den Kindern durch E7 herausgefordert. Dagegen liegt E7 mit 22% bei der Perlokution „aufnehmen" auf einem der höheren Werte. Modus ist „keine Absicht" und die Kategorie „Sonstige" wurde zu 9% aller 5-sek-Intervalle beobachtet.

3. Angebot – Auswertung: Wasser leiten, E7, N=513 [5-sek-Intervalle]

Im dritten pädagogischen Angebot sieht die Verteilung der relativen Häufigkeiten an 5-sek-Intervallen zur Perlokution ausgeglichener aus. Die Kategorie „handeln und sprechen" liegt bei E7 mit 6% um fünf Prozentpunkte weiter oben als noch im ersten Angebot. Zugenommen hat auch die Aktivierung der Kinder zum „handeln" (13%). Vier Prozentpunkte des Anteils an 5-sek-Intervallen mehr wurden auch bei der Perlokution „sprechen" (16%) kodiert. Auch das „Aufnehmen" des Gesagten der Erzieherinnen wurde bei den Kindern mit 28% des Zeitanteils um sechs Prozent mehr beobachtet als im Angebot zuvor. Die „Sonstige"-Kategorie ist mit 9% gleich geblieben.

5. Angebot – Auswertung: Luftballonrakete, E7, N=466 [5-sek-Intervalle]

Während im fünften pädagogischen Angebot zum Thema „Luftballonrakete" die drei Kategorien „handeln" (15%), „sprechen" (19%) und „keine Absicht" (33%) jeweils um einige Prozentpunkte gegenüber dem dritten pädagogischen Angebot mehr beobachtet worden sind, sind bei der Kategorie „handeln und sprechen" (3%) und bei „Sonstige" (3%) leichte Rückgänge der Kodierungshäufigkeit zu verzeichnen. Die Perlokution „aufnehmen" ist mit 28% gleich häufig wie im Angebot davor kodiert worden.

7. Angebot – Auswertung: Spiegelphänomene, E7, N=377 [5-sek-Intervalle]

Die Kategorie „aufnehmen" nimmt zeitlich gesehen beinahe ein Drittel (29%) des gesamten siebten pädagogischen Angebotes ein. Mit 23% verfolgt die Erzieherin E7 keine Absicht bei den Kindern mit ihren sprachlichen Handlungen. Dagegen treten deutlich die Perlokutionen „handeln" mit 16% und „sprechen" mit 18% hervor. Zu 9% der kodierten 5-sek-Intervalle werden die Kinder zum „Handeln und Sprechen" durch die Äußerungen von E7 angeregt. „Sonstige" liegt bei 6% des Zeitanteils.

9. Angebot – Auswertung: Element Wasser, E7, N=838 [5-sek-Intervalle]

Sobald die Erzieherin die Kinder nicht anspricht, verfolgt sie auch „keine Absicht" bei ihnen. Das geschieht in der letzten pädagogischen Umsetzung zu 40% der Kodierungen. Zu 26% sollen die Kinder das Gesagte der Erzieherin E7 kognitiv „aufnehmen". In wenigen Prozentpunkten sinken die Werte auch bei den übrigen Kategorien „sprechen" (15%), „handeln und sprechen" (3%), „handeln" (12%) und „Sonstige (4%) gegenüber dem vorangegangenen pädagogischen Angebot.

11.8.6 Verlaufsbeschreibung für die Erzieherin E9 bezogen auf Perlokution

Abb. 25: Relative Häufigkeitsverteilung [%] der Kodierungen zur beabsichtigten Handlung der Erzieherin E7 (Perlokution) in fünf kodierten pädagogischen Angeboten

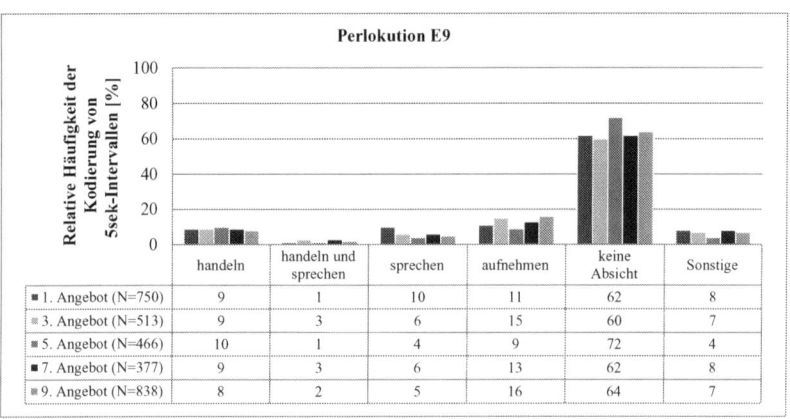

	handeln	handeln und sprechen	sprechen	aufnehmen	keine Absicht	Sonstige
■ 1. Angebot (N=750)	9	1	10	11	62	8
▨ 3. Angebot (N=513)	9	3	6	15	60	7
■ 5. Angebot (N=466)	10	1	4	9	72	4
■ 7. Angebot (N=377)	9	3	6	13	62	8
▨ 9. Angebot (N=838)	8	2	5	16	64	7

1. Angebot – Auswertung: Gärungsprozesse im Kuchenteig, E9, N=750 [5-sek-Intervalle]

In 62% der kodierten 5-sek-Intervalle hat die Erzieherin E9 zu zwei Dritteln der Zeit im ersten pädagogischen Angebot „keine Absicht" mit ihrer sprachlichen Handlung bei den Kindern. Die perlokutive Kategorie „aufnehmen" liegt bei 11% des zeitlichen Anteils der Kodierung. Zu 10% wird das „Sprechen" bei den Kindern versucht anzuregen und zu 9% das „Handeln". Die Kategorie „handeln und sprechen" fällt mit 1% ausgesprochen gering aus. „Sonstige" kommt zu 8% der Zeit vor.

3. Angebot – Auswertung: Wasser leiten, E9, N=513 [5-sek-Intervalle]

Im dritten pädagogischen Angebot dominiert bei E9 wieder die Kategorie „keine Absicht" mit der Sprachhandlung. Und auch das „aufnehmen" liegt mit 15% der

Kodierungen auf dem zweiten Platz unter den Kategorien. Das Anregen des „Handelns", bei dem die Kinder durch die Sprachhandlung der Erzieherin zum Explorieren und Experimentieren aufgefordert werden, verändert sich mit 9% gegenüber dem ersten pädagogischen Angebot anteilsmäßig nicht. Die beabsichtigte Aktivierung zum „Sprechen" der Kinder geht zurück auf 6% der Kodierungen. „Handeln und Sprechen" rangiert mit 3% wieder bei den am wenigsten beobachteten Perlokutionen von E9.

5. Angebot – Auswertung: Luftballonrakete, E9, N=466 [5-sek-Intervalle]

Im fünften pädagogischen Angebot, das eine Gesamtstichprobe von N=466 [5-sek-Intervalle] aufweist, wurde bei E9 zu 72% der Zeit die Kategorie „keine Absicht" beobachtet und kodiert. Da E9 wenig spricht, überrascht dieser Wert nicht. Das Anregen des „Handelns" ist E9 in dieser Umsetzung zu 9% der Zeit wichtig. Diese Kategorie ist damit fast gleich auf mit der Kategorie „aufnehmen", wozu die Kinder zu 10% der Zeit durch die Erzieherin E9 beim Ausprobieren der Luftballonrakete aktiviert wurden. Ganz selten kommt mit 1% die Kategorie „handeln und sprechen" vor. Auf die Aktivierung von „sprechen", bei dem die Kinder z.B. ihre Erfahrungen mit Phänomenen kundtun können, legt E9 nur zu 4% der kodierten 5-sek-Intervalle ihren Wert.

7. Angebot – Auswertung: Spiegelphänomene, E9, N=377 [5-sek-Intervalle]

Keine große Veränderung gegenüber den vorherigen Angeboten zeigt sich im siebten pädagogischen Angebot zum Thema „Spiegelphänomene". „Keine Absicht" mit den Sprachhandlungen liegt mit 62% der Fälle in Vorreiterposition bei den Kodierungen. Eine leichte Tendenz nach oben ist durch die Beobachtung der Perlokution „aufnehmen" mit 13% bei E9 zu verzeichnen. Die übrigen Kategorien werden wieder unter der 10%-Marke beobachtet.

9. Angebot – Auswertung: Element Wasser, E9, N=838 [5-sek-Intervalle]

Die Tendenz, dass die Erzieherin E9 mit ihren Äußerungen die Kinder zum „Aufnehmen" animiert, steigt im letzten Angebot wieder um wenige Prozentpunkte auf 16% der Kodierungen von 5-sek-Intervallen an. Mit 64% pendelt sich ein, dass die Erzieherin E9 „keine Absicht" bei den Kindern hat. Die Aktivierung zum Handeln scheint E9 bei den übrigen Kategorien mit 8% noch mit am wichtigsten zu sein. Bei der Aktivierung zum „Sprechen" ist sie mit 5% des zeitlichen Anteils im gesamten Angebot vergleichsweise zurückhaltend. Genauso übt sie Zurückhaltung bei der Absicht, die Kinder zum „Handeln und Sprechen" zu bringen (2%).

11.8.6.1 Coachingimpuls 9 - Zur Verlaufsbeschreibung bezogen auf die Perlokution der beiden Erzieherinnen E7 und E9

Zwischen Erzieherin E7 und Erzieherin E9 können aufgrund der längsschnittlichen Anwendung des Beobachtungsinstrumentes bezogen auf die Perlokution Unterschiede festgestellt werden. Während bei E7 eine homogenere Verteilung der relativen Häufigkeiten von 5-Sek-Intervallen zu sehen ist, sticht bei E9 die Dominanz der Kategorie „keine Absicht" bei den Kindern deutlich hervor. Der Bezug zu den sprachlichen Handlungen bei E7 und E9 ist aufgrund der zugrunde liegenden Sprechakttheorie und daher aufeinander abgestimmter Kategoriensysteme gegeben. Denn immer wenn „keine Absicht" kodiert wird, wurde sich gegenüber den Kindern nicht geäußert. Die möglichen zugrunde liegenden Themen der Beachtung von Selbsttätigkeit der Kinder durch Zurückhaltung von E9 (s. Geduld, G4) und die unterschiedlichen Persönlichkeitsstrukturen von E7 und E9 wurden bei der Analyse zur Sprachhandlung von E7 und E9 bereits angesprochen. An dieser Stelle soll auf die Erweiterung der Definition von Handlungskompetenz um eine Erzieher/in-Erzieher/in-Perspektive hingewiesen werden. Diese findet sich in der Zusammenfassung des zweiten empirischen Teils dieser Arbeit (Kapitel 11.12).

Ein weiterer Aspekt, der im Coaching rückgemeldet werden könnte, bezieht sich auf die tatsächlich beabsichtigten Handlungen bei den Kindern. Bei der Betrachtung der Mediane fällt auf, dass bei beiden Erzieherinnen, abgesehen von „keine Absicht", die Beabsichtigung des „Aufnehmens" (Median bei E7: 28%, Median E9: 13%) bei den Kindern über alle Angebote hinweg im Fokus steht. Im Beobachtungsinstrument wird das Aufnehmen damit beschrieben, dass die Erzieherinnen den Kindern Sachverhalte sagen, die die Kinder kognitiv aufnehmen sollen. Wenn also der Median für die Kategorie „aufnehmen" bei beiden Erzieherinnen hoch ist, so lässt sich vermuten, dass die Erzieherinnen insgesamt weniger das selbsttätige Handeln der Kinder beabsichtigt haben zu fördern wie es für das Fragenstellen notwendig wäre (s. Geduld, G4). Stattdessen sollen die Kinder zuhören.

Eine weitere Kategorie, die des „Handelns und Sprechens", fällt in ihrer Häufigkeit über alle kodierten pädagogischen Angebote hinweg mit einem Median von 2% vergleichsweise niedrig bei beiden Erzieherinnen aus. Dhein (2011) befürwortet jedoch ein sofortiges Austauschen und Kommunizieren der gemachten Erfahrungen. Schritt für Schritt würden die Kinder das zügige Verbalisieren ihrer Erfahrungen und Beobachtungen ausdifferenzieren können, wenn sie die Gelegenheit dazu von den Erzieherinnen erhalten würden. Aufgrund der längsschnittlichen Kodierungen kann diesbezüglich die Frage nach

Handlungskompetenz im Sinne von Geduld (G4) für die Erzieherinnen nicht positiv beantwortet werden. Die Erzieherinnen können einen Coachingimpuls erhalten, der ein bewusstes Training sprachlicher Möglichkeiten, u.a. um das „Handeln und Sprechen" anzuregen, im Umgang mit Kindern bei der Gestaltung naturwissenschaftlicher Lernumgebungen beinhaltet.

11.8.7 Verlaufsbeschreibung für die Erzieherin E7 bezogen auf nicht-sprachliche Handlung

Abb. 26: Relative Häufigkeitsverteilung [%] der Kodierungen zur nicht-sprachlichen Handlung der Erzieherin E7 in fünf kodierten pädagogischen Angeboten

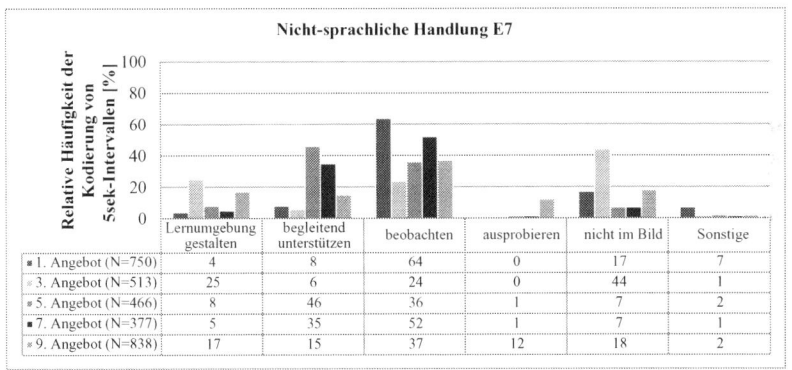

	Lernumgebung gestalten	begleitend unterstützen	beobachten	ausprobieren	nicht im Bild	Sonstige
▪ 1. Angebot (N=750)	4	8	64	0	17	7
▪ 3. Angebot (N=513)	25	6	24	0	44	1
▪ 5. Angebot (N=466)	8	46	36	1	7	2
▪ 7. Angebot (N=377)	5	35	52	1	7	1
▪ 9. Angebot (N=838)	17	15	37	12	18	2

1. Angebot – Auswertung: Gärungsprozesse im Kuchenteig, E7, N=750 [5-sek-Intervalle]

Auffallend hoch wurde die Erzieherin E7 zu 64% relativer Häufigkeit mit „Kind/er beobachten" eingeschätzt. Zu erklären ist dies damit, dass E9 eher aktiv mit den Kindern die Backpulver-Zitronensaft-Wasser-Mischung zubereitet während E7 diesem Geschehen meistens zusieht. Dennoch beteiligt sie sich mit 6% der 5-sek-Intervalle, indem sie die Kinder „begleitend unterstützt". Hierbei unterstützt sie die Kinder hauptsächlich dabei, wie sie die Experimentieranleitung richtig deuten können. Die Hälfte dieser Zeit macht das „Gestalten der Lernumgebung" mit 4% des Zeitanteils aus. Zu 7% wurden Aktivitäten beobachtet, die unter die Restkategorie „Sonstige" fielen. Zu 17% des zeitlichen Anteils ist E7 nicht im Videoausschnitt zu sehen.

3. Angebot – Auswertung: Wasser leiten, E7, N=513 [5-sek-Intervalle]

Im dritten pädagogischen Angebot verändert sich das Bild deutlich für die Kodierung der nicht-sprachlichen Handlung von E7. Während sie zu 44% „nicht im Bild" ist, liegen die Werte für „Lernumgebung gestalten" (25%) der Zeit und „beobachten" der Kinder (24%) beinahe gleich auf. Gegenüber dem ersten pädagogischen Angebot gestaltet die Erzieherin E7 zu 21% des Zeitanteils mehr die Lernumgebung mit. Das „begleitende Unterstützen" (6%) nimmt gegenüber dem ersten Angebot um 2% des zeitlichen Anteils leicht ab. Ein Ausprobieren der Erzieherin tritt nicht auf (0%). Sonstige Aktivitäten belaufen sich auf 1% der kodierten 5-sek-Intervalle.

5. Angebot – Auswertung: Luftballonrakete, E7, N=466 [5-sek-Intervalle]

Dass der Prozentwert bei der Kategorie „begleitend unterstützen" mit 46% einen relativ hohen Wert annimmt und auch das „Beobachten" der Kinder bei 36% der kodierten Zeit liegt, scheint an der Wahl des Sachthemas zu liegen. Denn die Kinder schaffen es nicht alleine, die Luftballons aufzupusten, geschweige denn die feinmotorischen Aktivitäten wie das Einfädeln der langen Schnur durch einen Strohhalm und das Anbringen des Strohhalms am Luftballon. E7 unterstützt die Kinder hierbei. Dass sie die Kinder dabei auch viel beobachten muss, um ggf. zu helfen, leuchtet ein. Zu 8% der Zeit ist E7 mit dem zur Verfügungstellen neuer Luftballons oder des Klebefilms („Lernumgebung gestalten") beschäftigt.

7. Angebot – Auswertung: Spiegelphänomene, E7, N=377 [5-sek-Intervalle]

Ein Periskop kommt als Spielzeug in fast jedem Kindergarten vor. Wenn es darum geht, zu sehen, wie dieser Alltagsgegenstand „Periskop" im Inneren aufgebaut ist, brauchen die Kinder eine begleitende Unterstützung. Diese gibt E7 den Kindern zu 35% der kodierten Zeit, indem das Spielgerät nacheinander in seine Einzelteile zerlegt wird. Dabei hat E7 die Kinder natürlich auch im Blick (52%). Die Lernumgebung wird von E7 nicht nur zu Beginn gestaltet (5%), indem sie unterschiedliche Spiegel auf einem Tuch in der Mitte des Sitzkreises drapiert, sondern auch, als eine Matte als Trennwand aufgestellt werden muss, damit sich die Kinder gegenseitig mit kindergroßen Spiegeln „um die Ecke" erblicken können. Für das eigene Ausprobieren (1%) hat E7 keine Zeit.

9. Angebot – Auswertung: Element Wasser, E7, N=838 [5-sek-Intervalle]

Während jedes Kind im neunten Angebot zum Thema „Wasser" eigene Versuche durchführen kann, bleibt der Erzieherin E7 genügend Zeit, um die Kinder dabei zu beobachten (37%). Die Hälfte dieser Zeit verbringt E7 damit, die „Lernumgebung zu gestalten" (17%). Indem sie den Kindern dabei hilft, wie sie beim Seifenblasen machen den Strohhalm richtig halten können, damit die Seifenblase schön rund und groß wird, unterstützt sie die Kinder begleitend (15%). Gegenüber dem vorangegangenen pädagogischen Angebot fällt besonders auf, dass E7 hier zu 12% der Zeit für sich selbst zum Ausprobieren der unterschiedlichen Wasserphänomene kommt. Indem sie selbst Seifenblasen pusten kann und ausprobiert, wie sich eine Seifenblase auf unterschiedlichem Untergrund wie z.B. auf einem Spiegel oder in der Luft verhält, begibt sie sich auf die Ebene der Kinder. Da ein jüngeres Kind Seifenwasser getrunken hat, geht E7 mit ihm aus dem Zimmer und ist daher zu 18% der Zeit nicht im Bildausschnitt zu sehen.

11.8.8 Verlaufsbeschreibung für die Erzieherin E9 bezogen auf nicht-sprachliche Handlung

Abb. 27: Relative Häufigkeitsverteilung [%] der Kodierungen zur nicht-sprachlichen Handlung der Erzieherin E9 in fünf kodierten pädagogischen Angeboten

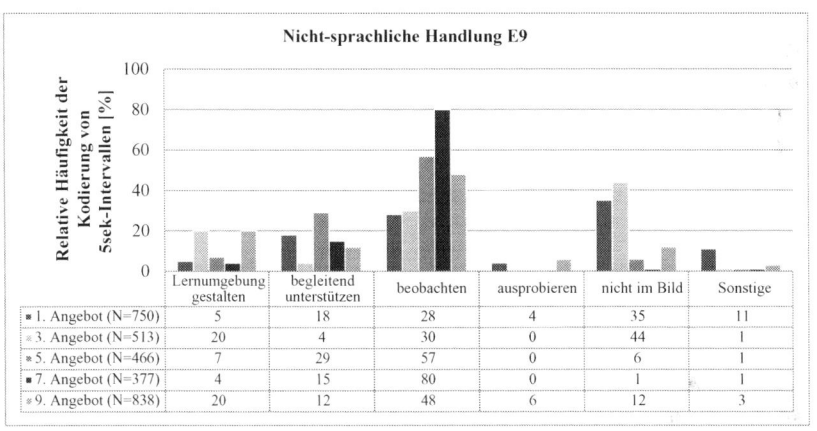

	Lernumgebung gestalten	begleitend unterstützen	beobachten	ausprobieren	nicht im Bild	Sonstige
■ 1. Angebot (N=750)	5	18	28	4	35	11
▨ 3. Angebot (N=513)	20	4	30	0	44	1
▨ 5. Angebot (N=466)	7	29	57	0	6	1
■ 7. Angebot (N=377)	4	15	80	0	1	1
▨ 9. Angebot (N=838)	20	12	48	6	12	3

1. Angebot – Auswertung: Gärungsprozesse im Kuchenteig, E9, N=750 [5-sek-Intervalle]

Bei den nonverbalen Handlungen von E9 zeigt sich im ersten pädagogischen Angebot ein durchwachsenes Bild. Zu 28% wurde E9 dabei beobachtet, wie sie das Geschehen und die Kinder beim Explorier- und Experimentierangebot „Gärung im Kuchenteig" im Blick hat und beobachtet. Zu 18% der Zeit unterstützt sie die Kinder begleitend. Zu 5% des zeitlichen Anteils ist E9 dabei, den Kindern entweder Experimentiermaterialien zur Verfügung zu stellen oder die Lernumgebung allgemein für dieses Angebot herzurichten. Indem E9 selbst Luftballons aufpustet, die Zitrone zerschneidet und die Flasche mit dem Zitronensaft-Backpulver-Wasser-Gemisch beobachtet, kommt sie neben den Kindern auch zum Ausprobieren (4%).

3. Angebot – Auswertung: Wasser leiten, E9, N=513 [5-sek-Intervalle]

Während die Kinder arbeitsgleich an verschiedenen Tischen versuchen, einen Blumentopf aus unterschiedlichen Materialien zu bewässern, macht es sich E9 zu 20% der Zeit zur Aufgabe, die Kinder mit Materialien zu versorgen und daher die „Lernumgebung zu gestalten". Manche Kinder brauchen bei der Ausführung ihrer explorierenden Aktivitäten begleitende Unterstützung. Das wurde bei E9 zu 4% der kodierten Intervalle festgestellt. Insgesamt wurde für E9 zu 30% das „Beobachten" der Kinder beobachtet. Selbst kommt sie in diesem Angebot nicht zum Ausprobieren (0%). Über 44% der 5-sek-Intervalle kann keine Aussagen bzgl. der nicht-sprachlichen Aktivitäten von E9 gemacht werden, weil sie „nicht im Bild" ist. Mit 1% wurden „sonstige" Handlungen eingeschätzt.

5. Angebot – Auswertung: Luftballonrakete, E9, N=466 [5-sek-Intervalle]

Als es darum geht, Luftballons aufzupusten, ihn an einer langen Schnur so anzubringen, dass man ihn beim Fliegen in eine bestimmte Richtung beobachten kann, brauchen die Kinder zu 29% von E9 begleitende Unterstützung. Sie hilft ihnen beim Aufpusten der Luftballons, aber auch beim Zuhalten der Luftballonöffnung. Zu 57% der Zeit beobachtet sie die Kinder und ihre Kollegin, wie sie Luftballons aufblasen und damit beschäftigt sind, ihn an der Schnur über einen Strohhalm zu befestigen. Hin und wieder brauchen die Kinder neue Materialien, die E9 zu 7% („Lernumgebung gestalten") organisiert. Zum Ausprobieren kommt E9 selbst nicht im fünften pädagogischen Angebot.

7. Angebot – Auswertung: Spiegelphänomene, E9, N=377 [5-sek-Intervalle]

Auch im siebten Angebot kommt E9 selbst nicht mit den Spiegeln zum Ausprobieren (0%). Dagegen erreicht sie beim Beobachten der Kinder mit 80% der Zeitintervalle einen sehr hohen Prozentwert. Das begleitende Unterstützen fällt gegenüber dem fünften Angebot auf 15% der Zeit wieder ab. Ebenso sinkt der Wert für das Gestalten der Lernumgebung auf 4%.

9. Angebot – Auswertung: Element Wasser, E9, N=838 [5-sek-Intervalle]

Im neunten pädagogischen Angebot haben die Kinder an drei verschiedenen Stationen die Möglichkeit, unterschiedliche Wasserphänomene zu erproben. Dieses komplexe Lernarrangement erfordert von E9 unterschiedliche Aktivitäten. Daher wirken die Ergebnisse für die einzelnen Kategorien insgesamt als homogen verteilt. Zu 20% kommt „Lernumgebung gestalten" vor. 12% der Zeit nimmt „begleitend unterstützen" ein. Gegenüber dem siebten Angebot sinkt das reine Beobachten auf 48% „beobachten" ab. Vergleichsweise häufig wurde E9 beim selbst „Ausprobieren" der Wasserphänomene oder Seifenblasen (6%)

beobachtet. Mit 12% der Zeit kann keine Aussage bzgl. dieses Kategoriensystems gemacht werden, da sie „nicht im Bild" erscheint.

11.8.8.1 Coachingimpuls 10 - Zur Verlaufsbeschreibung bezogen auf die nicht-sprachlichen Handlungen der beiden Erzieherinnen E7 und E9

Auffällig ist, dass das Beobachten bei beiden Erzieherinnen im Verlauf der fünf kodierten Angebote zunimmt und ihnen damit zunehmende Beobachterrolle bescheinigt werden kann. Damit deuten die Erzieher/innen an, dass sie im Verlauf der gesamten Fortbildungsreihe verstärkt ihre Aufmerksamkeit auf das Handeln der Kinder legen (vgl. König 2010, S. 39f.). Damit zeigen sie ein pädagogisches Handeln, das es ihnen prinzipiell ermöglicht, die Lernprozesse der Kinder stärker wahrzunehmen. Im Sinne von Geduld (G4) kann ihnen deswegen einen positive Rückmeldung gegeben werden, weil sie durch das Beobachten, den Kinder mehr Zeit zum eigenständigen Ausprobieren lassen.

Ein weiterer Aspekt, der ins Auge fällt, ist die Kategorie „Ausprobieren" der beiden Erzieherinnen. Mit der Kategorie „ausprobieren" wird in dieser Arbeit der Gedanke verbunden, dass die Erzieher/in die Rolle der Entdeckerpartnerin (Zimmermann 2011) einnimmt und nicht die einer Wissensvermittlerin. Indem sie selbst ausprobiert, zeigt sie den Kindern nicht nur ihre eigene Neugier sondern auch ihre eigene positive Grundhaltung gegenüber Naturwissenschaften (Zimmermann 2011). Indem sie sich neugierig auf Entdeckersuche begibt und naturwissenschaftlichen Fragen auf den Grund geht, übernimmt sie Vorbildfunktion z.B. bei einer Verunsicherung durch Fragen an die Welt (ebd.). Dabei geht die Erzieher/in als Entdeckerpartnerin mit den Kindern auf eine symmetrische Beziehungsebene (Youniss 1994). Nach Youniss ist die Beziehungsgestaltung zwischen Erzieher/in und Kind dann optimal, wenn sowohl sich symmetrische mit komplementärer Reziprozität abwechselt.

Im Verlauf der 18-monatigen Fortbildung in der Heidelberger Forscherstation zeigt sich folgendes Bild für das Fallstudientandem im Bereich des Ausprobierens der Erzieherinnen: Bei E7 kommt das eigenständige Ausprobieren nur im fünften (1%), siebten (1%) und neunten pädagogischen Angebot vor, wobei die relative Häufigkeitsverteilung im letzten Angebot den höchsten Wert mit 12% der kodierten 5-sek-Intervalle einnimmt. Das macht rund achteinhalb Minuten in diesem ca. siebzig-minütigen neunten Angebot aus. Die Erzieherin E9 wurde dagegen im ersten pädagogischen Angebot mit 4% der 5-sek-Intervalle und noch einmal mit 6% der 5-sek-Intervalle im neunten pädagogischen Angebot beim eigenständigen Ausprobieren beobachtet. Die Frage lässt sich stellen, warum im letzten pädagogischen Angebot beide Erzieherinnen im Vergleich zu den vorhergehenden Angeboten am häufigsten zum eigenständigen Ausprobieren kommen?

Eine mögliche Deutung der Ergebnisse bezieht sich darauf, dass das Tandem im Bereich der Sozialform gegenüber den vorherigen Angeboten eine Veränderung für dieses Angebot eingerichtet hat. Im letzten Angebot haben die Erzieherinnen mehrere Stationen zum Erleben von Wasserphänomenen aufgebaut. An jeder Station kann jeweils eine Kleingruppe von Kindern das jeweilige Phänomen erleben. Für jedes Kind ist ein eigener Platz mit ausreichend Experimentiermaterial von den Erzieherinnen vorbereitet worden. Alle Kinder können aufgrund des Arrangements der Lernumgebung selbst aktiv die Wasserphänomene ausprobieren. Daher lässt sich vermuten, dass die Erzieherinnen die Lernumgebung so gut vorbereitet haben, dass sie selbst Zeit und Raum finden, selbst auszuprobieren. Das Involvement der Erzieherin scheint demnach desto aktiver zu werden, je mehr die Kinder selbsttätig Naturphänomene ausprobieren dürfen. Bezogen auf die Entwicklung von Handlungskompetenz lässt sich daher annehmen, dass die Erzieherinnen während des Fortbildungstreatments internalisiert haben, allen Kindern gleichzeitig das Ausprobieren durch aktivierende Sozialformen zu ermöglichen. Auf diese Weise haben sich E7 und E9 nicht nur im Sinne von Geduld (G4) entwickelt sondern sie haben zusätzlich mit der Erfahrung des eigenen Ausprobierens eine symmetrische Reziprozität hergestellt.

11.8.8.2 Hypothese 8

Die Gestaltung von Lernumgebungen in aktivierenden Sozialformen führt zur Selbsttätigkeit der Kinder und der Erzieher/innen, sodass von Handlungskompetenz im Sinne von Geduld (G4) gesprochen werden kann.

11.8.9 Analyse Teil 2 zur Entwicklung von Handlungskompetenz

Da das neunte pädagogische Angebot von E7 und E9 bezogen auf Angebotsphasen und Sozialform hinsichtlich Handlungskompetenz gegenüber dem ersten pädagogischen Angebot als positiv einzuschätzen ist (vgl. Kapitel 11.7), soll im Folgenden das neunte pädagogische Angebot im Zentrum der weiteren Analyse stehen. Im Folgenden wird der Frage nachgegangen, inwiefern E7 und E9 durch ihre sprachlichen Handlungen die Kinder im Sinne von Geduld (G4) zum Fragenstellen anregen und damit Handlungskompetenz zeigen. Diese Analyse wird der Analyse zu derselben Frage im ersten pädagogischen Angebot gegenübergestellt, sodass eine Aussage über eine mögliche Entwicklung von Handlungskompetenz während des Fortbildungstreatments in der Heidelberger Forscherstation im Längsschnitt getroffen wird.

zu 1b.:

Inwiefern entwickelt sich das Anregen zum Fragenstellen der Kinder durch die Erzieherinnen E7 und E9 in naturwissenschaftlichen Bildungsangeboten in einem Längsschnitt? (G4)

Die dahinterstehende Frage ist, inwiefern E7 und E9 mit ihren sprachlichen Handlungen beabsichtigen, die Kinder zum Handeln zu aktivieren. Im Sinne von G4 wird davon ausgegangen, dass Kinder zunächst zum Handeln (Explorieren und Experimentieren) angeregt werden sollten, damit sie durch erste Erfahrungen mit Naturphänomenen in Berührung kommen, dadurch Möglichkeiten haben, Dinge zu verbalisieren und schließlich zum Formulieren eigener Fragen zu kommen. In der folgenden Tabelle sind statistische Ergebnisse sprachlicher Handlungen von E7 und E9 und deren Perlokution dargestellt.

Tab. 50: Kombination der Kategoriensysteme „Sprachhandlung" und „Perlokution" der Erzieherinnen E7 und E9, neuntes pädagogisches Angebot

Sprachliche Handlung d. Erzieher/in	Perlokution	E7 abs. H. [5sek-Intervall]	E7, rel. H. [%]	E7 rel. H. $_{gesamt}$ [%]	E9 abs. H. [5sek-Intervall]	E9, rel. H. [%]	E9 rel. H. $_{gesamt}$ [%]
Teilstichprobe		*n=98*	N=838		*n=63*	N=838	
Frage	handeln	4	4	1	5	8	1
Aussage	handeln	17	17	2	15	24	2
Anweisung	handeln	77	79	9	43	68	5
Teilstichprobe		*n=24*	N=838		*n=13*	N=838	
Frage	handeln und sprechen	20	83	2	12	92	1
Aussage	handeln und sprechen	0	0	0	0	0	0
Anweisung	handeln und sprechen	4	17	1	1	8	0
Teilstichprobe		*n=129*	N=838		*n−39*	N=838	
Frage	sprechen	117	91	14	36	92	4
Aussage	sprechen	4	3	1	1	3	0
Anweisung	sprechen	8	6	1	2	5	0
Teilstichprobe		*n=209*	N=838		*n=123*	N=838	
Frage	aufnehmen	10	5	1	9	7	1
Aussage	aufnehmen	168	80	20	88	72	11
Anweisung	aufnehmen	31	15	4	26	21	3

In der neunten und letzten pädagogischen Umsetzung dominiert die Kategorie „Perlokution: aufnehmen" bei beiden Erzieherinnen (E7: n=209, E9: n=123), die sie jeweils mit Aussagen (E7: 168 absolute Nennungen, E9: 88 absolute Nennungen) erreichen. Das heißt, die Kinder sollen im neunten Angebot am häufigsten dem Gesagten der Erzieherinnen zuhören. Das Muster „Aussage" und „aufnehmen" wurde bereits im ersten Angebot als Modus und bezogen auf die Gesamtstichprobe prozentual gleich (20% des gesamten Zeitanteils) identifiziert.

Ansonsten werden die Kinder von E7 am zweithäufigsten zum „Sprechen" aufgefordert, was 14% des Zeitanteils im gesamten Angebot ausmacht. Prozentual gesehen ist das mehr als im ersten Angebot. Dort aktiviert E7 die Kinder bereits am zweithäufigsten zum Sprechen (9%) (vgl. Tab. 43). Das Verhalten von E7 ändert sich allerdings über die Zeit der Fortbildungsreihe nicht grundlegend.

Bei E9 steht dagegen das Aktivieren des „Handelns" mit 43 absoluten Kodierungen an zweiter Stelle. Das sind 5% der kodierten 5-sek-Intervalle im gesamten Angebot und etwas weniger als noch im ersten pädagogischen Angebot (Tab. 43). Die Absicht die Kinder zum „Handeln und Sprechen" zu bringen tritt am seltensten auf. Dabei werden die Kinder mit Fragen der Erzieherinnen E7 und E9 zum Explorieren und beinah zeitgleichen Verbalisieren ihrer Erlebnisse angeregt. Beide Aspekte ändern sich über die Zeit der Fortbildungsreihe praktisch nicht.

Um die Kinder zum Handeln als Voraussetzung für das Fragenstellen der Kinder zu bringen, verwenden E7 und E9 hauptsächlich Handlungsanweisungen. Indem E7 beim Seifenblasenexperiment im neunten pädagogischen Angebot zu einem Kind sagt: *„So jetzt geh mal vorsichtig mit dem Halm, nicht pusten, ganz vorsichtig..."* (AEg 2558), gibt sie einem Kind eine Anweisung und Anleitung dafür, wie es mit dem Strohhalm beim Seifenblasen machen umgehen soll. Mit der Handlungsanweisung ist die Erzieherin E7 in den Interaktionsprozess mit dem Kind involviert. Denn sie gibt dem Kind einen individuellen Impuls, der dem Kind helfen kann, seine Handlung weiter zu entwickeln. Insofern bietet sie dem Kind Scaffolding an.

Mit der Anweisung von E9: *„Ihr sollt mal schauen, was passiert."* (AEg 2661), ist ein Beispiel für eine Handlungsanweisung genannt, die mehrere Kinder zum „Handeln", in diesem Fall zum genauen Hinsehen, aktivieren soll. Die Erzieherin E9 gibt hier den Kindern einen handlungsanweisenden Impuls, um das visuelle Wahrnehmen und Beobachten beim Experiment zu verstärken. In diesem Fall kann von Involvement durch Handlungsanweisung gesprochen werden, das prinzipiell die Kinder zum Fragenstellen anregen kann.

Anregungspotential zum Handeln und Sprechen hat bei E7 (20 absolute Nennungen) und E9 (12 absolute Nennungen) die Äußerungsform „Frage". In beiden Fällen tragen Fragen dazu bei, die Kinder im Dialog zum „Handeln und Sprechen" zu aktivieren. Das hat sich im Vergleich zum ersten Angebot zahlenmäßig verbessert. Aus dem Transkript geht hervor, dass die Kinder dabei allerdings nicht zu Fragen sondern zu Antworten auf die Fragen der Erzieherinnen angeregt werden. Beispielsweise tut dies E7 mit der Frage: *„Was passiert denn, wenn ich hier rein steche? Geht die Blase kaputt?"* (AEg 2567). Hier sollen die Kinder die Erzieherin beobachten und daraufhin auf ihre Frage in Form einer Vermutung antworten, was mit der Seifenblase passiert, wenn E7 mit dem Strohhalm in die Seifenblase hineinsticht. Die Erzieherin E7 regt die Kinder dabei sowohl zum Handeln (Beobachten) als auch zum Sprechen an. Aus dem Transkript des neunten Angebotes geht hervor, dass die Fragen der Erzieherinnen immer so formuliert werden, dass die Kinder zu Antworten aktiviert werden. Es ist keine Frage dabei, die die Kinder zum Stellen einer eigenen Frage anregt.

Im Vergleich zum ersten pädagogischen Angebot (vgl. Tab. 43) kann für das Handlungsmuster „Sprachhandlung" und „Perlokution" kaum eine Veränderung festgestellt werden. Nur mit leicht steigender Tendenz werden die Kinder im neunten Angebot häufiger zum „Sprechen" und zum „Aufnehmen" angeregt. Das bedeutet, dass am Ende der Fortbildungsreihe mehr Impulse von den Erzieherinnen ausgehen, um die Kinder in einen Dialog zu bringen bzw. dass die Kinder zuhören sollen, als das noch im ersten pädagogischen Angebot der Fall gewesen ist. Die Vermutung wäre aufgrund des Besuchs der Fortbildungsreihe in der Forscherstation gewesen, dass die Kinder weniger zum Dialog als zum Handeln oder zum Handeln und Sprechen herausgefordert werden. Eine mögliche Erklärung für diese Entwicklung ist, dass die Erzieherinnen die Austauschprozesse mit den Kindern intensiviert haben.

11.8.9.1 Coachingimpuls 11

In Bezug auf das geduldige Verhalten der Erzieherinnen E7 und E9 im Sinne von Geduld (G4), kann ihnen aufgrund der Fremdbeobachtung durch das Beobachtungsinstrument die Rückmeldung im Coaching gegeben werden, dass sie im neunten pädagogischen Angebot mit ihren sprachlichen Handlungen die Kinder nicht zum direkten Fragenstellen aktivieren. Denn die transkriptgestützten Beobachtungen zeigen, dass die Fragen, Handlungsanweisungen und Aussagen der Erzieherinnen E7 und E9 keine Fragen der Kinder nach sich ziehen. Damit verändern sich die Erzieherinnen gegenüber dem ersten pädagogischen Angebot nicht. Das bedeutet, dass es im verbalen Repertoire bei beiden Erzieherinnen keine wesentliche Entwicklung gibt (G4). Angesichts des

18 Monate andauernden Fortbildungs- und Coachingzeitraums erscheint das überraschend.

11.8.9.2 Implikation

Ein Fortbildungskonzept für Erzieher/innen zur frühen naturwissenschaftlichen Bildung sollte Möglichkeiten der verbalen Handlungen von Erzieher/innen in der Interaktion mit den Kindern während der gemeinsamen Auseinandersetzung mit naturwissenschaftlichen Phänomenen einbeziehen.

11.9 Fragengeleitete Analyse zum Fragenstellen der Kinder (Erfolgsaspekt)

Ob die Kinder im Sinne des Erfolgsaspektes einer Didaktik (Terhart, 2009, S. 16–21) tatsächlich Fragen stellen (K_G1), lässt sich aufgrund unzureichend erreichter Reliabilität der entwickelten Kinderkategoriensysteme (s. Anhang Kapitel 15.1.1) zwar nicht mit dem entwickelten Beobachtungsinstrument jedoch anhand eines Transkriptausschnittes genauer untersuchen. Das Interesse an dieser Analyse begründet sich darin, den Erfolgsaspekt einer Didaktik in der Definition von Handlungskompetenz nach Zimmermann (2011) transparent zu machen und zu bearbeiten, um ihn stets mitzudenken.

11.9.1 Analyse zum Fragenstellen der Kinder (Erfolgsaspekt)

In der folgenden Analyse wird der Unterforschungsfrage: **Stellen die Kinder selbst Fragen? (K_G1)** nachgegangen. Dabei bezieht sich die Analyse ausschließlich auf das erste pädagogische Angebot zum Thema „Gärungsprozesse im Kuchenteig".

Im gesamten ersten pädagogischen Angebot werden von unterschiedlichen Kindern insgesamt 50 Fragen gestellt (s. separate Auflistung im Anhang - Kapitel: 15.2.1). Drei dieser Kinderfragen (Kinderfrage Nr. 8, Nr. 9, Nr. 10; s. Anhang - Kapitel 15.2.1, Tabelle: Anhang 41) werden hier als inhaltlich-gehaltvolle Fragen identifiziert, weil sie sich auf den Versuch zum Thema „Gärungsprozesse im Kuchenteig" direkt beziehen. Sie kommen in einer kodierten Austauschphase im ersten pädagogischen Angebot vor. Wie die Erzieherinnen E7 und E9 auf die Kinderfragen Nr. 8 (AEg 278), Nr. 9 (AEg 294) und Nr. 10 (AEg 298) eingehen und welche handlungskompetenten Aspekte der Erzieherinnen sich aus diesem Kontext zeigen, wird im folgenden Transkriptausschnitt und der anschließenden Analyse beschrieben.

	Beginn	Ende	Sprecher	Transkript
AEg277	00:23:00	00:23:05	E9:	Was ist denn jetzt mit dem Ballon passiert? B.?
			Bianca:	Der ist halb
AEg278	00:23:05	00:23:10	Kind:	auf, der ist aufgeblasen.
			E9:	Guckt mal. Ja, was ist denn…
			Kind:	Aber
AEg279	00:23:10	00:23:15	Kind:	warum?
			E9:	Ja, warum?
			Kind:	Weil gleich platzt.
AEg280	00:23:15	00:23:20	E9:	Nee, gleich platzen wird er nicht. I.!
			Kind:	Weil es
AEg281	00:23:20	00:23:25	Kind:	weniger Wasser drin war.
			E9:	Wir haben jetzt weniger Wasser rein
AEg282	00:23:25	00:23:30	E9:	und wir haben Pulver rein. Ja, aber schaut mal, was hier passiert ist?
			Kind:	Ganz
AEg283	00:23:30	00:23:35	Kind:	…weiß.
			E9:	Ganz weiß. Und was war das wieder?
			E9:	Ja!?
AEg284	00:23:35	00:23:40	E9:	Was ist denn das Weiße?
			E7:	Ohaa!
	00:23:40	00:23:45	E9:	Ja, sag's!
			Kind:	Flasche.
			E9:	Nein.
AEg285	00:23:45	00:23:50	E9.	Es ist eine Flasche, Ja. Aber was ist das Weiße?
			E9:	O.!
			Kind:	Schaum!
			E9:	Da hat sich ganz viel Schaum gebildet.
AEg286	00:23:50	00:23:55	E7:	Wow, die ganze Flasche ist ja voll geworden! Ist ein bisschen Luft im Ballon?
AEg287	00:23:55	00:24:00	Kind:	Ja.
			E9:	Ja, und warum is'n da jetzt Luft rein gekommen? Ja,

	Beginn	Ende	Sprecher	Transkript
AEg288	00:24:00	00:24:05	E9:	D.!
			Kind:	Weil Wasser und Backpulver bildet Luft.
AEg289	00:24:05	00:24:10	E9:	Haben wir nur Wasser und Backpulver rein?
			Kind:	Mhm. (verneinend)
			E9:	Was haben wir noch rein?
			Kind:	Zitronensaft, Zitronenwasser.
AEg290	00:24:10	00:24:15	E9:	Genau, wir haben nämlich Zitronensaft, also was Saures. Eine saure Flüssigkeit
AEg291	00:24:15	00:24:20	E9:	und das Wasser mit Backpulver,
			E9:	das reagiert zusammen. Habt ihr vorhin gesehen, dass es so
AEg292	00:24:20	00:24:25	E9:	ein bisschen geblubbert hat? Die Kinder, die jetzt nah dran gesessen haben, haben's bestimmt gesehen.
AEg293	00:24:25	00:24:30	E9:	Und dann steigt ein Gas auf. Das ist wie so eine Kraft, die nach oben strömt, ne.
AEg294	00:24:30	00:24:35	E9:	Das hat jetzt ein bisschen (unverständlich).
			Kind:	Und warum geht's jetzt nicht mehr ganz hoch?
			E9:	Ganz hoch, vielleicht müssten wir noch…
AEg295	00:24:35	00:24:40	E7:	Habt ihr eine Idee, wie man den Luftballon noch größer aufpusten könnte?
AEg296	00:24:40	00:24:45	E7:	Oder der sich selber größer aufpustet? Ja!
			Kind:	Da muss man noch viel mehr rein tun.
AEg297	00:24:45	00:24:50	E7:	Das können wir doch mal ausprobieren. Wenn man viel mehr rein tut, vielleicht wird
AEg298	00:24:50	00:24:55	E7:	der Ballon dann größer.
			Kind:	Und wenn man es umdreht?
			E7:	Was ist dann, dann läuft es…?
			Kind:	Dann ist der…
AEg299	00:24:55	00:25:00	Kind:	Da ist dann im Ballon was.
			Kind:	Da ist der Ballon ganz groß.
AEg300	00:25:00	00:25:05	E9:	Ja, was, wenn ich jetzt die Flasche umdrehe?
AEg301	00:25:05	00:25:10	Kind:	Dann kommt die ganze Flüssig-
AEg302	00:25:10	00:25:15	Kind:	keit raus.

			E9:	Die ganze Flüssigkeit läuft in den Ballon rein, ne?
AEg303	00:25:15	00:25:20	E9:	Wenn ich das umdrehen würde. Das können wir nicht machen.
			Kind:	Mach's mal.
			E9:	Nee, das mach ich jetzt nicht. (Schüttelt den Kopf)
			E7:	Nee, das machen wir jetzt nicht, das könnt ihr dann…
AEg304	00:25:20	00:25:25	E9:	Aber ihr habt schon eine gute Idee gehabt, man könnte einfach noch mehr von den Zutaten rein
AEg305	00:25:25	00:25:30	E9:	tun, ne. In die Flasche, dann wird er vielleicht noch größer aufgeblasen.
AEg306	00:25:30	00:25:35	Kind:	Ja, dann platzt der ganze Kindergarten.
			E9:	Uh, soweit wird's nicht kommen.
AEg307	00:25:35	00:25:40	E7:	Und jetzt wollen wir mal überlegen: der Ballon ist ein Stückchen größer geworden.
AEg308	00:25:40	00:25:45	E7:	Was war mit unserem Teig?
AEg309	00:25:45	00:25:50	E7:	Was war mit unserem Teig? O.!
			Kind:	Ist mehr geworden.
AEg310	00:25:50	00:25:55	E7:	Habt ihr vielleicht jetzt eine Idee, warum der Teig mehr geworden ist?
AEg311	00:25:55	00:26:00	E7:	Denkt mal darüber nach, was wir jetzt grade gemacht haben, B.!
			Kind:	Weil er keine
AEg312	00:26:00	00:26:05	Kind:	Luft bekommen hat.
			E7:	Weil er keine Luft bekommen hat?
			E7:	Mhm. (tragend)
AEg313	00:26:05	00:26:10	Kind:	Weil der Zitronensaft drin ist.
AEg314	00:26:10	00:26:15	E7:	Da war Zitrone drin. Und was haben wir dazu getan? Auch?
AEg315	00:26:15	00:26:20	E7:	I.?
			Kind:	Was…Zucker.
AEg316	00:26:20	00:26:25	E7:	Wir hatten Zucker. Aber den haben wir jetzt gar nicht gebraucht. Was haben wir auch zu dem Kuchenteig dazugetan?
AEg317	00:26:25	00:26:30	E7:	Weißt du es jetzt, B.?

	Beginn	Ende	Sprecher	Transkript
			Kind:	Wasser.
AEg318	00:26:30	00:26:35	E7:	Und?
			E7:	L.?
			Kind:	Backpulver.
AEg319	00:26:35	00:26:40	E7:	Backpulver. Und wir haben grad gesehen, wie das reagiert hat und
AEg320	00:26:40	00:26:45	E7:	warum ist jetzt unser Teig größer geworden? Wer hat jetzt die Idee?
AEg321	00:26:45	00:26:50	E7:	I.?
			Kind:	Weil wir Backpulver rein gemacht haben.
			E7:	Da ist was
AEg322	00:26:50	00:26:55	E7:	passiert?
			Kind:	Da ist er mehr geworden.
			E7:	Was ist denn da rein gekommen in den Teig, dass
AEg323	00:26:55	00:27:00	E7:	der größer geworden ist, haben wir grad gesehen. D.?
			Kind:	Das Backpulver.
AEg324	00:27:00	00:27:05	E7:	Jaa, und was ist da passiert?
			Kind:	Größer geworden.
			E7:	Das haben wir schon gesagt. Aber
AEg325	00:27:05	00:27:10	E7:	warum?
			E9:	Was hat sich denn gebildet durch das Saure und das Backpulver und Wasser?
AEg326	00:27:10	00:27:15	E7:	Ahh, B.!
			Kind:	Luft.
			E7:	Aha!
AEg327	00:27:15	00:27:20	E9:	Ein Gas hat sich gebildet, was nach oben treibt.
AEg328	00:27:20	00:27:25	E9:	Das haben wir jetzt gesehen. Der Ballon war ja ein bisschen aufgeblasen.
			E7:	Und wir haben ja
AEg329	00:27:25	00:27:30	E7:	hier diese Blubberblasen auch gesehen. Und was hast du vorhin auch gesagt, was ist mit dem Teig passiert?
			Kind:	Gegoren.

AEg330	00:27:30	00:27:35	E7:	Und was haben wir da auch gesehen beim Gären?
			Kind:	Hmm, Blasen.
			E7:	Da
AEg331	00:27:35	00:27:40	E7:	haben wir auch Blasen gesehen. Also, haben wir so eine Reaktion wie wir grade hier
AEg332	00:27:40	00:27:45	E7:	in der Flasche gesehen haben, auch bei unserem Teig.
AEg333	00:27:45	00:27:50	E7:	Das ist aber toll. Jetzt wissen wir warum ein Teig, aus so wenig Teig
AEg334	00:27:50	00:27:55	E7:	sooo viel werden kann. Da zeig ich euch noch was. Da gibt es aber noch etwas (läuft zum Tisch). Das hab ich nämlich hier.

Der Versuch „Gärungsprozesse im Kuchenteig" wurde durchgeführt, um modellhaft erfahrbar zu machen, dass bei Gärungsprozessen im Kuchenteig ein Gas (Kohlenstoffdioxid) entsteht und dass das Gas im Versuch mit einem auf eine Flasche gesetzten Luftballon aufgefangen werden kann (vgl. Kapitel 11.5: Fachhintergrund „Gärungsprozesse im Kuchenteig"). E9 stellt sich nach der gemeinsamen Ausprobierphase beim Austauschen die Frage, was mit dem Ballon passiert sei. Diese offene Ausgangsfrage und die Beschreibung eines Kindes, dass der Luftballon nun aufgeblasen sei, ist der Auftakt für ein weiteres Kind, die Ausgangsfrage durch ein „Aber warum?" (Kinderfrage 8) zu konkretisieren. E9 klinkt sich mit der Frage „Ja, warum?" lenkend und das Kind bestätigend ein, um die Kinder dadurch zum Denken und Sprechen über die ursächlichen Zusammenhänge bei der Gärung im Kuchenteig anzuregen.

Die Kinder versuchen zu begründen „Weil weniger Wasser drin war", was zunächst ein ratendes Deuten zu sein scheint. Die Kinder beschreiben, was sie beobachtet haben, nämlich, dass sich in der Flasche weißer Schaum gebildet hat. Die Erzieherin E9 bringt den Aspekt „Luft" daraufhin durch die Frage „Ist ein bisschen Luft im Ballon?" ins Spiel, was die Kinder bejahen. Sofort greift E9 dies auf und fragt nach der Begründung für die Luft in der Flasche. Ein Kind gibt die Erklärung, Wasser und Backpulver bilde Luft. Damit die Kinder darauf gelenkt werden, dass das „Saure" der Zitrone auch eine Rolle spielt, fragt E9, ob nur Wasser und Backpulver als Zutaten vermischt wurden. Das Geheimnis scheint gelüftet, als ein Kind von „Zitronensaft, Zitronenwasser" spricht. E9 greift die Antwort auf und bekräftigt gleich mit „Genau. […]" und der Erklärung, dass Zitronensaft etwas Saures sei und diese saure Flüssigkeit und Wasser und Backpulver miteinander reagiert hätten. Den Beweis dafür, denn es habe ja „geblubbert", hätten vor allem die Kinder sehen können, die nah am Versuchsaufbau gesessen hätten. E9 erklärt weiter, dass ein Gas aufsteige, das wie so eine Kraft sei, die nach oben ströme. Hierdurch werden Begriffe von E9 präzisierend erklärt, die im Zusammenhang mit dem Erlebten stehen. Der weiße Schaum füllt die Flasche nur zur Hälfte, was ein Kind zur Frage veranlasst, warum es [der Schaum] jetzt nicht mehr ganz hoch gehe (Kinderfrage 9). E7 und E9 greifen diese Kinderfrage sprachlich auf. E9 beginnt, eine Antwort zu formulieren, die sie aber nicht zu Ende führt. E7 geht mit der Frage nach einer Idee dafür weiter, wie der Luftballon größer werden könnte. Dabei interpretiert sie die Frage des Kindes in Richtung der Größe des Luftballons. Sie hätte zunächst auch danach fragen können, wie die Kinder die Schaumsäule in der Flasche höher steigen lassen würden und was die Folge davon bzgl. des Luftballons wäre. So nimmt sie den Kindern die Antwort vorweg. Ein Kind antwortet, dass man „mehr rein tun könnte", um den Luftballon größer aufzupusten. Das veranlasst E7 zu der Äußerung, es einmal gemeinsam auszuprobieren, um die Vermutung, dass der Luftballon durch das „mehr rein tun" größer wird, zu überprüfen. Insofern stellen die Erzieherinnen mit den Kindern Hypothesen auf, lassen diese aber ohne Überprüfung im Raum stehen. Einen Verweis auf das Ausprobieren am kleinen Tisch nach diesem Gespräch als Motivation tippt E7 nur an, führt ihn aber nicht weiter aus.

E7 wird von der Frage eines Kindes unterbrochen, was passiere, wenn man die Flasche samt Mischung umdrehe (Kinderfrage 10). Die Kinder vermuten, dass die Flüssigkeit in den Ballon fließe. Gerne würde das ein Kind ausprobieren, was die Erzieherinnen zugunsten der Ausgangsfrage nach dem Vorgang im Teig ablehnen.

Nachdem nun viel beschrieben und rekonstruiert wurde, gibt E7 mit ihren Fragen „Was war mit unserem Teig? […] Habt ihr vielleicht jetzt eine Idee, warum der Teig mehr geworden ist?" wieder die Richtung des Dialogs vor. Im weiteren Verlauf variieren die Erzieherinnen E7 und E9 ihre Fragen „Aber was ist denn das Weiße?" oder „Warum ist denn da Luft rein gekommen?", weil die Kinder die Begründung bisher noch nicht sprachlich erfasst haben. Dadurch versuchen E7 und E9 den Kindern die Lösung zu entlocken. Die E9-Frage, was sich durch das Saure und das Backpulver-Wasser *gebildet* habe, scheint eine konkrete und die Begründung herbeiführende Frage zu sein. Denn ein Kind antwortet kurz „Luft". E9 schließt direkt eine Erklärung an, dass sich ein Gas gebildet habe, das nach oben treibe. Das hätten sie gesehen, weil der über die Flasche gestülpte Luftballon aufgeblasen gewesen sei. E7 nimmt Bezug auf die zu Beginn des pädagogischen Angebotes von einem Kind erwähnten Blubberblasen, die sich beim Kuchenteig gebildet hätten. „Gegoren" sei der Teig. Diese bei der Gärung entstehenden Blasen seien nun hier beim Versuch auch entstanden. E7 erklärt abschließend, dass im Teig die gleiche Reaktion passiert sei, wie in der Flasche und dass die Kinder nun wüssten, warum aus wenig Teig viel Teig geworden sei.

11.9.1.1 Coachingimpuls 12

Aufgrund der Analysen könnten der Erzieherinnen E7 und E9 in einem Coaching nach dem ersten pädagogischen Angebot in Bezug auf das Fragenstellen der Kinder (K_G1) und einem damit verbundenen handlungskompetenten Verhalten Folgendes rückgemeldet werden:

Es wird deutlich, dass die Kinder im gesamten ersten pädagogischen Angebot nur in einem überschaubaren Rahmen experimentbezogene Fragen stellen. Deswegen kann den Erzieher/innen bezogen auf das tatsächliche inhaltsbezogene Fragen der Kinder nur in geringem Maß positive Rückmeldung gegeben werden. Eine sich daraus ergebende neue Zielsetzung für die Erzieher/innen in weiteren pädagogischen Umsetzungen ist, das Anregen und Fördern tatsächlichen Fragens und einer Fragehaltung der Kinder mit den Kindern gemeinsam zu üben. Diese Rückmeldung orientiert sich an der Maßgabe von Zimmermann (2011) und Dhein (2011), das Fragenstellen bei Kindern zu fördern.

11.10 Stellen die Kinder selbst Fragen im letzten pädagogischen Angebot?

Das Fragenstellen der Kinder (K_G1) im Sinne eines Erfolgsaspektes einer Didaktik (Terhart, 2009, S. 16–21) soll sich im Folgenden auf das neunte pädagogische Angebot beziehen. Hintergrund dieses Vorgehens liegt in der zweiten Hauptforschungsfrage nach der Entwicklung von Handlungskompetenz über einen Längsschnitt.

11.10.1 Analyse Teil 1

Die Unterforschungsfrage **Inwiefern ändert sich das Frageverhalten der Kinder in naturwissenschaftlichen Bildungsangeboten in einem Längsschnitt? (K_G1)** wird im Folgenden beleuchtet.

Wenn auf struktureller Ebene, d.h. in Bezug auf Angebotsphasen und aktivierende Sozialformen, die Kinder zu selbsttätigem Handeln aktiviert wurden, lässt sich fragen, ob die Kinder im Sinne des Erfolgsaspektes tatsächlich die intendierten Fragen stellen. Die Frage stellt sich auch deswegen, weil in der vorangegangenen Analyse (vgl. fünfter Coachingimpuls) kaum Fragen durch die Erzieherinnen bei den Kindern initiiert werden. Aus der transkriptgestützten Analyse der Kinderfragen sollen Rückschlüsse auf die Handlungskompetenz von

E7 und E9 im neunten pädagogischen Angebot gezogen werden. Denn es wird davon ausgegangen, wenn die Kinder mehr Erfahrung bei der Auseinandersetzung mit naturwissenschaftlichen Phänomenen gemacht haben und Erzieherinnen über einen Zeitraum von 18 Monaten an Fortbildungen und Coachings teilgenommen haben, dass Kinder davon ausgehend mehr Fragen stellen müssten. Hat also eine Kompetenzentwicklung im Sinne von K_G1 stattgefunden?

Tab. 52: Alle Kinderfragen im neunten pädagogischen Angebot: Element Wasser, E7 und E9

Neutes pädagogisches Angebot		
Nr. (AEg)	Timecode	Frage der Kinder
1 (AEg 2228)	00:10:05–00:10:10	Sollen wir die runterschlucken?
2 (AEg 2288)	00:15:05–00:15:10	(zu E9) Soll ich das schon machen?
3 (AEg 2309)	00:16:50–00:16:55	und meins läuft so offen, gell?
4 (AEg 2314)	00:17:15–00:17:20	Schon noch ein bisschen ok?
5 (AEg 2341)	00:19:30–00:19:35	Da haben die heut morgen Wein getrunken, oder Bier oder was haben die getrunken?
6 (AEg 2354)	00:20:35–00:20:40	Das is aufgegangen und jetzt?
7 (AEg 2357)	00:20:50–00:20:55	Wollen wir des hier klein machen?
8 (AEg 2364)	00:21:25–00:21:30	Ey wollen wir tausend machen?
9 (AEg 2486)	00:31:35–00:31:40	Und jetzt?
10 (AEg 2538)	00:35:55–00:36:00	Wo geht die Janine hin?
11 (AEg 2626)	00:43:15–00:43:20	Schau mal. Schaust du bei mir?
12 (AEg 2647)	00:45:00–00:45:05	Darf ich mal?
13 (AEg 2648)	00:45:05–00:45:10	Darf ich mal?
14 (AEg 2883)	01:04:40–01:04:45	Darf ich gleich aufwischen?
15 (AEg 2886)	01:04:55–01:05:00	E9, E9 und ich?

In der voranstehenden Tabelle (Tab. 52) sind alle Kinderfragen aufgelistet, die im neunten und letzten pädagogischen Angebot der Fortbildungsreihe zum Thema „Wasser" registriert werden konnten. Von diesen fünfzehn Kinderfragen kann keine Frage als inhaltlich gehaltvolle Frage identifiziert werden. Die erste aufgeführte Frage *„Sollen wir die runterschlucken?"* wird von einem Kind eher scherzhaft während des Seifenblasenversuchs geäußert. Die Frage bezieht sich darauf, ob die Kinder die „Seifenbrühe" schlucken sollen. E9 geht darauf nicht weiter ein. Scherzhaft erscheint auch die Frage Nr. 5. Mit der Frage *„Soll ich das schon machen?"* (Nr. 2) holt sich ein Kind die Erlaubnis bei E9, mit dem Versuch eine Papierblume zu falten beginnen zu dürfen. Auch das ist keine Frage, die sich auf einen Inhalt beziehen. Der Frage Nr. 2 ähneln die Fragen Nr. 9, Nr. 12, Nr. 13, Nr. 14 und Nr. 15. Jedes Mal bittet ein Kind die Erzieherin um Erlaubnis zum eigenen Handeln. Mit der Frage Nr. 6 *„Das is aufgegangen und jetzt?"* beschreibt ein Kind seine Papierblume, die ihre „Blütenblätter" im Wasser entfaltet hat und *„aufgegangen"* sei. Mit *„und jetzt"* scheint das Kind eher orientierungslos zu sein, was es weiterhin tun kann. Die Erzieherin nimmt darauf keinen Bezug, weil sie auf andere Kinder achtet. Auch alle anderen Fragen sind keine Fragen, bei denen ein Erkenntnisinteresse bzgl. der drei Versuche zu Seifenblasen, Wasserflaschen und Papierblume zu erkennen sind.

Das bedeutet, dass die Kinder durch die neun pädagogischen Angebote, die die Erzieherinnen E7 und E9 mit den Kindern im Zeitraum von eineinhalb Jahren keine Fragehaltung entwickelt haben, die sie im letzten Angebot zeigen könnten. Wenn die Kinder im letzten Angebot keine Fragen stellen, kann sich keine Fragehaltung der Kinder entwickelt haben. Da laut (Zimmermann 2011) Handlungskompetenz als eine der vier Teilkompetenzen von Naturwissenschaftlicher Frühförderkompetenz (NFFK) als zu fördernder Kompetenz den Fortbildungen zugrunde liegt, kann aufgrund der Ergebnisse der vorliegenden Studie keine Entwicklung bezogen auf den Aspekt Geduld (G4) und Geduld (K_G1) festgestellt werden.

Welche plausiblen Gründe oder Vermutungen können dafür angeführt werden?

Eine erste Vermutung bezieht sich darauf, dass die Erzieherinnen E7 und E9 das Fragenstellen in den vorangegangenen pädagogischen Angeboten nicht aktiv geübt haben. Denn aus den vorangegangenen Analysen wurde deutlich, dass keine der Fragen, Aussagen oder Handlungsanweisungen der Erzieherinnen E7 und E9 eine Frage der Kinder direkt herausforderte. Ein sprachliches Repertoire, das die Kinder aktiv zum Fragenstellen aufgefordert hätte, konnte also nicht ausgemacht werden.

Eine zweite Vermutung betrifft das gesamte Lernarrangement. Das neunte pädagogische Angebot ist von allen kodierten pädagogischen Angeboten dasjenige, bei dem die Kinder in Kleingruppen an drei Stationen unterschiedliche Versuche mit Wasserphänomenen erleben können. Da das eine neue Erfahrung für die Kinder darstellt, ganz eigenständig explorierende und experimentierende Erfahrungen mit Naturphänomenen zu machen, könnte daraus geschlossen werden, dass die Kinder erst dadurch im letzten Angebot zur Selbsttätigkeit angeregt werden und eigenständig Erfahrungen sammeln. Ein systematisches Vorgehen, wie es Dhein (2011) für Kinder beschreibt, die bereits unterschiedliche Erfahrungen in Explorier- und Experimentiersituationen hatten, ist daher noch nicht zu erwarten.

Eine dritte Vermutung bezieht sich auf das Alter der Kinder. Möglicherweise sind die Kinder noch nicht auf dem entwicklungspsychologischen Stand, tatsächlich Fragen zu formulieren. Das würde darauf hindeuten, dass den Kindern weiterhin Erfahrungen ermöglicht werden sollten, um eine Basis für ihre sprachliche Entwicklung zu schaffen.

Eine vierte Vermutung bezieht sich auf die Wahl der Sachthemen über die neun pädagogischen Angebote hinweg. Möglicherweise stellen die Kinder keine Fragen zum Versuch, weil ihnen bislang zu viele unterschiedliche Themen angeboten wurden. Eine intensive und exemplarische Auseinandersetzung mit einem Sachthema hätte möglicherweise dazu beigetragen, dass die Kinder im Wagenschein'schen Sinne zu einem vertiefteren Verständnis eines Phänomens gekommen wären. Dhein (2011) schlägt nicht ohne Grund vor, Kinder durch Wiederholungen in ihrem Bedeutungsentwicklungsprozess zu unterstützen. Durch themenbezogene Wiederholungen und Vertiefungen eines Sachthemas hätten die Kinder möglicherweise zu einer systematischeren und eher „wissenschaftlichen" Vorgehensweise beim Explorieren und Experimentieren und damit zu eigenen Fragestellungen kommen können.

Da die erste und vierte Vermutung für die plausibelsten Annahmen gehalten werden, werden daraus Coachingimpulse abgeleitet.

11.10.1.1 Coachingimpuls 13

Folgender Coachingimpuls kann als Rückmeldung an die Erzieherin gegeben werden: Die Kinder stellen auch im letzten pädagogischen Angebot keine Fragen, die sich auf den Versuch beziehen. Die Kinder stellen in anderer Form Fragen wie z.B. dass sie sich bei den Erzieherinnen eine Erlaubnis für eine Aktivität einholen.

11.10.1.2 Coachingimpuls 14

Im Zeitraum der 18-monatigen Fortbildungsreihe haben die Erzieherinnen den Kindern bei jedem naturwissenschaftlichen Angebot ein anderes Sachthema mit einer anderen Fragestellung angeboten. In Bezug auf die Entwicklung des Fragenstellens bei den Kindern erscheint die Wahl der unterschiedlichen Sachthemen als ungünstig. Wenn die Erzieherinnen das Ziel haben, Kindern ein systematischeres Explorieren und Experimentieren zu ermöglichen um eigenständig Fragen laut zu verbalisieren, würde es sich anbieten wiederholende Lernsettings zur Verfügung zu stellen, damit die Kinder gemachte Erfahrungen mit neuen Erfahrungen verbinden und damit ihre Denk- und Sprachprozesse erweitern können.

11.11 Die Verknüpfung des generierten Beobachtungsinstruments mit dem erweiterten Komplexitätsebenenmodell nach Dhein

Im Folgenden soll das von Dhein (2011) entwickelte Komplexitätsebenenmodell (EKM) mit dem entwickelten Beobachtungsinstrument verknüpft werden. Die Anwendung des EKM dient als Idee für eine mögliche Weiterentwicklung des generierten Beobachtungsinstruments. Im zweiten empirischen Teil dieser Arbeit wurde zum einen deutlich, dass die Perlokution eine der wichtigsten Kategoriensysteme des entwickelten Beobachtungsinstrumentes darstellt. Bei ihr geht es darum, welche Handlungen bei den Kindern durch die sprachliche Handlung der Erzieher/in beabsichtigt werden. Zum anderen ging aus der Anwendung und Analyse des Beobachtungsinstrumentes hervor, dass die Erzieherinnen E7 und E9 die Kinder häufig mit Fragen und Handlungsanweisungen aktivieren. Die unbeantwortete Frage nach der Angemessenheit der sprachlichen Äußerungen (z.B. Frage, Handlungsanweisung) soll durch die Anwendung des EKM anhand eines Beispiels skizziert werden. Dazu wird im Folgenden das erweiterte Komplexitätsebenenmodell (EKM) nach Dhein (2011, 213f.) dargestellt ehe eine beispielhafte Auswertung dieser Anwendung des EKM folgt.

Tab. 53: Erweitertes Komplexitätsebenenmodell (EKM) nach Dhein (2011, S. 213)

Komplexitäts-bereich	Komplexitäts- und Aktivierungsniveau	
	Komplexitätsebene	**Aktivierungsstufe**
0	**ZUGANG**	*Emotionale Aktivierung*
		Kognitive Aktivierung
I	**OBJEKTE** Konstruktion stabiler Figur-Hintergrund-Unterscheidungen	*Erkennen und Benennen*
II	**ÜBERGANG FOKUSSIERUNGEN** *Beziehungen zwischen der Identifikation* *von Objekten und Fokussierung* *von Objekten* Instabile Identifikation von Objektmerkmalen	*Erfassen und Beschreiben*
	FOKUSSIERUNGEN Stabile Identifikation von Objektmerkmalen	*Erinnern und Beschreiben* *Beobachten und Beschreiben*

Komplexitäts-bereich	Komplexitäts- und Aktivierungsniveau	
	Komplexitätsebene	Aktivierungsstufe
III	**ÜBERGANG OPERATIONEN** *Beziehungen zwischen stabiler* *Identifikation von Objektmerkmalen und* *systematischen Operationen* Unsystematische Variation von Objekten im Hinblick auf Objektmerkmale	*Unsystematisches* *Explorieren und* *Beschreiben*
	OPERATIONEN Systematische Variation im Hinblick auf Objektmerkmale	*Systematisches Explorieren* *und Beschreiben*
		Systematisches Explorieren *und Beobachten*
IV	**ÜBERGANG EIGENSCHAFTEN** *Beziehungen zwischen systematischen* *Operationen und der stabilen* *Konstruktion von Objektklassen* Instabile Konstruktion von Objektklassen durch eine diesen gemeinsame Eigenschaft	*Systematisches* *Experimentieren und* *Beschreiben*
		Systematisches *Experimentieren und* *Beobachten*
		Systematisches *Experimentieren und* *Vermuten*
	EIGENSCHAFTEN Stabile Konstruktion von Objektklassen durch eine diesen gemeinsame Eigenschaft	*Systematisches* *Experimentieren und* *Zuschreiben*
V	**ÜBERGANG EREIGNISSE** *Beziehungen zwischen der stabilen* *Konstruktion von Objektklassen und der* *Verknüpfung mehrerer Eigenschaften* Verknüpfung mehrerer Eigenschaften derselben Objektklassen	*Systematisches* *Experimentieren und* *Erklären*
	EREIGNISSE Verknüpfung mehrerer Eigenschaften *unterschiedlicher* Objektklassen	*Vertiefen und* *Generalisieren*

Auf der Ebene ZUGANG ist zum einen die emotionale Aktivierung der Kinder zentral, bei der sie die Explorier- und Experimentiersituation zunächst emotional erleben. Indem die Kinder auf einen Versuch, auf die Erzieher/in, auf Materialien aufmerksam werden und sich einen Überblick über die Situation verschaffen, werden sie zum anderen für einen Zugang zum Phänomen kognitiv aktiviert. Danach folgt die Ebene der OBJEKTE. Ohne Objekte bereits manipulieren zu wollen, erkennen die Kinder Objekte visuell oder benennen diese. Auf einem nächsthöheren Komplexitätsniveau, dem der Fokussierungen, hat Dhein die Aktivierungsstufen beschrieben, denen das Erfassen von Objektmerkmalen gemeinsam ist. Auf der Basis sinnlicher Wahrnehmungen (Hören, Fühlen, Riechen, Schmecken) suchen die Kinder gezielt Informationen und können Objektmerkmale zuordnen. Hierdurch zeigt sich die Stufe des Erfassens und Beschreibens. Auf der Stufe des Erinnerns und Beschreibens werden Objekte, Handlungen oder Phänomene spontan oder aufgrund bereits gesammelter (Alltags-) Erfahrungen wiedererkannt und beschrieben. „Objekte, Handlungen, Ereignisse oder Phänomene können beschrieben werden, ohne diese sinnlich wahrzunehmen oder zu beobachten. Hierbei wird nur eine Dimension einbezogen. (z.B. Ich erinnere mich, dass die Styroporkugel leicht war" (Dhein, 2011, S. 209). Ein gezieltes Beobachten und/oder Verbalisieren von Objekten, Handlungen, Ereignissen oder Phänomenen findet auf der Stufe des *Beobachtens und Beschreibens* statt (vgl. ebd.).

Im Gegensatz zu den vorangegangenen Komplexitätsebenen variieren die Kinder auf der Ebene der Operationen Objektmerkmale auf systematische Weise. „Auf der Stufe *Systematisches Explorieren und Beschreiben* erfolgen konkrete, systematische Handlungen und deren sprachliche Formulierung unter Einbeziehung mindestens einer Dimension. Es werden Analogien gebildet. Es erfolgen Wiederholungen einzelner Handlungsschritte oder des gesamten Versuches. Auf der Stufe *Systematisches Explorieren* und *Beobachten* erfolgt darüber hinaus die gezielte Beobachtung eines Objektes. Die Beobachtung kann verbal geäußert werden" (ebd.).

Die darüber liegenden Ebenen Eigenschaften und Ereignisse sind nach Dhein durch ein Experimentieren gekennzeichnet, das von Alltagserfahrungen losgelöst und eher ‚wissenschaftlich' orientiert ist. „Fragen werden gestellt und Erklärungen für die beobachteten Phänomene gesucht. Es werden eigene Fragestellungen aufgeworfen, denen mittels gezielter Versuche nachgegangen wird. Der Drang, Ergebnisse nach außen zu präsentieren oder über Phänomene zu kommunizieren, ist vorhanden" (ebd.).

Ein gezieltes und systematisches Überprüfen der Eigenschaften unterschiedlicher Objekte und ein Bezug der Eigenschaften auf ganze Objektklassen, ist bei der Ebene Eigenschaften – *Systematisches Experimentieren und Zuschreiben* charakteristisch. „Es erfolgt die unsystematische Nutzung gezielter Begriffe zur Beschreibung von Phänomenen oder Ereignissen (z.B. „Das Metall glüht")" (ebd.). „Die Zuordnung zur Ebene Ereignisse – *Vertiefen und Generalisieren* erfolgt, wenn regelbasierte Zusammenhänge erkannt und auf andere Phänomene übertragen werden können. Die Generalisierung oder die Beschreibung regelbasierter Zusammenhänge können unter der systematischen Nutzung von gezielten Begriffen formuliert werden (z.b. „Das Metall glüht, wenn man es erhitzt" statt „Der Kerzenbehälter wird orange, wenn man ein Feuer daran hält") (ebd., S. 210).

Wie bereits erwähnt, erzielt Dhein mit ihrem EKM einen Erkenntnisgewinn dadurch, dass sie aus den Beobachtungen der Kindergartenkinder *Übergänge* bei deren Bedeutungsentwicklung benennen und beschreiben kann. Dabei bezieht sich Dhein auf die von Welzel (1995, S. 56) herausgearbeiteten *Relationen* zwischen den angrenzenden Komplexitätsebenen, in denen die Wahrnehmungen in der aktuellen Situation mit individuellen bereits gemachten Erfahrungen des Lernenden verknüpft werden. Die Übergänge sind wichtige und an bestimmte Verweildauern geknüpfte Zonen bei der Bedeutungsentwicklung [Lernen], weil dort der Übergang von früheren zu neuen und größeren subjektiven Erfahrungsbereichen (SEBe) der Kinder realisiert wird. SEBe „sind gegeneinander abgrenzbare kognitive Teilsysteme, die situationsabhängig vom handelnden Individuum aktiviert werden können" (Dhein 2011, S. 210). Ein Kind ist handlungsfähig, wenn ein solcher SEB aktiviert ist (vgl. ebd.). Übergänge (Relationsbildungen) bei einem Kind finden statt, wenn das Kind in bestimmten Situationen durch einen äußeren Reiz z.b. durch Handlungen und Äußerungen von außen ausgehend von einem niedrigeren Komplexitätsniveau zu einem höheren Komplexitätsniveau aktiviert wird. Es wird angenommen, dass das Kind durch diese Aktivierung auf eine höhere Komplexitätsebene gelangt, insbesondere dann, wenn das Kind gleiche situative Kontexte mehrmals erfährt (vgl. Dhein 2011, S. 416). Dhein (2011, S. 214) gibt für die vier Übergänge folgende Definitionen:

– „Auf dem Komplexitäts- und Aktivierungsniveau ÜBERGANG FOKUSSIERUNGEN – *Erfassen und Beschreiben* erfolgt die gezielte Informationssuche zur Identifikation von Objektmerkmalen durch haptisches Erfassen (z.b. näheres Betrachten oder Betasten eines Objektes, Riechen, eventuell Schmecken, Hören). Das Erkennen von Objektmerkmalen erfolgt dabei noch zufällig und instabil".

– „Das Niveau ÜBERGANG OPERATIONEN – *Unsystematisches Explorieren und Beschreiben* ist gekennzeichnet durch das Explorieren. Dabei kann entweder intuitiv vorgegangen oder unsystematisch exploriert werden. Beim Explorieren werden noch unsystematisch, aber bereits gezielt, Bedingungen variiert, unter denen ein Phänomen entsteht. Dabei kann das explorierende Vorgehen oder erste Ergebnisse, die dabei erzielt werden, verbalisiert werden. Auch das Äußern einer Handlungsabsicht, die eine der genannten Vorgehensweisen erkennen lässt, bei denen das Kind aber nicht selbst handelt (beispielsweise im Stuhlkreis), werden diesem Niveau zugeordnet."

- „Die Ebene Übergang Eigenschaften gliedert sich in die Stufen *Systematisches Experimentieren und Beschreiben, Systematisches Experimentieren und Beobachten* sowie *Systematisches Experimentieren und Vermuten*. Gemeinsam ist diesen Stufen, dass die Eigenschaften eines Objektes auf andere, gleichartige Objekte übertragen werden. Auf der Stufe *Systematisches Experimentieren und Beschreiben* wird ein Kombinationssystem aller Bedingungen erstellt und die Möglichkeiten systematisch überprüft. Einzelne Handlungen oder Ereignisse werden beschrieben. Beim *Systematischen Experimentieren und Beobachten* werden ein oder mehrere Objekte gezielt beobachtet und die Beobachtungen sprachlich formuliert. Auch hier wird ein Kombinationssystem aller Variablen erstellt und die Möglichkeiten systematisch überprüft. Die Stufe *Systematisches Experimentieren und Vermuten* ist ebenfalls durch das Erstellen eines Kombinationssystems aller Bedingungen und der systematischen Erprobung der Möglichkeiten charakterisiert. Zusätzlich wird der Ausgang des Phänomens sicher unter Bezugnahme eines relevanten Aspektes (einer relevanten Bedingung) vermutet (z.B. Wenn in einer Styroporkugel zu wenige Nägel stecken, dann sinkt sie nicht)."

- Das Niveau Übergang Ereignisse – *Systematisches Experimentieren und Erklären* ist gekennzeichnet durch die systematische und rationale Anwendung von Problemlösestrategien. Dabei werden mindestens zwei Dimensionen einbezogen (z.B. Wenn in einer Styroporkugel zu wenige Nägel stecken, dann ist sie zu leicht und sinkt nicht). Ein Ereignis oder Phänomen wird erklärt und mit Hilfe einer Hypothese sachlich begründet. Ein Versuch kann ohne das vorherige Durchspielen aller Möglichkeiten gezielt durchgeführt werden."

Ein ausgewähltes Ergebnis der Anwendung des EKM nach Dhein (2011)

Bei der Anwendung des EKM wurden ausschließlich alle vorkommenden Erzieher/innen-Fragen und Handlungsanweisungen in Kombination mit den Angebotsphasen und den Perlokutionskategorien „handeln", „handeln und sprechen" und „sprechen" den Komplexitätsebenen und Aktivierungsstufen von Dhein (2011) zugeordnet. Das folgende Beispiel (Tab. 54) zeigt die absoluten Häufigkeiten der ausgewählten Handlungsmuster. Mit dieser Verknüpfung soll sich ein grobes Bild gemacht werden, wie eine Verknüpfung zwischen dem generierten Beobachtungsinstrument und dem EKM von Dhein (2011) vorzustellen ist.

Nr. päd. Angebot	Kombination: Angebots-phasen, Frage, Anweisung, Perlokution	Komplexitätsebene nach Dhein (2011)	Aktivierungsstufe nach Dhein (2011)	E7	E9	E7 E9
1	Vorbereiten, Frage, Anweisung, Perlokution	Übergang Ereignisse	Systematisches Experimentieren und Erklären	0	0	0
1	Hinführen, Frage, Anweisung, Perlokution	Übergang Ereignisse	Systematisches Experimentieren und Erklären	5	0	5
1	Ausprobieren, Frage, Anweisung, Perlokution	Übergang Ereignisse	Systematisches Experimentieren und Erklären	1	0	1
1	Austauschen, Frage, Anweisung, Perlokution	Übergang Ereignisse	Systematisches Experimentieren und Erklären	8	5	13
1	Nachbereiten, Frage, Anweisung, Perlokution	Übergang Ereignisse	Systematisches Experimentieren und Erklären	0	0	0
1	Sonstige, Frage, Anweisung, Perlokution	Übergang Ereignisse	Systematisches Experimentieren und Erklären	0	0	0

Mit ihren Handlungsanweisungen und Fragen spricht die Erzieherin E7 die Kin-der bereits während der Hinführungsphase in fünf Beobachtungseinheiten auf der Ebene ÜBERGANG EREIGNISSE – *Systematisches Experimentieren und Erklä-ren* an. Das bedeutet, dass die Kinder bereits vor dem Ausprobieren – durch die Erzieherin E7 initiiert – Erklärungen dafür abgeben sollen, warum Kuchenteig größer wird. Die Antwort des Kindes „Weil es ist immer mehr Teig geworden" (AEg 74, AEg 75) bzw. die fehlende semantische Aufklärung des von einem Kind eingebrachten Fachausdruckes „Es ist gegoren" (AEg 78, AEg 80, AEg 81) zeigen, dass die Versuche, den Kindern so früh Erklärungen zu entlocken, erfolglos sind. Dhein (2011) beschreibt, dass auf den Ebenen EIGENSCHAFTEN und EREIGNISSE und der jeweiligen Übergänge von den Kindern Fragen gestellt und Erklärun-gen für die beobachteten Phänomene gesucht werden. Da die Kinder zu Beginn des ersten pädagogischen Angebotes nicht ausprobieren sondern zügig erklären sollen, ohne vorher entweder unsystematisch oder systematisch explorieren zu können, findet bei der Gestaltung der Bildungsprozesse in naturwissenschaftlichen Angeboten durch E7 eine Umkehr des „bottom-up"-Prinzips beim Aufbau von Konzeptualisierungen statt (vgl. Dhein 2011, S. 204). Das sprachliche Involvement der Erzieherin E7 kann bezogen auf die Hinführungsphase im ersten Angebot nicht als handlungskompetent im Sinne von Geduld (G4) angesehen werden, obwohl sie die Kinder auf der passenden Ebene für das Fragenstellen der Kinder anspricht.

Ein Resümee

Bei der Verknüpfung zwischen generiertem Beobachtungsinstrument und EKM werden Kategorien des Beobachtungsinstruments eines kodierten pädagogischen Angebotes gefiltert und über ein Transkript durch entsprechende Einschätzung den Komplexitätsebenen und Aktivierungsstufen des EKM zugeordnet. Über diese Zuordnung von Kategoriekombinationen lassen sich Häufigkeitsverteilungen der spezifischen Handlungsmuster errechnen, die auf ihre Angemessenheit hin überprüft werden können. Beispielsweise zeigt sich, dass die Erzieherinnen E7 und E9 im ersten pädagogischen Angebot eine Umkehr des „bottom-up-Prinzip" praktizieren und damit im Sinne von Geduld (G4) im ersten Angebot nicht handlungskompetent sind. Diese Erkenntnis kann dazu beitragen, Erzieherinnen in Coachings konkretes Feedback bzgl. der Art ihrer Instruktion z.B. im Sinne einer angemessenen Platzierung und damit auch ihrer Handlungskompetenz zu geben.

In Kombination mit dem EKM liegt daher mit dem Beobachtungsinstrument ein Bewertungsmaßstab für handlungskompetentes Verhalten einer Erzieher/in im Sinne von Geduld (G4) vor, sodass die Angemessenheit der Äußerungen von Erzieher/innen in naturwissenschaftlichen Angeboten eingeschätzt werden kann.

11.12 Zusammenfassung des zweiten empirischen Teils

Ausgangspunkt des zweiten empirischen Teils dieser Studie war die Frage, inwiefern sich mittels Beobachtungsinstrument die Handlungskompetenz ausgewählter Erzieherinnen bei der Umsetzung naturwissenschaftlicher Bildungsangebote im Kindergarten in Handlungsprofilen beschreiben lässt. Die Anwendung des entwickelten Beobachtungsinstrumentes hatte dabei zwei Foki. Mit einer Erzieherinnen-bezogenen Perspektive sollten einerseits entlang ausgewählter Fragestellungen Ergebnisse zur Handlungskompetenz bestimmter Erzieherinnen generiert und beschrieben werden. Andererseits sollte durch die Anwendung und Analyse gezeigt werden, inwiefern sich das Beobachtungsinstrument dafür eignet bzw. Grenzen dabei aufweist, Forschungsfragen bzgl. der Handlungskompetenz von Erzieher/innen und dessen Entwicklung bei der Gestaltung naturwissenschaftlicher Lernkontexte im Kindergarten zu beantworten. Zur Generierung dieser Aussagen bzgl. Handlungskompetenz und zur Darstellung der Funktionsweise des entwickelten Beobachtungsinstrumentes wurden vier verschiedene Auswertungswege angewendet.

1. Zoom: Fragengeleitete Analyse des ersten und neunten pädagogischen Angebotes

Mit einer fragengeleiteten Analyse des ersten und neunten pädagogischen Angebotes wurden anhand eines Indikators von Handlungskompetenz – Geduld (G4) – alle Kategoriensysteme mit ihren kategorialen Ausprägungsmöglichkeiten vorgestellt und analysiert. Durch unterschiedliche Kombinationsmöglichkeiten der kodierten Kategorien konnten mit absoluten und relativen Häufigkeiten transkriptgestützte Aussagen in Bezug auf Handlungskompetenz der Erzieherinnen gemacht werden. Bei der Interpretation des performativen Verhaltens der Erzieherinnen wurde sich auf theoretische Aspekte bezogen, die in der Hermeneutischen Brücke (vgl. Kapitel 10.7) ihre Zusammenfassung finden. Erkenntnisse wurden als Deutungen in Coachingimpulsen dargestellt, woraus sich wiederum Hypothesen ableiten ließen. Aus dieser fragengeleiteten Analyse ging hervor, dass die Kategoriensysteme „Sozialform", „sprachliche Handlung der Erzieher/in", „Perlokution" und „nonverbale Handlung der Erzieher/in" besonders wichtige Aspekte darstellen, um eine Antwort auf die Frage der Handlungskompetenz von Erzieher/innen im Sinne von Geduld (G4) zu finden. Es wurde deutlich, dass die Erzieher/innen im Bereich der Strukturierung eines pädagogischen Angebotes im Sinne von Geduld (G4) an Handlungskompetenz hinzugewonnen haben. In Bezug auf sprachliche Aktivitäten (z.B. Thema Erklärungen) und der Absichten damit bei den Kindern ist keine markante Veränderung über den Fortbildungszeitraum von 18 Monaten zu verzeichnen. Die Erzieherinnen legen ihren Schwerpunkt über alle Angebote auf die Absicht, mit Kindern vordergründig in den Dialog zu treten. Eine stärkere Aktivierung des Handelns (Explorieren und Experimentieren) wäre im Sinne des untersuchten Indikators Geduld (G4) wünschenswert gewesen. Im Bereich des nonverbalen Handelns nehmen die Erzieherinnen E7 und E9 zunehmend eine Beobachterrolle ein, was im Hinblick auf Handlungskompetenz (G4) positiv einzuschätzen ist. Das kann auch für das eigene Ausprobieren v.a. der Erzieher/in E7 gelten. Im letzten Angebot zeigt sie verstärkt das eigene Ausprobieren, sodass sie ihre Handlungen im Sinne einer wünschenswerten symmetrischen Reziprozität verändert.

Die Hypothese von Zimmermann (2011, S. 18), der zufolge die Erzieher/innen an Handlungskompetenz gewinnen, die an einer Fortbildungsreihe teilgenommen haben, kann in Bezug auf E7 und E9 und deren Gestaltung der Sozialform aufgrund der Ergebnisse in der vorliegenden Studie gestützt werden. Mit den Ergebnissen zum nonverbalen Handeln würde sich eine Tendenz in einer Steigerung der Handlungskompetenz ebenfalls unterstützen lassen. In Bezug auf Sprechhandlungen der Erzieherinnen E7 und E9 und der damit einhergehenden Perlokution kann die Zimmermann'sche Hypothese nicht untermauert werden. Eine transkriptgestützte Analyse verdeutlicht, dass die Erzieherinnen über alle Angebote hinweg, Erklärungen für die Naturphänomene geben.

2. Verlaufsbeschreibungen

Nicht nur durch eine zoomartige Auswertung bezogen auf das erste und neunte pädagogische Angebot konnten Coachingimpulse entwickelt und Hypothesen abgeleitet werden. Durch die längsschnittlichen Verlaufsbeschreibungen aller Kategoriensysteme bezogen auf alle fünf kodierte pädagogische Angebote wurden hinsichtlich des Indikators Geduld (G4) weitere Coachingimpulse und Hypothesen aufgebaut. Darüber hinaus wurde eine Erweiterung der Definition von Handlungskompetenz um die Erzieher/in-Erzieher/in-Perspektive, die das Menschenbild bzgl. einer Erzieher/in kohärent einbezieht, erreicht. Denn eine bislang nicht bereit gehaltene Perspektive in der Zimmermann'schen Definition von Handlungskompetenz ist die der Erzieher/innen untereinander, die für die Gestaltung eines pädagogischen Angebotes und der darin gezeigten Handlungskompetenz als relevant erscheint. Denn es könnte die Frage gestellt werden, wie die Kodierungen für eine Erzieher/in aussähe, wenn sie alleine, d.h. nicht im Tandem mit den Kindern agiert. Insofern müssen die pädagogischen Angebote unter dem Aspekt der Tandem-Arbeit betrachtet werden.

Aus den Analysen der Daten wurden Unterschiede der Aktivitäten und Interaktionen seitens der Erzieherinnen festgestellt, die möglicherweise mit Persönlichkeitsunterschieden zwischen dem Erzieherinnen-Tandem zu begründen sind. Dies wird als Anlass gesehen, um das Konstrukt Handlungskompetenz in Kontexten früher naturwissenschaftlicher Bildung um eine fünfte Subdimension (SD) „Erzieher/in-Erzieher/in-Perspektive" (EEP) zu erweitern. Die Verbindung der eigenen Persönlichkeit einer Erzieher/in mit der Gestaltung des Bildungsangebots soll die Möglichkeit der Reflexion dieser Ebene geben. Die EEP lässt sich als ein weiterer Indikator von Handlungskompetenz im NFFK-Konstrukt daher hinzufügen und wie folgt beschreiben:

„Eine Erzieher/in ist sich der eigenen Persönlichkeitsstruktur bei der Gestaltung von na-
turwissenschaftlichen Lernumgebungen stets bewusst und stimmt davon ausgehend ihre
Aktivitäten mit der Kolleg/in daraufhin ab."

Mit den Kategorien „Sprachhandlung der Erzieher/in", „Illokution", „Perlokution" und „nicht-sprachliche Handlung der Erzieher/in" aus dem entwickelten
Beobachtungsinstrument kann dieser neue Indikator von Handlungskompetenz
operationalisiert werden. Die theoretische Verknüpfung zwischen dem Indikator EEP und den generierten Kategoriensystemen nach Metzner stellt sich in der
folgenden Tabelle als hermeneutische Brücke dar.

Tab. 55: Erweiterung der hermeneutischen Zuordnung um die Erzieher/in-Erzieher/
in-Perspektive

SD	Indikatoren von Handlungskompetenz nach Metzner	Hermeneutische Brücke nach Metzner	Kategoriensysteme und Kategorie nach Metzner (Handlungsmuster)
EEP	Eine Erzieher/in ist sich der eigenen Persönlichkeitsstruktur bei der Gestaltung von naturwissenschaftlichen Lernumgebungen stets bewusst und stimmt davon ausgehend ihre Aktivitäten mit der Kolleg/in ab.	Die Erzieher/innen halten sowohl mit ihren sprachlichen als auch nicht-sprachlichen Handlungen eine Balance. Sie wechseln sich untereinander in ihren Aktivitäten ab und besprechen sich untereinander bzgl. der Gestaltung des Angebotes. Das handlungskompetente Verhalten der Erzieher/in zeigt sich im Eröffnen von Lerngelegenheiten für die Kolleg/in im Umgang mit den Kindern bei der Gestaltung und bei der Auseinandersetzung mit naturwissenschaftlichen Phänomenen.	Sprachhandlung + *Illokution* + Perlokution + Nicht-sprachliche Handlung

Mit der Erzieher/in-Erzieher/in-Perspektive können Vergleiche zwischen Er-
zieher/innen in pädagogischen Angeboten vorgenommen und hinsichtlich der
Handlungskompetenz in naturwissenschaftlichen Angeboten im Kindergarten
bewertet werden, sofern sie im Tandem in pädagogischen Angeboten kodiert
werden. Diese EE-Perspektive bietet die Möglichkeit, Erzieher/in-bezogene Unterschiede kategorial zu erfassen, zu beschreiben und im Hinblick auf Handlungskompetenz in Kontexten einer frühen naturwissenschaftlichen Bildung in
Coachings anzusprechen.

3. Transkriptgestützte fragengeleitete Analyse in Bezug auf die Kinder (Erfolgsaspekt)

Die Tatsache, dass keine reliablen Kinderkategorien angewendet werden konnten, tat der Analyse des Erfolgsaspektes insofern keinen Abbruch, als eine transkriptgestützte Auswertung die Frage erhellen konnte, ob Kinder tatsächlich zum Fragenstellen gekommen sind. Sowohl im ersten als auch im letzten pädagogischen Angebot konnten nur wenige bis keine Fragen der Kinder festgestellt werden, die sich auf die aktuellen Versuche bezogen haben. Bezogen auf das Ergebnis, dass die Erzieherinnen E7 und E9 insbesondere mit der aktivierenderen Sozialform der Kleingruppe das neunte Angebot gestaltet haben, stellt sich die Frage, aus welchem Grund die Kinder dort nicht zum „eher wissenschaftlichen Fragenstellen" (vgl. Dhein 2011) gekommen sind. Dazu wurden mögliche Vermutungen angestellt. Eine Vermutung liegt in der weniger angemessenen Art der Instruktion der Erzieherinnen. Diese wurden im folgenden vierten Schritt überprüft.

4. Verknüpfung zwischen generiertem Beobachtungsinstrumentes und erweitertem Komplexitätsebenenmodell (EKM) nach Dhein

In einem vierten Schritt wurden alle Fragen und Handlungsanweisungen in Kombination mit Angebotsphasen und Perlokution (handeln, handeln und sprechen, sprechen) mit Komplexitätsebenen und entsprechenden Aktivierungsstufen verknüpft. Ziel dieses Vorgehens war zum einen die exemplarische Darstellung einer möglichen Erweiterung des entwickelten Beobachtungsinstruments. Außerdem wurde damit gezeigt, inwiefern die verbalen Aktivitäten in einem pädagogischen Angebot als angemessen eingeschätzt werden können. Als Maßstab dient hier der Entwicklungsverlauf der Kindergartenkinder in Explorier- und Experimentiersituationen, der durch die Studie von Dhein (2011) gezeigt wurde. Im Falle von E7 und E9 zeigte sich, dass sie das sogenannte „bottom-up-Prinzip" im ersten Angebot nicht beachtet haben, indem sie die Kinder bereits vor der Ausprobierphase auf der komplexen Ebene der Ereignisse zu Erklärungen mehrmals aufgefordert haben. Ihre Erwartungshaltung in Bezug auf Erklärungen durch die Kinder wird während des ganzen Angebotes und v.a. in der Austauschphase verfolgt.

Die Anwendung des EKM zeigt darüber hinaus, dass die vorliegende Studie nicht nur eine Anschlussstudie an die Arbeit von Zimmermann (2011) darstellt, sondern auch eine inhaltliche Verknüpfung mit der Arbeit von Dhein impliziert. Insofern kann die vorliegende Anschlussstudie als Verbindungsstück zwischen den Arbeiten von Dhein (2011) und Zimmermann (2011) betrachtet werden.

12. Dritter empirischer Teil: Ein Vergleich zwischen Selbst- und Fremdeinschätzung bezogen auf Handlungskompetenz von Erzieher/innen

12.1 Forschungsproblem und Forschungsziel

In den Jahren 2006 bis 2007 haben Erzieher/innen aus der Heidelberger Region sowohl an einer 18-monatigen Pilotfortbildung als auch an prozessbegleitenden Coachings in der Forscherstation kontinuierlich teilgenommen. Ziel dieses Fortbildungstreatments war u.a. die Entwicklung von Handlungskompetenz der Erzieher/innen in naturwissenschaftlichen Angeboten im Kindergarten. Handlungskompetenz bezieht sich dabei auf die Teildimension von Naturwissenschaftlicher Frühförderkompetenz (NFFK) nach Zimmermann (2011).

Zimmermann stellt in ihrer Studie fest, dass die Erzieher/innen auf der Basis von Selbsteinschätzungen „statistisch bedeutsam" an Handlungskompetenz (ebd., S. 324) hinzugewinnen. Aus diesem Grund formuliert sie die Hypothese: „Die Erzieherinnen, die an der Fortbildungsreihe teilgenommen haben, verzeichnen einen Zuwachs in den NFFK-Skalen Interesse, Selbstkonzept, Sachkompetenz und Handlungskompetenz" (ebd., S. 18). Das Forschungsproblem ergibt sich dadurch, dass diese Einschätzungen lediglich auf Selbsteinschätzungen der Erzieher/innen beruhen. Ziel des dritten empirischen Teils ist es, diesen Selbsteinschätzungen der Erzieher/innen bzgl. Handlungskompetenz eine instrumentgestützte Fremdperspektive gegenüberzustellen um herauszufinden, inwiefern eine Übereinstimmung zwischen Selbst-und Fremdbild besteht.

In diesem Vorgehen stecken zwei Aspekte: Zum einen geht es um die Übereinstimmung zwischen Selbst- und Fremdeinschätzung. Zum anderen soll das entwickelte Beobachtungsinstrument validiert werden. Denn ein Beobachtungsinstrument zur Erfassung von Handlungskompetenz hat nur sogenannten Indikatorencharakter. Als Disposition „ist [Handlungskompetenz] nur indirekt über Indikatoren erschließbar und kann mit den effektiven Kompetenzen nicht gleichgesetzt" werden – „jedes methodische Verfahren [ist insofern begrenzt und] kann immer nur eine Annäherung an das gesuchte Konstrukt ermöglichen (vgl. Maag Merki & Grob, 2005, S. 13). Deswegen sind „Validierungsprozesse […] notwendig, um die Bedeutung der ausgewählten Indikatoren zu überprüfen" (Maag Merki & Grob, 2005, S. 12f.).

Im vorliegenden dritten empirischen Teil der Studie wird als Validierungsstrategie eine Datentriangulation (vgl. Denzin 1978, zit. n. Lamnek, 2005, S. 147) durchgeführt. Forschungsmethodisch werden dazu die im zweiten empirischen Teil entwickelten Fremdeinschätzungen in Form von Coachingimpulsen bzgl. Handlungskompetenz der Erzieherinnen durch das generierte Beobachtungsinstrument einem Vergleich mit der externen Datenbasis in Form von Selbsteinschätzungen dieser Erzieherinnen E7 und E9 bezüglich ihrer Handlungskompetenz aus der Vorgängerstudie von Zimmermann (vgl. 2011) unterzogen. Diese vergleichende Maßnahme wird als Handlungsvalidierung bezeichnet. Sie beabsichtigt Aussagen darüber zu machen, inwieweit Selbstauskünfte über Verhalten mit dem tatsächlichen Verhalten im Sinne eines reality-checks übereinstimmen. Wahl (1994, S. 259 zit. n. Bortz & Döring, 2006, S. 328) beschreibt dies als bislang noch selten durchgeführte Forschungsstrategie, durch reflexive Trainingsverfahren subjektive Theorien von Probanden zu verändern [vgl. Fortbildungs- und Coachingtreatment in der Forscherstation] und anschließend nachzuprüfen, ob sich das tatsächlich beobachtbare Verhalten ändert [vorliegende Studie]. Indem das Forschungsverfahren der Handlungsvalidierung durchgeführt wird, ist gleichzeitig ein Validierungsprozess der Kategorien des Beobachtungsinstrumentes (Indikatoren von Handlungskompetenz) gegeben.

12.2 Forschungsfrage

Aus den Vorüberlegungen wird die dritte Hauptforschungsfrage der vorliegenden Studie abgeleitet:

3. Inwiefern stimmen Selbsteinschätzungen ausgewählter Erzieher/innen und Fremdeinschätzungen durch das Beobachtungsinstrument bezüglich Handlungskompetenz in Kontexten einer frühen naturwissenschaftlichen Bildung überein?

12.3 Beschreibung der externen Datenerhebung

Das Erzieherinnen-Tandem E7 und E9 hat neben weiteren acht Erzieherinnen-Tandems[23] in der Zeit von 2006 bis 2007 an der 18-monatigen Pilotfortbildungsreihe „Mit Kindern die Welt entdecken" und an prozessbegleitenden Coachings in der Heidelberger Forscherstation von 2006 bis 2007 teilgenommen. Im Rah-

---

23 Zimmermann (2011) geht in ihrer Studie nur von 16 Erzieher/innen in dieser Coaching-Teilstudie aus. Sie hat zwei Erzieher/innen nicht berücksichtigt. In der vorliegenden Studie wurden alle Erzieher/innen (N=18) in den Datensatz aufgenommen.

men der fortbildungsbegleitenden Coaching-Einheiten sind die externen Daten entstanden, die für den dritten empirischen Teil der vorliegenden Studie herangezogen werden. In diesem dritten empirischen Teil wird nur das Fallstudientandem (E7 und E9) aus der Teilstichprobe von (N=16) fokussiert, weil sich die Auswertungen und Entwicklung von Coachingimpulsen im zweiten empirischen Teil bereits auf diese beiden Erzieherinnen bezogen haben.

Jede Coaching-Einheit bestand aus zwei Terminen (vgl. Zimmermann 2011, S. 238f.). Beim ersten Termin setzten die Erzieherinnen E7 und E9 jeweils ein pädagogisches Angebot im Kindergarten um. Unmittelbar im Anschluss daran fand jeweils eine erste Nachreflexion zu diesem aktuellen Angebot zwischen den Erzieherinnen und dem Coach statt. Dabei füllten die Erzieherinnen E7 und E9 den von Zimmermann (2011) entwickelten Fragebogen (F2) sowohl zur Selbsteinschätzung als auch zur Fremdeinschätzung der jeweiligen Kollegin aus. Der F2 erfasst zum einen mittels 26 geschlossener Items die Einstellung der Erzieherinnen bzgl. ihrer Naturwissenschaftlichen Frühförderkompetenz (NFFK) und damit auch bzgl. ihrer Handlungskompetenz.

Bezogen auf die Subdimension „Geduld" finden sich im F2 folgende geschlossene Items (Zimmermann, 2011, S. 272) zur Selbsteinschätzung:

- „Bei für mich schwierigen Warum-Fragen der Kinder war ich heute sehr geduldig.
- Ich habe mich heute sehr angestrengt.
- Eigentlich arbeite ich mit naturwissenschaftlichen Phänomenen, weil es sowieso gemacht werden muss.
- Ich habe immer den Ehrgeiz, auch harten Anforderungen gerecht zu werden.
- Mit Schwierigkeiten und Problemen im Kita-Alltag werde ich immer gut fertig.
- Ich kann so lange an einer Aufgabe sitzen, bis ich das gewünschte Ergebnis habe."

Die Subdimension „Didaktisches Geschick" wird durch die Selbsteinschätzung der Erzieher/innen im F2 mit folgenden Items erhoben (Zimmermann, 2011, S. 272):

- „Ich habe den Kindern heute viel Neues zugetraut.
- Ich war heute didaktisch ziemlich geschickt im Anregen der kindlichen Bildungsprozesse.
- Ich setzte heute großes Vertrauen in die kindliche Neugierde, in seine Lernwilligkeit und -fähigkeit; habe dabei viel Geduld und Verständnis aufgebracht für die Wege, die das Kind dabei einschlägt."

Zum anderen beinhaltet der F2 einen Interviewleitfaden mit folgenden vier Fragen (Zimmermann 2011, S. 248), die sich auf die emotionale Befindlichkeit und Selbstreflexion der Erzieherinnen kurz nach dem aktuellen Angebot beziehen:

1. „Das ist mir heute ganz besonders gut gelungen.
2. Das fiel mir heute schwer.
3. Das möchte ich verbessern, das mache ich beim nächsten Mal anders.
4. Was mir noch aufgefallen ist."

Im Anschluss an das Ausfüllen des F2 wurden Interviewgespräche entlang der vier im F2 enthaltenen offenen Fragen geführt und aufgezeichnet. Diese stehen in Form von vollständig transkribierten Interviews von Zimmermann (2011) zur Verfügung.

Bei einem jeweils zweiten Coaching-Termin mit demselben Tandem in einem zeitlichen Abstand von ein bis zwei Monaten, fand jeweils eine zweite Nachreflexion zu fast jedem Angebot statt. Hier wurden den Erzieherinnen zum einen jeweils Videosequenzen aus ihrer eigenen, direkt vorangegangenen pädagogischen Umsetzung gezeigt und mit dem Coach im Videofeedback reflektiert (vgl. Zimmermann 2011, S. 252). Zum anderen wurden den Erzieherinnen jeweils die Ergebnisse zur Fragebogenerhebung (F2) aus der ersten Nachreflexion als Farbdiagramme vom Coach präsentiert und besprochen. Diese Coaching-Gespräche liegen als Transkripte aus der Studie von Zimmermann vor (vgl. Anhangs-CD bei Zimmermann 2011). Die Erzieherinnen E7 und E9 haben insgesamt neun pädagogische Angebote zu unterschiedlichen Sachthemen im Kindergarten umgesetzt (vgl. Tab. 41). Insgesamt haben E7 und E9 achtmal an den prozessbegleitenden und videogestützten Coachings teilgenommen, sodass sie unter das von Zimmermann u.a. untersuchte Treatment des Langzeitcoachings fallen (vgl. Zimmermann 2011, S. 381).

Die externe Datenbasis von Zimmermann (2011), die im dritten empirischen Teil der vorliegenden Studie für den systematischen Vergleich herangezogen wird, wurde durch folgende Methoden erhoben:

Tab. 56: Methoden der externen Datenerhebung im Überblick (Zimmermann 2011)

	Methoden der Datenerhebung	**wurden erhoben in**
1.	**Selbsteinschätzungen** der Erzieherinnen bzgl. des pädagogischen Angebotes unmittelbar nach der Umsetzung, durch den Interviewleitfaden im Fragebogen (F2) mit **vier offenen Fragen** erhoben	Nachreflexion 1
2.	**Interviewgespräche** zum pädagogischen Angebot, liegen als Transkripte vor	Nachreflexion 1

3.	Selbsteinschätzung[24] der Erzieherinnen bzgl. **NFFK** (u.a. Handlungskompetenz) durch **26 geschlossene Items** im Fragebogen (F2) erhoben	Nachreflexion 1
4.	Videogestützte **Coaching-Gespräche** zwischen Erzieherinnen und Coach, liegen als Transkripte vor	Nachreflexion 2

12.4 Methode

Der Vergleich gilt als grundlegende, auf Wahrnehmung beruhende Methode, die zur Erkenntnis von Gemeinsamkeiten bzw. Gleichheit oder Unterschieden zwischen Objekten der Realität führen soll. Eine prägnante Definition der Vergleichsmethode stammt von dem deutschen Philosophen Alfred Brunswig (1877-1927) (Brunswig, 1910). Nach Brunswig gibt es vier notwendige elementare Eigenschaften eines Vergleichs:

1. Ein Vergleich fordert mindestens zwei Objekte, die sich „ähnlich" sind und miteinander verglichen werden können.
2. Die Tätigkeit des Vergleichens der Objekte übt ein urteilendes Subjekt aus. Aufgabe ist, ein „überzeugte[s] Meinen vom Bestehen des behaupteten Sachverhalts" und z.B. die Bedeutung von Sätzen deskriptiv darzustellen.
3. Das Resultat eines Vergleichs ist ein Vergleichsurteil, das sich auf Vergleichsrelationen oder Verhältnisse wie z.B. Gleichheit, Ähnlichkeit, Verschiedenheit oder Steigerung bezieht.
4. Die Verhältnisurteile werden stets in einer bestimmten Hinsicht bzw. Richtung erkannt (vgl. ebd.).

In der vorliegenden Studie bedeuten diese vier Elemente in ihrer Anwendung, dass Selbsteinschätzungen und Fremdeinschätzungen bzgl. ausgewählter Indikatoren von Handlungskompetenz als Objekte miteinander von der Autorin als vergleichendem Subjekt verglichen werden. Im Ergebnis wird ein Verhältnis von Selbst- zu Fremdeinschätzung bzgl. der entsprechenden Indikatoren erwartet und beschrieben, das sich entweder durch Gleichheit oder Ungleichheit auszeichnet. Eine spezielle Hinsicht bzw. Richtung des Vergleichs ist hier durch die ausgewählten Forschungsfragen des zweiten empirischen Teils gegeben, aus dem sich die konkreten Coachingimpulse ergeben haben.

---

24 Es werden hier nur die Selbsteinschätzungen der Erzieherinnen E7 und E9 herangezogen, nicht die Fremdeinschätzungen durch die Kollegin.

12.5 Vergleich zwischen Selbst- und Fremdeinschätzung

Im Folgenden werden die Coachingimpulse, die im zweiten empirischen Teil der Studie als instrumentgestützte Fremdeinschätzungen bzgl. Handlungskompetenz (Geduld, G4) bei E7 und E9 entwickelt worden sind, den diesbezüglichen Selbsteinschätzungen und Auskünften der Erzieherinnen E7 und E9, die aus der externen Datenerhebung (vgl. Tab. 56) stammen, systematisch gegenübergestellt. Dazu werden die in der vorliegenden Studie generierten Coachingimpulse jeweils in ihren wesentlichen Aspekten zusammengefasst an den Beginn jedes einzelnen Vergleichs gesetzt. Daraus werden Unterforschungsfragen entwickelt. Im Anschluss daran werden die Auskünfte der Erzieherinnen bzgl. der im Coachingimpuls angesprochenen Aspekte aufgeführt und zusammengefasst, um sie anschließend im endgültigen Vergleich in eine Beschreibung des Verhältnisses der Selbstschätzungen der Erzieherinnen und der Fremdeinschätzungen durch das entwickelte Beobachtungsinstrument münden zu lassen. Insgesamt bezieht sich diese vergleichende Gegenüberstellung auf tatsächliche performative Handlungen der Erzieherinnen in den kodierten pädagogischen Angeboten. Die Auskünfte der Erzieherinnen E7 und E9 und Impulse des Coachs (C) werden aus Gründen der Transparenz mit dem Kürzel „AEfein" zitiert, das sich jeweils auf die von Zimmermann (2011) übernommenen Analyseeinheiten bezieht (vgl. Kapitel 15.3.2 und Anhang 46).

Erster Coachingimpuls

Im Coaching würden E7 und E9 den Impuls erhalten, sowohl eine Umsetzung des pädagogischen Angebots mit einer ausgewogeneren Verteilung der Angebotsphasen und mit aktivierenderen Sozialformen vorzunehmen als auch eine offenere Vorgehensweise (ohne Experimentieranleitung) bei der Gestaltung der Lernumgebung zu entwickeln, damit im Sinne von Geduld (G4) alle Kinder durch Selbsttätigkeit in der Auseinandersetzung mit naturwissenschaftlichen Phänomenen zum Fragenstellen aktiviert werden können.

Unterforschungsfrage
Inwiefern äußern sich die Erzieherinnen E7 und E9 bzgl. der im ersten Coachingimpuls entwickelten Aspekte: Sozialform?

Während sich E9 unmittelbar nach dem ersten pädagogischen Angebot bzgl. der Aspekte im ersten Coachingimpuls nicht äußert, deutet E7 im gesamten Verlauf des Interviews immer wieder darauf hin, dass sie die „Form des Stuhlkreises", in der sie zum ersten Mal Experimente durchgeführt hätten, für nicht angemessen erachtet.

E7: „*Es war, ne, eigentlich net, es war für mich in dieser* <u>Form</u> *auch was Neues im Stuhl-kreis, wir haben Experimente schon durchgeführt, aber nicht im Stuhlkreis; das war das erste Mal, das ist für mich das Neue, äää* <u>wobei ich denke, im kleineren Rahmen ist das</u> <u>günstiger</u> – ja, <u>weil net alle Kinder gleich interessiert sind, ne</u> - <u>vor allen Dingen die Klei-</u> <u>neren</u>; *das ist* <u>für die zwar spannend, und wir haben's an der einen Reaktion gemerkt,</u> <u>die</u> <u>Angst des Mädchens - das wussten wir vorher nicht, dass sie Angst hat, aber auch solche</u> <u>Reaktionen kommen halt,</u> `ne" (AEfein 01010).*

Demnach begründet E7 die Unangemessenheit des Stuhlkreises für die Gestal-tung von Explorier- und Experimentiersituationen mit dem unterschiedlich ausgeprägten Interesse der Kinder für Experimente. Insbesondere die jüngeren Kinder („Kleineren") hätten weniger Interesse an Experimenten, manche sogar Angst davor entwickelt. E7 bezieht sich hier auf ein Mädchen, das zu weinen beginnt, aus Angst der Luftballon könne platzen.

Neben der Berücksichtigung des Alters der Kinder spiele die Möglichkeit der individuellen Förderung der Kinder eine wichtige Rolle dabei, das Lernarrange-ment künftig lieber nicht in der Großgruppe (Stuhlkreis) sondern „in kleinerem Rahmen" stattfinden zu lassen. In ihren Ausführungen kommt E7 außerdem zu dem Schluss, dass ein mehrmaliges Ausprobieren der Kinder in einer kleineren Gruppe sinnvoll wäre.

E7: „*Also* <u>ich würde das nicht mehr in so nem großen Rahmen machen</u>" *(AEfein 01012).*
[…]
E7: „*Sondern so,* <u>wie des Eckchen da hinten – diese Form gefällt mir eigentlich ganz gut</u> <u>und man hat's auch gesehen, die Kinder sind da näher dran an der Sache, ne,</u> <u>es ist nicht</u> <u>dieser riesengroße Rahmen, die Kinder können da viel mehr selber machen</u>; *ne; und dieses* <u>Experiment</u> *würd ich dann* <u>mehrmals</u> *machen, sodass wir die* <u>interessierten Kinder</u> *und die* <u>Zuschauer</u> *mehr dazu haben" (AEfein 01014).*
[…]
E7: „*Gut, die Spannung war geweckt bei den Kindern, aber ich denk', ich find' diesen klei-neren Rahmen trotzdem, einfach weil man da auch* <u>individueller</u> *drauf* <u>eingehen</u> *kann* <u>auf</u> <u>die Kinder</u>" *(AEfein 01018).*
[…]
E7: „*Ja,* <u>ich möchte des mit</u> `ner kleineren Gruppe machen, *des is so mein, mein Ding, wo ich sag,* <u>des möchte ich mit der kleineren Gruppe</u>. *Aber ansonsten – hat mir des selber heute ganz viel Spaß gemacht und es hat für mich auch selber was gebracht und wie gesagt dort hinten, des hat mich so fasziniert,…" (AEfein 01074).*

Insgesamt verweist E7 auf künftige räumliche Veränderungen bei der Ausgestal-tung des Kindergartenzimmers, damit sich vor allem die Kinder mit naturwissen-schaftlichen Phänomenen individuell auseinandersetzen können. Dabei geht es um die noch zu klärende Frage wie ein kleiner Experimentiertisch bzw. mehrere kleine Tische mit Material im Raum trotz Platzmangel fest eingerichtet werden könnten.

E7: „Wir haben uns noch nicht genug Gedanken gemacht, aber diese Ecke ist vorgesehen"
(AEfein 01020).

[...]

E7: „Da wollen wa, da haben wir das erste Mal mit diesem niedrigen Tisch gearbeitet, und die Kinder haben diesen Tisch total angenommen; das ist auch `ne neue Erfahrung, das heißt, wir werden vielleicht doch den großen Tisch vielleicht raus, das ist aber noch nicht bis zu Ende gedacht, und da kleinere Tische rein und da Material zur Verfügung stellen" (AEfein 01024).

[...]

C: „Wenn man, Sie haben ja vorhin, 3 durften ja experimentieren, 3 durften zugucken – super- und die anderen haben dann irgendetwas anderes gespielt." (AEfein 01027).

C: „Haben Sie sich vielleicht schon mal überlegt, ob nicht vielleicht jede Gruppe so'n Tisch vorbereitet bekommt?" (AEfein 01027).

E7: „Ja" (AEfein 01028).

C: „Sie haben ja die Möglichkeit, zu bestellen, die Materialien, wir können ja gemeinsam des organisieren – des is jetzt nur ne Idee: ich hab' nämlich überlegt, als die sechs da hinten waren am Pult waren, haben die anderen ja gespielt, aber wäre es nicht auch ne Möglichkeit, das an vier Tischen zu machen und wir können das ja auch bestellen" (AEfein 01029).

E7: „Ja, das müssen wir noch mal durchsprechen, noch mal durchdenken wegen der Platzfrage, aber von der Sache her ist das ja völlig richtig; Platz ist das Problem bei uns – ist ein Riesenproblem" (AEfein 01030).

Bei der Frage des Coachs nach gelungenen Aktivitäten während des ersten Angebotes äußern sich beide Erzieherinnen in Bezug auf die Art und Weise der Gestaltung des pädagogischen Angebotes positiv. Beide Erzieherinnen halten die Experimentieranleitung für ein wichtiges Orientierung gebendes Element. Ihre Intentionen wie das bessere Begreifen der einzelnen Experimentierschritte, die Organisiertheit der Gestaltung des pädagogischen Angebotes, die bildliche Vermittlung der einzelnen Schritte und die Sicherheit (damit Kinder wissen, welche Experimentierschritte nacheinander folgen) seien durch die Anleitung geglückt. Dabei hätten die Kinder Spaß gehabt. Der folgende Coaching-Dialog zum ersten Angebot spiegelt diese Auffassung wider.

E7: „Ich mein, gut, sie hat ja das Experiment vorbereitet, diese Einführungsschritte, die sie auch gemacht hat, die fand ich sehr gut, also dass die Kinder diese Orientierung hatten und man hat's dann ja auch gemerkt; Sie haben immer wieder dahin geschaut, des fand ich gut und joa dieses organisierte Durchführen des Experiments Spaß für die Kinder auch begreifbar, `ne – also des ist ja auch die Grundvoraussetzung, weil sonst wir experimentieren und keiner weiß wie, `ne" (AEfein 01044).

[...]

C: (zu E9) „Also, wie ging's Ihnen denn jetzt?" (AEfein 02001).

[...]

E9: (lacht) „Ja – ich war schon enttäuscht, dass das so lang gebraucht hat, bis es zum Ergebnis gekommen ist, also ich hab des zweimal zu Hause ausprobiert und des hat eben sofort funktioniert, ne joa, also es hat sich nicht ganz aufgeblasen, also was ich da aus dem Experiment raus hab, der soll sich da normalerweise ganz aufblasen und bei meinen Versuchen zu Hause, der hat sich halt einfach aufgeblasen, aufgerichtet, zweimal eben, genau und dann war ich etwas enttäuscht, eh dass es nich passiert is, aber – so was kommt vor…" (AEfein 02002).

[…]

C: *„Ok. Ja und was war is besonders gut gelungen?" (AEfein 02005).*

E9: *„Also ich fand gut, <u>dass die Kinder eben dieses Rezept bildlich vor sich hatten</u>, dass es <u>nich alles irgendwie nur über's Erzählen geht</u>, <u>dass sie nicht nur zuhören müssen</u>, sondern dass sie sich – (Unterbrechung durch Kind) – und <u>dass die Kinder viel selbst machen durften</u>, des fand ich gut, also aus dass sie die Zitrone haben schneiden dürfen, die Sachen reinschütten, es mal selber ausprobieren – joa" (AEfein 02006).*

In der zweiten Hälfte des ersten pädagogischen Angebots zum Thema „Gärungsprozesse im Kuchenteig", in der die Erzieherinnen einen kleinen Experimentiertisch vorbereitet haben, dürfen nur wenige Kinder immer im Wechsel selbst ausprobieren. E9 berichtet von ihrer Beobachtung bei einem „sonst eher auffällig[en]" Kind, das durch die Möglichkeit zum „Selbstexperimentieren" im positiven Sinne eine neue Seite von sich zeigt:

E9: *„Also was ich noch ganz besonders toll fand, des hab' ich hier noch mal aufgeschrieben: was mir sonst noch aufgefallen ist: dass ist dieses große Interesse und der große Spaß am <u>Selberexperimentieren</u>, also zum Teil hab' ich gemerkt, irgendwann wurden sie dann <u>unruhig</u> als es länger und länger wurde" (AEfein 02036).*

C: *„Hm" (AEfein 02037).*

E9: *<u>„Vielleicht haben sie auch kein Ende absehen können</u>, oder so? und dann als drum <u>ging zum Selberexperimentieren</u> – zum Beispiel der F., der sonst eher auffällig ist, des ist der, der hat da alles zusammengekippt, Wasser dazu und ein ganzes Päckchen Backpulver und dann ist es so übergeschäumt (lacht laut) lieber zu viel als zu wenig – und der war aber voll dabei- und des is eigentlich jemand, der sonst sehr unsicher ist…" (AEfein 02038).*

C: *„Ja?" (AEfein 02039).*

E9: *„Ja" (AEfein 02040).*

C: *„Und auch ruhig oder wie?" (AEfein 02041).*

E9: *„Ja, <u>eher dann störend</u>, also <u>er macht dann Blödsinn</u>, <u>weil er sich den Anforderungen</u> nicht gewachsen fühlt und ich glaub', des hat ihn bestätigt, er hat irgendwie was ausprobiert und er hat Aufmerksamkeit auf sich auch <u>positiv</u> gezogen und nicht wie er sonst gewöhnt ist, dass er halt irgendwie ja, des fand ich positiv" (AEfein 02042).*

[…]

C: *„Ok. Haben Sie sich für die nächste Runde oder wann Sie halt mal wieder was machen wollen, irgendetwas vorgenommen? Wir haben ja so die dritte Rubrik, was möchte ich verbessern?" (AEfein 02051).*

E9: *„Des hab ich hier geschrieben, <u>dass ich mich hier anders positioniere</u>, des war ja,, und ansonsten find ich's wichtig, <u>dass die Kinder viel selber machen</u>, das ist das für alle Kinder sichtbar ist" (AEfein 02052).*

Aufgrund ihrer Beobachtung, dass die Kinder durch das „Selberexperimentieren" großes Interesse und Spaß haben und manche Kinder daher ein anderes

Verhalten entfalten können, kommt die Erzieherin E9 zu dem Schluss, dass die Selbsttätigkeit der Kinder künftig bei der Umsetzung eines pädagogischen Angebotes wichtig ist.

Erster Vergleich

Sowohl die Ergebnisse mit dem Beobachtungsinstrument als auch die Aussagen der Erzieherinnen weisen darauf hin, dass der Stuhlkreis keine geeignete Sozialform ist, bei der alle Kinder gleichzeitig selbsttätig und kindgerecht lernen können. Als künftige Ziele bei der Gestaltung einer naturwissenschaftlichen Lernumgebung sehen beide Erzieherinnen sowohl das Ausprobieren in einem kleineren Rahmen bzw. in aktivierenden Sozialformen als auch die Beachtung der Selbsttätigkeit der Kinder. Im Gegensatz dazu sind die Erzieherinnen von der Experimentieranleitung als Orientierung für die Kinder beim Experimentieren überzeugt. Eine sich darin wiederfindende Ergebnisorientiertheit und Systematik bei der strukturellen Gestaltung des ersten Angebotes wird daher sowohl durch die Auskünfte der Erzieherinnen als auch durch die Anwendung des Beobachtungsinstrumentes und entsprechender Interpretation der Ergebnisse deutlich. Durch die Feststellung einer Übereinstimmung (Gleichheit) der Aussagen von Selbst- und Fremdeinschätzung können die Ergebnisse als validiert gelten. Für das Beobachtungsinstrument ist dies ein Hinweis darauf, dass mit den Kategorien des Kategoriensystems „Sozialform" gültige Aussagen bzgl. Geduld (G4) vorgenommen werden können.

Zweiter Coachingimpuls

Die Erzieherinnen sind im 62,5-minütigen ersten pädagogischen Angebot <u>vordergründig sprachlich nicht aktiv</u>. <u>Dabei ist E7 sprachlich aktiver als E9</u>. Wenn die Erzieherinnen sprechen, <u>beabsichtigen</u> sie hauptsächlich, die <u>Kinder zu aktivieren</u>. Am meisten regen sie bei den Kindern das „Aufnehmen" und das „Sprechen" an. <u>Weniger Impulse</u> erhalten die Kinder in den Bereichen des „Handelns" und des „Handelns und Sprechens", was in Bezug auf Geduld (G4) eher nicht als handlungskompetent gilt. Denn bevor Kinder zum Verbalisieren angeregt werden, bräuchten sie zunächst Impulse für explorierende Erfahrungen, die als Grundlage ihres Lernprozesses und sprachlichen Entwicklungsprozesses gesehen werden.

Unterforschungsfrage

Inwiefern äußern sich die Erzieherinnen E7 und E9 bzgl. der im zweiten Coachingimpuls entwickelten Aspekte: Absichten bei den Kindern (Perlokution)?

Ihr sprachliches Verhalten kommentieren E7 und E9 in der Nachreflexion 1 zum ersten Angebot nicht direkt. Eine Nachreflexion 2 kommt nicht vor. Insgesamt sind E7 und E9 der Meinung, die Kinder in der zweiten Hälfte des ersten pädagogischen Angebotes emotional und zum Explorieren und Experimentieren aktiviert zu haben. Sie sind der Auffassung, dass sie die Kinder dort „begeistert" und „eher angeregt" hätten. Die Kinder hätten Freude und Interesse beim Experimentieren entwickelt.

> *E7: „Ja, einfach die Kinder zu begeistern, weil ich hab jetzt gemerkt, wie freudig die da rummachen, … zu wecken, aber des kommt bestimmt daher, weil ich selber neugierig war und weil mir das selber Spaß gemacht hat, ja – und ich war auch selber gespannt, was da in der Ecke passiert, das war für mich so eigentlich dieses Highlight, was passiert da hinten im Eck und des war ja auch… nachdem die des ver… haben und ich denke, des ist erst mal das Wichtigste […]. Ja, ich denke, das ist das Wichtigste, dass Kinder neugierig gemacht werden, und Freude, Interesse entwickeln, entspannt sind, wenn sie mit dabei sind." (AEfein 01038). […]*
>
> *E9: „Nee, nee, es ist tatsächlich irgendwie ganz gut gelaufen und die Kinder sind eher angeregt worden und so ist es ja wahrscheinlich auch, dass es das erste Mal nicht klappt, ja?! – ja, und des müssen se aushalten und – des muss auch ich aushalten (lacht)" (AEfein 02056).*

Zweiter Vergleich

Der zweite Coachingimpuls bezieht sich auf sprachliche Aktivitäten der Erzieherinnen und die damit einhergehenden Absichten der Erzieherinnen bei den Kindern. Aus dem Coachingimpuls wird deutlich, dass die Absicht, das Handeln bzw. das Handeln und Sprechen bei den Kindern zu aktivieren, vergleichsweise selten beabsichtigt wird. Stattdessen gehen im gesamten Angebot mehr Impulse von den Erzieherinnen aus, die Kinder in einen Dialog zu bringen bzw. Gesagtes aufzunehmen. Bezogen auf diese perlokutiven Aspekte, inwiefern E7 und E9 durch ihre sprachlichen Möglichkeiten die Kinder tatsächlich zum Handeln aktiviert haben oder nicht, ist weder E7 noch bei E9 eine differenzierte Reflexion zu beobachten. Indem durch das Beobachtungsinstrument deutlich wird, dass das Handeln bzw. Handeln und Sprechen als Perlokution weniger eine Rolle spielt und sich die Erzieherinnen im Interview diesbezüglich nicht äußern, kann das Ergebnis als bestätigt angesehen werden. Insofern kann von einer Gleichheit der Selbsteinschätzung und Fremdeinschätzung bzgl. Geduld (G4) ausgegangen werden. In der Bewertung bedeutet das, dass die Handlungen/ Äußerungen der Erzieherinnen E7 und E9 im Bereich der Perlokution als validiert angesehen werden können.

Dritter Coachingimpuls

Im ersten pädagogischen Angebot werden die Kinder am häufigsten von den Erzieherinnen E7 und E9 mittels Fragen zum Sprechen und mittels Aussagen zum Aufnehmen (Zuhören) herausgefordert. Es entsteht der Eindruck, dass die Erzieher/in-Kind-Interaktion eher durch einen Dialog bzw. Monolog als durch die Selbsttätigkeit der Kinder gekennzeichnet ist. Wenn die Erzieherinnen die

Kinder zum „Handeln und Sprechen" aktivieren, dann geschieht dies in geringerem Maße durch <u>Fragen und Handlungsanweisungen</u> der Erzieherinnen. Zum Handeln versuchen E7 und E9 die Kinder hauptsächlich mit <u>Handlungsanweisungen</u> zu bringen. Um im Sinne von Geduld (G4) handlungskompetent zu sein, sollten die Erzieherinnen E7 und E9 ein <u>sprachliches Repertoire</u> aktivieren oder neu entwickeln, das sich an einer <u>symmetrischen Reziprozität</u> ausrichtet und sich mit der <u>komplementären Reziprozität</u> in Balance befindet.

Unterforschungsfrage
Inwiefern äußern sich die Erzieherinnen E7 und E9 bzgl. der im dritten Coachingimpuls entwickelten Aspekte: sprachliche Handlung der Erzieherin (Fragen, Aussagen, Handlungsanweisungen) und Perlokution?

Die Erzieherinnen E7 und E9 äußern sich im Interview zum ersten pädagogischen Angebot nicht zum Thema „Förderung der Selbsttätigkeit der Kinder" durch bestimmte sprachliche Handlungen wie z.B. Fragen, Aussagen und Handlungsanweisungen der Erzieher/in.

Dritter Vergleich
Aus dem dritten Coachingimpuls geht hervor, dass die Erzieherinnen E7 und E9 die Kinder im ersten Angebot durch ihr sprachliches Handeln insbesondere durch Fragen und Aussagen in einem Frage-Antwort-Dialog eher zum Zuhören und Sprechen bringen möchten als die Kinder zum Explorieren und Experimentieren zu aktivieren. Im Hinblick auf die Forschungsfrage, inwiefern die Erzieherinnen bewusst zum Fragenstellen der Kinder beitragen (Geduld G4), kann durch das Beobachtungsinstrument festgestellt werden, dass Fragen und Handlungsanweisungen als sprachliches Repertoire zum Aktivieren der Selbsttätigkeit und infolgedessen zum Aktivieren des Fragenstellens von E7 und E9 eingesetzt werden. Die Erzieherinnen E7 und E9 äußern sich in der Nachreflexion zum ersten pädagogischen Angebot weder in Bezug auf ihr sprachliches Repertoire und Verhalten noch in Bezug auf damit einhergehenden Absichten bei den Kindern.

Auch die Beziehungsgestaltung in den Erzieherin-Kind-Interaktionen durch sprachliche Aktivitäten ist kein Thema im Interview. Da die Erzieherinnen diese Aspekte nicht reflektieren und durch die Fremdeinschätzung ein Mangel an Reflexion zum sprachlichen Repertoire konstatiert wird, kann ein Gleichheitsverhältnis zwischen Selbst- und Fremdeinschätzung festgestellt werden. Dadurch kann angenommen werden, dass das Kategoriensystem der „sprachlichen Handlung der Erzieher/in" bezogen auf Geduld (G4) als Indikator von Handlungskompetenz valide Ergebnisse liefert.

Vierter Coachingimpuls

Aufgrund der Analyse des ersten Angebotes ist bei E7 und E9 im Sinne von Handlungskompetenz (Geduld, G4) eine intensive differenzierte Selbstreflexion in Bezug auf die Angemessenheit ihres sprachlichen und pädagogischen Verhaltens gegenüber den Kindern notwendig. Das setzt voraus, dass die Erzieherinnen selbst erst intensiver Explorier- uns Experimentiersituationen wahrnehmen, antizipieren, für sich reflektieren und entsprechend umsetzen sollten. Im Umgang mit Kindern sollten sie bei der Auseinandersetzung mit naturwissenschaftlichen Phänomenen ihr sprachliches und pädagogisches Verhalten auf ihre Selbstreflexionen abstimmen können. In Anbetracht der Vorbildfunktion der Erzieherinnen für Kinder ist im Vorfeld dazu das Schulen des eigenen vorausschauenden Denkens bei E7 und E9 zentral, damit die Strategien im Umgang mit naturwissenschaftlichen Phänomenen angemessen mit Kindern geübt werden können. Grundlegende naturwissenschaftliche Arbeitsweisen wie ein Hinterfragen der Dinge, Eigenaktivität der Kinder, Kleinschrittigkeit und Genauigkeit bei der Benennung von Materialien bzw. Stoffen oder das erste vorsichtige Heranwagen an Vermutungen und deren Überprüfungen müssten von den Erzieherinnen geübt werden, um diese mit den Kindern umzusetzen und daher mit den Kindern „geduldig" (G4) umzugehen. Die Gestaltung der Lernumgebung mit mehr offenen Fragen könnte E7 und E9 zu einer offenen Fragehaltung bringen, die sie im ersten pädagogischen Angebot noch nicht zeigen.

Unterforschungsfrage

Inwiefern äußern sich die Erzieherinnen E7 und E9 bzgl. der im vierten Coachingimpuls entwickelten Aspekte: differenzierte Selbstreflexion der Angemessenheit des sprachlichen und pädagogischen Verhaltens (Kleinschrittigkeit, Genauigkeit, Heranwagen an Vermutungen, offene Fragen)?

Im Interview (Nachreflexion 1) können keine differenzierten Reflexionen bzgl. der Angemessenheit des sprachlichen und pädagogischen Verhaltens gefunden werden.

Vierter Vergleich

Der vierte Coachingimpuls bezieht sich auf die Analyse des ersten Angebotes. Dort wurde verdeutlicht, dass eine differenzierte Selbstreflexion der Erzieherinnen notwendig wäre, um bei der Auseinandersetzung mit naturwissenschaftlichen Phänomenen offener, genauer und kleinschrittiger vorzugehen. Um eine Fragehaltung und ein Fragenstellen (Geduld, G4) der Kinder entwickeln zu können, wurde empfohlen, die Dinge gemeinsam mehr zu hinterfragen, offene

Fragen seitens der Erzieherinnen zu stellen und sich behutsam an Vermutungen mit den Kindern heranzuwagen. Im Interview zum ersten pädagogischen Angebot äußern sich E7 und E9 nicht in Bezug auf die Angemessenheit ihres sprachlichen Handelns. Im Interview kommen keine Gedanken auf, die sich auf das Hinterfragen der augenscheinlichen Dinge, auf genaue Beobachtungen und Beschreibungen beziehen. Eine Kleinschrittigkeit in der Gesprächsführung und Gestaltung der Lernumgebung findet im Interview zum ersten Angebot keinen Platz. Durch die Gleichheit in Selbst- und Fremdeinschätzung ist von einer Bestätigung der Ergebnisse auszugehen. Das Kategoriensystem der sprachlichen Handlung der Erzieher/in wird hier als valide angenommen.

Fünfter Coachingimpuls

Aus der Analyse des ersten Angebotes geht Folgendes hervor: Ein selbsttätiges Ausprobieren der Erzieherinnen lässt das gewählte Lernarrangement bestehend aus Großgruppe, gemeinsames Ausprobieren und Ausrichten an einer Experimentieranleitung nicht zu. Das nonverbale Verhalten der Erzieherinnen sollte sich mit Blick auf Geduld (G4) an einer Balance zwischen symmetrischer und komplementärer Reziprozität (Youniss, 1994, S. 154f.) orientieren. Das bedeutet, dass die Erzieherinnen selbst mehr zum Ausprobieren kommen sollten um mit den Kindern nicht nur in einem hierarchischen Beziehungsverhältnis zu stehen sondern auch um mit ihnen auf einer Ebene gleichberechtigter Interaktionspartner interagieren zu können.

Unterforschungsfrage
Inwiefern äußern sich die Erzieherinnen E7 und E9 bzgl. der im fünften Coachingimpuls entwickelten Aspekte: nonverbale Handlung der Erzieher/in?

In Bezug auf nonverbale Aktivitäten im ersten Angebot äußert sich nur E9. Ihre räumliche Position während des Experimentierens mit den Kindern im ersten Angebot hält sie für unangemessen, weil nicht jedes Kind von seinem Stuhl aus eine gute Sicht auf die Materialien und Gegenstände habe.

> **E9**: *„Nee, mir ist nur aufgefallen, ich saß mit dem Rücken zu den Kindern, und das hab ich mir auch vorgenommen für's nächste Mal, dass ich entweder – dass ich mich irgendwie anders positioniere und zwar mir war im ersten Moment gar nicht so klar, wie ich die Stühle hinter mir sitzen ja auch noch Kinder, die es möglicherweise nicht sehen oder wenn die sich melden, würd ich (Kind fragt dazwischen; E9: ich komm sofort), - ja, des war 'n bisschen ungünstig, aber das hab ich irgendwie erst im Verlauf dann gemerkt"* (AEfein 02014).
> [...]

286

E9: „*Ja, Sie haben's ja von außen beobachtet, also ich hab immer nur gedacht, <u>ich mach'</u> <u>jetzt da vorne was,</u> ab und zu hab ich's hoch gehalten, aber im Grunde genommen haben se vielleicht nen <u>großen Rücken gesehen</u> und <u>dass ich irgendwie was mache oder so...</u>*" *(AEfein 02018).*

Eine vollständige Selbsttätigkeit der Kinder wird nicht reflektiert. E9 geht davon aus, dass sie „irgendwie was mach[t]". Indem E9 ihre räumliche Position dahingehend reflektiert, sich lieber „zu dem Konzept" (Experimentieranleitung) zu stellen, erhält das erklärende Demonstrieren durch E9 gegenüber der Förderung der Selbsttätigkeit der Kinder den Vorrang.

C: „*Und wie hätte man das besser machen können?*" *(AEfein 02019).*
E9: „*Also <u>ich überlege, ob ich mich nicht zu dem Konzept stellen hätte sollen</u> – vielleicht*" *(AEfein 02020).*
C: „*So tafelmäßig? Hm*" *(AEfein 02021).*
E9: „*Ja – weil <u>wir hatten ja extra `ne Lücke gelassen in dem Stuhlkreis</u>*" *(AEfein 02022).*
C: „*Und wie wäre des <u>mit zu dem Rezept stellen</u> ne Möglichkeit? Das ist aber dann so schultafelmäßig… und wie wäre es, wenn man den Stuhl, einfach da `n bisschen offen lassen damit die Kinder nicht dahinter sitzen – geht beides*" *(AEfein 02023).*
E9: „*Ja ja, aber <u>dass man alles die Chance hat zu sehen</u> und <u>dass ich seh, wenn die sich</u> <u>melden, ich hab immer gefragt, wer möchte was machen</u>*" *(AEfein 02024).*
C: „*Aber Sie haben sie ja dran genommen*" *(AEfein 02025).*
E9: „*Ja, irgendwann hab ich gemerkt, hinter mir sitzt ja noch jemand*" *(AEfein 02026).*
C: „*Sehr selbstkritisch…*" *(AEfein 02027).*
E9: *(lacht) (AEfein 02028).*

Fünfter Vergleich
Im fünften Coachingimpuls wird ausgehend von der Analyse des ersten Angebotes und im Sinne von Geduld (G4) vorgeschlagen, dass die Erzieherinnen E7 und E9 im nonverbalen Bereich eine Balance zwischen symmetrischer und komplementärer Reziprozität entwickeln sollten. Möglich wäre dies, wenn sie das Lernangebot so arrangiert haben, dass sie z.B. selbst zum Ausprobieren kommen.

In Bezug auf das nonverbale Verhalten bei der Umsetzung des ersten pädagogischen Angebotes äußert sich im Gegensatz zu E9 die Erzieherin E7 nicht. Während E7 dahingehend keinen Entwicklungsbedarf bei sich zu sehen scheint, reflektiert E9 ihre räumliche Position. E9 sieht sich eher beim Demonstrieren neben der Experimentieranleitung, sodass die Kinder sie gut beobachten können und umgekehrt. Dass die Kinder im Sinne von Geduld (G4) selbsttätig sein sollten, steht nicht im Fokus ihrer Reflexion. In diesen schulischen Elementen wird die einseitige komplementäre Reziprozität bestätigt gesehen. Indem E9 sich gemeinsam mit den Kindern auf Entdeckersuche begeben und selbst ausprobieren würde, würde sie eine symmetrische Beziehungsgestaltung im

Erzieher/in-Kind-Interaktionsprozess erreichen. Das eigene Ausprobieren steht für E9 im Interview nicht zur Diskussion.

Indem mit Unterstützung des Beobachtungsinstrumentes ein Entwicklungsbedarf im nonverbalen Verhalten der Erzieherinnen mit Blick auf Geduld (G4) festgestellt wird und E7 und E9 sich diesbezüglich nicht äußern bzw. dies nicht reflektieren, kann von einer Gleichheit der Ergebnisse ausgegangen werden. Das ist ein Zeichen, dass das Kategoriensystem zur nonverbalen Handlung der Erzieher/in valide Ergebnisse evoziert.

Sechster Coachingimpuls

In Bezug auf die Entwicklung von Handlungskompetenz kann bei der Gestaltung des neunten pädagogischen Angebotes hervorgehoben werden, dass die Erzieherinnen in Bezug auf die Strukturierung der pädagogischen Angebote im neunten pädagogischen Angebot gegenüber dem ersten pädagogischen Angebot an Handlungskompetenz im Sinne von Geduld (G4) hinzugewonnen haben. Den Erzieherinnen kann empfohlen werden, bezogen auf zeitliche Anteile einzelner Phasen und bezogen auf aktivierende Sozialformen auf diese Weise ihre pädagogischen Angebote weiterhin zu strukturieren.

Unterforschungsfrage

Inwiefern äußern sich die Erzieherinnen E7 und E9 bzgl. der im sechsten Coachingimpuls entwickelten Aspekte: Entwicklung der Sozialform?

Der schwierige Weg, zu einer aktivierenden Sozialform bei einem naturwissenschaftlichen Angebot zu kommen, kann in den diesbezüglichen Reflexionen der Erzieherinnen deutlich nachvollzogen werden. Schwierig scheint der Weg u.a. deswegen zu sein, weil E7 und E9 unterschiedliche Ansichten haben. Während im ersten Angebot noch die Großgruppe kombiniert mit Experimentieranleitung und systematischem Vorgehen von beiden Erzieherinnen befürwortet wurde, zeigt sich im fünften Coaching eine offenere Haltung der Erzieherin E7. Sie befürwortet die aufgelockerte Atmosphäre gegenüber dem Stuhlkreis, der im siebten Angebot noch vorhanden ist. Dagegen wünscht sich E9 mehr Struktur bei der Gestaltung des pädagogischen Angebotes.

E9: *„Die Kinder sind nach wie vor gespannt. Aber wenn ich's mir jetzt so anguck kommt's mir auch so vor wie wenn's unstrukturiert is. Sie sagen mal du und dann mal du. Das hätt man vielleicht auch noch strukturierter machen können" (AEfein 12187).*
E7: *„Aber ich find des gar net so schlimm. Ich find diese offenen Phasen dazwischen..."* *(AEfein 12188).*
C: *„Ich find's auch gut" (AEfein 12189).*

E7: „Die Kinder hatten auch noch die <u>Möglichkeit</u>, sich auch mal <u>sich zu bewegen</u>. Das diese <u>Steifheit des Stuhlkreises</u> beziehungsweise diese <u>Formation bisschen aufgelockert</u> hat" (AEfein 12190).

Ausgehend von einem Impuls des Coachs setzen sich die Erzieherinnen E7 und E9 im Coaching zum siebten pädagogischen Angebot neue Ziele für künftige Umsetzungen. Diese beziehen sich auf Aspekte wie das Fördern von Motivation und Neugierde bei den Kindern. Außerdem sollen die Kinder künftig mehr einfache Experimente selbst ausprobieren dürfen.

C: [...] (Alle drei unterhalten sich anschließend über die vergangene Fortbildung. Die Erzieherinnen berichten, dass sie aus dieser Fortbildung viel mitgenommen haben. Sie haben sich <u>vorgenommen bei ihren Angeboten anders vorzugehen</u>, und zwar nach der Methode von Herrn L. <u>die Kinder beobachten lassen und beschreiben lassen</u>.)

Ich hab eine Abschlussfrage, denn ich hab euch ja fast eineinhalb Stunden hier beansprucht. Hm dieses Blatt hier möchte ich euch ja gern da lassen, um es als Alltagsschmierblatt zu benutzen. Jetzt würd ich nur gern eine adhok Entscheidung von euch erfragen: Welches der drei <u>Ziele</u>, die ihr aufgeschrieben habt, möchtet ihr jetzt oder vielleicht ein anderes im Laufe der nächsten Wochen und Monate konkretisieren? (Abschluss) (AEfein 14455). [...]

E7: „<u>Noch mehr motivieren</u>. Das man des <u>noch mehr rauskitzelt diese Neugierde</u> des is so was. Also des steht jetzt also für mich nie mehr so im Vordergrund. Nach dem ich das so bisschen gesehen hab. Und didaktisches Vorgehen denk ich nicht mehr schon grad dieses Neugierde Wecken, das is so was" (AEfein 14462).

C: „Sprichst du jetzt, damit ich das jetzt raffe, sprichst du das jetzt im Moment zum Beispiel an mit den Spiegeln, wo sie alle geguckt haben?"

E7: „Ja, ja so was. <u>So diesen einfachen Sachen</u>. Weißt du so was so dieses selber das <u>Ausprobieren wolln</u>" (AEfein 14464).

C: „Motivation ist ein Wort" (AEfein 14465).

E7: „Ja. <u>Ich mein auf ganz einfachen Ebene, die Neugierde wecken, Intresse wecken</u>" (AEfein 14466).

C: „Spaß dran auszuprobieren"(AEfein 14467).

E7: „Spaß genau. Solche Sachen. <u>Und wirklich auf ner auf ner untergesetzten Ebene</u>" (AEfein 14468).

C: „Okay verstehe" (AEfein 14469).

E7: „Also <u>keine</u> dass die Kinder so „ich will da was lernen" oder so, sondern ich will ausprobieren, ich will, ich will neugierig sein, ich will" (AEfein 14470).

C: „Okay" (AEfein 14471).

E7: „Ich will das wissen" (AEfein 14472).

C: „Hm" (AEfein 14473).

E7: „Ich will das jetzt wissen. So ne" (AEfein 14474).

C: „Und bei dir?" (AEfein 14475).

E9: Ja, ich würd das gern verfeinern, dieses das „didaktische Geschick" und auch hm ja ich glaub diese zwei Vertrauen und so ich glaub das noch mal überdacht <u>ich mute ihnen jedes Mal viel zu und trau's ihnen aber auch zu</u>" (AEfein 14476).

In der ersten Nachreflexion (Interview) zum neunten pädagogischen Angebot beschreibt die Erzieherin E7, dass durch das neue Lernarrangement in Form von Stationen zum Thema Wasser die Kinder selbsttätig ausprobieren könnten. Die „Endauswertung" als Austauschphase empfindet E7 als Gewinn um etwas über die Kinder und ihren Lernstand zu erfahren.

> *E7: „Mir gefällt's auch, weil ich finde, <u>die können da alleine agieren</u>. Des is des Schöne dran. Das war schon immer so, wo ich denke <u>da können sie alleine</u>. Das war schon immer wo ich denke: ja, alleine rumprobieren, ne? Das war gut. Obwohl es bei manchen Situationen halt... Und die haben in der <u>Endauswertung hat man ja gemerkt, dass sie doch recht viel mitgekriegt haben</u>. Selbst bei den Seifenblasen, die net so, gut, dass du's noch gesagt hast, mit dem Tuch, das is nämlich nur einmal geglückt. Nur einmal is es wirklich bei mir geglückt und sie hat dann das Tuch rübergeschwungen und dann runter. Weil des is net kaputt gegangen auf dem Tuch" (AEfein 15044).*

Im Vergleich zum Stuhlkreis empfindet E7 die Stationenarbeit „effektiv".

> *E7: „Ich mein im <u>Stuhlkreis</u> sind die Sachen natürlich viel kürzer. Aber <u>net so effektiv. Bei weitem nich so effektiv</u>" (AEfein 15160).*
> *C: „Ja." (AEfein 15161).*

In der zweiten Nachreflexion (Coaching) sehen sich Erzieherinnen und Coach Videosequenzen an, um sich anschließend zu reflektieren. Den Erzieherinnen fällt dabei auf, dass alle Kinder an den Stationen sowohl im Handeln (Explorieren) als auch im Sprechen aktiv sind. Sie begründen diese gut vorzubereitende aber „effektivste" Sozialform (Kleingruppen an Stationen) mit einer angemessenen Förderung der Kinder, die sich in einem individuellen Lerntempo und fehlender Überforderung zeige. Außerdem habe jedes Kind die Möglichkeit zu „agieren" und zu „machen".

> *E7: „Ne. <u>So jeder hat zu tun. Alle sind dabei</u>" (AEfein 16256).*
> *E9: <u>„Und sie unterhalten sich</u>" (AEfein 16257).*
> *E7: „Und sie hier is die haben ne große Blase. Es die unterhalten sich auch so" (AEfein 16257).*
> *C: „Klasse. Und wie die gucken alle! Ohne dass einer dabei is. [...]" (AEfein 16258).*
> *[...]*
> *E7: „<u>Also diese Form gefällt uns besser</u>. Was natürlich is, du <u>musst immer 3 verschiedene Sachen zur Verfügung</u> stellen, ne?" (AEfein 16275).*
> *E9: <u>„Es muss leicht sein, sie müssen schnell machen können</u>" (AEfein 16276).*
> *E7: „Trotzdem denke ich, die <u>Form is immer noch die Effektivste</u>" (AEfein 16297).*
> *C: <u>„Wenn alle was machen dürfen</u>" (AEfein 16298).*
> *E9: <u>„Find ich auch. Diese Stationen</u>" (AEfein 16299).*
> *E7: „Ja. <u>Weil sie alle was machen dürfen. Richtig. Weil sie alle in Aktion sind. Weil alle beschäftigt sind. Und und die sind ja auch alle dabei</u>" (AEfein 16300).*

E9: *„Und* <u>*jeder hat sein Tempo.*</u> *Also wir* <u>*überfordern ja auch keinen.*</u> *Wenn dann jemand…" (AEfein 16301).*

E7: *„Länger braucht oder ne?" (AEfein 16302).*

E9: *„Oder auch nich zu dem Ergebnis kommt sondern zu was anderem is es auch gut Also. […]"(AEfein 16303).*

[…]

E7: *„Auch für solche* <u>*Kinder,*</u> <u>*die*</u> *halt ein bisschen* <u>*schüchtern sind.*</u> *Und die sonst gar nich sich so trauen.* <u>*Die können halt wirklich hier auch agieren und machen.*</u> *Ohne dass sie im Mittelpunkt stehen" (AEfein 16362).*

Sechster Vergleich

Der Coachingimpuls bezieht sich darauf, dass die Erzieherinnen pädagogische Angebote zur frühen naturwissenschaftlichen Förderung wie im neunten Angebot weiterhin strukturieren können. Bezogen auf die Strukturierung haben sich die Erzieherinnen bereits im siebten Angebot vorgenommen, die Kinder selbsttätiger agieren zu lassen. Im neunten Angebot ist dieses Ziel der Selbsttätigkeit der Kinder umgesetzt worden. Insofern konnten E7 und E9 ihre Handlungsprognose im neunten pädagogischen Angebot einlösen. Obwohl sich die Erzieherinnen bezogen auf Angebotsphasen nicht äußern und dahingehend keinen Handlungsbedarf sehen, ist in Bezug auf die Sozialform von Gleichheit der Ergebnisse auszugehen. Während das Kategoriensystem „Sozialform" als validiert bezeichnet werden kann, bleibt eine Aussage hinsichtlich einer Validierung des Kategoriensystems „Angebotsphasen" an dieser Stelle offen.

Siebter Coachingimpuls

Aufgrund der längsschnittlichen Analyse erscheint E7 sprachlich präsenter als E9. Eine Deutung dieses Ergebnisses könnte in <u>unterschiedlichen Persönlichkeitsstrukturen</u> der Kolleginnen begründet sein. Während E7 dominanter in die Interaktionsprozesse in allen Angeboten involviert ist, ist E9 in ihrem Involvement als zurückhaltender zu bezeichnen. Darin kann auch ein Aspekt von Handlungskompetenz gesehen werden: Beachtung der Selbsttätigkeit der Kinder durch <u>sprachliche Zurückhaltung</u>. Inwiefern die komplementären Persönlichkeitsstrukturen für E7 und E9 bei der gelingenden Gestaltung der Lernumgebungen eine Rolle spielen, sollte im Coaching erörtert werden. Möglicherweise wäre eine Zurückhaltung von E7 bei der Handlungssteuerung der Kinder durch Sprache eine Chance, damit E9 ihr <u>sprachliches Repertoire</u> im Umgang mit den Kindern bei der Auseinandersetzung mit naturwissenschaftlichen Phänomenen üben kann.

Unterforschungsfrage
Inwiefern äußern sich die Erzieherinnen E7 und E9 bzgl. der im siebten Coachingimpuls entwickelten Aspekte?

Auf die Frage, was ihr im ersten pädagogischen Angebot schwer gefallen sei, spricht E7 ihre sprachliche Dominanz gegenüber den Kindern an.

C: „Und, gab's irgendetwas wo Sie sagen, des fiel mir heut schwer, außer dem Handy?" (*AEfein 01045*).

E7: „Ja (lacht) des mit dem blöden Handy, das hat mich geärgert – nee, eigentlich net, bis auf die Sache, ich würde die – trotzdem – ach so doch hier dort hinten, wo sie selber ausprobiert haben, net einzugreifen, da erst mal wollt ich selber mitmachen und dann den Kindern net du musst des jetzt so machen da muss ich mich sehr zurückhalten, ich hab's nicht gemacht, aber" (*AEfein 01046*).

C: Nö... (AEfein 01047).

E7: „Aber des war so was, wo ich selber mich zurücknehmen musste...Und des fällt mir generell schwer, mich zurückzunehmen, weil ich immer so..." (*AEfein 01048*).

C: „Aber Sie überstülpen die Kinder ja nicht" (*AEfein 01049*).

E7: „Nööö – des ist halt, dass ich, ich verschieb des da schon" (*AEfein 01050*).

C: „Also was mir aufgefallen ist mit ›schwer‹, ich hab auch geschrieben Ungeduld mit sich selber..." (*AEfein 01051*).

E7: „Jaaa, des is wirklich so..." (*AEfein 01052*).

C: „Ich kenn' des von mir..." (*AEfein 01052*).

E7: „Ja" (*AEfein 01053*).

C: „Beim ersten Mal hat ja dieses Teil nicht aufgeblasen und da hab' ich fast gespürt, wie Sie..." (*AEfein 01054*).

E7: „Ja, ja - genau des is des, des mein ich damit, dieses eigene, diese Energie, die da ist halt, ja" (*AEfein 01055*).

Auffällig ist bei E7 auch, dass sie diese „Energie", den Kindern Vorgaben machen zu wollen, nicht nur bezogen auf die Kinder spürt. Das Problem, der Kollegin E9 ständig ins Wort zu fallen, obwohl Redeanteile und Verantwortung in bestimmten Angebotsphasen im Tandem abgesprochen werden, sieht E7 als zu veränderndes Persönlichkeitsmerkmal bei sich an.

E7: „Ja, wie gesagt, ich glaub, ich muss mal langsamer sprechen und ich ich mir fällt es schwer ihr immer net ins Wort zu fallen. Ich weiß, dass ich das net darf. Aber mir fällt es so schwer. Deshalb muss ich dran noch arbeiten. Das weiß ich auch. Ich hab hier gemacht, weil mit dem L. da war's richtig" (*AEfein 07102*).

E9: „Ja, Ja" (*AEfein 07103*).

E7: „Aber ich muss ich weiß schon das fällt mir sehr schwer da meine Klappe zu halten. Weil wir haben uns abgesprochen haben, dass sie das durchführt und da muss ich mich dran halten und das is was mir schwer fällt" (*AEfein 07104*).

C: „Ja, aber wenn es die Situation erfordert?" (*AEfein 07105*).

E7: „Ja dann, beim L. war's richtig. Weil sie (E9) hätt's übersehen und das wär' ne Katastrophe gewesen, weil er hatte ja den Punkt. Er hatte genau den Punkt wo wir hinwollten" *(AEfein 07106)*.

E7: „Aber ich bin schon so jemand der ich hab jahrelang alleine gearbeitet und das ist ich hab über 20 Jahre alleine in der Gruppe gearbeitet. Ja. Ja in der DDR. Und des ist da musste ich mich selber um alles kümmern. Und des ist" *(AEfein 07112)*.

C: „Okay" *(AEfein 07113)*.

E7: „Ich <u>muss mich da wirklich</u> …" *(AEfein 07114)*.

[…]

E7 begründet ihr dominantes Verhalten gegenüber E9 mit der über 20-Jahre langen Eigenverantwortung in einem DDR-Kindergarten. Trotz der 5-jährigen Zusammenarbeit zwischen E7 und E9 (AEfein 08046) fällt es E7 nach eigener Auskunft dennoch schwer, sich gegenüber ihrer Kollegin E9 sprachlich zurückzuhalten.

E7: „Wobei se da ja net ganz unrecht hat. <u>Weil ich mich ja immer net in Zaum halten kann.</u> Und…" *(AEfein 08054)*.

C: „In wie fern?" *(AEfein 08055)*.

E7: „Weil <u>den Kindern gegenüber hab ich schon Geduld</u>. Des denk ich schon. <u>Nur gegenüber</u>, was ich das letzte mal schon gesagt hab, <u>dass ich ja immer dazwischen reden will</u>. Ne? Des is <u>auch ne Form der Ungeduld</u>. So seh ich das jetzt hier…" *(AEfein 08056)*.

[…]

Eine mögliche Begründung für diese Dominanz von E7 gegenüber E9 scheint in einer Selbstüberschätzung von E7 zu liegen. Das wird nicht nur bei Zimmermann (2011, S. 395) durch die fragebogengestützte Auswertung der Selbst- und Fremdeinschätzungen zwischen E7 und E9 deutlich, sondern E7 spricht das „von sich Überzeugt sein" vorab im Coaching zum dritten pädagogischen Angebot selbst an.

E7: „Ja, wahrscheinlich. Des stimmt sogar. <u>Gott ich bin so überzeugt von mir</u>. (lacht) <u>von</u> <u>meiner Arbeit.</u> (E. diskutieren ihr Ankreuzverhalten.) Weil ühm, wobei mit dieser Anstrengung, ich wert des gar nich so als Anstrengung. Wirklich net. Also des glaubt vielleicht keiner, aber des is wirklich so. Es is für mich keine Anstrengung. Ich find's einfach spannend. Des is und des wenn mir was gefällt, des weiß die E9 auch, und wenn mir was Spaß macht, dann klemm ich mich dahinter. Und dann ist des für mich, dann muss des so sein (lacht)" *(AEfein 08076)*.

[…]

E9: „Also du hast mich echt, viel besser als ich, also ich stell des jetzt, dass <u>ich kritischer mit</u> <u>mir bin</u> irgendwie" *(AEfein 08082)*.

[…]

E7: „Ich find gut was ich mache. (lacht) Es is auch gut, was du machst. Ich find halt uns beide gut" *(AEfein 08085)*.

Im Gegensatz zu E7 ist E9 weniger von sich überzeugt. Zimmermann (2011, S. 395) weist bereits darauf hin, dass E9 sehr selbstkritisch mit sich umgeht. E9 begründet ihre Selbstunsicherheit mit einem Fehlen an fachlichem Know-How und fehlender Erfahrung. Um Sicherheit zu gewinnen probiert E9 das angelesene Wissen zur Umsetzung des Versuchs erst aus, bevor sie sich mit den Kindern damit auseinandersetzt.

> **E9**: *„ich denke, ich muss ganz viele Versuche können oder wissen was sich dahinter verbirgt. Oder naturwissenschaftliche Phänomene erklären. Und des würd ich sagen kann ich nich für die Kompetenz, sondern ich muss mir das auch alles anlesen und des mal ausprobieren. Und dann geht's. Aber so von außen würd ich jetzt net sagen, dass ich total komp... oder find ich kompetent bin deswegen" (AEfein 08104).*

Alter und Erfahrung einer Erzieherin scheinen sich in den Persönlichkeitsunterschieden bemerkbar zu machen. Zumindest äußert E7, dass die Dauer der Beschäftigung mit einer Sache zu einem positiveren Kompetenzerleben führt.

> **E7**: *„Wo steht des denn? Nr. 7. Aber hier steht doch ‚nach längerer Beschäftigung'. Des heißt ja net, dass ich jetzt kompetent sein soll. Sondern für mich is des so je länger ich mich da beschäftige damit. Weißte?" (AEfein 08107).*

Dass das Problem der Dominanz von E7 gegenüber E9 keine einmalige Angelegenheit im ersten Angebot ist, zeigt sich wiederholt im Coaching zum fünften pädagogischen Angebot. Dabei kommen die sich einander ergänzenden Rollen der Erzieherinnen zum Ausdruck. E7 begründet ihr dominantes Verhalten damit, dass ihr in der Kindergartenpraxis nebenbei viele Dinge auffallen würden. E9 sorge für Ruhe, damit E7 mit den Kindern agieren könne. Der Coach schlägt einen Rollentausch vor, bei dem die Erzieherinnen die jeweilige andere Seite kennen lernen können.

> **C**: *„Und es ist wirklich bei anderen Umsetzungen nicht so klar, wie des hier bei euch läuft. Ich würde nur vorschlagen, was hälst denn davon, die Rollen mal zu tauschen? In der Vorbereitung" (AEfein 12243).*
>
> **E9**: *„Ja, des haben wir als schon gemacht. Also, dass die E7 sich mehr zurück hält" (AEfein 12244).*
>
> **C**: *„Dass du vielleicht mal, ich hab gerade einen Vorschlag unterbreitet. Und zwar, ihr sagt ja, ihr bereitet nach dem groben Schema vor. Einführung, Mittelteil, Schluss. Wenn du vielleicht mal, bei diesen Umsetzungen, vielleicht machst du des bei den anderen. Oder du bist ja auch aktiv dabei. Aber wenn du Lust hast, könntest du mal diesen Durchführungsteil... übernehmen" (AEfein 12245).*
>
> **E9**: *„Mhm. ja. Also ich glaub so, dass wir von der Art her, dass ich eher weniger sage, also wenn ich jetzt den Hauptteil machen könnte, würde er wahrscheinlich auch kürzer. Oder so. So könnt ich mir's vorstellen. Aber ja. Des haben wir glaub ich auch schon so gemacht" (AEfein 12246).*

E7: „Haben wir auch schon gemacht. Jaja. Aber des is wieder das alte Ding. Mir fällt es so schwer, mich zurückzuhalten. (lacht)" (AEfein 12247).

C: *„Aber nich so in der Intensität. Weil ihr habt ja schon in der Planung Dreierschritte. Hast du ja 2 Teile übernommen und du einen" (AEfein 12248).*

[…]

E7: *„Des Problem is ich seh so viel nebenbei. Des is des. Weißte so…" (AEfein 12255).*

C: *„Aber sie auch" (AEfein 12256).*

E7: „Des was so nebenbei läuft und dann denk ich: oh Gott, des muss man jetzt mit reinbringen" (AEfein 12257).

C: *„Wie geht denn jetzt, wie geht denn die E9 damit um, was sie alles nebenbei sieht? Sie sitzt doch dann meistens neben dir oder geht hin" (AEfein 12258).*

E7: „Jaja. Sie reagiert ja dann auch. Reagiert ja sofort" (AEfein 12259).

C: *„Sie reagiert meistens schweigend. Oder sie sagt dann, wenn du beginnst zu erklären: pssst M. Also sie sorgt quasi für dich für Ruhe" (AEfein 12260).*

E7: „Jaja. Für das Umfeld. Genau" (AEfein 12261).

C: *„ich beton's jetzt noch mal. Ihr müsst's net machen. Des is nur ne Schnapsidee, weil ich euch jetzt schon ein paar Mal erlebt hab. Und weil also ich seh's so. Ihr ergänzt euch so in dem Team. Und so was is Gold wert. Also es is schon Perfektion. Eigentlich. Jetzt geht's quasi um's Eingemachte von der Persönlichkeit. Falls ihr drauf Bock hättet, mal quasi in die Rolle des anderen um zu sehen…weil dann kämen die wirklichen Auslotungen. Wie bin ich denn da? Wie geht's mir denn da? Weil so habt ihr eure Comfort-Zone" (AEfein 12262).*

E7: „jaja. Is richtig" (AEfein 12263).

Siebter Vergleich

Durch die Verlaufsbeschreibung der Ergebnisse, die sich mittels Beobachtungsinstrument finden ließen, wurde die Dominanz von E7 gegenüber E9 in ihrem sprachlichen Verhalten hervorgehoben. Aus der Analyse zeigt sich, dass Persönlichkeitsunterschiede im verbalen Handeln, die durch das Beobachtungsinstrument entwickelt werden, durch die externen Daten von Zimmermann (2011) bestätigt werden. Im Interview und Coaching bringt E7 diesen Persönlichkeitsaspekt selbst häufiger zur Sprache. Ihre Dominanz begründet E7 mit ihrem Erfahrungsschatz und der Tatsache der jahrelangen alleinigen Verantwortung für Kinder in ihrer erzieherischen Tätigkeit. E9 entwickelt im Dialog fehlende Erfahrung und fehlendes fachliches Wissen als Begründung für ihre Selbstunsicherheit bei der Gestaltung naturwissenschaftlicher Bildungsangebote im Kindergarten. Beide Erzieherinnen sind der Meinung, sich in ihrer 5-jährigen Tandem-Arbeit einander zu ergänzen.

Der in der vorliegenden Arbeit neu entwickelte Indikator von Handlungskompetenz in Form der Erzieher/in-Erzieher/in-Perspektive (EEP) kann aufgrund der Gleichheit der Ergebnisse als validiert gelten. Damit wäre ein erster Validierungsschritt der EEP vorgenommen. In weiteren Validierungsverfahren müsste sich dieser Indikator als Teil der Definition von Handlungskompetenz bewähren.

Achter Coachingimpuls

Die sprachlichen Möglichkeiten der Erzieherinnen könnten sich bei der Umsetzung pädagogischer Angebote daran orientieren, im Sinne von Geduld (G4) weniger erklärende Zusammenhänge zu geben als auch die Kinder zur Selbsttätigkeit und individuellen Vorstellungen und Erklärungsversuchen zu aktivieren, die nicht durch eine „richtige" Lösung der Erzieherinnen ergänzt wird. Kinderantworten können auch im Raum stehen gelassen werden.

Unterforschungsfrage
Inwiefern äußern sich die Erzieherinnen E7 und E9 bzgl. der im achten Coachingimpuls entwickelten Aspekte: sprachliche Handlung der Erzieher/in (Erklärungen)?

Im Interview zum ersten pädagogischen Angebot mit der Erzieherin E9 wird ihre ergebnis- und erklärungsorientierte Erwartungshaltung deutlich.

> **E9**: *„Joa, also ich war fast ungeduldig, ich wusste ja die Antwort, ich hab gedacht, die müssen irgendwie drauf kommen, aber ich hab schon damit gerechnet. Ich hab schon eingeplant, dass ich es ihnen sage, was passiert* – aber ich hätt vielleicht da passiert irgendwie was als es so aufeinander gestoßen ist, also als die Säure dazu gekommen ist, vielleicht haben ja manche gesehen, dass...es hat ja schon geblubbert"* (AEfein 02030).

Auch im Coaching zum dritten Angebot kommt das „Erklären" als etwas zur Sprache, womit der richtige Umgang nicht weitergehend reflektiert wird. Indem das Thema „Erklären" jedoch angesprochen wird, wird deutlich, dass E7 und E9 im direkten Bezug zu einer pädagogischen Umsetzung beginnen, sich darüber Gedanken zu machen.

> **E7**: *„Ja, ne, des is auch in Ordnung. Ne? Ja. Ich hab da halt ne andre, zum Beispiel mit dem sprachlich hat mir macht mir immer unheimlich viel aus. Des is schon ne Sache wo ich…"* (AEfein 08021).
> **E9**: *„Ja, ja, des hab ich auch beides angekreuzt. Genau"* (AEfein 08022).
> **E7**: *„Na, siehste? (lacht) Und mit dem Erklären, des hast du dann gemacht. Mit dieser Erklärung an diesem naturwissenschaftlichen Phänomen. Du hast die Erklärung dafür geliefert, ne? Genau"* (AEfein 08023).
> **E9**: *„Ja. Ja."* (AEfein 08024).

Dass beide Erzieherinnen das Erklären für ein wichtiges und notwendiges Element bei der Gestaltung der Lernumgebung halten, macht sich im folgenden Coaching-Dialog zum dritten pädagogischen Angebot bemerkbar.

> **C**: *Mal ne ganz kurze didaktische Frage: wie habt ihr denn vorher abgesprochen wer was macht?"* (AEfein 08159).

E7: „*Ham wir kurz vorher <u>abgesprochen</u>*" (AEfein 08160).

E9: „*Also ganz dass sie eben…Die E9 die hat ja Urlaub gemacht, ne? Dass sie dann die Einführung macht und dass sie dann diese erste Runde macht, wo ich gefehlt hab. So war's abgesprochen*" (AEfein 08161).

E7: „*Und dann den Kreis schließt zu der Pflanze zurückkommt*" (AEfein 08162).

E9: „*Genau. Dass ich dann die <u>Erklärung</u> mach*" (AEfein 08163).

Das erklärende Moment kommt auch in der Reflexion zum fünften Angebot deutlich hervor. Insbesondere betont E7, Probleme mit dem Geben von kindgerechten Erklärungen zu haben.

E7: „*Ja. Aber das fand ich ein bisschen schwer zu erklären also*" (AEfein 11097).

E9: „*Das ist ja eigentlich schwierig zu kapieren*" (AEfein 11098).

C: „*Ist es auch*" (AEfein 11099).

E9: „*Das[s] die Luft nach hinten geht aber der Luftballon nach vorne*" (AEfein 11100).

E7: „*Nach vorne*" (AEfein 11101).

E9: „*Aber das haben sie irgendwie ganz gut kapiert*" (AEfein 11102).

E7: „*<u>Ich hab vorher schon wie erklärt</u> man dann <u>ich hatte Probleme damit</u>, <u>dass das kindgerecht rüber kommt</u>, ne*" (AEfein 11103).

Die Haltung, dass die Kinder der Erzieherin eine Erklärung geben können sollten, spiegelt sich bei E7 weiterhin im Interview zum siebten pädagogischen Angebot wieder.

E7: „*Und ich selber war mit meinen Erklärungen net so zufrieden ich kann dir auch sagen warum, weil ich hab voll auf den L. gebaut. (lacht)* (AEfein 13120).

E9: (lacht) (AEfein 13121).

E7: „*Ich hab gedacht der Junge der kriegt <u>es hin mir zu erklären, weil ich wollte es von den Kindern haben</u>*" (AEfein 13122).

[…]

E7: „*Ich hab o ich dachte der Linus wird's jetzt was*" (AEfein 13128).

E9: „*erklären*" (AEfein 13129).

E7: „*Das mit den Taschenlampenstreifen da drauf dann macht er…und kommt wieder zurück und das hab ich? also der hat es so richtig toll erklärt und da dach ich es fällt ihm wieder ein. Ja und deshalb hab voll das andre hab ich gar net gehört und dann dacht ich o Shit selber so ein bisle duftig da eine Erklärung so hab ich das dann empfunden, weißt du*" (AEfein 13130).

[…]

C: „*<u>Dabei kam von den Kindern echt Einiges</u>*" (AEfein 13133).

E7: „*Ja des kann sein, das <u>ich des gar net so wahrgenommen hab</u>. Siehst du*" (AEfein 13134).

Nach einer Zeit von 18 Monaten Fortbildung und Coaching äußert sich E7 in Bezug auf die ergebnis- und erklärungsorientierte Erwartungshaltung wie folgt:

E7: „*[…] Ah, ja gut, <u>diese Erklärungen</u>. Die ham ja… Äh, was mir selber aufgefallen is und was ich auch gut fand, dass man wirklich, auch wenn einer hinterher noch was sagen* *wollte, der L. hat ja hinterher noch was gesagt, <u>dass man drauf eingegangen ist</u>. Früher haben wir's, also wenn ich von mir ausgehe, <u>haben wir gesagt: ja, kannste mir später er-</u><u>zählen</u>. Oder ja, <u>jetzt wollen wir des andere besprechen</u>, oder so. <u>Ich glaub die Phase is jetzt</u><u>auch durch</u>. <u>Des ham wir auch gelernt</u>. <u>Dass wir Kinder wirklich erzählen lassen</u>. <u>Weil</u><u>darin liegt ja eigentlich das Potential</u>. Ne? Und des war halt und noch mal und noch mal und noch mal. Aber des is wichtig. Ne?" (AEfein 15114).*

[…]

E7: „<u>Früher hätten wir gesagt: Ihr müsst die Löcher zuhalten, damit das Wasser nicht raus-</u><u>läuft</u>. Aber heute: <u>Lass sie ausprobieren, wie das is</u>. Da sind schon <u>gewisse Ansätze da</u>. Das <u>Ausprobieren-lassen</u>. Aber <u>da sind wir auch jetzt erst dahinter gekommen</u>. <u>Wir haben vor-</u><u>her auch anders gearbeitet</u>. Und nach diesem ersten Durchgang mit den unterschiedlichen Tischen haben wir gesagt, Mensch, da können sie wirklich rumexperimentieren. (E lesen weiter. 30 Sek.) <u>Diese Erwartungshaltung</u>. Das is wirklich so, <u>man erwartet irgendwas</u>. Aber <u>eigentlich braucht man's gar net</u>. <u>Weil eigentlich ergibt sich vieles aus dem Probieren</u>. Und <u>warum müssen die das bringen was ich erwarte?</u> So isses eigentlich" (AEfein 16070).

[…]

E7: „ich muss sagen, das ist so was, was man sich auch wirklich überlegen kann. Weil wenn <u>wir das nächste Mal an Stationen arbeiten, dass wir da wirklich net so viel drum</u><u>rum sagen</u>, sondern so: <u>was könnte man machen</u>. <u>Die könnten ja auch auf andere Ideen</u><u>kommen</u>. <u>Die wir eigentlich gar net vorgesehen haben</u>. <u>Wo man einfach sagt: Hier liegt</u><u>Material</u>. <u>Überlegt euch…Wenn man das so macht, haben die noch mehr Möglichkeiten</u>" (AEfein 16115).

Es geht E7 in ihrer Reflexion zum neunten Angebot nicht mehr darum, den Kindern richtige Erklärungen oder Vorgaben zu machen. Das Prinzip der Selbsttätigkeit der Kinder samt individueller Erfahrungsvielfalt scheint sich nach Auskunft von E7 im Coaching zum neunten pädagogischen Angebot als Handlungsleitfaden manifestiert zu haben.

Diese Feststellung muss jedoch bei der weiteren Analyse revidiert werden. E7 fällt hier in die ursprüngliche ergebnis- und erklärungsorientierte Erwartungshaltung, die die Erzieherinnen bereits im ersten pädagogischen Angebot zeigten, wieder zurück.

E7: „Des war gar net so schlimm, aber ich hab dann <u>gedacht</u>, das is <u>doch eigentlich so</u><u>simpel</u>, eigentlich müssen sie doch drauf kommen. Weil mit Wasser und Papier haben sie ja alle schon mal rumgematscht. Dann dacht ich ui, <u>wieso kommen sie da jetzt nich drauf?</u> Und ich wollt's auch net so früh sagen. <u>Wollt schon, dass es da von den Kindern…</u> weil ich dachte, es is so simpel, dass sie eigentlich dahinter kommen. Bei dem <u>Druck</u>, mit den Flaschen, hätt ich, ja gut, das verstehen se noch nich. Aber hier, <u>weil des so was Simples</u><u>war, dacht ich naja, irgendwie, was macht Wasser mit Papier?</u>" (Rückfall in Erwartungs-haltung: Wissensvermittlung) (AEfein 16144).

Bei der Betrachtung einer Videosequenz aus der Austauschphase mit den Kindern im neunten Angebot wird E7 im Coaching wiederum klar, dass sie oft „viel erklär[t]". Dieser Befund kommt aufgrund ihrer Feststellung im Video zustande, dass den Kindern durch die Erklärungen „langweilig" sei. E7 zeigt also im letzten Angebot keine Einstellungs- und Verhaltensänderung gegenüber dem ersten pädagogischen Angebot. Aufgrund der wiederholt auftauchenden Erklärungen von E7, die im Video hörbar sind, geht der Coach im letzten Coaching folglich erneut mit der Erzieherin E7 der Fragestellung nach, wie die Kinder ohne Erklärungsversuche für die naturwissenschaftlichen Phänomene motiviert und neugierig gemacht werden könnten.

> **E7**: *„Ja, zum Teil, also hier sieht man's dass war denen langweilig. Das war gar net… Also alle waren net aufmerksam. Es gab welche, hier hat man's auch gesehen, hier gucken zum Beispiel grad viele rüber, ne? Aber es gab auch Momente, weil es einfach zu langatmig war. Des hab ich oft bei mir, dass ich so viel erkläre. Des hab ich schon auf den anderen Videos gesehen."* (AEfein 16163)
>
> […]
>
> **C**: *„Also weißt du, ich hab mir halt so überlegt, dein Ziel ist es, dich selbst, so hast du's glaub ich, formuliert, und die Kinder zu motivieren quasi mehr – ne du hast auch geschrieben neugierig zu machen. Des was wir vorhin hatten mit dieser Flasche. Und passiert das in diesem Moment?"* (AEfein 16168).
>
> **E7**: *„Nö, eigentlich net."* (AEfein 16169).
>
> **C**: *„Werden die Kinder durch die Erklärungen, durch die durch das Wissen, was du ihnen quasi Mund zu Mund vermittelst, werden sie dadurch neugieriger? Gucken wir weiter mal, mit dieser Frage. (Video 1 Min 25 sek). Ich find zum Beispiel du bringst so viele gute Fragen. Wie zum Beispiel: Was habt ihr hier beobachtet? Und greifst auf, was die Kinder vorher gemacht haben. Und da können sie mitdenken, ah ja, da haben wir das gemacht. Da haben wir das gemacht. Und irgendwann kommst du damit: Ja, das war die Spannung. Oder das war der Druck. Du hast da, ich würd jetzt mal von mir aus sagen, 2/3 der Elemente, die du sagst sind auf der konkreten Phase, auf die die Kinder auch sind. Da kommen die mit: Ha ja klar, da haben wir das und jenes. Dieses eine Drittel kommt, wenn du sagst, ha ja, das war die Spannung und da schalten die ab"* (AEfein 16170).
>
> **E7**: *„Ja Ja Diese wissenschaftliche Erklärung dazu. Das stimmt."* (AEfein 16171).
>
> **C**: *„Und die is, das is dann das, was die Zeit auch dehnt"* (AEfein 16172).
>
> **E7**: *„Und eigentlich net notwendig is. Ja. Einfach nur die Beobachtung schildern: was is denn da passiert? Aber dann, wir haben uns ja auch Gedanken gemacht, warum passiert denn das. Und wir lesen immer die Erklärungen im Buch nach. (lacht)"* (AEfein 16173).
>
> **E9**: *„Müssen wir selber immer gucken."* (AEfein 16174).
>
> **E7**: *„Ja. ja."* (AEfein 16175).

Zwischendurch wird deutlich, dass E7 und E9 von Beginn der Fortbildungsreihe an eine Unsicherheit zum Thema „den Kindern eine Erklärung geben" hatten. Unklar ist gewesen, ob den Kindern überhaupt Erklärungen gegeben werden sollen.

E9: „*Da gab's doch mal am Anfang von der Fortbildung auch so ne Diskussion. Da erinner ich mich dran.*" *(AEfein 16199).*

E7: „*Muss man den Kindern genau erklären…?*" *(AEfein 16200).*

E9: „*Soll man denen was sagen oder soll man ihnen nichts sagen.*" *(AEfein 16201).*

C: „*Genau. Und da blieb's offen.*" *(AEfein 16202).*

E9: „*Und da blieb's offen. Dass jeder…*" *(AEfein 16203).*

C: „*Ihr wurdet damit quasi alleine gelassen in der Entscheidung. Und habt das dann ausprobiert. Aber ihr habt ja jetzt mehrere Varianten ausprobiert. Und meine bescheidene Meinung ist die, dass es für euch entspannter ist, etwas mehr darauf zu verzichten. Loszulassen. Irgendwie.*" *(AEfein 16204).*

E7: „*Ich glaub da is auch im Kopf dieses Naturwissenschaften. Ich glaub das is so dieses Wissenschaft, weißte?*" *(AEfein 16205).*

Dem Impuls des Coachs, die Experimente mit den Kindern durchzuführen, ohne sich vorher fachliches Wissen angelesen zu haben, begegnet E9 mit dem Argument, dadurch Sicherheit zu haben. Außerdem habe sie auch Interesse daran, selbst den Ursachen für die naturwissenschaftlichen Phänomene auf den Grund zu gehen.

E9: „*Aber irgendwie will ich auch die Sicherheit haben. Ich will ja wissen, was, warum das so funktioniert*" *(AEfein 16185).*

[…]

E9: „*Ja. Generell ja. Aber wenn ich so was mache, speziell, dann also und wenn's nur für mich is. (lacht) Ich hätte halt Interesse zu wissen warum*" *(AEfein 16187).*

E9: „*Auch wenn ich's den Kindern net erklären muss. Aber irgendwie…*" *(AEfein 16188).*

Nach dem Dialog mit dem Coach fördert E7 durch ihre Äußerungen ihre Einsicht und Bereitschaft zu Tage, den Kindern künftig keine Erklärungen mehr geben zu wollen. Ein Resultat einer tatsächlichen Umsetzung dieses Vorhabens kann an dieser Stelle nur offen bleiben.

E7: „*Aber das stimmt. Mit diesen Erklärungen, ich glaub das is ein neuer Weg, den wir da einschlagen können. Des besser is. Der äh sich mehr auf die Kinder dann auch einlässt*" *(AEfein 16313).*

[…]

E7: „*Ich denk jetzt, viele Sachen, die man im Nachhinein sieht auch hier, des is ganz viel Wert, ne? Ich denke grad diese Erklärungssache, was wir heut besprochen haben, ich denk des is didaktisch net immer so gut gelaufen*" *(AEfein 16483).*

C: „*Mhm*" *(AEfein 16484).*

E7: „*Wobei ich mich selber schon so einschätze, dass ich mir da schon viele Gedanken mache. Und da schon die Kinder versuche da zu motivieren und didaktisch gut dranzugehen. Aber das war jetzt auch noch mal ganz wichtig auch zu sehen und zu sagen halt da muss ich was ändern. Für mich selber auch*" *(AEfein 16485).*

Achter Vergleich

Die fehlende Verhaltensänderung der Erzieherin E7 in Bezug auf Sprachverhalten, das sich durch eine erklärungs- und ergebnisorientierte Einstellung mit entsprechendem Verhalten auch noch im neunten Angebot zeigt, stimmt mit den Ergebnissen der vorliegenden Studie überein. Die Unsicherheit, ob und wie mit Erklärungen umgegangen werden soll, gilt für beide Erzieherinnen von Beginn des Treatments an als Herausforderung. Die wissensanhäufenden Aktivitäten von E9 im Vorfeld zu den einzelnen pädagogischen Angeboten zeigen, dass ihr Fokus auf der Aneignung naturwissenschaftlicher Phänomene für sich selbst liegt, um Sicherheit zu gewinnen. Wenn streng sozialkonstruktivistisch davon ausgegangen wird, dass Erzieherinnen den Kindergartenkindern keine Erklärungen geben sollten, macht die Sicherheitsorientierung von E9 nur dann Sinn, wenn sie beabsichtigt, den Kindern Erklärungen geben zu wollen. Wegen dieser Erklärungs-Orientierung von E9 und insbesondere aufgrund der Aussagen von E7 bzgl. des Themas „Erklärungen" wird hier davon ausgegangen, dass die Selbstauskünfte der Erzieherinnen E7 und E9 mit den Ergebnissen der Fremdeinschätzung durch das Beobachtungsinstrument übereinstimmen. Aufgrund der Gleichheit bezogen auf das Verhalten von E7 im Ergebnis aus externer Datenbasis und Beobachtungen aus dem generierten Beobachtungsinstrument, wird hier von einer Validierung der Aussagen im Bereich des Kategoriensystems der sprachlichen Handlung der Erzieher/innen ausgegangen.

Neunter Coachingimpuls

Bei der Betrachtung der Perlokution im Verlauf der 18 Fortbildungsmonate wird deutlich, dass die Erzieherinnen das kognitive Aufnehmen der Kinder ihres Gesagten am häufigsten beabsichtigen. Dadurch zeigt sich, dass sich bei der Betrachtung der Ergebnisse im Längsschnitt prinzipiell bei den Erzieherinnen keine grundlegende Änderung ihres Verhaltens festzustellen ist. Insgesamt sollen die Kinder den Erzieherinnen am häufigsten zuhören. Wenn konsequent sozialkonstruktivistisch gedacht wird, kann aus diesem Grund und im Sinne von Geduld (G4) bei E7 und E9 nicht von Zuwachs an Handlungskompetenz im Bereich der Absichten mit den sprachlichen Aktivitäten gesprochen werden.

Unterforschungsfrage
Inwiefern äußern sich die Erzieherinnen E7 und E9 bzgl. der im neunten Coachingimpuls entwickelten Aspekte: Entwicklung der Perlokution?

Beim Durchsuchen der Transkripte alle kodierter pädagogischer Angebote konnte lediglich im Interview zum neunten Angebot eine differenzierte Äußerung der Erzieherin E7 über beabsichtigtes Verhalten bei den Kindern durch sprachliche Handlung der Erzieherin festgestellt werden. E7 bezieht in ihre Reflexion ihr sprachliches Verhalten gegenüber dem Kind ein, indem sie beschreibt, wie sich die Ansprache des Kindes gegenüber früheren Umsetzungen konkret verändert hat. Ihre Satzbeispiele „Guck mal hier sind auch kleine Blasen drin" bzw. „damit könnt ihr auch was machen" zeigen zum einen ihre gewonnene offene Haltung als auch das sich daraus ergebende veränderte sprachliche Verhalten von E7.

> **E7**: *„Wir haben uns wir sind da wir ham uns auch schon unterhalten, wir sind zu einer anderen – wie soll man sagen – zu einer anderen Dimension gekommen da. Also zu einer anderen Einstellung auch zu der Sache, glaub ich. Ne? Am Anfang war da so diese große Versuche und Boah. Und Mhmmmm. Und jetzt sind wir so mehr zu diesem selber Aktivieren. Kleine Sachen. Dinge entdecken auch im Nachhinein"* (AEfein 15162).
> **C**: *„Sogar beim Wegräumen"* (AEfein 15163).
> **E7**: *„Ja (lacht) jaja. Also so. Aber das hättst du also das hätt ich, also wenn ich von mir ausgehe, hätt ich nie gesagt: guck mal hier sind auch kleine Blasen drin. Oder damit könnt ihr auch was machen. Wir hätten's dann weg und husch, ne? Jetzt sieht man das einfach anders"* (AEfein 15164).

Neunter Vergleich

In den Interviews und Coachings zu allen pädagogischen Angeboten hat eine konkrete Reflexion der Absichten mit der sprachlichen Handlung nur bei E7 eine Relevanz. Konkret heißt das, dass E7 durch ihr kommunikatives Verhalten die Kinder verstärkt zum Explorieren (Handeln) mit kleinen Experimenten anregen möchte und es laut Selbstauskunft auch tut. Da E7 von einer eingetretenen Verhaltensänderung bzgl. der Perlokution spricht, im Coachingimpuls dagegen auf eine ausbleibende Verhaltensänderung bei beiden Erzieherinnen im Bereich der bewussten Perlokution hingewiesen wird, ist von einer Ungleichheit der Ergebnisse bezogen auf E7 auszugehen. Die ungleichen Aussagen sind einerseits ein Hinweis darauf, dass sich die Erzieher/in möglicherweise selbst überschätzt. Das würde mit dem Ergebnis von Zimmermann (2011, S. 395) zusammenpassen, in dem E7 eine Selbstüberschätzung in vielen Bereichen bescheinigt wird. Andererseits ist die Ungleichheit ein Hinweis darauf, dass das entwickelte Beobachtungsinstrument in Bezug auf das Kategoriensystem „Perlokution" noch weiterentwickelt werden kann, um differenziertere Coachingimpulse geben zu können.

Da sich E9 bezogen auf die Entwicklung der Perlokution nicht äußert und daher im Moment der Reflexion keinen Handlungsbedarf bei sich sieht, eine Verhaltensänderung vorzunehmen, wird hier von einer Gleichheit der Selbst- und Fremdeinschätzungen ausgegangen. Insofern kann das Beobachtungsinstrument durch die Handlungsvalidierung für E9 als valide gelten und für zuverlässige Coachingimpulse genutzt werden.

Zehnter Coachingimpuls

Bezogen auf die Entwicklung von Handlungskompetenz lässt sich annehmen, dass die Erzieherinnen während des Fortbildungstreatments internalisiert haben, allen Kindern gleichzeitig das Ausprobieren durch aktivierende Sozialformen zu ermöglichen. Dadurch finden sie im neunten und letzten Angebot selbst Zeit und Raum für häufigeres Ausprobieren. Auf diese Weise haben sich E7 und E9 nicht nur im Sinne von Geduld (G4) entwickelt sondern sie haben zusätzlich mit der Erfahrung des eigenen Ausprobierens (G10) und der Intensivierung des Beobachtens der Kinder eine symmetrische Reziprozität hergestellt.

Unterforschungsfrage
Inwiefern äußern sich die Erzieherinnen E7 und E9 bzgl. der im zehnten Coachingimpuls entwickelten Aspekte: Entwicklung der nonverbalen Handlungen?

Im Folgenden werden alle Angebote im Hinblick auf Äußerungen der Erzieherinnen bzgl. ihrer nonverbalen Aktivitäten untersucht, um eine mögliche Entwicklung von Handlungskompetenz aufzuspüren.

Während E7 im ersten Angebot ihr nonverbales Handeln nicht reflektiert, ist E9 eine Veränderung der Raumposition wichtig, damit Kinder und E9 sich gegenseitig sehen können und den Kindern dadurch der Blick auf die Experimentierschritte ermöglicht wird (Kapitel 12.5: Fünfter Vergleich).

In den Nachreflexionen zum dritten pädagogischen Angebot zum Thema „Wasser leiten" kommt die räumliche Position und entsprechende Ermöglichung guter Sichtverhältnisse der Kinder nicht mehr vor. Stattdessen berichtet E7, dass die Selbsterfahrung z.B. „trockene" und „nasse" Stoffe als Erzieherin in der eigenen Hand zu halten einen dazu motivieren, selbst etwas ausprobieren zu wollen.

> C: „Hm. Eine Frage noch, das mit den diesem (Sieben), also anfassen, fühlen was schwerer ist. Die Idee kam dir zwischendrin?" (AEfein 07063).
> E7: „ja, wo ich's selber in der Hand hatte" (AEfein 07064).
> C: „Hm" (AEfein 07065).
> E7: „erst da. Ich hab ja ein trockenes in der Hand gehabt und ein nasses und da hab ich selber gemerkt und hab einfach gsagt ich probier's ne" (AEfein 07066).

E7 und E9 reflektieren im Interview zum dritten Angebot den Ablauf der Gestaltung der Lernumgebung. E7 bezieht sich darauf, dass sie sich um die Materialversorgung gekümmert hat. Während im vierten Coachingimpuls die Kleinschrittigkeit in Bezug auf das sprachliche Handeln der Erzieherinnen in der Reflexion zu kurz kommt, äußert sie sich in Bezug auf nonverbales Verhalten. E9 möchte kleinschrittiger bei der Materialverteilung vorgehen, damit das Angebot aus ihrer Sicht strukturierter ablaufen kann. Die Auffassung von „strukturiert" kann bei E9 mit „alle Kinder machen zur gleichen Zeit das Gleiche" umschrieben werden.

E9: *„Die Aufteilung des Materials, also mir kam's so vor also ich fand's ja heut unruhiger als sonst. Irgendwie fand ich das"* (AEfein 07080).

E7: *„Ich hab geschrieben, ich bin ja raus wegen den Schälchen. Mir hatten net genug Material. (lacht) Hab ich aufgeschrieben. Ja. Aber ich fand das persönlich jetzt gar net so schlimm"* (AEfein 07081).

E9: *„Ja. Also irgendwie und dann „jetzt braucht ihr zwei und die Klötze und des und so". Und ich hatte den Eindruck, dass es ein bisschen unruhig war* (AEfein 07082).

E9: *„Ich hab auch erst gedacht irgendwie: ist es jetzt sinnvoll, dass ich mit diesem mit dem Kasten rumgeh"* (AEfein 07084).

E7: *„Aber das war gut"* (AEfein 07085).

[…]

E9: *„Also ich hätte jetzt noch methodischer halt bei dieser Verteilung von dem Material also bei mir selber kam's an etwas etwas verwirrt da verteilt hab"* (AEfein 07116).

E7: *„Ne, ne"* (AEfein 07117).

E9: *„Aber wenn's net so ankam ist es sehr gut"* (AEfein 07118).

C: *„Aber warum?"* (AEfein 07119).

E9: *„Ich habe mir gedacht, die Kinder reden ich sag das mit den Schälchen kriegen das alle mit"* (AEfein 07120).

[…]

C: *„Was wär die andere Alternative gewesen? Ich überleg jetzt grade, weil du da so selbstkritisch bist"* (AEfein 07122).

E9: *„Was weiß ich, das alle zur gleichen Zeit das Gleiche machen also dass es sich net irgendwie erst also es bleibt trotzdem unstrukturiert mit dem also wir haben Schälchen auf den Tisch gestellt mit diesen ganzen Lappen dann hab ich gsagt jetzt nehmt euch diese Glasschälchen, dann ham sie aber schon angefangen diese diese Streifen zu befühlen was ja auch sinnvoll ist aber dann hab ich gsagt Schälchen, da haben manche noch gefühlt manche schon Schälchen, […]"* (AEfein 07123).

[…]

E9: *„Also ich hätte höchstens irgendwie gedacht dass halt welche noch im Fühlen sind und ich sag aber schon Schälchen, das kriegen sie gar net mit. Aber es war im Endeffekt war's dann doch okay"* (AEfein 07125).

In den Nachreflexionen zum fünften und siebten Angebot treten keine Äußerungen der Erzieherinnen in Bezug auf ihr nonverbales Verhalten bei der Gestaltung der Lernumgebung auf.

Eine Veränderung in der Einstellung bzgl. nonverbaler Aktivitäten lässt sich im neunten pädagogischen Angebot gegenüber dem ersten Angebot deutlich erkennen. E7 und E9 reflektieren in diesem Zusammenhang ihre Rolle als Beobachterinnen, die sie zu Beginn der Fortbildungsreihe noch nicht internalisiert hatten.

E9: *„Also ich sag mal in der Vorbereitung, dass wir da dann schon drauf geschaut haben, ähm, zum Beispiel gestern jetzt mit diesen Kindern.* Wie setzen wir sie ähm wie bringen wir's ihnen nahe*, also im Gespräch, in der Vorbereitung, dass sich das irgendwie noch intensiviert hat. Kann ich sagen. Dass man* im Laufe der Zeit auch Routine reinkriegt*. Und dass man weiß ungefähr, wie's abläuft"* (AEfein 16025).

[…]

E7: *„Und wir waren halt in der* Beobachterrolle*. Ganz in der Beobachterrolle. Wenn Hilfe notwendig war, klar musste man geben. Und klar sie haben dich angesprochen.* Aber wir sind nicht hingegangen*. Selbst wenn wir Situationen gesehen haben wo's schwierig war. Ne? Des hat uns manchmal ganz viel* Zurückhaltung gekostet*. Weil wir ja,* die Rollen sind wir ja net gewöhnt*. Das wir bloß als* Zuschauer *da sind"* (AEfein 16064).

Zehnter Vergleich

Im nonverbalen Bereich wird im zehnten Coachingimpuls vorgeschlagen, die Zeit des Ausprobierens der Erzieherinnen selbst durch die Gestaltung der Lernumgebung mit aktivierenden Sozialformen zu ermöglichen, um Kindern im Sinne einer symmetrischen Reziprozität Ansprechpartner zu sein. Es wurde verdeutlicht, dass die Erzieherinnen durch ein Selbst-Ausprobieren die Selbsttätigkeit der Kinder und damit prinzipiell das Fragenstellen der Kinder anregen können.

Die Analyse aller fünf kodierter pädagogischen Angebote in Bezug auf Selbstauskünfte bzgl. des nonverbalen Handelns und insbesondere bzgl. des Aspekts des Ausprobierens der Erzieherinnen ergab ein differenziertes Bild. Während E7 sich Gedanken darum macht, die Kinder mit genügend Material zu versorgen, ist es E9 wichtig, an die Kinder beim nächsten Mal strukturiert Experimentiermaterial zu verteilen. E9 reflektiert im ersten Angebot ihre Raumposition, verfolgt diese in weiteren Reflexionen aber nicht weiter. Deutlich kommt bei beiden Erzieherinnen ein Nachdenken in Bezug auf die eigene Rolle, einer Beobachterbzw. Zuschauerrolle, im Umgang mit explorierenden Kindern heraus. Das eigene Ausprobieren kommt nur bei E7 in einer kurzen Reflexion zum Tragen.

Angesichts der Tatsache, dass das Ausprobieren der Erzieherinnen im Zusammenhang mit einer aktivierenden Sozialform im Hinblick auf den Aspekt Geduld (G4) von beiden Erzieherinnen nicht reflektiert wird und als zu förderndes Handeln im Sinne von Geduld (G4) empfohlen wird, kann an dieser Stelle von einem Gleichheitsverhältnis der Selbst- und Fremdeinschätzungen ausgegangen werden. Mit dem Beobachtungsinstrument sind daher auf der Basis des nonverbalen Kategoriensystems valide Ergebnisse in Bezug auf Geduld (G4) möglich.

Elfter Coachingimpuls

Die Fragen, Handlungsanweisungen und Aussagen ziehen auch im letzten Angebot keine Fragen der Kinder nach sich. Es wird im Sinne von Geduld (G4) empfohlen, dass die Erzieherinnen ihre Fragen, Handlungsanweisungen und Aussagen genau analysieren und überlegen sollten, wie sie die <u>Kinder</u> dadurch <u>im Handeln</u> (Explorieren und Experimentieren) fördern können.

Unterforschungsfrage
Inwiefern äußern sich die Erzieherinnen E7 und E9 bzgl. der im elften Coachingimpuls entwickelten Aspekte: Sprachliche Handlung der Erzieher/in in Bezug auf Förderung des Fragenstellens bei Kindern (G4)/ Perlokution?

Aus dem folgenden Transkriptausschnitt zum fünften Angebot geht deutlich hervor, dass sich E7 im Aktivieren der Kinder im Handeln durch ihr sprachliches Repertoire wie einer Frage und einer Handlungsanweisung versucht.

> **E7**: *„Des war ja bei L. schon die hat gesagt „ich kann" die vorher nicht ausprobiert „ich kann nicht", <u>dann hab ich gesagt</u> „ne, du probierst es erstmal hast du schon ausprobiert" „nein!" <u>ich hab gesagt</u> „<u>probier es doch erstma".</u> Sie hat wirklich sie hat ´s nicht ganz geschafft, aber sie hat so ein Stückchen hat sie gepustet"* (AEfein 11170).
>
> **C**: *„Aber erst kategorisch"* (AEfein 11171).
>
> **E7**: *„Ja, ja ‚ich kann ´s nicht'. Genau und weil die L. so ne ist die immer schnell sagt ‚ich kann ´s net' ne. Und die da <u>lass ma erstma probieren</u> wir sagen das eigentlich immer, ne <u>probiert erst selbst</u> und <u>dann helfen wir euch dass wir einfach mal den Bezug auch selber"</u>* (AEfein 11172).

Des Weiteren überlegt sich E7, wie sie die Kinder dazu bringen könnte, „Warum-Fragen" zu stellen. Ihre Idee ist, selbst eine Warum-Frage zu stellen. Nachdem der Coach fragt, inwiefern die Erzieherinnen eine Vorbereitung des sprachlichen Verhaltens treffen, antwortet E9, dass dahingehend keine Details besprochen und auch keine schriftlichen Vorbereitungen angefertigt werden würden. Eine solche Vorbereitung ginge „viel zu weit".

> **E7**: *„Ja, isses auch. Ich wüsst net was ich anders fragen… <u>Du musst doch des erklären, warum des so is.</u> Also stell ich die Frage Warum. Das is die Frage, die die Kinder uns stellen sollen. <u>Diese Warum-Fragen. Die müssen wir ja erstmal an die Kinder ranbringen"</u>* (AEfein 12216).
>
> **C**: *Is ja perfekt. Ich frag ja nur..<u>wie ihr's vorbereitet habt"</u>* (AEfein 12217).
>
> **E7**: *Ja ich weiß was du meinst"* (AEfein 12218).
>
> **C**: *Weil <u>man hätt's ja auch anders fragen können"</u>* (AEfein 12219).
>
> **E7**: *<u>Wir detaillieren des net so. In der Ausarbeitung"</u>* (AEfein 12220).
>
> **E9**: *Also <u>jeder übernimmt halt einfach einen Teil</u> und <u>gestaltet den aus, wie er denkt</u>. Wie er's für richtig hält. So is es"* (AEfein 12221).
>
> **E7**: *Also wir tun net vorher was <u>die Fragen werden überhaupt net aufgeschrieben</u>. <u>Des is</u> viel zu <u>des geht viel zu weit</u>. Ne? Des wird <u>nur, der Grund wird aufgeschrieben"</u>* (AEfein 12222).

Auf die Frage wie die Erzieherinnen gute Fragen an die Kinder z.B. in der Austauschphase zum Thema „Luftballonrakete" stellen können, entwickeln E7, E9 und Coach die konkrete Idee, sich mit der Formulierung der Frage an den Materialien und an den beobachtbaren Erfahrungen der Kinder zu orientieren.

> *E7: „Genau. Des is so ne logische Schlussfolgerung. Was sie gerade beobachtet haben nochmal erklären, beziehungsweise die Erklärungen kamen ja schon vorher" (AEfein 12238).*
>
> *C: „Okay, also können wir doch was weiter geben: Ganz konkret, am Material orientiert, warum konnte der Luftballon an der Schnur fliegen? So die Fragen stellen. Anstatt zu fragen: wie funktioniert jetzt das Rückstoßprinzip bei einem Düsenflieger" (AEfein 12239).*

Inwieweit die Erzieherinnen im Laufe der Zeit überlegt haben, wie sie den Kindern eine „Erklärung" geben können, kommt im Coaching zum siebten Angebot zum Ausdruck. Um sich zu vergewissern fragt der Coach, ob das „Spiel", bei dem die Kinder gegen Ende des Angebots zu den Spiegelphänomene sich - abgetrennt durch eine Turnmatte - nur über Spiegel sehen können, eine „handelnde Erklärung" sei.

> *C: „Aber das Spiel was jetzt kommt is quasi eine handelnde Erklärung" (AEfein 14394).*
> *E7: „Hm" (AEfein 14395).*
> *C: „Dadurch, dass sie die Erfahrung drei vier, fünf, sechs Mal machen können" (AEfein 14396).*
> *E7: „Erkennen dass es" (AEfein 14397).*
> *[…]*
> *C: „Dadurch dass sie es tun können" (AEfein 14400)*

Um den Spiegelphänomenen auf den Grund zu gehen haben die Erzieherinnen die „handelnde Erklärung" als Element der Lernumgebung eingebaut. Dazu kombinieren sie eine Transferfrage, wobei die Kinder von dem am Beginn des Angebots stehenden Versuchs mit der Taschenlampe auf den Strahlengang beim Spiegeln der Kinder in einem kindergroßen Spiegel schließen sollen. Der Coach macht die Schwierigkeit, dieses Phänomen als Kind und als Erwachsener zu verstehen, transparent.

> *C: „Das auch. Aber könnten wir jetzt erklären warum es genau ist […]" (AEfein 14422).*
> *E9: „Auf der wissenschaftlichen Ebenen heißt sicherlich dass das Licht in den einen Spiegel fällt, das reflektiert zum anderen Spiegel und da raus kommt, also so" (AEfein 14423).*
> *C: „Ja aber mehr könnt ich jetzt auch nicht" (AEfein 14424).*
> *[…]*
> *E7: „[…]Wir wollten eigentlich darauf hin, weil sie's schon vorher mit den Strahlen gemacht haben ne und da haben's sie es deutlich gesehen, ne. Weil diese Strahlen ja wirklich zurück kamen und eigentlich sollten die das übertragen auf das Spiegelfeld, aber das ist was anderes" (AEfein 14427).*
> *C: „Genau" (AEfein 14428).*
> *E7: „das ist ja was anderes" (AEfein 14429).*
> *C: „Ihr habt eine Transferfrage abverlangt" (AEfein 14430).*

E7: „Genau" (AEfein 14431).

C: „*Im Kindergarten? Wisst ihr dass das für die Schule brutal ist, wisst ihr dass es für uns schon schwer ist?!*" (AEfein 14432).

E7: (lacht) (AEfein 14433).

C: „*Ihr macht des, des is die Botschaft die ich jetzt so 'n bisschen mit rüber bringen will*" (AEfein 14434).

E7: „Hm" (AEfein 14435).

C: „Ehm, *macht's euch und den Kindern an der Stelle da nicht zu schwer, es muss nicht, es kommt alles noch*" (AEfein 14436).

Der Coach verweist im weiteren Verlauf des Gesprächs darauf, dass erst in der Schule Inhalte von Lehrern gelehrt werden. Dadurch versucht der Coach den beiden Erzieherinnen das Selbstverständnis der Erzieher/innen verständlich zu machen, das trotz Bildungsauftrag im Kindergarten ein anderes als das von Grundschullehrer/innen sein sollte.

> *C*: *Das ist der Sch…, denn die Lehrer haben wenn sie hören jetzt Mensch, wenn die Erzieherinnen ich sprech jetzt ma auf der anderen Ebenen wenn 's die Erzieherinnen das alles schon machen die machen das so gut mit den Kindern, was machen wir denn mit denen, was ist unser Job?*" (AEfein 14438).
>
> […]
>
> *C*: „*Und deren Job ist das hier. Und deren Job ist auch. Dafür haben sie Lehramt studiert, dass sie den Kindern solche Inhalte beibringen*" (AEfein 14440).
>
> […]
>
> *C*: „*Aber eure ist ne andere der unseren Erachtens wichtiger is, denn ohne euren ist das hier unmöglich. Es geht nicht. Die Kinder in der Schule haben deshalb Probleme immer mit den Transferfragen die zu beantworten, weil sie vorher keine Erfahrungsgrundlage haben aufbauen können. Es klingt für uns jetzt so, a ja, aber das ist wirklich so*" (AEfein 14442).

Elfter Vergleich

Der elfte Coachingimpuls gibt zu verstehen, dass die Art der Fragen, Aussagen und Handlungsanweisungen der Erzieherinnen E7 und E9 keine Fragen der Kinder nach sich ziehen. Insofern steht fest, dass die Erzieherinnen die Kinder nicht direkt zum Fragenstellen anregen (G4). Daher wird die Empfehlung ausgesprochen, ein sprachliches Repertoire zu entwickeln, das verstärkt das Handeln bzw. das Fragenstellen der Kinder hervorlockt.

In den Reflexionen zum fünften und siebten pädagogischen Angebot kommen Gedanken diesbezüglich zum Vorschein. E7 meint, sich in ihrem sprachlichen Handeln verändert zu haben und verweist mit Beispielen auf ihre Förderung des Handelns der Kinder durch ihre verbale Kommunikation. Die Tatsache selbst an die Kinder „Warum-Fragen" zu stellen, begründet E7 damit, dass die Kinder an das Stellen von „Warum-Fragen" herangeführt werden müssten. E7 sieht sich hier strategisch als Vorbild, von dem die Kinder lernen. Aus der Belehrung des Coachs gegenüber den Erzieherinnen wird deutlich, dass bestimmte Fragen wie z.B. Transferfragen im Kindergarten zu schwierig für Kindergartenkinder sind und daher zu einer Überforderung auch schon bei Erwachsenen führen können. Aufgrund der Ergebnisse kann von einer Gleichheit der Selbst- und Fremdeinschätzung bezogen auf das direkte Anregen des Fragenstellens der Erzieher/innen bei Kindern ausgegangen werden. Eine direkte Aussage über die Validität des Beobachtungsinstrumentes kann hier nicht angestellt werden, da die Analyse durch das Transkript gestützt wurde.

Zwölfter Coachingimpuls

Es wird deutlich, dass die Kinder im gesamten ersten pädagogischen Angebot nur in einem überschaubaren Rahmen experimentbezogene Fragen stellen. Deswegen kann den Erzieher/innen bezogen auf das tatsächliche inhaltsbezogene Fragen der Kinder nur in geringem Maß positive Rückmeldung gegeben werden. Eine sich daraus ergebende neue Zielsetzung für die Erzieher/innen in weiteren pädagogischen Umsetzungen ist, das aktive Anregen und Fördern tatsächlichen Fragens und einer Fragehaltung der Kinder mit den Kindern gemeinsam zu üben.

Unterforschungsfrage
Inwiefern äußern sich die Erzieherinnen E7 und E9 bzgl. der im zwölften Coachingimpuls entwickelten Aspekte?

Bezogen auf das erste pädagogische Angebot sind im Interview keine Äußerungen der Erzieherinnen im Hinblick auf Fragenstellen der Kinder bzw. auf dessen Förderung zu finden.

Zwölfter Vergleich

Da das Beobachtungsinstrument keine validen und reliablen Kategoriensysteme zur Erfassung der performativen Verhaltensweisen der Kinder bereithält, können an dieser Stelle keine Hinweise über eine Validierung des Beobachtungsinstruments vorgenommen werden. Trotzdem wird aus der transkriptgestützten Auswertung des ersten pädagogischen Angebotes deutlich, dass die Kinder kaum experimentbezogene Fragen stellen. Die ausbleibende Reflexion über das Fragenstellen der Kinder im Interview zum ersten Angebot verdeutlicht, dass E7 und E9 dahingehend zu diesem Zeitpunkt keine Selbstreflexionen und entsprechend keinen Entwicklungsbedarf bei sich sehen.

Dreizehnter Coachingimpuls

Die Kinder stellen auch im letzten pädagogischen Angebot keine Fragen, die sich auf den naturwissenschaftlichen Versuch beziehen. Die Kinder stellen dagegen in anderer Form Fragen wie z.b. dass sie sich bei den Erzieherinnen eine Erlaubnis für die Ausführung einer Handlung einholen.

Unterforschungsfrage
Inwiefern äußern sich die Erzieherinnen E7 und E9 bzgl. der im dreizehnten Coachingimpuls entwickelten Aspekte?

Weder in der Reflexion zum ersten noch in den Reflexionen zum dritten pädagogischen Angebot äußern sich die Erzieherinnen bzgl. des Fragenstellens der Kinder.

Der Dialog im Interview zum fünften pädagogischen Angebot (Luftballonrakete) geht dagegen auf die Äußerungen der Kinder ein. Aus den Beobachtungen der Erzieherinnen geht hervor, dass auch die jüngeren Kinder in dieser Umsetzung selbst viel über den Versuch erzählt und diskutiert haben. Aus den Selbstäußerungen der Kinder sei den Erzieherinnen bewusst geworden, dass „die Kinder selber viel wussten" und selbst schon „Schlussfolgerungen" ziehen können. Über die Feststellung von Fragen bei den Kindern im fünften Angebot sind keine Reflexionen der Erzieherinnen aufgetaucht.

> **E7**: *„Ich fand auch halt erstaunlich was die Kinder selber wussten"* (AEfein 11050).
> **E9**: *„Unglaublich also der L. gell?"* (AEfein 11051).
> **E7**: *„Ja, ja."* (AEfein 11052).
> **E9**: *„Der hat auch wieder: da entsteht ein Druck und dann presst die Luft auf den Luftballon an die Seiten und"* (AEfein 11053).
> **E7**: *„das war so was Zusätzliches ne, also das war das gehört eigentlich net zum Versuch dass der Luftballon platz, weil wir doch gesagt haben er muss ganz viel aufgepustet werden damit er eine lange Strecke und da kommt es zusätzlich dazu warum das so ist"* (AEfein 11054).
> **C**: *„Mh"* (AEfein 11055).
> **E7**: *„Das fand ich auch gut, dass sie viel wussten"* (AEfein 11056).
> **C**: *„Aber ihr habt ihnen ihr habt ihnen heute, so hab ich das noch nie erlebt das fünfte Mal sitzen wir hier so zusammen, aber ihr habt ihnen heute auch die Chance gegeben, es wirklich zu erklären und wirklich zu sagen ihr habt die heute reden lassen"* (AEfein 11057).
> **E7**: *„Mh"* (AEfein 11058).
> **C**: *„So wie noch nie"* (AEfein 11059).
> **E7**: *„Ja, ja. Das ist mir auch aufgefallen, dass die die Zeit auch hatten, denn die zwei, der O. (ein Kind) die haben ja auch diskutiert, na erst wollte ich sagen: psst ihr stört, aber ich hab dann mitgekriegt, dass sie drüber diskutieren, ne der O. hat es irgendwie"* (AEfein 11060).
> *[...]*

E7: „Ja, ja. Des ist so Situationen aufgreifen aber ich glaube je mehr man das macht umso mehr merkt man, dass auch das Interesse der Kinder weil's sind der O., das ist ein Kleiner, ne selbst der hat die haben drüber diskutiert und das ist schon faszinierend, dass die <u>Kleinen so langsam mit da reingehen</u>" (AEfein 11064).

[…]

E7: „Das hat mir heut sehr gefallen dass <u>die Kinder so selber ne und ihre Meinung geäußert haben was passiert wenn und was passiert wenn das so ist und so</u>" (AEfein 11074).

[…]

E7: „Ne, ich hab mir bloß aufgeschrieben, dass es toll war, dass die <u>Kinder schon zum Teil selbst Schlussfolgerungen richtige Schlussfolgerungen gezogen haben</u> (AEfein 11174).

E9: „Oder was der L. am Ende sagt „des ist so, wie also die Luft kommt aus dem Luftballon raus wie im Flugzeug" (AEfein 11177).

Das Interview zum siebten Angebot (Spiegelphänomene) gibt Aufschluss darüber, dass das Entwickeln einer Fragehaltung und das Fördern des Fragenstellens bei Kindern nicht im Fokus der Reflexionen stehen. Stattdessen ist E7 das Fördern von erklärenden Aussagen bei den Kindern wichtiger.

C: „[…] was steht denn für dich im Mittelpunkt dieser naturwissenschaftlichen Frühförderung? (AEfein 13213).

E7: „Eigentlich das <u>Ausprobieren</u>. <u>Erklären gar net</u>, aber trotzdem soll's wär's wichtig dass sie müssen's mir das gar nicht erklären, <u>wichtig dass sie's verstehen warum es so funktioniert</u> aber ich kann ja nur überprüfen ob sie's verstehen wenn sie's mir erklären können weiß du. Okay, also die Kleinen die müssen das net verstehen, die Großen müssen's auch net verstehen aber ich würd mich freuen wenn sie mir was sagen „ah, ich weiß warum das so ist" (AEfein 13214).

C: „Hatt es vielleicht was mit deinem zweiten Ziel zu tun? „Grundlagenwissen für mich" (AEfein 13215).

E7: „Ja, auch. Ja, ja genau" (AEfein 13216).

C: „Weil so im Prinzip aus dem Bauch heraus sagst du und so hab ich dich auch kennen gelernt seit Februar letzten Jahres erst Ausprobieren is das Bestätigung darum geht's eigentlich" (AEfein 13217).

E7: „Ja, ja is so" (AEfein 13218).

C: „Und dann kommt wieder ein bisschen ambivalent, eigentlich müssen sie's erklären können. Dann sag ich nun beides ein bisschen wie viel Prozent" (AEfein 13219).

E7: „Ja, okay" (AEfein 13220).

C: „Da bin ich" (AEfein 13221).

E7: „Das hat schon was damit zu tun dieses <u>Grundlagenwissen</u> für mich" (AEfein 13222).

C: „Okay. Das is nämlich genau das wo wir weiter machen möchten […]"(AEfein 13223).

Im Coaching zum siebten Angebot (Spiegelphänomene) gehen Coach und Erzieherinnen der Frage nach, aus welchem Grund keine „Warum-Fragen" bei den Kindern entstehen. Die Antwort liegt in der Erwartungshaltung der Erzieherinnen gegenüber den Kindern und den sich daraus ergebenden kommunikativen Vorgaben seitens der Erzieherinnen an die Kinder.

C: „[...] <u>Warum kamen keine Warum-Fragen</u>? Ihr habt beide bei den Warumfragen du hast gar nix angekreuzt und du hast geschrieben" (AEfein 14258).

E7: „Es kamen keine" (AEfein 14259).

C: „Es kamen halt keine" (AEfein 14260).

E7: „Ja" (AEfein 14261).

C: „Und die Frage ist, warum kommen welche du hast es eben selber beantwortet. Du hast gesagt da war kein durchstrukturiertes quasi" (AEfein 14262).

E7: „Konzept" (AEfein 14263).

C: „pädagogisches Design und da kommen sie welche und wenn wir jetzt ´s Video angucken bin ich mir sicher, dass ihr den Bezug auch sieht, denn mir ist heut Nacht die Schuppen von den Augen gefallen. Ha ja ist doch klar. Warum kommen keine Warumfragen, weil" (AEfein 14264).

E7: „<u>Ist alles vorgegeben. Ja, wir geben vor</u>" (AEfein 14265).

C: „[...] <u>Ich glaub es liegt an den Erwartungen, die ihr manchmal an die Kinder projiziert</u> [...]" (AEfein 14266).

E7: „Aber mit den Erwartungen gebe ich dir voll und ganz recht. Das ist richtig so" (AEfein 14267).

C: „Und danach würd ich sagen gucken wir jetzt mal nach diesen Erwartungen" (AEfein 14268).

E7: „Mh. Das ist wirklich so" (AEfein 14269).

C: „Und des ist ne ganz spannende Sache. Guckst nur mit der Brille mit der Lupe jetzt danach was ihr für Erwartungen habt und <u>wie ihr deswegen mit den Kindern kommuniziert</u>" (AEfein 14270).

An einem Beispiel versucht der Coach die Erwartungshaltung der Erzieherin E7 gegenüber den Kindern transparent zu machen.

C: „Ganz kurz zur <u>relativen Wahrheit von Aussagen</u>" (Videoreflexion: Videostopp 1 – 40:21) (AEfein 14272).

E7: „Mh" (AEfein 14273).

C: „Du fragst ,<u>wo haben wir denn das Licht durchgeschickt?</u>'" (AEfein 14274).

E7: „Mh" (AEfein 14275).

C: „<u>Sie sagt Spiegel</u>" (AEfein 14276).

E7: „Mh" (AEfein 14277).

C: „<u>Du sagst nee Karton</u>, es war aber beides" (AEfein 14278).

E7: „Ja, ja. <u>Is richtig</u>" (AEfein 14279).

C: „Wenn man's von der Ebene betrachten würde" (AEfein 14280).

E7: „Ja, ja richtig" (AEfein 14281).

Dreizehnter Vergleich

Aus der transkriptgestützten Analyse des neunten kodierten pädagogischen Angebotes wurde deutlich, dass die Kinder auch im letzten Angebot der gesamten Fortbildungsreihe keine experimentbezogenen Fragen stellen. Die Analysen der externen Daten verweisen über den Verlauf der kodierten Angebote hinweg, dass die Kinder keine experimentbezogenen Fragen stellen.

Weitere Aussagen bzgl. Gleichheit oder Ungleichheit der Aussagen können an dieser Stelle nicht vorgenommen werden. Dazu wären reliable Kategoriensysteme des entwickelten Beobachtungsinstrumentes notwendig gewesen.

Vierzehnter Coachingimpuls

Aus der Analyse des neunten Angebots wird deutlich, dass die Kinder keine Fragen zum Experiment stellen. Eine mögliche Erklärung dafür liegt darin, dass die Erzieherinnen E7 und E9 die unterschiedlichen Sachthemen nicht systematisch auf aufeinander aufbauende Fragestellungen aufgebaut haben. Im Zeitraum der 18-monatigen Fortbildungsreihe haben die Erzieherinnen den Kindern bei jedem naturwissenschaftlichen Angebot ein anderes <u>Sachthema</u> mit einer anderen Fragestellung angeboten. In Bezug auf die Entwicklung des Fragenstellens bei den Kindern erscheint die Wahl der unterschiedlichen Sachthemen als ungünstig. Wenn die Erzieherinnen das Ziel haben, Kindern ein systematischeres Explorieren und Experimentieren zu ermöglichen um eigenständig Fragen laut zu verbalisieren, würde es sich anbieten wiederholende Lernsettings zur Verfügung zu stellen, damit die Kinder gemachte Erfahrungen mit neuen Erfahrungen verbinden und damit ihre Denk- und Sprachprozesse erweitern können.

Unterforschungsfrage
Inwiefern äußern sich die Erzieherinnen E7 und E9 bzgl. der im vierzehnten Coachingimpuls entwickelten Aspekte?

Während das Erzieherinnen-Tandem noch zu Beginn der Fortbildungsreihe Experimenten „in großem Rahmen" und damit einhergehendes Staunen und Imponiertsein bei den Kindern intendiert hätten (s. erstes Angebot), kämen ihnen insbesondere nach dem siebten Angebot kleinere Experimente wirkungsvoller vor.

E9: *„Ja wir haben jetzt was wir auch festgestellt haben <u>unsre Experimente sind immer kleiner in Anführungszeichen geworden</u> also wir haben ja irgendwie in Juli, Juni oder Mai und März Experimente gemacht und <u>sind drauf gekommen</u>, <u>dass kleinere Experimente eigentlich auch ganz wirkungsvoll sind</u> und das haben wir eben die ganze Zeit gemacht und haben überlegt jetzt kommt ihr wieder was könnt man denn wieder machen und so sind echt darauf gekommen es reicht eigentlich"(AEfein 13006).*
E7: *„Ja irgendwie <u>was Kleines</u> macht. Und das war trotzdem" (AEfein 13007).*
[…]
C: *„Ich muss jetzt noch ma nachfragen du sagst ehm von größeren zu kleineren Experimenten gekommen. Was heißt größer was heißt klein?" (AEfein 13011).*

Nachdem E9, angeregt durch die Frage des Coachs, was „größer" oder „klein" in Bezug auf die Experimente bedeute, von unterschiedlichen einfachen Experimenten berichtet, die E7 und E9 in der vergangenen Zeit mit den Kindern durchgeführt hätten (vgl. AEfein 13018, AEfein 13020, AEfein 13022, AEfein 13025, AEfein 13027), antwortet E9 im Interview zum siebten pädagogischen Angebot (Spiegelphänomene):

> **E9**: *„Ja, also Einfaches halt"* (AEfein 13029).

Der Frage des Coachs, was die Erzieherinnen mit einem Kind gemacht hätten, dass es so einen großen Entwicklungsschritt im Sprechen im Laufe der vergangenen fünf Monate gemacht habe (AEfein 13145), begegnet E9 mit dem Satz:

> **E9**: *„Wir haben jetzt <u>so wirklich bewusst haben wir nichts gemacht</u>"* (AEfein 13151).

Im Coaching zu den Spiegelphänomenen betonen die Erzieherinnen, dass sie Wiederholungen von Themen in ihre Gestaltung der naturwissenschaftlichen Lernumgebung eingeflochten haben.

> **E9**: *„Kann ich gleich was dazu was. Genau ich hab den Kindern nicht viel Neues oder hab den Kindern viel Neues zugetraut hab ich mit Zustimmung schwach, weil ich mir gedacht hab, weil wir <u>mit diesen Spiegel das hatten wir zwei mal vorher schon gemacht</u> also"* (AEfein 14027).
> **C**: *„Da hab ich mich nämlich gewundert"* (AEfein 14028).
> **E9**: *„Ja, ja. Also wir waren ja <u>im Turnraum</u> und haben das gemacht mit diesem hm na mit diesen <u>dieser Pappe mit diesen Streifen wo man Licht macht wie man so Licht durchschickt</u>"* (AEfein 14029).
> **C**: *„Mit dem Karton"* (AEfein 14030).
> **E9**: *„Ja und da hm wir es auch schon gemacht mit diesem <u>Anleuchten</u> das war ja praktisch nur <u>ne Wiederholung dieses Mal</u> und deswegen hab ich angekreuzt also ich hab es war noch mal was Neues dazu, weil dieses um die Ecke das Spiegel auf Spiegel aber ich hab gedacht ja so viel Neues is es <u>das können sie gut nachvollziehen</u> soviel Neues is es nicht, deswegen hab ich schwach angekreuzt* (AEfein 14031).

Auch in der Reflexion zum neunten Angebot halten die Erzieherinnen Wiederholungen der Themen für angemessen bei der Gestaltung der Bildungsangebote.

> **E7**: *Wir haben uns wir sind da wir ham uns auch schon unterhalten, wir sind zu einer anderen – wie soll man sagen – zu einer <u>anderen Dimension</u> gekommen da. Also zu einer anderen Einstellung auch zu der Sache, glaub ich. Ne? <u>Am Anfang war da so diese große Versuche und Boah.</u> Und Mhmmmm. Und jetzt sind wir so mehr zu diesem selber Aktivieren. Kleine Sachen. Dinge entdecken auch im Nachhinein* (AEfein 15162).
> *[…]*
> **C**: *„Wie oft habt ihr die Stationsarbeit gemacht?"* (AEfein 16127).
> **E7**: *„Das zweite Mal jetzt. […]"* (AEfein 16128).

[...]

E7: *„Aber vielleicht äh, <u>wenn wir jetzt mal auf der anderen Schiene fahren</u>, äh <u>gucken wir</u> <u>mal, was da kommt</u>. Das is ja ganz interessant im Vergleich dazu auch. Erklären sie selber oder bleibt's. Ne? Das is wirklich mal interessant zu erfahren. Und <u>vielleicht auch mit Ver-</u> <u>suchen, die wir schon länger mal gemacht haben</u>. Weißte? <u>Es spricht ja nichts dagegen des</u> <u>zu wiederholen mal,</u> ne?"* (AEfein 16249, 9.pA).

C: *„Ne. Gar nix."* (AEfein 16250, 9.pA).

E7: *„Und gerade jetzt zum Element Wasser. Wir ham ja auch schon so viel ausprobiert. <u>Wenn sie's einfach nochmal ausprobieren und wir dann gar net weiter</u>"* (AEfein 16251, 9.pA).

E9: *„Es ergeben sich auch so <u>kleine Variationen</u>, ne?"* (AEfein 16252, 9.pA).

Vierzehnter Vergleich

Mit der Auswertung des Transkripts zum neunten pädagogischen Angebot wurde deutlich, dass die Kinder keine experimentbezogenen Fragen stellen. Daraus wurde die Vermutung angestellt, dass es an einem fehlenden inhaltlichen Aufbau der Sachthemen liegen könnte, sodass eine systematische Entwicklung des Fragenstellens der Kinder (K-G1) nicht entwickelt werden konnte.

Die Auswertung der Transkripte aus der externen Datenbasis zeigen, dass den für eine angemessene Förderung der Kinder klar Erzieherinnen geworden ist, mit den Kindern kleinere Experimente durchzuführen und häufiger Wiederholungen einzubauen. Insofern habe sich ihre Einstellung in eine andere Dimension entwickelt. Dass sie weniger bewusst die sprachliche Entwicklung der Kinder im Blick hatten, deutet E9 an. Weiter in die Tiefe gehen die Reflexionen allerdings nicht.

Aufgrund der Gegenüberstellung der transkriptgestützten Auswertung kann hier zwar eine Gleichheit festgestellt werden. Allerdings können keine Aussagen bzgl. des generierten Beobachtungsinstruments gemacht werden, da keine reliablen Kategoriensysteme diesbezüglich vorliegen. Daraus ergibt sich jedoch die Idee, dass eine Kette von inhaltlich aufeinander aufbauenden Sachthemen Kindergartenkinder zum Fragenstellen im Sinne von Geduld (K_G1) anregen könnte. Dieser Aspekt könnte als Desiderat aufgenommen und beforscht werden.

12.6 Zusammenfassung des dritten empirischen Teils

Im dritten empirischen Teil wurde der Frage nachgegangen, inwiefern Selbsteinschätzungen ausgewählter Erzieherinnen in Bezug auf Handlungskompetenz mit den Fremdeinschätzungen des entwickelten Beobachtungsinstrumentes übereinstimmen. Durch eine systematische Gegenüberstellung von Aussagen bzgl. der drei Indikatoren von Handlungskompetenz – Geduld (G4), Geduld

(K_G1) und Erzieher/in-Erzieher/in-Perspektive (EEP) – konnten Aussagen der Erzieherinnen E7 und E9 in Bezug auf ihre pädagogischen Handlungen bei der Gestaltung von naturwissenschaftlichen Bildungsangeboten im Kindergarten in weiten Teilen validiert werden. Die Ergebnisse liegen in Form von insgesamt vierzehn Vergleichen vor. Damit wurde eine Validierung des Beobachtungsinstrumentes vorgenommen.

13. Zusammenfassung, Diskussion und Ausblick

Im Folgenden soll die Studie unter den Gesichtspunkten einer Zusammenfassung der Ergebnisse, einer kritisch-konstruktiven Diskussion der gesamten theoretischen und empirischen Arbeit und eines perspektivischen Ausblicks abschließend dargestellt werden.

13.1 Zusammenfassung

In der Studie wurde der Schlüsselfrage nachgegangen, inwiefern Erzieher/innen das in Fortbildungen und Coachings in der Heidelberger Forscherstation erworbene Wissen aus einer Fremdperspektive tatsächlich in adäquater Form in geplanten pädagogischen Angeboten zur frühen naturwissenschaftlichen Bildung umgesetzt haben. Für die Beantwortung dieser Frage sollte ein den klassischen Gütekriterien entsprechendes Beobachtungsinstrument zur Erfassung und Beschreibung der Handlungskompetenz von Erzieher/innen in Kontexten früher naturwissenschaftlicher Bildung entwickelt werden. Das Forschungsvorhaben war deswegen von Interesse, weil sich die Handlungskompetenz laut Selbsteinschätzungen der Erzieher/innen aus der Heidelberger Pilotfortbildungsreihe „Mit Kindern die Welt entdecken" signifikant weiterentwickelt hat (Zimmermann 2011). Eine Fremdperspektive anhand des zu generierenden Beobachtungsinstrumentes sollte den Selbsteinschätzungen der Erzieher/innen mit dem Ziel der Handlungsvalidierung und Validierung des Beobachtungsinstrumentes systematisch gegenübergestellt werden.

Die drei empirischen Teilaufgaben konnten in der vorliegenden Videostudie verwirklicht werden. Das entwickelte Beobachtungsinstrument besteht aus insgesamt drei aufeinander abgestimmten Teilen: aus einem Raster aus fünf reliablen Kategoriensystemen, aus einem Kodierleitfaden und aus einer Hermeneutischen Zuordnung. Dabei hat jeder dieser Teile eine bestimmte Funktion: Die Kategoriensysteme geben Kategorien für in Videos vorgefundene performative Verhaltensweisen der Erzieher/innen in naturwissenschaftlichen Kontexten an. Mit Hilfe des entsprechenden Kodierleitfadens können videografierte pädagogische Angebote von Erzieher/innen im Kindergarten im Bereich der frühen naturwissenschaftlichen Bildung bzgl. der entwickelten Kategorien kodiert werden. Eine Kodierregelung wurde speziell für die Kodierung vorgelegt. Damit die performativen Handlungen von Erzieher/innen im Hinblick auf Handlungskompetenz im Sinne der von Zimmermann (2011) vorgegebenen Definition interpretiert werden können, wurden in einer Hermeneutischen Zuordnung theoriegeleitet sogenannte Hermeneutische Brücken zwischen Zimmermanns Indikatoren und Metzners Kategorien als Definitions- und Interpretationsgrundlage geschaffen. Insgesamt wurde damit ein dreiteiliges Raster auf unterschiedlichen Ebenen für eine gezielte Beobachtung bestimmter verbaler, nonverbaler und Lernumgebung-gestaltender Verhaltensweisen von Erzieher/innen und Einschätzung bzgl. Handlungskompetenz entwickelt. Insgesamt ist ein abduktives Verfahren angewendet worden, um Handlungskompetenz zu operationalisieren. Dem bestehenden Handlungskompetenzbegriff ist ein neu entwickeltes Menschenbild zugrunde gelegt worden. Die vorliegende Studie konnte als Anschlussstudie an die Arbeit von Zimmermann (2011) und Dhein (2011) realisiert werden.

Eine Anwendung des Beobachtungsinstrumentes und die Analyse der Kodierungen wurde theoretisch begründet hinsichtlich Geduld (G4), einem Indikator von Handlungskompetenz zur Ermöglichung des Fragenstellens bei Kindern, bei fünf kodierten pädagogischen Angeboten des Erzieherinnen-Tandems E7 und E9 realisiert. Außerdem wurde – nicht auf der Basis von reliablen Kategoriensystemen, sondern auf der Basis von Transkripten – das erste und das letzte Angebot im Hinblick auf das tatsächliche „eher wissenschaftliche" Fragenstellen und Experimentieren der Kinder im Sinne eines Erfolgsaspektes (vgl. Terhart, 2009) untersucht. Hieraus ergab sich, dass die Kinder kaum im ersten noch im letzten Angebot experimentbezogene Fragen stellen.

Aus den Analysen wurden insgesamt vierzehn Coachingimpulse und acht Hypothesen abgeleitet. Neben Coachingimpulsen und abgeleiteten Hypothesen ist aus ausgewählten Analysen der Ergebnisse einer Anwendung des Beobachtungsinstrumentes die Erzieher/in-Erzieher/in-Perspektive (EEP) als ein weiterer Indikator von naturwissenschaftlicher Handlungskompetenz im Kindergarten entwickelt worden. Damit soll die Interaktion zwischen Erzieher/innen in pädagogischen Angeboten kodiert, reflektiert und ggf. gezielt verändert werden können. Die von Zimmermann (2011) entwickelte Hypothese einer Kompetenzentwicklung der an der Fortbildungsreihe teilnehmenden Erzieher/innen konnte teilweise gestützt werden.

Durch die Anwendung des Beobachtungsinstrumentes und durch den systematischen Vergleich der Selbsteinschätzungen der Erzieherinnen E7 und E9 mit der fremdperspektivischen Einschätzung gehen folgende Hauptergebnisse hervor:

1. Im Bereich der Strukturierung des Angebotes z.B. die Kinder in kleineren Sozialformen ausprobieren zu lassen, gewinnen die Erzieherinnen im Laufe der Fortbildungsreihe an Handlungskompetenz im Sinne von Geduld (G4).

Im Verlauf des Treatments entwickelt sich eine ausgewogenere Verteilung der Angebotsphasen.

2. Im Bereich des nonverbalen Handelns nehmen die Erzieherinnen E7 und E9 verstärkt eine Beobachterrolle ein, was im Hinblick auf Handlungskompetenz (G4) positiv einzuschätzen ist. Das kann auch für das eigene Ausprobieren v.a. der Erzieher/in E7 gelten. Im letzten Angebot zeigen beide Erzieherinnen eine leichte Tendenz zum eigenen Ausprobieren, was im Sinne einer symmetrischen Reziprozität wünschenswert ist.

3. In Bezug auf sprachliche Aktivitäten (z.B. Thema Erklärungen) und der Absichten damit bei den Kindern ist keine Veränderung über den Fortbildungszeitraum von 18 Monaten zu verzeichnen. Die Erzieher/innen legen ihren Schwerpunkt über alle Angebote auf die Absicht, mit Kindern vordergründig in den Dialog zu treten. Insbesondere spielen Erklärungen der Erzieherinnen in allen Angeboten eine Rolle. Die häufigen Gespräche in mehreren Interviews und Coachings über das Geben von Erklärungen zeigen, dass die ergebnisorientierte Erwartungshaltung, insbesondere bei der Erzieherin E7 fest als Persönlichkeitsmerkmal verankert ist. Eine stärkere Aktivierung des Handelns (Explorieren und Experimentieren) und des „Handelns und Sprechens" und der Selbsttätigkeit der Kinder wäre im Sinne des untersuchten Indikators Geduld (G4) wünschenswert gewesen.

4. Das Beobachtungsinstrument mit fünf getesteten niedriginferenten und nominalskalierten Kategoriensystemen konnte überwiegend durch eine Handlungsvalidierung validiert werden.

13.2 Diskussion

Im Folgenden soll sich rückblickend auf die vorliegende durchgeführte Studie eine kritisch-konstruktive Reflexion bzgl. unterschiedlicher Aspekte anschließen.

Erhebung der Videodaten

Ein positives Kriterium ist zu konstatieren, indem bei der Erhebung der Videodaten im Kindergarten pro Angebot zwei Kameras mit Mikrofon aufgestellt worden sind. Laut Dinkelaker und Herrle (2009, S. 25) ist diese Anzahl angemessen, weil dadurch ein „Ausgleich zwischen den Anforderungen der Vollständigkeit der Erhebung einerseits und der Sparsamkeit im Erhebungsaufwand" erreicht wird. Problematisch ist dagegen, dass sich währenddessen eine Forschergruppe von jeweils zwei bis drei Personen im Raum befunden haben, um durch teilnehmende Beobachtung die Kamera zu bedienen bzw. das Verhalten der Erzieher/innen und Kinder beim Explorieren und Experimentieren zu protokollieren.

Die Tatsache der „Anwesenheit von Forschern im Feld hat bei jedem Erhebungsverfahren Auswirkungen auf das untersuchte Geschehen" (ebd., S. 18). Das bedeutet, dass davon ausgegangen werden muss, dass die Verhaltensweisen der Kinder und Erzieher/innen in den Videos aufgrund der äußeren Einflüsse und ggf. sozialer Erwünschtheit nicht unbedingt den natürlichen Verhaltensweisen entsprechen müssen, die sie ohne Kamera und ohne Forschergruppe gezeigt hätten. Nach Dinkelaker und Herrle (ebd., S. 27) „ist [jedoch] zu beachten, dass die Beteiligten nach einiger Zeit ‚vergessen', dass sie gefilmt werden. Die Eigendynamik des Interaktionsgeschehens erlaubt es den Beteiligten nicht, sich dauerhaft auf die stummen Beobachter zu konzentrieren". Aus diesem Grund wird an dieser Stelle von einem Gewöhnungseffekt ausgegangen, was insbesondere aufgrund der mehrmaligen Wiederholungen des Settings im Kindergarten über den 18-monatigen Fortbildungszeitraum begründet werden kann.

Entwicklungsprozess der Kategorien

Zur Entwicklung von Kategorien standen zu Beginn der Studie zwei Wege zur Auswahl. Ein möglicher Weg im Sinne einer Anschlussstudie wäre gewesen, die Definitionen der Subdimensionen von Handlungskompetenz nach Zimmermann (2011) heranzunehmen und anschließend mit diesen bereits durch Zimmermann festgelegten Indikatoren von Handlungskompetenz die Handlungsbeobachtung in den Videos durchzuführen. Beispielsweise hätte die Subdimension „Geduld" ein Begriff sein können, wonach die Videos hätten analysiert werden können. Auf diesem deduktiven Weg von der Theorie zur Empirie hätten sich Handlungen zeigen können, die zur Ausdifferenzierung von zum Beispiel „Geduld" als Subdimension von Handlungskompetenz geführt hätten. Damit wäre ein sauberer wissenschaftlicher Weg beschritten worden, um ein Analyseinstrument entwickeln zu können.

In der vorliegenden Studie wurde sich jedoch für den zweiten Weg, den von der Empirie zur Theorie entschieden. Die Begründung für diese zunächst induktive Herangehensweise liegt darin, dass Zimmermann über eine Fachdidaktikerbefragung mit einer relativ kleinen Stichprobe von N=4, mit Befragungen der Erzieher/innen (N=27) in der Pilotstudie von 2006 bis 2007 und theoriegeleitet (Reflexionskompetenz) zu den Teildimensionen von NFFK und daher auch zu den Subdimensionen von Handlungskompetenz gekommen ist. Ein empirischer Zugang zu Indikatoren von Handlungskompetenz über Handlungsbeobachtung wurde als Ergänzung gesehen. Da die Autorin bei der Datenerhebung der Videos nicht beteiligt gewesen ist, sollte außerdem ohne Einfluss durch Zimmermanns Definitionen ein Bild der Empirie in Form von Sichtstrukturen entwickelt werden, um die zu gewinnenden Kategorien im Anschluss hermeneutisch mit den

Indikatoren von Handlungskompetenz nach Zimmermann (2011) deduktiv verknüpfen zu können. Gänzliche Objektivität kann es aufgrund Subjektiver Theorien eines jeden Menschen nicht geben. Die induktive Herangehensweise ist jedoch damit zu stützen, dass sie die Perspektive auf das Handlungsrepertoire der Erzieher/innen um die Sicht der Forscherin auf performatives Verhalten unvoreingenommen erweitert und somit eine empirische Fundierung von Kategorien darstellt. Aus diesem Grund konnte die Erzieher/in-Erzieher/in-Perspektive (EEP) als neues Element der Definition von Handlungskompetenz hinzugefügt werden. Insgesamt ist das wissenschaftliche Vorgehen als Abduktion zu bezeichnen. Indem zum einen auf empirischem Weg Kategorien entwickelt wurden, die durch theoriegeleitete Hermeneutische Brücken den einzelnen Indikatoren von Handlungskompetenz (Zimmermann 2011) zugeordnet wurden, zeigt sich der abduktive Charakter der Studie.

Kategoriensysteme und Kategorien des entwickelten Beobachtungsinstrumentes

Bei der Entwicklung von Kategorien ergibt sich das Problem, dass Kategorien notwendig immer ein gewisses Abstraktionsniveau aufweisen sollten, wenn sie als Grundlage für ein Beobachtungsinstrument menschliches Verhalten erfassen sollen. Dabei werden unterschiedliche Verhaltensmerkmale in einer Kategorie zusammengefasst, weswegen Aussagen jeder Kategorie in gewisser Hinsicht mehrdeutig sind. Vier Interkoderreliabilitätsüberprüfungen wurden mit dem Ziel durchgeführt, eine Trennschärfe zu erreichen und dennoch ein notwendiges Abstraktionsniveau beizubehalten. Obwohl sich mit Blick auf eine möglichst große Objektivität bei den Überprüfungen der Interkoderreliabilität stringent an den quantitativen Gütekriterien der Reliabilität und Validität für ein beobachterunabhängiges Instrument orientiert wurde, muss hier einschränkend erwähnt werden, dass darin nur ein Anfang für eine Entwicklung eines Beobachtungsinstrumentes gemacht worden ist. Unter Berücksichtigung der insgesamt sechs Kodierer, die am Entwicklungsprozess beteiligt waren und der Anwendung des Instrumentes auf ein einzelnes Fallstudientandem, können mit den Aussagen bzgl. Handlungskompetenz lediglich Tendenzen für die beiden untersuchten Erzieherinnen festgestellt werden. Eine Generalisierung der Ergebnisse müsste durch weitere Validierungsprozesse des Beobachtungsinstrumentes mit eine größeren Anzahl an Kodierern und mit einer größeren Stichprobe an Erzieher/innen durchgeführt werden.

Aufgrund dieser stringenten Auffassung wurden alle Kategoriensysteme für die Aktivitäten der Kinder bei der Anwendung des Beobachtungsinstrumentes außen vor gelassen. Nur für das Zeichnen einer Tendenz und mit Verweis auf

Vorbehalt der Ergebnisse wurde das Kategoriensystem „Illokution" angewendet (s. zweiter empirischer Teil).

Kritische Stimmen könnten den alleinigen Fokus auf die qualitative Auswertung der durch das Beobachtungsinstrument quantitativ erhobenen Daten bemängeln. Das Vorgehen ist wie folgt zu begründen: Gemäß der Dreiteilung der forschenden Beschäftigung mit Videos ist die vorliegende Studie nicht dem Ansatz der videogestützten Unterrichtsqualitätsforschung sondern der erziehungswissenschaftlichen Videographie nach Dinkelaker und Herrle (2009, S. 10ff.) zuzuordnen. Beide Ansätze beziehen sich zwar auf die „Untersuchung von Interaktionen abgebildeter Interaktionen" (ebd.). Der Unterschied manifestiert sich jedoch in der Fragestellung. Während bei der videogestützten Unterrichtsqualitätsforschung Hypothesen anhand von Korrelationsanalysen verifiziert bzw. falsifiziert werden sollen, geht es bei der erziehungswissenschaftlichen Videographie um die rekonstruktive Feststellung bestimmter Handlungsmuster, um das Verstehen und Begreifen dieser Muster und schließlich um die Gewinnung von Hypothesen.

Beobachtungseinheit im Beobachtungsinstrument

Das Beobachtungsinstrument impliziert eine Handlungsbeobachtung und Kodierung mit einem 5-Sekunden-Intervall. Diese sehr kleine Beobachtungseinheit hat den Vorteil, dass detailliert sprachliche und nicht-sprachliche Handlungen von Erzieher/innen kodiert werden können. Ein Nachteil ist, dass eine exakte Dauer der entsprechenden Handlungen, wie es durch ein Eventsampling möglich ist, beim Timesampling nicht kodiert werden können. Daher wurden Ausnahmen durch eine Kodierregelung korrigiert. Aufgrund der Komplexität von Videodaten aber auch wegen des Umfangs an Beobachtungseinheiten, die in den pädagogischen Angeboten im zweiten empirischen Teil mit der Vielzahl an Kategoriensystemen vollständig zu kodieren waren, ist das Timesampling mit 5-sek-Intervall zu rechtfertigen.

Kritiker könnten behaupten, dass eine Kodierung mit dieser Beobachtungseinheit übertrieben klein ist um Handlungskompetenz von Erzieher/innen zu erfassen. Im Bereich der Strukturierung des pädagogischen Angebotes in Form von Angebotsphasen erscheint dieser Einwand berechtigt. Bei der Kodierung musste hier aus dem 5-sek-Intervall herausgetreten und das Angebot auf größerem Zeitraster betrachtet werden, um für jedes 5-sek-Intervall richtig entscheiden zu können (s. Anhang 15.1.2: Kodierregelung, Nr. 23). Beeinflusst wurde dieses Kodiervorgehen bei Angebotsphasen durch die Kodiersoftware Videograph (Rimmele 2012). Um für jedes Intervall eine Kodierung bzgl. Angebotsphasen zu erhalten, das exakt den jeweiligen Kodierungen für die Kategorien aus anderen Kategoriensystemen zugeordnet werden konnte, musste so vorgegangen werden. Denn Ziel war die Berechnung von Kombinationen bestimmter Handlungsmuster. Insofern hat eine Software Auswirkungen auf das Ergebnis.

Der genannten Kritik einer zu kleinen Beobachtungseinheit kann die Genauigkeit als Argument entgegengestellt werden. Die mit einzelnen Satzbeispielen belegte Auswertung der fünf kodierten pädagogischen Angebote von E7 und E9 zeigen, welche feinen Unterschiede z.b. in der sprachlichen Äußerung zu bestimmten Kodierungen gehören. Da sehr genau jeder Satz und jede nonverbale Handlung einer Erzieher/in kodiert werden können, entsteht über diese quantitative Datenerhebung ein Gesamtüberblick der Aktivitäten der Erzieher/innen. Das zeigt, welche Schwerpunkte bestimmter Handlungsmuster die Erzieher/innen in Interaktionen mit Kindern in naturwissenschaftlichen Angeboten haben können.

Einen praktischen Wert der Beobachtungseinheit von 5 Sekunden wird darin gesehen, konkrete Professionalisierungsmaßnahmen bei Erzieher/innen einleiten zu können. Indem klar wird, welche Aktivitäten bei Erzieher/innen häufiger als andere vorkommen, kann gezielt in Bezug auf Handlungskompetenz konkret Rückmeldung gegeben werden (Coachingimpulse). Vor dem Hintergrund der Forderungen der internationalen Vergleichsstudien (Deutsches Jugendinstitut e.V. (DJI), 2004; OECD, 2006) und anderen nationalen und internationalen Studien aus dem frühpädagogischen Feld (König, 2009; Siraj-Blatchford u. a., 2010; Sylva u. a., 2003) zu bewussten Interaktionen und Lehr- und Lernprozessen im Kindergarten, erscheint die Genauigkeit der Analysemöglichkeit mit dem entwickelten Beobachtungsinstrument als ertragreich. Das Beobachtungsinstrument ermöglicht auf der Basis der 5-sek-Beobachtungseinheit gezielte Beobachtungen und Reflexionen bzgl. des Verhaltens von Erzieher/innen. Es wird beispielsweise deutlich, inwiefern die Handlungen von Kindern durch die sprachlichen Handlungen der Erzieher/innen gesteuert werden (vgl. Habermas 1987). Indem den Erzieher/innen die instrumentgestützten Ergebnisse vor Augen geführt und z.B. in Coachings besprochen werden, können davon ausgehend gezielt Verbesserungen eingeleitet werden. Auf diese Weise wird ein Beitrag zu einer bewussten Auseinandersetzung mit Interaktionsprozessen von Erzieher/innen geschaffen, der gleichzeitig einen Beitrag zur Professionalisierung von Erzieher/innen auf der Prozessebene darstellt.

Kompetenzdefinition

In der Studie wurden durch Handlungsbeobachtung pädagogische Handlungen von Erzieher/innen in Videoaufnahmen ermittelt, von denen ausgegangen wurde, dass sie sich der Handlungskompetenz nach Zimmermann (2011) zuordnen lassen (vgl. Hermeneutische Zuordnung). Vonken merkt dazu kritisch an, „ob sich aus Handlungen [...] auf Kompetenzen für Handlungen schließen lässt" (Vonken, 2005, S. 56). In der vorliegenden Studie wurde davon ausgegangen, dass bestimmte Handlungen als Merkmalsbündel durch eine theoriegeleitete Definition einer Kompetenz zugeordnet werden können. Daher wurden theoriegeleitet sogenannte Hermeneutische Brücken als definitorisches Verbindungsstück zwischen Metzners Kategorien und Zimmermanns Indikatoren von Handlungskompetenz entwickelt. Welches Verhalten zu Handlungskompetenz dazuzählt, wird hier mit einer normativen Setzung bestimmt. Insofern ist das, was Handlungskompetenz sein soll, eine Selektion bestimmter Verhaltensweisen und einer Vorgabe, inwiefern die beobachtbaren Verhaltensweisen interpretiert werden sollen.

Die theoriegeleiteten Hermeneutischen Brücken haben eine bestimmte Funktion. König (2009, S. 270f.) verweist in ihrer Studie „auf ein Handlungsdefizit, welches sich dadurch auszeichnet, dass die theoretischen Bildungsansprüche sich im Interaktionshandeln der ErzieherInnen kaum wiederfinden. [...] Aus der Erfahrung der Bildungsreform der 1970er Jahre muss die Konsequenz gezogen werden, dass die gegenwärtigen Bildungsbemühungen um den elementarpädagogischen Bereich nur dann eine Chance haben, sich in der Praxis zu bewähren, wenn die Arbeit im Kindergarten durch eine wissenschaftliche Begleitung bzw. durch Studien evaluiert und so eine Weiterentwicklung der Elementarpädagogik ermöglicht wird. "

Indem durch die Hermeneutische Zuordnung auf sozialkonstruktivistischer Lerntheorie basierende Hermeneutische Brücken entwickelt worden sind, wird im Sinne des Sozialkonstruktivismus eine normative Interpretationsgrundlage performativen Verhaltens geschaffen. Dadurch können die verbalen, nonverbalen und Lernumgebung bezogenen gestalterischen Handlungen der Erzieherinnen sozialkonstruktivistisch interpretiert werden. Durch die Anwendung des Beobachtungsinstrumentes kann daher festgestellt werden, inwiefern die Erzieher/innen im sozialkonstruktivistischen Sinne handlungskompetent sind. Indem ein solches Beobachtungsinstrument in Fortbildungen und Coachings kontinuierlich eingesetzt wird, kann eine regelmäßige und gezielte Beobachtungs- und Reflexionspraxis in der sozialkonstruktivistischen Denkweise stattfinden. Auf diese Weise verbindet sich die vorliegende Studie inhaltlich mit dem Zimmermann'schen Anliegen, die Reflexionskompetenz von Erzieher/innen bzgl. ihres pädagogischen Verhaltens zu entwickeln (Zimmermann, 2011). Das Beobachtungsinstrument hätte durch seinen Einsatz das Potential, sozialkonstruktivistische Bildungsansprüche in der beruflichen Praxis von Erzieher/innen zu realisieren. Eine Anwendung des Beobachtungsinstrumentes ermöglicht auf diese Weise einen Theorie-Praxis-Transfer. In diesem Sinne soll die eingangs der Studie formulierte und hier beanspruchte und erfüllte Funktion des Wissenschaftssystems durch Erkenntnisgewinn und Nützlichkeit der Erkenntnisse für die Praxis sichtbar gemacht werden. Dem dringlichen Desiderat einer Vernetzung von Forschung mit der Praxis wird durch diese Anschlussstudie Folge geleistet (Deutsches Jugendinstitut e.V. (DJI), 2004, S. 117). Die Frage ist, wie lange ein solches Instrument Bestand hat. Aufgrund des ständigen Wandels, neuer wissenschaftlicher Erkenntnisse und kontinuierlicher Veränderungsprozesse in der Gesellschaft verändern sich auch bildungstheoretische Grundannahmen. Insofern müsste das Beobachtungsinstrument kontinuierlich auf seine Angemessenheit und Aktualität hin überprüft werden. Mit der Eingrenzung des vorliegenden Beobachtungsinstrumentes auf sozialkonstruktivistische Sichtweise kann es nur hinsichtlich dieser Auffassung eingesetzt werden.

Gültigkeitsbereich des Beobachtungsinstrumentes
Wie oben bereits angedeutet ist eine Generalisierung der durch das Beobachtungsinstrument erreichten Ergebnisse aufgrund der überschaubaren Anzahl der eingesetzten Kodierer und Erzieher/innen im gesamten Entwicklungsprozess des Instrumentes, nicht möglich. In diesem Zusammenhang ist der eingeschränkte Gültigkeitsbereich des Beobachtungsinstrumentes zu erwähnen, der mit seinem Entstehungskontext zusammenhängt. Der Entstehungskontext der Kategorien des Beobachtungsinstrumentes sind Heidelberger Regelkindergärten, in denen Erzieher/innen z.B. ohne inklusives Erziehungskonzept für eine Frühkindliche Bildung, Betreuung und Erziehung sorgen. Aufgrund der vorgefundenen und in den Videos beobachtbaren Bedingungen führte ein beobachtetes Handlungsrepertoire zu den Kategoriensystemen des Beobachtungsinstrumentes. Hinzu kommt der Einfluss all der Subjektiven Theorien der am Entwicklungsprozess beteiligten Personen, etwa die der Autorin und die der Kodierer.

Außerdem orientiert sich das Instrument an der westlich-europäischen Kultur und am westlich-europäischen sprachlichen Kontext. Der Kontext ist weiterhin durch Fortbildungen und Coachings in der Heidelberger Forscherstation beeinflusst und spezifiziert, an denen die Erzieher/innen teilgenommen haben. Mit diesen Bedingungen ist das generierte Beobachtungsinstrument in seiner Reliabilität und Validität überprüft worden. In einem anderen kulturellen Kontext müsste das Instrument hinsichtlich der klassischen Gütekriterien erneut überprüft werden.

Ein weiterer Aspekt bezieht darauf, dass mit dem Beobachtungsinstrument nur ein Ausschnitt der Wirklichkeit betrachtet werden kann. Das ergibt sich u.a. aus der Bestimmung der einzelnen Kategorien in den Kategoriensystemen. Es ist bewusst, dass es im Kindergarten viele Einflussfaktoren gibt, die das pädagogische Handeln bestimmen. Insofern kann ein Instrument immer nur einen kleinen Teil der Realität erschließen.

Zum Handlungsprofil der Erzieherinnen E7 und E9
Aus den Analysen wurde exemplarisch an den Erzieher/innen E7 und E9 der schwierige und lange Weg vom Wissen zum Handeln deutlich (vgl. Wahl, 2006, S. 41). Denn vom ersten bis zum letzten pädagogischen Angebot verharrten beide Erzieherinnen E7 und E9 in einer ergebnis- und erklärungsorientierten Erwartungshaltung gegenüber den Kindern. Diese Ergebnisse können durch die Interviews und Coachinggespräche aus der Studie von Zimmermann (2011) untermauert werden. Auf vielfältige und mehrmalige Weise wurde im Coaching das Thema des „Erklärens" gegenüber den Kindern besprochen. Eine Verhaltensänderung bezogen auf die verbalen Aktivitäten konnte jedoch nicht festgestellt werden. An dieser Stelle lässt sich nach der Begründung für dieses Verhalten fragen. Eine mögliche Begründung bezieht sich auf fest in der Persönlichkeit der Erzieher/innen verankerte Handlungsmuster, die möglicherweise nur in einem mehrschrittigen Veränderungsprozess bearbeitet werden können. Eine weitere erklärende Argumentation betrifft die Tatsache, dass sich die Erzieher/innen aufgrund des Bildungsauftrags im Kindergarten im Spannungsfeld zwischen Kindergarten und Schule befinden und Unsicherheiten bzgl. des Ausmaßes an „Lehren" und „Bilden" haben. Einerseits wird seit Pisa 2000 argumentiert, die bis dato „informelle Bildungs- und Erziehungsarbeit durch strukturierte Lernumwelten zu ergänzen" und dadurch „bewusst Lern- und Bildungsprozesse der Kinder in den Mittelpunkt der pädagogischen Arbeit zu stellen" (König, 2009, S. 15). Andererseits komme es darauf an, spielerisches Lernen zu ermöglichen und der Schule nichts vorweg zu nehmen (Welzel-Breuer & Meyer, 2011, S. 324). Hinzu kommt die Hürde des kontinuierlichen Transfers der Bildungsansprüche in die Praxis.

Wenn viel Zeit und Geld in berufliche Weiterbildungen für Erzieher/innen und entsprechende Forschung investiert werden, um zum einen Bildungsansprüche mit Erzieher/innen über einen Zeitraum von 18 Monaten zu erforschen, zu reflektieren und entsprechend umzusetzen, eine Verhaltensänderung der Erzieher/innen im wichtigen sprachlichen Bereich – konsequent am Bildungsanspruch orientiert – jedoch ausbleibt, ist es u.a. aus ökonomischer Sicht legitim folgende Fragen zu stellen:

1. Welche Wege gibt es, um Bildungsansprüche in der frühpädagogischen Praxis im Sinne einer nachhaltigen frühen naturwissenschaftlichen Bildung realisieren zu können?

2. Welche Wege gibt es, notwendige Einstellungsänderungen von Erzieher/innen zu beschleunigen, um einen handlungskompetenten Umgang mit Kindern in Kontexten früher naturwissenschaftlicher Bildung zu gewährleisten?

13.3 Ausblick

In der Diskussion ist bereits angeklungen, dass eine Handlungsbeobachtung auf einer 5-sek-Einheit sehr detailgetreue Aussagen im Handeln von Erzieher/innen machen kann. Hinzu kommt, dass die Kodierung eines vollständigen pädagogischen Angebotes sehr viel Zeit in Anspruch nimmt. Eine Schwierigkeit wird daher in Bezug auf die Praktikabilität des Instrumentes gesehen. Es stellt sich die Frage wie das Beobachtungsinstrument vereinfacht werden kann, damit es u.a. vor dem Hintergrund der Forderung des Transfers zwischen Wissenschaft und Praxis praktikabler und schneller anwendbar ist. Der Forderung von Hannelore Schwedes (2005, S. 68f.), ein Instrument zu entwickeln, das schnell und effizient in der Lehrerbildung [bzw. in der Weiterbildung von Erzieher/innen] eingesetzt werden kann, kann hier nur insofern Folge geleistet werden, als die Studie dafür einen Anfang darstellt.

Sprachliche Handlung einer Erzieher/in
Das Beobachtungsinstrument ist aufgrund seiner vielen Indikatoren insgesamt sehr komplex. Aus diesem Grund wurde bei der Anwendung des Instrumentes und der deskriptiven Analyse der Ergebnisse fragengeleitet vorgegangen. Eine Analyse aller Indikatoren von Handlungskompetenz wäre überbordend und unübersichtlich gewesen. Eine mögliche Vereinfachung des Beobachtungsinstrumentes wäre denkbar, indem z.B. ein Indikator von Handlungskompetenz herausgegriffen werden würde. Beispielsweise könnte das Thema des Fragenstellens an die Kinder ein Aspekt sein. Fragen der Erzieher/innen könnten kategorisiert und anhand einer Einschätzskala im Hinblick auf Handlungskompetenz in Kontexten früher naturwissenschaftlicher Bildung definiert werden. Das ließe die Möglichkeit zu, mit Erzieher/innen das sprachliche Repertoire genauer zu analysieren und konkret zu verändern.

Eine Schwierigkeit des bisherigen Beobachtungsinstrumentes wird darin gesehen, dass meist eine transkriptgestützte Auswertung notwendig ist, um die konkreten Sachverhalte auf den Punkt bringen zu können. Daher stellt sich die Frage, wie das Beobachtungsinstrument ausdifferenziert werden kann, dass das Abstraktionsniveau mit Blick auf die notwendige Trennschärfe der Kategorien nicht verloren geht.

Aus den Analysen wurde weiterhin deutlich, dass eine Kodierung der Illokution, also der Absicht der Erzieher/in mit ihrer Sprachhandlung nur schwierig zu erfassen ist. Bei der Illokution handelt es sich um kognitiv angelegte Ziele einer Person, die nur durch eine hohe Interpretationsleistung seitens der Kodierer erfasst werden kann. Daher sind gut geschulte Kodierer, die ein notwendiges Interesse und Einfühlungsvermögen für Erzieher/innen und Kinder haben, unersetzlich. Die Anwendung des Kategoriensystems „Illokution" hat den Eindruck ergeben, dass die Kategorie „Kind/er aktivieren" einer Sammel- bzw. Restkategorie gleicht. Daher kann überlegt werden, diese Kategorie zu eliminieren und stattdessen weitere trennscharfe und treffende Kategorien zu entwickeln.

Kinderkategorien

Aufgrund der unzureichenden Reliabilität der Kategoriensysteme für die Kinder konnten keine instrumentgestützten Aussagen über das Handeln der Kinder in der vorliegenden Studie gemacht werden. Die bisher entwickelten Kategorien (s. Anhang – Kapitel 15.1.1: Kodiermanual) könnten für eine Weiterentwicklung deswegen genutzt werden, weil sie z.B. im Kategoriensystem „sprachliche und nicht-Sprachliche Handlung der Kinder" mit dem Kategoriensystem der Perlokution aus dem entwickelten Beobachtungsinstrument übereinstimmen. Aus dem Entwicklungsprozess des Beobachtungsinstrumentes wurde deutlich, dass die Anzahl der Kinder berücksichtigt werden sollte. Soll für ein sogenanntes Zielkind kodiert werden oder für die gesamte Kindergruppe? Insofern müsste es unterschiedliche Kategorien geben.

Ein weiterführendes Erkenntnisinteresse könnten die Fragen von Kindergartenkindern sein. Welches sind wünschenswerte Fragen in Bezug auf naturwissenschaftliche Angebote im Kindergarten? Wie können Kinderfragen tatsächlich gut gefördert werden?

Weiterentwicklung des Beobachtungsinstruments

In einer Folgestudie ergibt sich die Möglichkeit das Beobachtungsinstrument hinsichtlich der Verknüpfung mit dem erweiterten Komplexitätsebenenmodell von Dhein (2011) weiter zu entwickeln. Denn in den Analysen wurde deutlich, dass die „Perlokution" ein wichtiges Kategoriensystem darstellt. Damit lassen sich genaue Aussagen darüber machen, inwiefern eine Erzieher/in bei den Kindern bestimmte Handlungen beabsichtigt. Kritische Stimmen könnten sich bzgl. der fehlenden Bewertungsmöglichkeit äußern, ob die sprachlichen Handlungen samt Perlokution angemessen sind. Ausgangspunkt der Überlegungen war die Frage nach einem geeigneten Bewertungsmaßstab. In der Verknüpfung des vorliegenden Beobachtungsinstrumentes mit dem von Dhein (2011) entwickelten erweiterten Komplexitätsebenenmodell wurde eine Lösung des Problems versucht. Indem der natürliche Lernprozess der Kinder als Maßstab angewandt wird, können die Sprechhandlungen der Erzieher/innen hinsichtlich ihrer Angemessenheit beurteilt werden. Indem Kombinationen aus den Kategoriensystemen „Angebotsphase", „sprachliche Handlungen: „Frage" und Handlungsanweisung" der Erzieher/innen E7 und E9" und Perlokution über ein Transkript den Komplexitätsebenen und Aktivierungsstufen von Dhein (2011) zugeordnet wurden, konnte eine Ausdifferenzierung des Kategoriensystems „Perlokution" erreicht werden. Außerdem zeigte sich, dass die Positionierung bestimmter Sprachhandlungen (z.B. die Kinder auf einer Erklärungsebene ansprechen, bevor sie selbst explorierende Erfahrungen machen dürfen) nicht dem bottom-up-Prinzip der Bedeutungsentwicklung [Lernen] entspricht. Den Erzieher/innen kann auf diese Weise konkret Feedback bzgl. sprachlicher Aktivitäten im Verlauf des pädagogischen Angebots gegeben werden.

14. Verzeichnisse

14.1 Literaturverzeichnis

Aeschlimann, U., & Buck, P. (2010). Verfrühungen - über die rechte Zeit des Umgangs mit Phänomenen. In D. Höttecke (Hrsg.), *Entwicklung naturwissenschaftlichen Denkens zwischen Phänomen und Systematik: Gesellschaft für Didaktik der Chemie und Physik. Jahrestagung in Dresden 2009* (S. 140–142). Münster: LIT.

Aeschlimann, U., & Buck, P. (2011). Verfrühungen - über die rechte Zeit des Umgangs mit naturwissenschaftlichen Phänomenen - Vortrag an der Wagenschein-Tagung in Liestal, 5. Mai 2010. In Fachhochschule Nordwestschweiz, Pädagogische Hochschule, Institut Primarstufe (Hrsg.), *XVII. Wagenschein-Tagung 2010 „Verstehen ist Menschenrecht" Martin Wagenschein* (S. 24–29). Basel: buysite AG.

Anderson, J. R. (2007). *Kognitive Psychologie.* (J. Funke, Hrsg.) (6. Aufl.). Heidelberg: Spektrum.

Ansari, S. (2009). *Schule des Staunens: Lernen und Forschen mit Kindern* (1. Aufl.). Heidelberg: Spektrum Akademischer Verlag.

Aufschnaiter, C. v. (1999). *Bedeutungsentwicklungen, Interaktionen und situatives Erleben beim Bearbeiten physikalischer Aufgaben.* Berlin: Logos.

Autorengruppe Bildungsberichterstattung (Hrsg.). (2012). *Bildung in Deutschland 2012. Ein indikatorengestützter Bericht mit einer Analyse zur kulturellen Bildung im Lebenslauf.* Bielefeld: Bertelsmann. Abgerufen von http://www.bildungsbericht.de/daten2012/bb_2012.pdf

Baacke, D. (1973). *Kommunikation und Kompetenz. Grundlegung einer Didaktik der Kommunikation und ihrer Medien.* München: Juventa.

Balassa, I., & Ortutay, G. (1979). Ungarische Volkskunde. Abgerufen 24. Juli 2011, von http://mek.oszk.hu/02700/02791/html/78.html

Banholzer, A. (2008). *Die Auffassung physikalischer Sachverhalte im Schulalter.* (B. Feige & H. Köster, Hrsg.). Bad Heilbrunn: Klinkhardt.

Baron, W., Glauner, C., & Zweck, A. (2009). *Neue Berufsprofile. Früherkennung, Strukturen und Bedarf.* (Zukünftige Technologien Consulting der VDI Technologiezentrum GmbH, Hrsg.). Düsseldorf: Onlinepublikation. Abgerufen von http://www.zukuenftigetechnologien.de/pdf/Band_82.pdf

Beck, K., & Krapp, A. (2006). Wissenschaftstheoretische Grundfragen der Pädagogischen Psychologie. In A. Krapp & B. Weidenmann (Hrsg.), *Pädagogische*

Psychologie. Ein Lehrbuch (5., vollst. überarb. Auflage., S. 33–73). Weinheim und Basel: Beltz PVU.

Bennewitz, H. (2010). Entwicklungslinien und Situation des qualitativen Forschungsansatzes in der Erziehungswissenschaft. In B. Friebertshäuser, A. Langer, & A. Prengel (Hrsg.), *Handbuch Qualitative Forschungsmethoden in der Erziehungswissenschaft* (3., vollst. überarb. Auflage., S. 43–59). Weinheim und München: Juventa.

Berger, M. (2011). Theresia Gräfin Brunsvik von Korompa (1775–1861). Eine ungarische Adelige als Wegbereiterin der öffentlichen Vorschulerziehung in München. In M. Textor (Hrsg.), *Kindergartenpädagogik - Online-Handbuch.* Abgerufen von http://www.kindergartenpaedagogik.de/1089.html

Blankertz, H. (2011). *Die Geschichte der Pädagogik: Von der Aufklärung bis zur Gegenwart* (10. Aufl.). Wetzlar: Büchse der Pandora.

Bohnsack, R., Marotzki, W., & Meuser, M. (Hrsg.). (2006). *Hauptbegriffe Qualitativer Sozialforschung.* Opladen, Farmington Hills: Budrich.

Bortz, J., & Döring, N. (2006). *Forschungsmethoden und Evaluation für Human- und Sozialwissenschaftler* (4., überarbeitete Auflage.). Heidelberg: Springer.

Bowlby, J. (2008). *Bindung als sichere Basis : Grundlagen und Anwendung der Bindungstheorie.* München, Basel: E. Reinhardt.

Brandt, B., Krummheuer, G., & Naujok, N. (2001). Zur Methodologie kontextbezogener Theoriebildung im Rahmen von interpretativer Grundschulforschung. In S. v. Aufschnaiter & M. Welzel (Hrsg.), *Nutzung von Videodaten zur Untersuchung von Lehr-Lern-Prozessen: Aktuelle Methoden empirischer pädagogischer Forschung* (1. Aufl., S. 17–40). Münster: Waxmann.

Brunswig, A. (1910). *Das Vergleichen und die Relationserkenntnis.* Leipzig, Berlin: Teubner.

Buck, P. (1997). *Einwurzelung und Verdichtung: Tema con variazione über zwei Metaphern Wagenscheinscher Didaktik.* Dürnau: Kooperative Dürnau.

Bundesministerium der Justiz. Kunsturhebergesetz (KunstUrhG) (1907). Abgerufen von http://www.gesetze-im-internet.de/kunsturhg__22.html

Combe, A., & Helsper, W. (2002). Professionalität. In H.-U. Otto, T. Rauschenbach, & P. Vogel (Hrsg.), *Erziehungswissenschaft: Professionalität und Kompetenz* (1. Aufl., Bd. 3, S. 29–47). Opladen: Leske und Budrich.

Crowther, I. (2005). *Im Kindergarten kreativ und effektiv lernen - auf die Umgebung kommt es an* (1. Aufl.). Weinheim, Basel: Beltz.

Deiters, H. (1954). *Johann Heinrich Pestalozzi (1746-1827). Vortrag, gehalten im Haus der Kultur der Sowjetunion, Berlin.* Leipzig, Jena: Urania.

Denker, H. (2012). *Bindung und Theory of Mind. Bildungsbezogene Gestaltung von Erzieherinnen-Kind-Interaktionen.* Wiesbaden: Springer VS.

Deutscher Bildungsrat (Hrsg.). (1970). *Empfehlungen der Bildungskommission - Strukturplan für das Bildungswesen.* Bonn: Bundesdruckerei.

Deutsches Jugendinstitut e.V. (DJI). (2004). *OECD Early Childhood Policy Review 2002–2004. Hintergrundbericht Deutschland.* München. Abgerufen von http://www.oecd.org/dataoecd/38/44/34484643.pdf

Dhein, A. (2011). *Lernen in Explorier- und Experimentiersituationen. Eine explorative Studie zu Bedeutungsentwicklungsprozessen bei Kindern im Alter zwischen 4 und 6 Jahren.* (Bd. 116). Berlin: Logos.

Diehl, T. (2005). Pädagogische Professionalität – Möglichkeiten ihrer empirischen Erfassung. In A. Frey, R. S. Jäger, & U. Renold (Hrsg.), *Kompetenzdiagnostik - Theorien und Methoden zur Erfassung und Bewertung von beruflichen Kompetenzen* (Bd. Berufspädagogik, Band 5, S. 116–135). Landau: Empirische Pädagogik e.V.

Diemer, M., Braun, C., & Ute, D. (2010). *Duden - Mein Forscherspielbuch: Natur erleben mit Spielen und Experimenten.* (Die Kinder- und Jugendbuchredaktion des Dudenverlags, Hrsg.) (1. Aufl.). Bibliographisches Institut, Mannheim.

Diesterweg, F. A. W. (1967). *Sämtliche Werke.* (H. Deiters, H. Ahrbeck, R. Alt, R. Hohendorf, G. Mundorf, L. Regener, & G. Schulze, Hrsg.). Berlin: Volk und Wissen Volkseigener Verlag Berlin.

Dinkelaker, J., & Herrle, M. (2009). *Erziehungswissenschaftliche Videographie : eine Einführung* (1. Aufl.). Wiesbaden: VS Verlag für Sozialwissenschaften.

Dittrich, I., Grenner, K., Groot-Wilken, B., Sommerfeld, V., & Hanisch, A. (2007). *Pädagogische Qualität in Tageseinrichtungen für Kinder: Ein nationaler Kriterienkatalog.* (W. Tietze & S. Viernickel, Hrsg.) (3. Auflage.). Berlin, Düsseldorf, Mannheim: Cornelsen.

Dresing, T., & Pehl, T. (2013). audiotranskription.de - Lösungen für digitale Aufnahme & Transkription. Abgerufen 7. Oktober 2013, von http://www.audio-transkription.de/

Duit, R. (1997). Alltagsvorstellung und Konzeptwechsel im naturwissenschaftlichen Unterricht - Forschungsstand und Perspektiven für den Sachunterricht der Primarstufe. In W. Köhnlein, B. Marquardt-Mau, & H. Schreier (Hrsg.), *Kinder auf dem Wege zum Verstehen der Welt* (Bd. 1, S. 233–246). Bad Heilbrunn: Klinkhardt.

Eibeck, B. (2013). Profession Erzieherin. Merkmale, Voraussetzungen, Forderungen. *Theorie und Praxis der Sozialpädagogik. Leben, Lernen und Arbeiten in der Kita, Professionalität* (1), 6–9.

Elsässer, T. (2000). *Choreographien unterrichtlichen Lernens als Konzeptionsansatz für eine Berufsfelddidaktik.* Bern: BBL, EDMZ. Abgerufen von http://www.ehb-schweiz.ch/de/ehb/publikationen/Documents/Schriftenreihe/SIBP%20SR%2010.pdf

Elschenbroich, D. (2010). *Die Dinge: Expeditionen zu den Gegenständen des täglichen Lebens* (1. Aufl.). München: Kunstmann, A.

Erpenbeck, J., & Heyse, V. (2007). *Die Kompetenzbiographie: Wege der Kompetenzentwicklung* (2., aktualisierte und überarbeitete Auflage.). Münster / New York / München / Berlin: Waxmann.

Erpenbeck, J., & Von Rosenstiel, L. (2007). *Handbuch Kompetenzmessung. Erkennen, verstehen und bewerten von Kompetenzen in der betrieblichen, pädagogischen und psychologischen Praxis* (2. Auflage.). Stuttgart: Schäffer-Poeschel.

Fietze, B. (2011). Chancen und Risiken der Coachingforschung – eine professionssoziologische Perspektive. In R. Wegener, A. Fritze, & M. Loebbert (Hrsg.), *Coaching entwickeln. Forschung und Praxis im Dialog* (1. Aufl., S. 24–32). Wiesbaden: VS Verlag für Sozialwissenschaften.

Findte, W. (2001). *Einführung in die Kommunikationspsychologie.* Weinheim und Basel: Beltz.

Fischer-Epe, M. (2008). *COACHING: Miteinander Ziele erreichen* (5. Auflage.). Reinbek bei Hamburg: Rowohlt.

Forscherstation. Klaus-Tschira-Kompetenzzentrum für frühe naturwissenschaftliche Bildung gGmbH. (2013, September 29). Praxisnahe Fortbildungen für ErzieherInnen und Grundschullehrkräfte. Abgerufen 29. September 2013, von http://www.forscherstation.info/fortbildung/

Friebertshäuser, B., Prengel, A., & Langer, A. (2010). *Handbuch Qualitative Forschungsmethoden in der Erziehungswissenschaft* (3., vollständig überarbeitete Auflage.). Weinheim und München: Juventa.

Fröbel, F. W. A. (1826). *Die Menschenerziehung. Die Erziehungs-, Unterrichts- und Lehrkunst angestrebt in der allgemeinen deutschen Erziehungsanstalt zu Keilhau; dargestellt von dem Stifter, Begründer und Vorsteher derselben, Friedrich Wilhelm August Fröbel* (Bd. 1, Bis zum begonnenen Knabenalter). Leipzig in Commission bey A. Wienbrack: Verlag der allgemeinen deutschen Erziehungsanstalt.

Galina, D., & Dolya, G. (2010). *Vygotsky in Action in the Early Years: The „Key to Learning" Curriculum* (1. Aufl.). London, New York: Routledge Taylor&Francis.

Gaus, D., & Drieschner, E. (2011). Pädagogische Liebe. Anspruch oder Widerspruch von professioneller Erziehung? In E. Drieschner & D. Gaus (Hrsg.), *Liebe in Zeiten pädagogischer Professionalisierung.* Wiesbaden: VS Verlag für Sozialwissenschaften, Springer Fachmedien.

Geertz, C. (1987). *Dichte Beschreibung. Beiträge zum Verstehen kultureller Systeme.* Frankfurt a. M.: Suhrkamp.

Geissler, K. A. (Hrsg.). (1985). *Lernen in Seminargruppen. Studienbrief 3 des Fernstudiums Erziehungswissenschaft „Pädagogisch-psychologische Grundlagen für das Lernen in Gruppen".* Tübingen: Deutsches Institut für Fernstudien an der Universität Tübingen.

Glasersfeld, E. v. (1987). *Wissen, Sprache und Wirklichkeit. Arbeiten zum radikalen Konstruktivismus.* (W. K. Köck, Übers., S. Schmidt & P. Finke, Hrsg.). Braunschweig: Vieweg & Sohn.

Glasersfeld, E. v. (1997). *Radikaler Konstruktivismus: Ideen, Ergebnisse, Probleme.* Frankfurt a. M.: Suhrkamp Verlag.

Gnahs, D. (2010). *Kompetenzen - Erwerb, Erfassung, Instrumente.* Bielefeld: Bertelsmann.

Greve, W., & Wentura, D. (1997). *Wissenschaftliche Beobachtung. Eine Einführung.* Weinheim: Beltz Psychologie Verlags Union.

Grimm, R., Tsouvalla, S., & Stadler, A. (2010). Qualität in der Weiterbildung Frühpädagogischer Fachkräfte. In A. von Hippel & R. Grimm (Hrsg.), *Qualitätsentwicklungskonzepte in der Weiterbildung Frühpädagogischer Fachkräfte* (S. 31–42). Frankfurt a. M.: Henrich Druck + Medien GmbH.

Grossmann, K., & Grossmann, K. (2000). Bindung, Exploration und internale Arbeitsmodelle - der Stand der Forschung. In E. Parfy, H. Redtenbacher, R. Sigmund, R. Schoberberger, & C. Butschek (Hrsg.), *Bindung und Interaktion* (S. 13–38). Wien: Facultas.

Gruber, H., Prenzel, M., & Schiefele, H. (2006). Spielräume für Veränderung durch Erziehung. In A. Krapp & B. Weidenmann (Hrsg.), *Pädagogische Psychologie. Ein Lehrbuch* (5., vollst. überarb. Auflage., S. 99–135). Weinheim und Basel: Beltz PVU.

Grunert, C. (2006). Antike. In H.-H. Krüger & C. Grunert (Hrsg.), *Wörterbuch Erziehungswissenschaft* (2. Aufl., S. 22–29). Opladen: Budrich.

Habermas, J. (1987). *Theorie des kommunikativen Handelns. Handlungsrationalität und gesellschaftliche Rationalisierung* (vierte durchgesehene Auflage., Bde. 1–2, Bd. 1). Frankfurt a. M.: Suhrkamp.

Hacker, W. (2005). *Allgemeine Arbeitspsychologie: Psychische Regulation von Wissens-, Denk- und körperlicher Arbeit.* (E. Ulich, Hrsg.) (2., vollst. überarb. u. erw. A.). Bern: Huber.

Haeske, U. (2008). *„Kompetenz" im Diskurs. Eine Diskursanalyse des Kompetenzdiskurses. Inaugural-Dissertation zur Erlangung des akademischen Grades eines Doktors an der Fakultät für Pädagogik der Universität Bielefeld.* Berlin: Pro BUSINESS.

Harms, T., Clifford, R. M., & Cryer, D. (2005). *Early Childhood Environment Rating Scale* (Spi Rev.). New York, London: Teachers College Press.

Hartmann, M. (2004). *Coaching als Grundform pädagogischer Beratung. Verortung und Grundlegung* (Inaugural-Dissertation zur Erlangung des Doktorgrades der Philosophie an der Fakultät für Psychologie und Pädagogik). Ludwig-Maximilians-Universität, München. Abgerufen von http://edoc. ub.uni-muenchen.de/2513/1/Hartmann_Melanie.pdf

Häusle, I., & Welzel-Breuer, M. (2013). Erneuerbare Energie: Fortbildung für ErzieherInnen. In S. Bernholt (Hrsg.), *Inquiry-based Learning - Forschendes Lernen. Gesellschaft für Didaktik der Chemie und Physik, Jahrestagung in Hannover 2012* (S. 497–499). Kiel: IPN.

Hegeler-Burkhart, H. G. (2007). *Zur Kommunikation von Hauptschülerinnen und Hauptschülern in einem handlungsorientierten und fächerübergreifenden Unterricht mit physikalischen und technischen Inhalten.* Logos Berlin.

Heil, F. (2007). Der Kompetenzbegriff in der Pädagogik. Ein Ansatz zur Klärung eines strapazierten Begriffs. In W. M. Heffels, D. Streffer, & B. Häusler (Hrsg.), *Macht Bildung kompetent? Handeln aus Kompetenz - pädagogische Perspektiven* (Bd. 5, S. 43–79). Opladen, Farmington Hills: Budrich.

Helle, H. J. (2001). *Theorie der symbolischen Interaktion. Ein Beitrag zum verstehenden Ansatz in Soziologie und Sozialpsychologie* (3., überarb. Auflage.). Wiesbaden: Westdeutscher Verlag.

Herz, T., Dresing, T., & Pehl, T. (2010, August 18). audiotranskription.de - Wissenschaftliche Transkription - paradoxe Materialbearbeitung. Abgerufen 8. Januar 2011, von http://www.audiotranskription.de/wissenschaftliche%20 Transkription

Hetze, P. (2011). *Nachhaltige Hochschulstrategien für mehr MINT-Absolventen. Positionen (Online-Publikation).* (Edition Stifterverband, Hrsg.)

(2. aktualisierte.). Essen: Verwaltungsgesellschaft für Wissenschaftspflege mbH. Abgerufen von http://www.stifterverband.info/publikationen_und_ podcasts/positionen_dokumentationen/mint_hochschulstrategien_2011/ mint_hochschulstrategien_2011.pdf

Hindelang, G. (2000). *Einführung in die Sprechakttheorie*. (G. Fritz & F. Hundsnurscher, Hrsg.) (3., unverändert.). Tübingen: Niemeyer.

Hippel, A. von, & Grimm, R. (2010). *Qualitätsentwicklungskonzepte in der Weiterbildung Frühpädagogischer Fachkräfte. Expertise für das Projekt Weiterbildungsinitiative Frühpädagogischer Fachkräfte (WiFF)*. (Deutsches Jugendinstitut e.V. (DJI), Hrsg.). Frankfurt a. M.: Henrich Druck + Medien GmbH.

Hohenester, B. (2006). Mit Kindern die Welt entdecken. Naturwissenschaftliche Frühförderung im Kindergarten - Klaus Tschira Stiftung fördert Erzieherinnen-Fortbildung an der Pädagogischen Hochschule. *Daktylos, 11. Jahrgang*(Nr. 2), 4–6.

Hüther, G. (2012, August 21). In jedem Kind steckt ein Genie. Abgerufen von http://bps-hombrechtikon.ch/files/2012/pdf/34.pdf

Innenministerium Baden-Württemberg. (1983). Landesrecht BW SchG | Landesnorm Baden-Württemberg | Schulgesetz für Baden-Württemberg (SchG) in der Fassung vom 1. August 1983 | Textnachweis ab: 01.01.2005. Abgerufen 6. August 2013, von http://www.landesrecht-bw.de/jportal/?quelle=jlink&que ry=SchulG+BW&max=true

Ireson, J., & Blay, J. (1999). Constructing activity: participation by adults and children. *Elsevier Customer Service Department*, 9(1), 19–36.

Jacobs, J. K., Kawanaka, T., & Stigler, J. W. (1999). Integrating qualitative and quantitative approaches to the analysis of video data on classroom teaching. *International Journal of Educational Research*, (31), 717–724.

Jank, W., & Meyer, H. (2006). *Didaktische Modelle* (9. Auflage.). Berlin: Cornelsen Scriptor.

Kammermeyer, G. (2009). Kognitive Förderung. In L. Fried & S. Roux (Hrsg.), *Pädagogik der frühen Kindheit. Handbuch und Nachschlagewerk* (2. Aufl., S. 178–184). Frankfurt a. M.: Cornelsen.

Kant, I. (1966). *Kritik der reinen Vernunft*. (I. Heidemann, Hrsg.). Stuttgart: Reclam.

Kant, I. (1979). *Prolegomena zu einer jeden künftigen Metaphysik, die als Wissenschaft wird auftreten können*. (S. Dietzsch, Hrsg.). Leipzig: Reclam.

KJHG (Hrsg.). (1990). KJHG (§ 22 (3) SGB VIII): Dritter Abschnitt Förderung von Kindern in Tageseinrichtungen und in Kindertagespflege. Abgerufen von http://www.kindex.de/pro/index~mode~gesetze~value~kjhg.aspx#P22

Klafki, W. (1964). *Das pädagogische Probelem des Elementaren und die Theorie der kategorialen Bildung* (3./4. durchgesehene und ergänzte Auflage.). Weinheim: Beltz.

Klieme, E., & Hartig, J. (2008). Kompetenzkonzepte in den Sozialwissenschaften und im erziehungswissenschaftlichen Diskurs. *Kompetenzdiagnostik, Sonderheft 8 | 2007*(10. Jg.), 11–29.

Kluczniok, K., Anders, Y., & Ebert, S. (2011). Fördereinstellungen von Erzieherinnen. Einflüsse auf die Gestaltung von Lerngelegenheiten im Kindergarten und die kindliche Entwicklung früher numerischer Kompetenzen. *Frühe Bildung. Interdisziplinäre Zeitschrift für Forschung, Ausbildung und Praxis*, 13–21. doi:10.1026/2191–9186/a000002

Kluge, N. (2009). Das Bild des Kindes in der Pädagogik der frühen Kindheit. In *Pädagogik der frühen Kindheit. Handbuch und Nachschlagewerk* (2. Aufl., S. 22–33). Berlin, Düsseldorf: Cornelsen.

KMK. (2007). Handreichung für die Erarbeitung von Rahmenlehrplänen der Kultusministerkonferenz für den berufsbezogenen Unterricht in der Berufsschule und ihre Abstimmung mit Ausbildungsordnungen des Bundes für anerkannte Ausbildungsberufe. Abgerufen von http://www.kmk.org/fileadmin/veroeffentlichungen_beschluesse/2007/2007_09_01-Handreich-Rlpl-Berufsschule.pdf

Köhnlein, W. (Hrsg.). (1998). *Der Vorrang des Verstehens. Beiträge zur Pädagogik Martin Wagenscheins*. Klinkhardt.

Kolb, S., & Hans-Bredow-Institut. (2004). Verlässlichkeit von Inhaltsanalysedaten. Reliabilitätstest, Errechnen und Interpretieren von Reliabilitätskoeffizienten für mehr als zwei Codierer. In *Medien. Kommunikationswissenschaft* (Bd. 52, S. 335–354). Baden Baden: Nomos.

König, A. (2009). *Interaktionsprozesse zwischen Erzieherinnen und Kindern. Eine Videostudie aus dem Kindergartenalltag* (1. Aufl.). Wiesbaden: VS Verlag.

König, A. (2010). *Interaktion als didaktisches Prinzip. Bildungsprozesse bewusst begleiten und gestalten*. Troisdorf: Bildungsverlag EINS.

Köster, H. (o. J.). *Forschendes und erfindendes Lernen in Sach- und NaWi-Unterricht*. Powerpoint, Pädagogische Hochschule Schwäbisch Gmünd. Abgerufen von http://www.fobinet.de/Fobi-Download/Vortrag_Forschendes LernenGS.pdf

Kramp, W. (2010). Überforderung als Problem und Prinzip pädagogischen Handelns. In A. Flitner & H. Scheuerl (Hrsg.), *Einführung in pädagogisches Sehen und Denken*. (3. Aufl., S. 125–141). Weinheim und Basel: Beltz.

Krekel, S., & Schönmehl, W. (2010). *Schlau kochen. Ein Entdeckerkochbuch für neugierige Kinder und Erwachsene*. (Klaus Tschira Stiftung, Hrsg.) (2. Aufl.). Neustadt a. d. Weinstraße: Umschau Buchverlag.

Kromrey, H. (2006a). *Empirische Sozialforschung* (11., überarb. Auflage.). Stuttgart: Lucius & Lucius.

Kromrey, H. (2006b). *Empirische Sozialforschung : Modelle und Methoden der standardisierten Datenerhebung und Datenauswertung*. Stuttgart: Lucius & Lucius.

Kuckartz, U., Dresing, T., Rädiker, S., & Stefer, C. (2008). *Qualitative Evaluation : der Einstieg in die Praxis* (2., aktualisierte Aufl.). Wiesbaden: VS Verl. für Sozialwiss.

Lamnek, S. (2005). *Qualitative Sozialforschung* (4., vollständig überarbeitet Auflage.). Weinheim, Basel: Beltz.

Latorre, S. (2011). *Naturwissenschaftliche Bildung: der kumulative Aufbau von Kompetenzen auf dem Weg zu einem institutionenübergreifenden Curriculum*. Köln: Kölner Universitätsverlag.

Leontjew, A. N. (1979). *Tätigkeit, Bewußtsein, Persönlichkeit*. Köln: Pahl-Rugenstein.

Linke, A., Nussbaumer, M., & Portmann, P. R. (1996). *Studienbuch Linguistik* (3., unveränderte Auflage.). Tübingen: Niemeyer.

Lück, G. (2006). *Was blubbert da im Wasserglas?: Kinder entdecken Naturphänomene* (3. Aufl.). Freiburg im Breisgau [u.a.]: Herder.

Lück, G. (2009). *Handbuch der naturwissenschaftlichen Bildung: Theorie und Praxis für die Arbeit in Kindertageseinrichtungen* (1. Aufl.). Freiburg i. Br.: Herder.

Luft, J. (1982). The Johari-Window: A Graphic Model of Awareness in Interpersonal Relations. In *NTL Reading Book For Human Relations Training*. NTL Institute: Onlinepublikation. Abgerufen von http://www.library.wisc.edu/edvrc/docs/public/pdfs/LIReadings/JohariWindow.pdf

Luhmann, N. (2002). *Das Erziehungssystem der Gesellschaft*. (D. Lenzen, Hrsg.) (1. Aufl.). Frankfurt a. M.: Suhrkamp.

Luttenberger, J., Welzel-Breuer, M., & Zimmermann, M. (2013). Experimentiermaterial für Kindergarten- und Grundschulkinder - Feedback aus der Praxis. In S. Bernholt (Hrsg.), *Inquiry-based Learning - Forschendes Lernen*.

Gesellschaft für Didaktik der Chemie und Physik, Jahrestagung in Hannover 2012 (S. 554–556). Kiel: IPN.

Maag Merki, K., & Grob, U. (2005). Überfachliche Kompetenzen: Zur Validierung eines Indikatorensystems. In A. Frey, R. S. Jäger, & U. Renold (Hrsg.), *Kompetenzdiagnostik - Theorien und Methoden zur Erfassung und Bewertung von beruflichen Kompetenzen* (Bd. Berufspädagogik, Band 5, S. 7–30). Landau: Empirische Pädagogik e.V.

Maturana, H. R., & Varela, F. J. (1987). *Der Baum der Erkenntnis. Die biologischen Wurzeln menschlichen Erkennens* (11. Aufl.). Goldmann: Bern und München.

Mayring, P. (2002). *Einführung in die Qualitative Sozialforschung* (5. überarb. Auflage.). Weinheim und Basel: Beltz.

Metzner, M., & Welzel-Breuer, M. (2013). Handlungskompetenz von Erziehern. In S. Bernholt (Hrsg.), *Inquiry-based Learning - Forschendes Lernen. Gesellschaft für Didaktik der Chemie und Physik, Jahrestagung in Hannover 2012* (S. 239–241). Kiel: IPN.

Meyer, H. (1987). *Unterrichtsmethoden - Theorieband* (Bde. 1–2, Bd. 1). Frankfurt/M.: Scriptor Verlag.

Meyer, M. A., & Meyer, H. (2007). *Wolfgang Klafki: Eine Didaktik für das 21. Jahrhundert?* (1. Aufl.). Weinheim und Basel: Beltz.

Ministerium für Kultus, Jugend und Sport Baden-Württemberg. (2011). *Orientierungsplan für Bildung und Erziehung in baden-württembergischen Kindergärten und weiteren Kindertageseinrichtungen*. Abgerufen von http://www.kultusportal-bw.de/servlet/PB/show/1285728/KM_KIGA_Orientierungsplan_2011.pdf

Mischo, C., & Fröhlich-Gildhoff, K. (2011). Professionalisierung und Professionsentwicklung im Bereich der frühen Bildung. *Frühe Bildung. Interdisziplinäre Zeitschrift für Forschung, Ausbildung und Praxis*, 4–12.

Möller, K. (1997). Untersuchungen zum Aufbau bereichsspezifischen Wissens in Lehr- und Lernprozessen des Sachunterrichts. In W. Köhnlein, B. Marquardt-Mau, & H. Schreier (Hrsg.), *Kinder auf dem Wege zum Verstehen der Welt* (Bd. 1, S. 247–262). Bad Heilbrunn: Klinkhardt.

Montada, L. (2002a). Die geistige Entwicklung aus der Sicht Jean Piagets. In R. Oerter & L. Montada (Hrsg.), *Entwicklungspsychologie* (5., vollst. überarb. Aufl., S. 418–442). Weinheim [u.a.]: Beltz PVU.

Montada, L. (2002b). Fragen, Konzepte, Perspektiven. In R. Oerter & L. Montada (Hrsg.), *Entwicklungspsychologie* (5., vollst. überarb. Auflage., S. 3–53). Weinheim, Basel, Berlin: Beltz.

Moritz, C. (2010). Die Feldpartitur. Mikroprozessuale Transkription von Video-daten. In M. Corsten, M. Krug, & C. Moritz (Hrsg.), *Videographie praktizieren: Herangehensweisen, Möglichkeiten und Grenzen* (S. 163–193). Wiesbaden: VS Verlag für Sozialwissenschaften.

Müller-Ruckwitt, A. (2008). *„Kompetenz" - Bildungstheoretische Untersuchungen zu einem aktuellen Begriff* (Bd. 6). Würzburg: Ergon.

Näf, M. (2012). Willkommen auf der Homepage von Martin Näf. Abgerufen 7. August 2013, von http://www.martinnaef.ch/

Natorp, P. (2013). *Pestalozzi. Sein Leben und seine Ideen*. Bremen: dearbooks.

Nentwig-Gesemann, I. (2013). Professionelle Reflexivität. Herausforderungen an die Ausbildung frühpädagogischer Fachkräfte. *Theorie und Praxis der Sozialpädagogik. Leben, Lernen und Arbeiten in der Kita, Professionalität*(1), 10–14.

Niedderer, H., Tiberghien, A., Buty, C., Haller, K., Hucke, L., Sander, F., … Welzel, M. (1998). Category Based Analysis of Videotapes from Labwork (CBAV) - Method and Results from Four Case-Studies: European Commission: Targeted Socio-Economic Research Programme: Project PL 95–2005: Labwork in Science Education - Working Paper 9. Bremen: Institute of Physics Education (University of Bremen).

Nieke, W. (2002). Kompetenz. In H.-U. Otto, T. Rauschenbach, & P. Vogel (Hrsg.), *Erziehungswissenschaft: Professionalität und Kompetenz* (Bde. 1–4, Bd. 3, S. 13–47). Opladen: Budrich.

Nittel, D. (2000). *Von der Mission zur Profession?: Stand und Perspektiven der Verberuflichung in der Erwachsenenbildung*. Bielefeld, Frankfurt: Bertelsmann; Deutsches Institut für Erwachsenenbildung (DIE).

OECD (Hrsg.). (2004). Die Politik der frühkindlichen Betreuung, Bildung und Erziehung in der Bundesrepublik Deutschland. Ein Länderbericht der Organisation für wirtschaftliche Zusammenarbeit und Entwicklung (OECD). Abgerufen von http://www.bmfsfj.de/RedaktionBMFSFJ/Pressestelle/Pdf-Anlagen/oecd-studie-kinderbetreuung,property=pdf.pdf

OECD. (2006). *Starting Strong II: Early Childhood Education and Care. Summary*. Berlin: OECD Publishing. Abgerufen von www.oecd.org/dataoecd/30/11/37519496.pdf

Oser, F., & Sarasin, S. (2013). *Basismodele des Unterrichts: Von der Sequenzierung als Lernerleichterung*. Abgerufen von http://info.ub.uni-potsdam.de/zsr/llf/LLF_PDF/LLF_11/OSERSARA.PDF

Ott, B. (2007). *Grundlagen des beruflichen Lernens und Lehrens: Ganzheitliches Lernen in der beruflichen Bildung* (3., überarbeitete Auflage.). Berlin: Cornelsen Verlag Scriptor.

Pauen, S. (2012). Wie lernen Kleinkinder? Entwicklungspsychologische Erkenntnisse und ihre Bedeutung für Politik und Gesellschaft. *Aus Politik und Zeitgeschichte: Frühkindliche Bildung*, (62), 8–14.

Peterßen, W. H. (2001). *Kleines Methoden-Lexikon* (2. Aufl.). München: Oldenbourg Schulbuchverlag.

Piaget, J. (2003). *Das Erwachen der Intelligenz beim Kinde* (5. Auflage.). Stuttgart: Klett-Cotta.

Pörksen, B. (2011). Schlüsselwerke des Konstruktivismus. Eine Einführung. In B. Pörksen (Hrsg.), *Schlüsselwerke des Konstruktivismus* (S. 13–28). Wiesbaden: VS Verlag.

Pötschke, M. (2010). Datengewinnung und Datenaufbereitung. In C. Wolf & H. Best (Hrsg.), *Handbuch der sozialwissenschaftlichen Datenanalyse* (S. 41–64). Wiesbaden: VS Verlag.

Quiroga, R. Q., Fried, I., & Koch, C. (2013). Gedächtnis. Wie das Gehirn die Großmutter erkennt. *Die Sprache des Gehirns. So entstehen Aufmerksamkeit und Erinnerungen, Spektrum der Wissenschaft*, 28–33.

Rabe-Kleberg, U. (2008). Zum Verhältnis von Wissenschaft und Profession in der Frühpädagogik. In H. v. Balluseck (Hrsg.), *Professionalisierung der Frühpädagogik. Perspektiven, Entwicklungen, Herausforderungen* (S. 238–249). Opladen, Farmington Hills: Budrich.

Raithel, J. (2006). *Quantitative Forschung. Ein Praxiskurs* (1. Auflage.). Wiesbaden: VS Verlag.

Rauen, C. (Hrsg.). (2005). *Handbuch Coaching* (3., überarbeitete und erweiterte Auflage.). Göttingen, Bern, Wien, Toronto, Seattle, Oxford, Prag: Hogrefe.

Reetz, L. (2003). Zum Zusammenhang von Schlüsselqualifikationen - Kompetenzen - Bildung (sowi-online - Reader zur Berufsorientierung). Abgerufen von http://www.sowi-online.de/reader/berufsorientierung/reetz.htm

Rehm, M. (2010). Lern-Sinn, Erfahrungslernen und Verstehen. Modellierung einer Kompetenz des naturwissenschaftlichen Verstehens. In D. Höttecke (Hrsg.), *Entwicklung naturwissenschaftlichen Denkens zwischen Phänomen und Systematik: Gesellschaft für Didaktik der Chemie und Physik. Jahrestagung in Dresden 2009* (S. 21–35). Münster: LIT.

Reyer, J. (2009). Geschichte frühpädagogischer Institutionen. In L. Fried & S. Roux (Hrsg.), *Pädagogik der frühen Kindheit. Handbuch und Nachschlagewerk* (2. Aufl., S. 268–280). Berlin, Düsseldorf: Cornelsen.

Reyer, J., & Franke-Meyer, D. (2012, März 12). *Die Geschichte des Kindergartens im Bezug zur Schule.* Fachvortrag. Abgerufen von http://www.youtube.com/ watch?v=4HxIUk5qe8E

Rimmele, R. (2012). *Was ist Videograph?.* Kiel. Abgerufen von http://www.ipn. uni-kiel.de/aktuell/videograph/videograph.pdf

Röben, P. (2006). Kompetenz- und Expertiseforschung. In F. Rauner (Hrsg.), *Handbuch Berufsbildungsforschung* (2. aktualisierte Auflage., S. 247–255). Bielefeld: Bertelsmann.

Rogers, C. R. (1979). *Lernen in Freiheit. Zur Bildungsreform in Schule und Universität* (3. Aufl.). München: Kösel-Verlag.

Rogoff, B. (1990). *Apprenticeship in Thinking. Cognitive Development in Social Context.* Oxford: University Press.

Rombach, H. (1977). *Wörterbuch der Pädagogik. Geographieunterricht bis Politische Bildung* (Bd. 2). Freiburg: Herder.

Roth, H. (1968). *Pädagogische Anthropologie: Bildsamkeit und Bestimmung* (2., durchgesehene und ergänzte Auflage., Bd. I). Hannover: Schroedel.

Roth, W.-M. (2005). Das Video als Mittel der Reflexion über die Unterrichtspraxis. In M. Welzel & H. Stadler (Hrsg.), *„Nimm doch mal die Kamera!" Zur Nutzung von Videos in der Lehrerbildung - Beispiele und Empfehlungen aus den Naturwissenschaften* (S. 11–28). Münster: Waxmann.

Roux, S. (2009). Frühpädagogische Qualitätskonzepte. In L. Fried & S. Roux (Hrsg.), *Pädagogik der frühen Kindheit. Handbuch und Nachschlagewerk* (2. Aufl., S. 129–139). Berlin, Düsseldorf: Cornelsen.

Ruberg, T. (2011). Qualitätsanforderungen an Weiterbildnerinnen und Weiterbildner. In Deutsches Jugendinstitut e.V. (DJI) (Hrsg.), *Sprachliche Bildung. Grundlagen für kompetenzorientierte Weiterbildung. Ein Wegweiser der Weiterbildungsinitiative Frühpädagogische Fachkräfte (WiFF)* (S. 100–113). Frankfurt a. M.: Henrich Druck + Medien GmbH.

Rühle, A. (2014, 26.01). Kann doch jede. Warum gelten Erzieherinnen und die paar Erzieher eigentlich als weniger qualifiziert als Lehrer? Ein Plädoyer für eine angemessene Bezahlung. *Süddeutsche Zeitung,* S. 1 im Wochenendteil. München.

Schäfer, G. E. (2009). Der Bildungsbegriff in der Pädagogik der frühen Kindheit. In L. Fried & S. Roux (Hrsg.), *Pädagogik der frühen Kindheit. Handbuch und Nachschlagewerk* (2. Aufl., S. 33–44). Berlin, Düsseldorf: Cornelsen.

Schäfer, G. E. (2011). *Was ist frühkindliche Bildung?: Kindlicher Anfängergeist in einer Kultur des Lernens* (1., Auflage.). Weinheim und München: Juventa.

Scheler, K. (2008). Experimentieren als Erkenntnismethode im Sachunterricht. In E. Gläser, L. Jäkel, & H. Weidmann (Hrsg.), *Sachunterricht planen und reflektieren: ein Studienbuch zur Analyse unterrichtlichen Handelns* (S. 41–50). Baltmannsweiler: Schneider-Verlag-Hohengehren.

Schelle, R. (2011). *Die Bedeutung der Fachkraft im frühkindlichen Bildungsprozess. Didaktik im Elementarbereich. Eine Expertise der Weiterbildungsinitiative Frühpädagogische Fachkräfte (WiFF)*. (Deutsches Jugendinstitut e.V. (DJI), Hrsg.). Frankfurt a. M.: Henrich Druck + Medien GmbH.

Schulenberg, W. (1957). *Ansatz und Wirksamkeit der Erwachsenenbildung. Eine Untersuchung im Grenzgebiet zwischen Pädagogik und Soziologie* (Bd. 1.). Stuttgart: Enke.

Schwedes, H. (2005). Videoanalyse in der schulpraktischen Ausbildung von Lehramtsstudierenden. In M. Welzel & H. Stadler (Hrsg.), *„Nimm doch mal die Kamera!" Zur Nutzung von Videos in der Lehrerbildung - Beispiele und Empfehlungen aus den Naturwissenschaften* (S. 65–84). Münster, New York: Waxmann.

Scott, S., & Palincsar, A. (2013). The historical roots of sociocultural theory. (Gale Group - Education.com, Hrsg.). Abgerufen von http://www.education.com/reference/article/sociocultural-theory/#A

Seeber, S., Nickolaus, R., Winther, E., Achtenhagen, F., Breuer, K., Frank, I., … Zöller, A. (2010). Kompetenzdiagnostik in der Berufsbildung. Begründung und Ausgestaltung eines Forschungsprogramms. *Berufsbildung in Wissenschaft und Praxis - BWP, Beilage zu 01/2010*. Abgerufen von www.bibb.de/veroeffentlichungen/de/publication/download/id/6162

Sehringer, W., & Scheltwort, P. (2004). *Unterrichten: Reflexion und Training. Ein Modell zur Evaluation und Innovation des Lehrens*. (J. Petersen & G.-B. Reinert, Hrsg.). Donauwörth: Auer.

Seidel, T., Prenzel, M., Duit, R., & Lehrke, M. (Hrsg.). (2003). *Technischer Bericht zur Videostudie „Lehr-Lern-Prozesse im Physikunterricht"* (1. Aufl.). Kiel: IPN Leibniz-Institut f. d. Pädagogik d. Naturwissenschaften an d. Universität Kiel. Abgerufen von ftp://ftp.rz.uni-kiel.de/pub/ipn/misc/TechnBerichtVideostudie-VH.pdf

Sejnowski, T., & Delbrück, T. (2013). Neurowissenschaft. Die Sprache des Gehirns. *Die Sprache des Gehirns. So entstehen Aufmerksamkeit und Erinnerungen, Spektrum der Wissenschaft*, 22–27.

Siebert, H., & Gerl, H. (1975). *Lehr- und Lernverhalten bei Erwachsenen* (1. Aufl.). Braunschweig: Westermann.

Siraj-Blatchford, I. (2010). A focus on pedagogy. Case studies of effective practice. In K. Sylva, E. Melhuish, P. Sammons, I. Siraj-Blatchford, & B. Taggart (Hrsg.), *Early Childhood Matters. Evidence from the Effective Pre-school and Primary Education project* (S. 149–165). London, New York: Routledge.

Siraj-Blatchford, I., Sylva, K., Taggart, B., Melhuish, E., & Sammons, P. (2010). Das Projekt „The Effective Provision of Pre-school Education": Wirksame Bildungsangebote im Vorschulbereich - EPPE. In *Frühe Bildung zählt. Das Effective Pre-school and Primary Education Project (EPPE) und das Sure Start Programm* (S. 15–27). Berlin: Dohrmann.

Smidt, W. (2012). *Zielkindbezogene pädagogische Qualität im Kindergarten: Eine empirisch-quantitative Studie*. Münster: Waxmann.

Spitzer, M. (2009). *Lernen. Gehirnforschung und die Schule des Lebens*. Heidelberg: Spektrum.

Strehmel, P. (2010). Einführungsbeitrag: Sprachförderung in Kindertagesstätten - Theorien, empirische Befunde, Anforderungen an die Praxis. In K. Fröhlich-Gildhoff, I. Nentwig-Gesemann, & P. Strehmel (Hrsg.), *Forschung in der Frühpädagogik III. Schwerpunkt: Sprachentwicklung & Sprachförderung* (Bd. 5, S. 13–34). Freiburg im Breisgau: FEL Verlag Forschung - Entwicklung - Lehre; FIVE - Forschungs- und Innovations-Verbund an der Evangelischen Hochschule Freiburg e.V.

Stumbrat, J. (2008). *Lernfeldorientierung in der Ausbildung von Erzieherinnen und Erziehern. Ein didaktisches Konzept für die Entwicklung beruflicher Identität und professioneller Perspektiven* (1. Auflage.). Hamburg: Diplomica Verlag.

Sylva, K., Melhuish, E., & Sammons, P. (2010). *Early Childhood Matters: Evidence from the Effective Pre-School and Primary Education project* (1. Aufl.). London, New York: Routledge Chapman & Hall.

Sylva, K., Melhuish, E., Sammons, P., Siraj-Blatchford, I., Taggart, B., & Elliot, K. (2003). The Effective Provision Of Pre-School Education (EPPE) Project: Findings From The Pre-School Period. Abgerufen von http://eppe.ioe.ac.uk/eppe/eppepdfs/RB%20summary%20findings%20from%20Preschool.pdf

Sylva, K., Siraj-Blatchford, I., & Taggart, B. (2010). *ECERS-E: The Early Childhood Environment Rating Scale. Curricular Extension to ECERS-R* (3. Aufl.). London, Sterling (Virginia): Trentham Books Limited.

Terhart, E. (2009). *Didaktik: Eine Einführung.* Stuttgart: Reclam.

Tesch, M. (2005). *Das Experiment im Physikunterricht : didaktische Konzepte und Ergebnisse einer Videostudie* (Bd. 42). Berlin: Logos.

Textor, M. R. (2012). Forschungsergebnisse zur Effektivität frühkindlicher Bildung: EPPE, REPEY und SPEEL. In M. R. Textor (Hrsg.), *Kindergarten-pädagogik - Online-Handbuch* (S. 1–5). Abgerufen von http://www.kindergar-tenpaedagogik.de/1615.html

Thiel, S. (2003). Grundschulkinder zwischen Umgangserfahrung und Naturwissenschaft. In *Kinder auf dem Wege zur Physik* (7. Auflage., S. 90–180). Weinheim, Basel, Berlin: Beltz.

Thornton, A. (2010). *Nonverbale Kommunikation Körpersprache der Kinder.* Abgerufen von https://online.medunigraz.at/mug_online/wbAbs.getDocument?pThesisNr=17810&pAutorNr=&pOrgNr=

Tietze, W. (Hrsg.). (1998). *Wie gut sind unsere Kindergärten? Eine Untersuchung zur pädagogischen Qualität in deutschen Kindergärten.* Berlin: Luchterhand.

Tietze, W. (2009). Frühpädagogische Evaluations- und Erfassungsinstrumente. In L. Fried & S. Roux (Hrsg.), *Pädagogik der frühen Kindheit. Handbuch und Nachschlagewerk* (2. Aufl., S. 243–253). Berlin, Düsseldorf: Cornelsen.

Tietze, W., Becker-Stoll, F., Bensel, J., Eckhardt, A. G., Haug-Schnabel, G., Kalicki, B., … Leyendecker, B. (Hrsg.). (2012). NUBBEK - Nationale Untersuchung zur Bildung, Betreuung und Erziehung in der frühen Kindheit. Fragestellungen und Ergebnisse im Überblick. Abgerufen von http://www.nubbek.de/media/pdf/NUBBEK%20Broschuere.pdf

Tietze, W., Schuster, K.-M., Grenner, K., & Roßbach, H.-G. (2005). *Kindergarten-Skala. Revidierte Fassung (KES-R). Feststellung und Unterstützung pädagogischer Qualität in Kindergärten. Deutsche Fassung der Early Childhood Environment Rating Scale - Revised Edition von Thelma Harms Richard M. Clifford, Debby Cryer* (3., überarb.). Weinheim und Basel: Beltz.

Tietze, W., Schuster, K.-M., & Roßbach, H.-G. (1997). *Kindergarten-Einschätz-Skala (KES). Deutsche Fassung der Early Childhood Environment Rating Scale von Thelma Harms & Richard M. Clifford.* Berlin: Luchterhand.

Vonken, M. (2005). *Handlung und Kompetenz. Theoretische Perspektiven für die Erwachsenen- und Berufspädagogik.* Wiesbaden: VS Verlag.

Vygotskij, L. S. (2002). *Denken und Sprechen* (1., Originalausgabe.). Weinheim; Basel: Beltz.

Wagenschein, M. (1970). *Ursprüngliches Verstehen und exaktes Denken II.* Stuttgart: Klett.

Wagenschein, M. (1983). *Erinnerungen für morgen : eine pädagogische Autobiographie.* Weinheim, Basel: Beltz.

Wagenschein, M. (1999). *Verstehen lehren : genetisch, sokratisch, exemplarisch* ([Nachdr.].). Weinheim und Basel: Beltz.

Wagenschein, M. (2003). *Kinder auf dem Wege zur Physik.* Weinheim, Basel, Berlin: Beltz.

Wahl, D. (2006). *Lernumgebungen erfolgreich gestalten: Vom trägen Wissen zum kompetenten Handeln* (2., erw. A.). Bad Heilbrunn: Klinkhardt.

Wegener, R., Fritze, A., & Loebbert, M. (Hrsg.). (2011). *Coaching entwickeln. Forschung und Praxis im Dialog* (1. Aufl.). Wiesbaden: VS-Verl. für Sozialwiss.

Weinert, F. E. (2002). Vergleichende Leistungsmessung in Schulen - eine umstrittene Selbstverständlichkeit. In F. E. Weinert (Hrsg.), *Leistungsmessungen in Schulen* (S. 17–31). Weinheim: Beltz.

Weins, C. (2010). Uni- und bivariate deskriptive Statistik. In C. Wolf & H. Best (Hrsg.), *Handbuch der sozialwissenschaftlichen Datenanalyse* (S. 65–89). Wiesbaden: VS Verlag.

Welzel-Breuer, M., & Meyer, H. (2011). Elementare Erfahrungen - Forschen und Experimentieren im Kindergarten. In U. Bartosch, G. Litfin, R. Braun, & G. Neuneck (Hrsg.), *Verantwortung von Wissenschaft und Forschung in einer globalisierten Welt. Forschen - Erkennen - Handeln* (S. 321–331). Berlin: LIT.

Welzel, M. (1995). *Interaktionen und Physiklernen.* Frankfurt a. M.: Peter Lang.

Welzel, M. (2006). Mit Kindern die Welt entdecken. *Spektrum der Wissenschaft. September 2006. Hubbles Top 10. Die spektakulärsten Beobachtungen des Weltraumteleskops.*, 76–78.

Welzel, M., Zimmermann, M., Rösler, A., & Scorza de Appl, C. (2007). Mit Kindern die Welt entdecken. Konzept einer Fortbildung mit wissenschaftlicher Begleitung. In *Gesellschaft für Didaktik der Chemie und Physik (GDCP). Naturwissenschaftlicher Unterricht im internationalen Vergleich. Jahrestagung der GDCP in Bern 2006* (S. 251–253). Berlin: LIT.

Wild, E., Hofer, M., & Pekrun, R. (2006). Psychologie des Lerners. In A. Krapp & B. Weidenmann (Hrsg.), *Pädagogische Psychologie. Ein Lehrbuch* (5., vollst. überarb., S. 203–267). Weinheim, Basel: Beltz PVU.

Wildgruber, A., & Becker-Stoll, F. (2011). Die Entdeckung der Bildung in der Pädagogik der frühen Kindheit – Professionalisierungsstrategien und

-konsequenzen. In W. Helsper & R. Tippelt (Hrsg.), *Pädagogische Professionalität* (S. 60–76). Weinheim und Basel: Beltz.

Wirtz, M., & Caspar, F. (2002). *Beurteilerübereinstimmung und Beurteilerreliabilität: Methoden zur Bestimmung und Verbesserung der Zuverlässigkeit von Einschätzungen mittels Kategoriensystemen und Ratingskalen.* Göttingen, Bern, Toronto, Seattle: Hogrefe-Verlag.

Wörner, J.-D. (1997). Für eine neue Lernkultur - Martin Wagenschein zum 100. Geburtstag. In *Für eine neue Lernkultur - Martin Wagenschein zum 100. Geburtstag. Symposium der TH Darmstadt am 3. Dezember 1996* (S. 13–15). Darmstadt: TU Darmstadt.

Youniss, J. (1994). *Soziale Konstruktion und psychische Entwicklung.* (L. Krappmann & H. Oswald, Hrsg.). Frankfurt am Main: Suhrkamp.

Zimmermann, M. (2011). *Naturwissenschaftliche Bildung im Kindergarten. Eine integrative Längsschnittstudie zur Kompetenzentwicklung von Erzieherinnen.* (H. Niedderer, H. Fischler, & E. Sumfleth, Hrsg.) (1. Aufl., Bde. 1–128, Bd. Studien zum Physik- und Chemielernen). Berlin: Logos.

14.2 Abbildungsverzeichnis

14.3 Tabellenverzeichnis

15. Anhang

15.1 Anhang – Erster empirischer Teil

Im Folgenden werden alle entwickelten Kategoriensysteme mit einzelnen Kategorien und der entsprechenden Kodieranleitung insgesamt als Kodiermanual vorgestellt. Die kursiv gedruckten Kategoriensysteme Nr. 5, 6, 7 und 8 erwiesen sich in den Interkoderreliabilitätsüberprüfungen nicht als reliabel. Sie werden hier aus Gründen der Transparenz des Forschungsprozesses auf dem Stand nach der vierten Interkoderreliabilitätsüberprüfung dargestellt - mit dem Hinweis darauf, dass diese Kategoriensysteme in möglichen Anschlussstudien überarbeitet und validiert werden können.

Danach finden sich einzelne Elemente, die im ersten empirischen Teil dieser Arbeit bei der Entwicklung des Kodiermanuals zusätzlich zum Kodiermanual erstellt wurden. Zum einen werden die Kodierregeln vorgestellt, die notwendig vor einer Kodierung mittels Kodiermanual berücksichtigt werden sollten. Danach findet sich der Schulungsleitfaden, der für die vier Überprüfungen der Interkoderreliabilität entwickelt wurde und daher den Ablauf dieser Überprüfungen transparent zeigt. Im Anschluss daran gibt es einen Einblick in den Laufzettel, der an alle Kodierer bei der Durchführung der Interkoderreliabilität ausgeteilt wurde. Zum Zweck der Transparenz der Ergebnisse bei den Interkoderreliabilitätsüberprüfungen werden anschließend detaillierte Werte pro Durchgang aufgeführt.

15.1.1 Kodiermanual

Anhang 1: Kodiermanual: Kategoriensystem „Angebotsphasen" und Kodierleitfaden

1. Angebotsphasen	
Kategorie	a) **Inhaltliche Beschreibung**
	b) **Beschreibung auf Beobachtungsebene (ggf. Ankerbeispiel)**
	c) **Spezifische Kodierungsregel**
Vorbereiten	a) In der Vorbereitungsphase finden vorbereitende Aktivitäten für das aktuelle pädagogische Angebot statt.
	b) Die Erzieher/in legt Gegenstände zum Explorieren entsprechend der Sozialform zurecht. Kind/Kinder und Erzieher/in nehmen ihren Platz ein. Es finden allgemeine pädagogische Maßnahmen statt wie z.B. An- und Abwesenheit von Kindern klären, Tag und Datum im Kalender ausstreichen, Rituale wie z.B. ein Begrüßungslied singen, sonstige vorbereitende Rahmenaktivitäten.

1. Angebotsphasen	
Hinführen	a) In dieser Phase findet die Hinführung zum Thema des aktuellen pädagogischen Angebotes statt. Durch das Hinführen wird allen Beteiligten die aktuelle Situation und der situative Kontext des Explorier- und Experimentierangebotes vertraut. b) In dieser Phase schafft die Erzieher/in gemeinsam mit Kind/Kindern einen Sinn- und Kontextbezug für das aktuelle Thema. Erzieher/in und Kinder bringen z.B. gemeinsam eine Fragestellung, ein Problem oder einen Grund für das anschließende Ausprobieren und Explorieren hervor. Zum Beispiel werden Materialien und/oder Gegenstände besprochen oder bereits hinführend erlebt, Aufgabenstellung und/oder Vorgehen beim Explorieren geklärt. Dabei knüpft die Erzieher/in an das Vorwissen der Kinder an. Die Kinder hantieren ggf. bereits mit den Exploriergegenständen und/oder sie äußern ihre Gedanken, Ideen und Vorstellungen zum Thema. **Ankerbeispiel 1**: Die Erzieher/in gibt einen stummen Impuls, indem sie z.B. eine Kiste in den Raum bringt. **Ankerbeispiel 2**: Kind/Kinder berichten von eigenen Erfahrungen und/oder Beobachtungen von zeitlich zurückliegenden Situationen. **Ankerbeispiel 3**: Die Erzieher/in beginnt als Anknüpfung an vorangegangene Aktivitäten zum Thema z.B. mit einem Satz wie „Was haben wir denn das letzte Mal alles gemacht?" Um ein Thema zu eröffnen, kann die Erzieher/in Fragen wie „Wie ist unser Wetter heute?" oder „Erkläre mal, was ist das Tolle am Herbst?" stellen. **Ankerbeispiel 4**: Die Erzieher/in fragt: „Wie schmeckt denn Joghurt?" c) Übergangssituationen, in denen Kind/Kinder in Vorbereitung auf die Ausprobierphase ihre Plätze wechseln, werden mit „Hinführen" kodiert. Eine Hinführung ist vorangegangen.
Ausprobieren	a) Kind/Kinder machen Erfahrungen mit dem naturwissenschaftlichen Phänomen. b) Die Phase beginnt z.B. mit der Äußerung der Erzieher/in „Das dürft ihr jetzt mal ausprobieren." Zu beobachten sind Kind/Kinder, die sich mit dem thematischen Inhalt und Aufgaben des pädagogischen Angebotes aktiv beschäftigen. c) **Spezialfall 1**: Ist das pädagogische Angebot in einem fragend-entwickelnden Stil gehalten, d.h. Fragen der Erzieher/in, Ausprobieren der Kind/Kinder und Antworten der Kind/Kinder wechseln sich kurz hintereinander ab, wird „Ausprobieren" kodiert. c) **Spezialfall 2**: Mindestens ein Kind macht Erfahrungen mit dem naturwissenschaftlichen Phänomen und probiert aus. Denn es wird davon ausgegangen, dass die Erzieher/in dies als Ausprobierphase geplant hat.

	c) **Spezialfall 3**: Erst wenn die Erzieher/in das Signal (verbal oder nonverbal) gibt, dass Kind/Kinder mit dem Ausprobieren beginnen dürfen, wird diese Kategorie kodiert. Übergangssituationen, in denen Kind/Kinder während der Ausprobierphase ihre Plätze wechseln, um zum nächsten Versuch zu gehen, werden mit „Ausprobieren" kodiert.
Austauschen	a) Kind/Kinder und Erzieher/in präsentieren ihre Ergebnisse und/ oder reden gemeinsam über ihre Erfahrungen und Beobachtungen in Bezug zum aktuellen naturwissenschaftlichen Phänomen. Dadurch werden wichtige Erfahrungen und Erkenntnisse des Kindes/ der Kinder im sozialen Miteinander mündlich und/oder schriftlich festgehalten. b) Diese Phase gleicht einer Reflexionsphase, in der in einem Dialog zwischen Erzieher/in und Kindern Erfahrungen mit dem aktuellen naturwissenschaftlichen Phänomen besprochen, gebündelt und/ oder zu deuten versucht werden. **Ankerbeispiel 1**: Die Erzieher/in leitet die Phase z.B. ein mit „Was hat euch Spaß gemacht?" oder „Was habt ihr herausgefunden?", „Wie hat dir denn das Experiment gefallen?", „Warum ist das so?" c) Zum Austausch gehört auch, wenn Ergebnisse aus der Phase „Ausprobieren" präsentiert und gewürdigt werden.
Nachbereiten	a) In der Nachbereitungsphase wird das pädagogische Angebot nachbereitet. b) Die Ausprobier- und Austauschphasen sind abgeschlossen. **Ankerbeispiel 1**: Die Erzieher/in leitet ein Gespräch über eine Fortsetzung des Angebotes an einem anderen Tag ein und/oder bittet Kind/Kinder, ihr beim Aufräumen zu helfen und/oder Hände waschen zu gehen. Möglicherweise wird zum Abschluss noch ein Spiel gespielt und/oder ein Lied gesungen. c) Findet in dieser Phase eine vertiefende Variation des Angebotes z.B. in Form eines Spiels statt, wird wieder „Ausprobieren" kodiert.
Sonstige	a) Eine Zuordnung zu den übrigen Kategorien dieses Kategoriensystems ist nicht möglich. b) Es treten andere Phasen auf, die nicht in das vorgegebene Kategorienschema passen.

2. Sozialform	
Kategorie	a) **Inhaltliche Beschreibung** b) **Beschreibung auf Beobachtungsebene (ggf. Ankerbeispiel)** c) **Spezifische Kodierungsregel**
Kleingruppe	a) Im pädagogischen Angebot sind die Kinder als Kleingruppe organisiert. b) Die Kinder befinden sich in Kleingruppen mit mindestens 3 bis maximal 6 Kindern pro Gruppe. Die Gruppenarbeit kann arbeitsgleich, arbeitsteilig, aufgabengleich oder aufgabenverschieden sein. Die Kinder bleiben in diesen Gruppen während sie experimentieren. c) Es kann sein, dass sich die Kindergruppen in ihrer Zusammensetzung ändern. Sofern sich mindestens 3 und maximal 6 Kinder in einer Gruppe befinden, wird „Kleingruppe" kodiert.
Großgruppe	a) Das pädagogische Angebot ist als Großgruppe organisiert. b) Die Interaktion findet mit einer Kindergruppe von sieben oder mehr Kindern statt. Es kann sein, dass die Kinder in einem Stuhl-, Sitz- oder Stehkreis organisiert sind oder an Tischen sitzen. c) Auch wenn die Kinder an Gruppentischen in jeweils Kleingruppen sitzen und die Interaktion der Erzieher/in mit der Gesamtkindergruppe stattfindet, dann wird „Großgruppe" kodiert.
Einzeln	a) Das pädagogische Angebot ist so organisiert, dass sich jedes Kind für sich allein beschäftigt und ausprobiert ohne sich mit anderen Kindern zur Aufgabe abzusprechen. b) Es gibt keine vorgegebene Sitzanordnung. **Ankerbeispiel 1**: Kind bewegt sich zum Explorieren und Experimentieren frei im Raum oder draußen im Freien.
Partnerkinder	a) Das pädagogische Angebot ist so organisiert, dass sich Kind/ Kinder zu zweit mit einer Aufgabe und/oder einem Versuch beschäftigen.
Übergang	a) Mit ,Übergang' wird die Zeit bezeichnet, in der Kind/Kinder von einer Sozialform in eine andere Sozialform wechseln bzw. wenn sie sich in Wechselphasen befinden. b) Kind/Kinder laufen durcheinander von einem Platz zu einem anderen und finden sich in der Zielsozialform ein. **Ankerbeispiel 1**: Kind/Kinder wechseln z.B. von der Großgruppe im Stuhlkreis in Kleingruppen an Tischen. c) Ein Übergang besteht auch dann, wenn Kind/Kinder zum Beispiel von einer Station zu einer anderen Station wechseln und wieder in dieselbe Sozialform (von Kleingruppe zu Kleingruppe) gelangen.
Sonstige	a) Eine Zuordnung zu den übrigen Kategorien dieses Kategoriensystems ist nicht möglich. c) Treten verschiedene Sozialformen zeitgleich auf, ist es eine Mischung und wird mit „Sonstige" kodiert.

3. Sprachliche Handlung der Erzieher/in	
Kategorie	a) **Inhaltliche Beschreibung** b) **Beschreibung auf Beobachtungsebene (ggf. Ankerbeispiel)** c) **Spezifische Kodierungsregel**
Frage	a) Die sprachliche Handlung der Erzieher/in ist durch eine Frage gekennzeichnet. Es kann sich auch um einen unvollständigen Fragesatz handeln. b) Eine Frage äußert sich typischerweise darin, dass die Äußerung in ihrer Intonation (Tongebung) am Satzende stimmlich nach oben geht und/oder dass die Äußerung ein Fragewort aufweist. **Ankerbeispiel 1**: Die Erzieher/in fragt: „Was haben wir das letzte Mal alles beobachtet?" c) Auch wenn die Erzieher/in eine Frage an den Kollegen stellt, wird ‚Frage' kodiert. Bei indirekten Fragen wird auch „Frage" kodiert.
Aussage	a) Die Erzieher/in trifft eine Aussage, indem sie einen Satz oder einen unvollständigen Satz mit Aussagegehalt (Ellipse) formuliert. b) Die Erzieher/in formuliert eine Äußerung, der weder fragenden noch auffordernden Charakter hat. **Ankerbeispiel 1**: Die Erzieher/in sagt: „Ihr wisst, das ist Feuer." **Ankerbeispiel 2**: Die Erzieher/in sagt: „Also wir brauchen Luft zum Atmen." **Ankerbeispiel 3**: Die Erzieher/in sagt: „Weil der Adam gemeint hat, hier riecht's nach Joghurt." **Ankerbeispiel 4**: Die Erzieher/in sagt: „Der Nils meldet sich."
Handlungs-anweisung	a) Die sprachliche Handlung der Erzieher/in ist durch eine vorgebende und anweisende Äußerung gekennzeichnet. b) Die Erzieher/in formuliert einen Satz als Handlungsanweisung. Solche Sätze haben einen auffordernden Charakter, indem Kind/Kinder etwas tun bzw. auch unterlassen sollen oder indem Kind/Kinder etwas in bestimmter Weise tun sollen. **Ankerbeispiel 1**: Die Erzieher/in sagt: „Ihr dürft da nicht mit dem Finger ran." **Ankerbeispiel 2**: Die Erzieher/in sagt: „Du sollst nicht mit dem Lennard an eine Wanne. Geh mal da rüber." **Ankerbeispiel 3**: Die Erzieher/in sagt: „Jetzt stellt euch so hin und pustet mal." **Ankerbeispiel 4**: Die Erzieher/in sagt: „Danny." c) Auch wenn Kinder zum Antworten aufgerufen werden, wird „Handlungsanweisung" kodiert (s. Ankerbeispiel 4).

3. Sprachliche Handlung der Erzieher/in	
Keine Äußerung	a) Die Erzieher/in äußert sich nicht. b) Es können keine Mundbewegungen und keine Laute der Erzieher/in beobachtet werden.
Sonstige	a) Eine Zuordnung zu den übrigen Kategorien dieses Kategoriensystems ist nicht möglich. b) Gemeint sind unverständliche Äußerungen, Ausrufe und/oder Lachen der Erzieher/in. **Ankerbeispiel 1:** Die Erzieher/in äußert: „Pssst!", „Hä!", „Ähm!" c) Wenn eine Erzieher/in nicht im Bild zu sehen aber zu hören ist, wird bei unverständlichen Aussagen „Sonstige" kodiert.

Anhang 4: Kodiermanual: Kategoriensystem „Nicht-sprachliche Handlung der Erzieher/in"
und Kodierleitfaden

4. Nicht-sprachliche Handlung der Erzieher/in	
Kategorie	**a) Inhaltliche Beschreibung** **b) Beschreibung auf Beobachtungsebene (ggf. Ankerbeispiel)** **c) Spezifische Kodierungsregel**
Lernumgebung gestalten	a) Die Erzieher/in richtet ihre eigenen Handlungen auf die Gestaltung der Lernumgebung. b) Die Erzieher/in ordnet Experimentiermaterial und/oder ist damit beschäftigt, den Kindern neues und/oder anderes Experimentiermaterial zur Verfügung zu stellen. Die Erzieher/in gestaltet die Lernumgebung, indem sie Sitzmöbel in gewünschte räumliche Positionen bringt. **Ankerbeispiel 1:** Material wird an Kind/ Kinder verteilt. Die Erzieher/in richtet die Tische und/oder Stühle für die Kinder. Die Erzieher/in wischt Tische ab.
Kind/Kinder begleitend unterstützen	a) Die Erzieher/in unterstützt Kind/Kinder beim Ausführen von Handlungen. b) Die Erzieher/in übt unterstützende (zeigende, vormachende, Orientierung gebende) Aktivitäten aus. **Ankerbeispiel 1:** Die Erzieher/in zeigt dem Kind, wo es noch Wasser aufsprühen kann und sitzt dabei neben dem Kind oder ihm gegenüber. **Ankerbeispiel 2:** Die Erzieher/in hält beim Ausschneiden z.B. einer ‚Feuerspirale' mit fest und sitzt dabei neben dem Kind/ den Kindern oder ihm/ ihnen gegenüber. **Ankerbeispiel 3:** Die Erzieher/in entwirrt z.B. für das Kind ein Stück Wolle, sodass das Kind weiter damit arbeiten kann. c) Ist die Erzieher/in dabei, eine Handlung für ein Kind zu übernehmen, die zu schwierig für das Kind ist, z.B. ein selbstgebasteltes Flugobjekt zusammen zu nähen, dann wird

	„Kind begleitend unterstützen" kodiert. Hier kann es sein, dass sich die Erzieher/in nicht in Augenhöhe des Kindes/ der Kinder befindet. c) Zeigt die Erzieher/in etwas (auch im Sinne von demonstrieren) im Sinne von „Aufmerksamkeit der Kinder lenken" dann wird „Kind/er begleitend unterstützen" kodiert.
Kind/Kinder beobachten	a) Die Erzieher/in beobachtet Kind/Kinder und schenkt ihnen seine/ihre Aufmerksamkeit. Sie hat dabei das Kind/ die Kinder und das Gesamtgeschehen im Blick. b) Die Erzieher/in ist in seiner/ihrer Körperhaltung dem Kind/ den Kindern sitzend oder stehend zugewandt: Augen und Körpervorderseite sind in Richtung des Kindes/ der Kinder gerichtet. Die Erzieher/in hört aktiv zu, was mit Gestik unterstützt sein kann: z.B. nickt die Erzieher/in hin und wieder. Ihr Kopf kann leicht zu einer Seite geneigt sein. Es können Mundbewegungen bei der Erzieher/in zu erkennen sein. **Ankerbeispiel 1:** Die Erzieher/in beobachtet Kind/Kinder beim Ausprobieren. Sie verschafft sich einen Überblick über die Kindergruppe.
ausprobieren	a) Die Erzieher/in ist selbst mit dem Ausprobieren des naturwissenschaftlichen Phänomens beschäftigt. b) Im Vordergrund des Geschehens steht das eigenständige und für sich stehende Ausprobieren der Erzieher/in, ohne die Aufmerksamkeit auf das Kind/ die Kinder zu richten.
Nicht im Bildaus-schnitt	a) Es kann nicht beurteilt werden, welche nicht-sprachlichen Handlungen die Erzieher/in ausführt. b) Die Erzieher/in ist im entsprechenden Bildausschnitt des Videos nicht zu sehen und/oder Aktivitäten der Erzieher/in sind nicht eindeutig einzuschätzen. **Ankerbeispiel 1:** Die Füße einer Erzieher/in sind noch im Bildausschnitt zu sehen, aber der Rest des Körpers nicht. Es kann hier nur gemutmaßt und nicht objektiv und eindeutig beobachtet werden.
Sonstige	a) Es ist unklar, was die Erzieher/in auf der Ebene der nicht-sprachlichen Handlung tut. Die Erzieher/in kann Verhaltensweisen zeigen, die nicht den übrigen Kategorien dieses Kategoriensystems zugeordnet werden können. b) Die Erzieher/in ist im Bildausschnitt zu sehen, steht aber z.B. mit dem Rücken zur Kamera und verdeckt dadurch vollständig seine/ihre eigenen Handlungen. Es ist nicht ersichtlich, was die Erzieher/in genau tut. c) Ist eine Erzieher/in nicht vollständig im Bildausschnitt zu sehen und sind dadurch ihre Handlungen nicht ersichtlich und zuzuordnen, muss „Sonstige" kodiert werden.

Anhang 5: Kodiermanual: Kategoriensystem „Sprachliche und nicht-sprachliche Handlungen der Kinder" und Kodierleitfaden

5. Sprachliche und nicht-sprachliche Handlungen der Kinder	
Kategorie	**a) Inhaltliche Beschreibung** **b) Beschreibung auf Beobachtungsebene (ggf. Ankerbeispiel)** **c) Spezifische Kodierungsregel**
Sonstige	a) *Das Geschehen kann den übrigen Kategorien dieses Kategoriensystems nicht zugeordnet werden.* b) *Es handelt sich um nicht-experimentbezogene Handlungen des Kindes/ der Kinder.* **Ankerbeispiel 1:** *Kind/Kinder lachen und/oder äußern sich unverständlich.*
handeln	a) *Das Handeln des Kindes/ der Kinder bezieht sich auf das aktive Erfahrungen machen mit dem naturwissenschaftlichen Phänomen.* b) *Gemeint sind bewusste, angebotsbezogene Aktivitäten des Kindes/ der Kinder. Dabei werden Sinne aktiviert: visuell (sehen, beobachten), akustisch (hören), haptisch (fühlen, anfassen), gustatorisch (schmecken), olfaktorisch (riechen).* **Ankerbeispiel 1:** *Bewusstes Beobachten ist dadurch gekennzeichnet, dass die Kinder z.B. ihre Augen konzentriert für eine längere Zeit auf das Phänomen richten. Sie fassen nichts an, sondern beobachten nur.* c) *Zeigt das Kind/zeigen die Kinder mindestens eine solcher experimentbezogenen Aktivitäten, wird „handeln" kodiert.*
handeln und sprechen	a) *Die angebotsbezogenen Aktivitäten des Kindes/ der Kinder – Handeln und Sprechen – finden gleichzeitig bzw. nur wenig zeitversetzt statt.* b) *Das Kind/die Kinder machen aktiv Erfahrungen mit dem naturwissenschaftlichen Phänomen. Sie formulieren Gedanken, Beobachtungen, Ideen und Vermutungen oder andere Äußerungen zeitgleich oder kurz nach ihren Handlungen.*
sprechen	a) *Kind/Kinder formulieren eine Äußerung.* b) *Im Fokus des Geschehens steht das sich Äußern des Kindes/ der Kinder. Kind/Kinder stellen eine Frage, äußern eine Idee, beschreiben etwas, das im Zusammenhang mit dem naturwissenschaftlichen pädagogischen Angebot steht.* **Ankerbeispiel 1:** *Kind/Kinder berichten von Situationen, Erfahrungen und/oder Vorstellungen, benennen und/oder beschreiben Material/ Gegenstände. Sie erzählen von persönlichen, individuellen Erlebnissen, Vorkommnissen, Situationen, Erinnerungen, deuten ihre naturwissenschaftlichen Beobachtungen und Erfahrungen, vermuten oder erklären kindgemäß.* c) *Für eine Äußerung eines Kindes wie z.B. „mhm", das mit „nein" zu übersetzen ist, wird „sprechen" kodiert. Auch ja/nein-Antworten werden mit „sprechen" kodiert.*

| aufnehmen | a) Kind/Kinder hören als Rezipienten zu und nehmen kognitiv auf, was der Erzieher sagt. |
| | b) Kind/Kinder verhalten sich ruhig, sind still und passiv im Handeln. Sie richten ihre Aufmerksamkeit auf die Erzieher/in und schauen zu. |

Anhang 6: Kodiermanual: Kategoriensystem „Sprachliche Handlung der Kinder" und Kodierleitfaden

6. Sprachliche Handlungen der Kinder	
Kategorie	**a) Inhaltliche Beschreibung**
	b) Beschreibung auf Beobachtungsebene (ggf. Ankerbeispiel)
	c) Spezifische Kodierungsregel
fragen	a) Kind/Kinder äußeren sich in Form einer direkten oder indirekten Frage.
	b) Eine Frage beginnt mit einem Fragewort und/oder am Satzende geht das Kind mit der Intonation (Tongebung) nach oben.
erklären	a) Kind/Kinder formulieren Sätze und erklären dabei ein Phänomen. Diese Erklärungen können wahr oder falsch sein.
	Ankerbeispiel 1: Ein Kind sagt: „Die Styroporkugel mit den Nägeln geht unter, weil Nägel sinken."
beschreiben	a) Kind/Kinder äußern sich in Form von angebotsbezogenen Aussagen, die beschreibenden Charakter haben.
	b) Kind/Kinder beschreiben Erlebnisse und/ oder Beobachtungen von Situationen initiiert durch und/oder bezogen auf das pädagogische Angebot. „Beschreiben" wird synonym zu folgenden Wörtern gesehen: sich äußern, erzählen, berichten, wiedergeben, mitteilen, darstellen, schildern.
	Ankerbeispiel 1: „Erst hat es sich langsam gedreht, dann bisschen schneller und dann ganz schnell und dann hat es sich wieder langsam gedreht."
	Ankerbeispiel 2 (Kind leistet Transfer oder erinnern sich an bestimmte Ereignisse): „Ich merke auch, wenn ich im Auto sitze und die Mama ganz scharf bremst, dann sag ich ‚Mama!' Weil wenn man so schnell ist, dann ist man so nach hinten und wenn man dann bremst, dann wird man nach vorne geschleudert."
	Ankerbeispiel 3: Die Erzieher/in fragt: „Was braucht Kresse, um zu wachsen?" Kind antwortet: „Wasser!"
vermuten	a) Kind/Kinder äußern sich in Form von Vermutungen und/oder nennen eigene Ideen.
	b) Kind/Kinder formulieren einen vollständigen oder unvollständigen Satz (Aussage oder Frage), in dem eine Vermutung oder eine Idee zum Ausdruck kommt. Kurze Äußerungen des Kindes/der Kinder werden als Vermutung aufgefasst.
	Ankerbeispiel 1: Das Kind sagt: „Man könnte das hier rein tun."

6. Sprachliche Handlungen der Kinder	
Keine Äußerung	a) Kind/Kinder äußern sich nicht.
	b) Es sind keine sprachlichen Ausdrücke von Kind/Kindern zu hören.
Sonstige	a) Das Geschehen kann den übrigen Kategorien dieses Kategoriensystems nicht zugeordnet werden.
	b) kurze Ja-/Nein-Antworten, Lachen, Kreischen, Ausrufe wie „Ach" und/oder Rufen nach der Erzieher/in, Sequenzen mit unverständlichen Äußerungen seitens der Kinder werden mit „Sonstige" kodiert.

Anhang 7: Kodiermanual: Kategoriensystem „Nicht-sprachliche Handlungen der Kinder" und Kodierleitfaden

7. Nicht-Sprachliche Handlungen der Kinder	
Kategorie	a) Inhaltliche Beschreibung
	b) Beschreibung auf Beobachtungsebene (ggf. Ankerbeispiel)
	c) Spezifische Kodierungsregel
Zuhören, zuschauen	a) Kind/ Kinder hören und schauen dem Geschehen zu.
	b) Kind/Kinder richten ihren Blick und ihren Körper auf Gegenstände und/oder Materialien und/ oder auf eine Sache.
ausprobieren	a) Kind/ Kinder machen aktiv Erfahrungen mit dem Phänomen.
	b) Kind/Kinder explorieren aktiv mit ihren Sinnen. Kind/Kinder hantieren mit Gegenständen, sie bewegen sich im Raum und/oder im Freien. Der Fokus der Aktivität des Kindes/der Kinder ist das Ausprobieren. Zum Ausprobieren gehört das bewusste Beobachten und Wahrnehmen von naturwissenschaftlichen Phänomenen.
	c) Auch wenn Kind/Kinder während des Ausprobierens sprechen, wird „ausprobieren" kodiert.
Sich strukturieren	a) Kind/Kinder organisieren sich in ihrer Sozialform.
	b) Kind/Kinder suchen ihren Platz.
Sonstige	a) Das Geschehen kann den übrigen Kategorien dieses Kategoriensystems nicht zugeordnet werden.
	c) Nicht-experimentbezogene Aktivitäten werden mit „Sonstige" kodiert. Antworten der Kinder, die nicht in die vorgegebenen Kategorien passen, werden mit „Sonstige" kodiert.

Anhang 8: Kodiermanual: Kategoriensystem „Absicht der Erzieher/in mit der sprachlichen Handlung (Illokution)" und Kodierleitfaden

8. Absicht eines Erziehers mit seiner/ihrer sprachlichen Handlung (Illokution)	
Kategorie	a) *Inhaltliche Beschreibung* b) *Beschreibung auf Beobachtungsebene (ggf. Ankerbeispiel)* c) *Spezifische Kodierungsregel*
strukturieren	a) *Die Erzieher/in übt organisierende Sprachhandlungen aus, die für das Kind/ die Kinder strukturgebend sind.* b) *Es gibt mehrere zu beobachtende Fälle:* **Ankerbeispiel 1:** *Die Erzieher/in organisiert die Sitzordnung, welches Kind wo sitzen soll. Sie bittet die Kinder still zu werden und ruft Kind/ Kinder auf, wenn sie etwas äußern möchten. Die Erzieher/in verdeutlicht z.B. die Regel, dass sich Kind/ Kinder melden sollen.* **Ankerbeispiel 2:** *Die Erzieher/in spricht sich mit der Kolleg/in ab z.B. über das Vorgehen im pädagogischen Angebot.* **Ankerbeispiel 3:** *Die Erzieher/in setzt z.B. ein Signal zwischen Phasen des pädagogischen Angebotes und schafft dadurch einen Übergang.* **Ankerbeispiel 4:** *Die Erzieher/in macht ihre Absicht deutlich und transparent: „Ich möchte die Leiter an die Matte stellen."* **Ankerbeispiel 5:** *Kind/Kinder verlangen danach, noch einmal an dem Essigschälchen riechen zu dürfen. Die Erzieher/in entgegnet: „Später dürft ihr nochmal dran riechen." Die Erzieher/in strukturiert/ organisiert zeitlich.* c) *Sobald einer dieser zu beobachtenden Fälle zutrifft, wird „strukturieren" kodiert.*
sich orientieren	a) *Die Erzieher/in übt Handlungen aus, mit denen sie sich über den Lernstand des Kindes/der Kinder informiert, sich einen Überblick verschafft und sich daran orientiert.* b) *Die Erzieher/in tritt aktiv mit einem Kind in Kontakt. Sie spricht ein Kind an und erkundigt sich aktiv, wie weit es zum Beispiel schon beim Ausprobieren gekommen ist.* **Ankerbeispiel 1**: *Die Erzieher/in fragt: „Na, wie weit bist du?", „Wie klappt's bei dir?"*
Kind/Kinder aktivieren	a) *Die Erzieher/in aktiviert die Kinder zum „Denken und Sprechen" und/ oder zum Handeln der Kinder.* b) *Es gibt mehrere zu beobachtende Fälle:* *Die Erzieher/in aktiviert Kind/Kinder durch* **Fragen**: **Ankerbeispiel 1:** *Die Erzieher/in lässt Kind/Kinder Gegenstände und/ oder Materialien z.B. in ihrer Form, Größe, Länge beschreiben z.B. „So, jetzt guckt ihr euch mal die Kerze an. Sehen sie alle gleich aus?"* **Ankerbeispiel 2:** *Oder die Erzieher/in fragt: „Was haben wir denn das letzte Mal dazu gemacht?", „So, jetzt möchte ich von euch mal wissen, wie das Wasser ist. Warm oder kalt?"* **Ankerbeispiel 3:** *Die Kinder sollen eine Erklärung für ihre Beobachtungen geben.*

8. Absicht eines Erziehers mit seiner/ihrer sprachlichen Handlung (Illokution)	
	Folgende Fragen der Erzieher/in sind möglich: „Warum ist das so?", „Wie erhält man die Farbe ,grün'?", „Denkst du das wirklich?", „Wie könnte man das jetzt machen?, „Was braucht denn Kresse um zu wachsen?" „Wie schmeckt's?"
	*Die Erzieher/in aktiviert Kind/Kinder durch **Aufforderungen**:*
	***Ankerbeispiel 4**: Die Erzieher/in fordert Kind/Kinder auf, eine Situation oder Beobachtungen zu beschreiben: „Erkläre mal, was da jetzt passiert ist!"*
	***Ankerbeispiel 5**: beim Ausprobieren fordert die Erzieher/in auf: „Geh mal hin, Anna, dann darfst du auch mal riechen."*
	c) *Das sprachliche Handeln der Erzieher/in ist z.B. durch ein Eingehen auf das Verhalten der Kinder gekennzeichnet. Die Erzieher/in reagiert auf die Kinder, indem er/sie Gesagtes eines Kindes zusammenfasst und ggf. wiederholt. Das Gebündelte wird zum Anlass für einen weiterführenden angebotsbezogenen Dialog.*
	***Ankerbeispiel 6**: Die Erzieher/in stellt eine weiterführende Frage.*
Kind/Kinder bestärken	a) *Es handelt sich um eine Form der positiven Reaktion auf das Verhalten eines Kindes/ der Kinder.*
	b) *Die Erzieher/in lobt Kind/Kinder und/oder reagiert zustimmend bzw. bestärkend auf Kind/Kinder. Eine positive kommunikative Zuwendung ist, wenn eine Erzieher/in eine Stärke eines Kindes konkret benennt.*
	***Ankerbeispiel 1**: „Super", „Das hast du gut gemacht.", „Genau!", „Ah, gut!"*
erklären	a) *Die Erzieher/in vermittelt den Kindern naturwissenschaftliche Zusammenhänge zu einem erlebten Phänomen.*
	b) *Beispielsweise sagt die Erzieher/in: „Das Öl besteht aus kleinen Teilchen, die nennt man auch Moleküle." Auch einfache Erklärungen, die nicht durch Fachsprache von der Erzieher/in vorgenommen werden, werden mit „erklären" kodiert.*
Kind/ Kinder anleiten	a) *Die Erzieher/in gibt Kind/ Kindern einen anleitenden Handlungsimpuls.*
	b) *Die Erzieher/in gibt einen Weg vor, wie Kind/Kinder eine Handlung ausführen können oder sollen. Das WIE der Äußerung der Erzieher/in ist zentral. Kind/ Kindern soll klar sein, was ihre Aufgabe ist bzw. was sie weiterhin tun können.*
	***Ankerbeispiel 1**: Die Erzieher/in gibt dem Kind folgenden Impuls: „Stell es vielleicht mal ein bisschen mehr in die Mitte." „Genau, du schneidest immer auf der Linie."*
	***Ankerbeispiel 2**: Die Erzieher/in formuliert den Ablauf und/oder die Aufgabenstellung und sagt z.B. „Tisch Nummer 1 darf ausprobieren, was passiert, wenn man Farbe auf Taschentücher tropft."*
	***Ankerbeispiel 3**: „Guck mal, hier mit dem Löffel, so kannst du das dann drüber machen, vorsichtig."*
Keine	a) *Es ist keine Zuordnung möglich, weil die Erzieher/in nicht spricht.*
	b) *Die Erzieher/in äußert sich nicht und kann keine Absicht in der Sprachhandlung haben.*
	c) *„Keine" wird kodiert, wenn die Erzieher/in nicht spricht.*

Sonstige	a) Das Geschehen kann den übrigen Kategorien dieses Kategoriensystems nicht zugeordnet werden.
	b) Die Erzieher/in klärt z.B. Rahmenbedingungen, wenn z.B. die Durchführung des pädagogischen Angebotes durch hereinkommende Personen gestört wird oder ein Telefon klingelt und die Erzieher/in ans Telefon geht.
	b) Die Erzieher/in wiederholt die Aussagen der Kinder, ohne dass inhaltlich daraufhin Weiteres seitens der Erzieher/in folgt: „Erzieher-Echo"
	Ankerbeispiel 1: „Ah, Schnecken auch."

Anhang 9: Kodiermanual: Kategoriensystem „Beabsichtigte Handlung bei den Kindern durch die sprachliche Handlung der Erzieher/in (Perlokution)" und Kodierleitfaden

9. Beabsichtigte Handlung/Reaktion bei Kind/Kindern durch die Sprachhandlung des Erziehers (Perlokution)	
Kategorie	a) **Inhaltliche Beschreibung**
	b) **Beschreibung auf Beobachtungsebene (ggf. Ankerbeispiel)**
	c) **Spezifische Kodierungsregel**
handeln	a) Die Erzieher/in hat vordergründig die Absicht, Kind/Kindern aktiv Erfahrungen mit dem naturwissenschaftlichen Phänomen zu ermöglichen.
	b) Kind/Kinder sollen bewusste, angebotsbezogene Aktivitäten auf unterschiedlichen Ebenen der Sinneswahrnehmung durchführen: visuell (sehen, beobachten), akustisch (hören), haptisch (fühlen, anfassen), gustatorisch (schmecken), olfaktorisch (riechen).
	Ankerbeispiel 1: Die Erzieher/in sagt: „Hier, noch jemand probieren?"
handeln und sprechen	a) Die Erzieher/in hat vordergründig die Absicht, Kind/Kinder zunächst ein naturwissenschaftliches Phänomen erfassen und im Anschluss beschreiben zu lassen.
	b) Kind/Kinder sollen aktiv Erfahrungen mit dem naturwissenschaftlichen Phänomen machen. Sie sollen Gedanken, Ideen, Beobachtungen oder andere Äußerungen zeitgleich oder kurz nach ihren Handlungen formulieren.
	Ankerbeispiel 1: Die Erzieher/in fordert auf und fragt: „Riech mal, was ist das?"
sprechen	a) Die Erzieher/in hat vordergründig die Absicht, dass sich Kind/Kinder phänomenbezogen äußern ohne etwas auszuprobieren.
	b) Kind/Kinder sollen zu Äußerungen wie Vermutungen, Erklärungsversuche oder Beschreibungen oder Erzählungen veranlasst werden.
	Ankerbeispiel 1: Die Erzieher/in fragt: „Anna, wie hat das geschmeckt?"
	Ankerbeispiel 2: Die Erzieher/in fragt: „Was braucht denn Kresse, um zu wachsen?"
	Ankerbeispiel 3: Die Erzieher/in fragt: „Was könnte denn da drin sein?"

9. Beabsichtigte Handlung/Reaktion bei Kind/Kindern durch die Sprachhandlung des Erziehers (Perlokution)	
aufnehmen	a) Die Erzieher/in hat vordergründig die Absicht, dass Kind/Kinder als Rezipienten zuhören und das Gesagte der Erzieher/in kognitiv aufnehmen. b) Kind/Kinder sollen sich ruhig und still verhalten, ihre Aufmerksamkeit auf die Erzieher/in richten und zuschauen. c) In diesem Fall gehören auch Äußerungen der Erzieher/in wie „Pssst" dazu, wenn diese allgemeinen Hinweise dazu beitragen, dass Kind/Kinder dem Angebot folgen und sich konzentrieren sollen.
Keine	a) Es ist keine Zuordnung möglich, weil die Erzieher/in nicht spricht. b) Die Erzieher/in äußert sich nicht und kann keine Handlung bei Kind/Kindern mit ihrer Sprachhandlung beabsichtigen. c) „Keine" wird kodiert, wenn die Erzieher/in nicht spricht.
Sonstige	a) Das Geschehen kann den übrigen Kategorien dieses Kategoriensystems nicht zugeordnet werden. b) Äußerungen der Erzieher/in, die nicht experimentbezogen sind.

15.1.2 Kodierregelung

Diese Kodierregelung wurde erstellt und verwendet, um das Kodiermanual auf unterschiedliche naturwissenschaftliche Bildungsangebote anwenden zu können.

Anhang 10: Kodierregelung

Nr.	Kodierregel
1	„Kodieren": einem Zeitintervall ein Merkmal (Kategorie) zuschreiben
2	„E" steht im Kodierleitfaden für „Erzieher/in" und meint sowohl weibliche als auch männliche Personen.
3	Die Kodierer dürfen **alle denkbaren Fragen** zum Thema während der Schulung stellen. Für die Schulung soll sich ausreichend Zeit genommen werden, damit Kategorien verstanden werden und die Kodierungen reibungslos ablaufen können.
4	Es gibt einen vorgegebenen **Zeitrahmen**, der im Ablaufplan einzusehen ist.
5	Die Kodierung erfolgt ausschließlich **als einzelner Kodierer** (Vergleichbarkeit).
6	Alle Kategoriensysteme mit den entsprechenden Kategorien, Beschreibungen und Ankerbeispielen stehen in Form eines **bunt gedruckten Kodierleitfadens** für jeden Kodierer zur Verfügung, der beim Kodieren Orientierung geben soll. Die Farben im Kodierleitfaden stimmen mit den Farben der Kategorien in der Kodier-Software (z.B. Videograph) überein.

7	Alle notwendigen Grundlagen für das Kodieren sind **voreingestellt**: Zeitintervall, Kategorien, Rechner/Laptop mit Videograph, Kopfhörer, ggf. Adapter, geöffnete Videograph-Datei mit festgelegtem Transkript als Basis. Die Kodierer müssen lediglich darauf achten, dass sie den Anfangs- und Endpunkt der Kodierzeit beachten und nicht darüber hinaus kodieren. So ist es möglich, das Kodierpensum in der vorgegebenen Zeit zu schaffen. Die Kodierer sollen: die Kategorien verstehen, die Software Videograph in ihrer Funktionsweise kennen lernen, verstehen und kodieren. Jeder Kodierer muss seine Kodierungen regelmäßig während des Kodierens abspeichern.
8	Die Kodierer erhalten mit diesem Kodierleitfaden eine **Übersicht zur Videoauswahl für die Überprüfung der Interkoderreliabilität.** Darin sind Angaben zum Thema des pädagogischen Angebotes in zu kodierenden Videosequenzen enthalten. Es finden sich Beschreibungen des Äußeren der Erzieher/innen, um Verwechslungen zu vermeiden. Außerdem enthält die Übersicht die genauen Angaben (begin, end) der zu kodierenden Sequenzen, die zu kodierende Zeit pro Sequenz und die jeweilige Anzahl der Intervalle pro Sequenz. Die Kodierer können in vorgegebenen Kästchen abhaken, welche Sequenz bereits mit allen Kategoriensystemen fertig kodiert wurde.
9	Jeder Kodierer befindet sich während des Kodierens **alleine in einem Raum**, sodass keiner während des Kodierens gestört oder abgelenkt wird.
10	Das Kodieren soll **möglichst** in **Echtzeit** passieren. Zu langes Nachdenken über zuzuordnende Kategorien soll vermieden werden.
11	Anmerkungen sollten vorbereitend zur argumentativen Validierung auf der Rückseite der jeweiligen Kategoriensysteme in den Kodierleitfaden geschrieben werden. Die **Kodierleitfäden** werden nach der Durchführung des Interkodertests **eingesammelt**. Sie haben eine Nummer, die mit der Videograph-Datei und der Nummer des USB-Sticks übereinstimmt, sodass bei der Auswertung Zuordnungen von Anmerkungen gemacht werden können.
12	Die **Kategoriensysteme 3,4,8,9** werden jeweils **für jede Erzieher/in einzeln** kodiert. Die Erzieher/innen haben entsprechende Codes (z.B. E11 und E13). Die entsprechenden Kategoriensysteme sind in der Software (z.B. Videograph) vorbereitet.
13	**Transkript** Die Kodierer erhalten zur Unterstützung des Kodierens ein Transkript, das in der Software (z.B. Videograph) eingepflegt ist und pro 5 Sekunden mitläuft. Darauf soll sich mit jeder Kodierung bezogen werden.
14	Kodiert wird in festen **5-Sekunden-Intervallen**. In Videograph: Die Intervalle werden **ausschließlich** mit den Buttons „**Minus**" und „**Plus**" im Zeitfenster **verschoben**.
15	Das **Intervall** darf **in keinem Fall** vom Kodierer **verändert** werden. Der Kodierer setzt bei ‚Lock' einen roten Punkt, um das Intervall nicht zu verändern.
16	Für **jedes Zeitintervall muss in jedem Kategoriensystem kodiert** werden.

Nr.	Kodierregel
17	Für ein Intervall kann **innerhalb eines Kategoriensystems** nur **eine Kategorie** kodiert werden.
18	Der **Ablauf der Kodierung** richtet sich nach der **Reihenfolge des Kodierleitfadens**.
19	**Konzentration auf ein Kategoriensystem** Für die ausgewählte Sequenz werden die Kategoriensysteme einzeln nacheinander kodiert, nicht parallel. D.h. eine Sequenz wird zunächst vollständig z.b. für das Kategoriensystem „Angebotsartikulation" kodiert. Danach folgt die Kodierung derselben Sequenz für das Kategoriensystem „Sozialform" usw. Ausnahme: Für sehr gut geübte Kodierer ist zu empfehlen, dass „sprachliche Handlung der Erzieher/in", „Illokution" und „Perlokution" immer für die Kodierung eines Intervalls parallel laufen. Grund dafür ist, dass der Kodierer beim Kodieren der sprachlichen Handlung immer gleich die Absicht und die beabsichtigte Handlung bei Kindern mitdenken und kodieren kann. Das erfordert Konzentration und die Fähigkeit, komplex zu denken.
20	**Angebotsbezogenes und experimentbezogenes Kodieren** Das pädagogische Angebot steht in einem naturwissenschaftlichen Kontext. Daher werden für das gesamte pädagogische Angebot Kodierungen vorgenommen. Soll anstatt angebotsbezogen ausschließlich experimentbezogen kodiert werden, so ist das im entsprechenden Kategoriensystem und in entsprechenden Kategorienbeschreibungen („spezifische Kodierungsregel") festgehalten.
21	**Kategoriensystem „nicht-sprachliche Handlung"** Beim Kodieren von nicht-sprachlichen Handlungen muss der Ton ausgeschaltet werden. Es wird nur das non-verbal Beobachtete kodiert.
22	**Handlungen der Kinder** Das Kategoriensystem „sprachliche und nicht-sprachliche Handlung der Kinder" steht für die Aktivitäten der Kindergruppe, mit denen die Erzieher/in konfrontiert ist. Die beiden Kategoriensysteme „sprachliche Handlung des Kindes" und „nicht-sprachliche Handlung des Kindes" können auf ein Zielkind bezogen werden, das zur Beobachtung von einer Erzieher/in vor der Kodierung ausgewählt wird.
23	**Erschließung aus dem Kontext** Bestimmte Aktivitäten müssen aus dem Kontext erschlossen und entsprechend kodiert werden. Dabei ist es hilfreich, benachbarte Intervalle wiederholt anzusehen, um die richtige Kodierung setzen zu können. Bei den Kategoriensystemen der Sichtstruktur sind entweder die Betrachtung des Gesamtvideos und/oder das Beobachten von Teilsequenzen von bis zu max. 60 Sekunden vorab für die Orientierung und Kodierung hilfreich. Kamerazoom: Manchmal gibt es einen Kamerazoom oder Kameraschwenk. Wenn aus dem Kontext hervorgeht, dass die Gruppe ihre Sozialform nicht ändert, dann wird weiterhin die entsprechende Kategorie kodiert.

24	**Bildausschnitt**
	Kodiert wird, was im Bildausschnitt zu sehen ist. *Ausnahme:* Wenn die sprechende Erzieher/in aus dem Bildausschnitt geht, aber weiterhin zu hören ist, wird weiter für das sprachliche Handeln kodiert; entscheidend ist, was ein Erzieher tut, nicht, was er/sie nicht tut.
25	**Handlungsleitendes Kodieren und Überschneidung**
	Es wird immer kodiert, was als handlungsleitend eingeschätzt wird. Im Falle einer Kategorien-Überschneidung in einem Intervall und einer Unklarheit darüber, was handlungsleitend sein soll, entscheidet die Dauer einer Handlung über die Kodierung. Kodiert wird dann, was den größeren Zeitanteil einnimmt. Im Zweifelsfall (z.B. bei zwei kurzen hintereinander folgenden Aussagen mit unterschiedlichem Aussagegehalt) wird diejenige Kategorie kodiert, die als wichtiger eingeschätzt wird.
26	**Zwei Intervalle (Zeitaspekt)**
	Beginnt eine Handlung in einem Intervall und zieht sich in ein nächstes Intervall, wird wie folgt kodiert: bei einer Gesamtlänge von 1 bis 7 Sekunden wird für das erste Intervall (nur ein Intervall) kodiert, für das zweite nicht. Ab einer Dauer der Handlung von 8 Sekunden werden beide Intervalle für dieselbe Kategorie kodiert.
27	**Nach** der Kodierung von **zwei verschiedenen Kategoriensystemen** ist eine kurze **Pause** einzulegen. Das dient der kurzen Erholung vom Kodieren und soll die Aufmerksamkeit auf jedes Kategoriensystem fördern. Förderlich ist ein Aufstehen und kurzes Bewegen.
28	Nach jeder Kodierung eines Kategoriensystems muss die Datei **abgespeichert** werden.

15.1.3 Schulungsleitfaden

Anhang 11: Schulungsleitfaden für die Überprüfung der Interkoderreliabilität

Uhrzeit	Tag 1: Arbeitsschritte	Tag 2/3: Arbeitsschritte	Tag 4: Arbeitsschritte
9:00 – 11:00	**Einführung** in die Forschungsarbeit, den Ablauf der Interkoderreliabilitätsüberprüfung; **Schulung** - der Kodierregeln - der Software Videograph - der ersten beiden Kategoriensysteme	**Argumentative Validierung Teil 1:** Drei kodierte Systeme vom Vortag werden besprochen, Anmerkungen notiert.	**Argumentative Validierung Teil 2:** Alle Kodierer haben ihre Kodiertabellen mit ihren eigenen Kodierungen vor sich liegen. Es findet ein Abgleich aller Kodierer für jedes einzelne 5sek-Intervall statt. Zusätzlich wird argument-gestützt gemeinsam dieselbe Sequenz neu kodiert.

Uhrzeit	Tag 1: Arbeitsschritte	Tag 2/3: Arbeitsschritte	Tag 4: Arbeitsschritte
11:00 – 11:15	Pause	Pause	Pause
11:15 – 12:00	Kodierbeispiel mit Hörprobe	**Schulung** in vier weiteren Kategoriensystemen.	Fortsetzung **Argumentative Validierung Teil 2**
12:00 – 12:45	Mittagspause	Mittagspause	Mittagspause
12:45 – 13:30	**Kodierung**: jeder Kodierer kodiert eine ausgewählte Sequenz für die ersten beiden Kategorien	**Kodierung**: Für dieselbe ausgewählte Sequenz kodieren alle Beteiligten für vier Kategoriensysteme.	Fortsetzung **Argumentative Validierung Teil 2**
13:30 – 14:00	**Argumentative Validierung Teil 1**: Alle Kodierer treffen sich in einem Raum und besprechen den Verlauf des Kodierens mit den ersten Kategoriensystemen. Sie geben Anmerkungen zum Kodierleitfaden. Alles wird notiert.		
14:00 – 14:15	Pause	Pause	Pause
14:15 – 16:00	**Schulung** in drei weiteren Kategoriensystemen. **Kodierung**: Für dieselbe ausgewählte Sequenz kodieren alle Beteiligten.	**Argumentative Validierung Teil 1**: Vier kodierte Systeme vom Vortag werden besprochen, Anmerkungen notiert.	Fortsetzung **Argumentative Validierung Teil 2**
16:00 – 16:30		Exportieren der Kodierungen aller Kodierer in Excel, Erstellen von Kodiertabellen eines jeden Kodierers als Vorbereitung für Tag 3/4.	

15.1.4 Laufzettel

Anhang 12: Laufzettel für die Durchführung der Interkoderreliabilitätsüberprüfung

Pädagogisches Angebot	Erzieher/in, Erkennungsmerkmale	Zu kodierende Videosequenz [min:sek]	Zu kodierende Zeit [min:sek]		Anzahl [5-sek-Intervall]
Gegenstände fallen lassen	E16: hellbraune Haare, weißer Pullover mit Kapuze, Jeans E18: braune Haare mit blonden Strähnen, meistens links am Bildrand, stehend *(nicht zu verwechseln mit sitzender und sich Notizen machender Person im Hintergrund)*	❏ 09:35 bis 11:15 ❏ 26:40 bis 28:50	1 2	40 10	20 26
		Summe			**46**
Kerze	E21: türkisfarbenes T-Shirt, blonde Haare E23: schwarzes T-Shirt	❏ 01:55 bis 05:00	3	5	37
		Summe			**37**
Kressesamen	E11: kurze dunkelblonde Haare, rotes Oberteil E13: lange braune und lockige Haare, braune Jacke	❏ 07:35 bis 11:05 ❏ 20:35 bis 23:05	3 2	30 30	42 42
		Summe			**84**
Wundersame Spirale	E6: lange, schwarze Haare, braun/rosa gestreiftes Oberteil, rosa Gürtel E8: lange Haare	❏ 14:10 bis 19:25	5	15	63
		Summe			**63**
Luftikus	E24: lange, braune Haare; keine Brille, braunes Oberteil E27: kurze, braune Haare; Brille; gelbes Oberteil	❏ 49:40 bis 54:00	4	20	52
		Summe			**52**
		GESAMTSUMME			**270**

15.1.5 Detail: Interkoderreliabilitätsüberprüfung 1

Anhang 13: Im Detail - erste Überprüfung der Interkoderreliabilität - Cohens Kappa-Werte für einzelne Kategoriensysteme (n=20)

K	Angebotsphasen				Sozialform			
	6 Kategorien				6 Kategorien			
KP	Ü von n=20	P_0	P_e	κ	Ü von n=20	P_0	P_e	κ
A	14	0,7	0,49	0,41	5	0,25	0,25	0
B	14	0,7	0,58	0,28	7	0,35	0,35	0
C	16	0,8	0,61	0,49	18	0,9	0,51	0,8

Anhang 14: Im Detail - erste Überprüfung der Interkoderreliabilität - Cohens Kappa-Werte für einzelne Kategoriensysteme (n=20)

K	Sprachliche Handlung der Erzieher/in (E16 als Tandempartner 1)				Sprachliche Handlung der Erzieher/in (E18 als Tandempartner 2)			
	5 Kategorien				5 Kategorien			
KP	Ü von n=20	P_0	P_e	κ	Ü von n=20	P_0	P_e	κ
A	9 [19]	0,5	0,21	0,33	11	0,55	0,27	0,39
B	9 [19]	0,5	0,26	0,29	6 [16]	0,38	0,22	0,2
C	15	0,8	0,29	0,65	6 [16]	0,38	0,32	0,08

Anhang 15: Im Detail - erste Überprüfung der Interkoderreliabilität - Cohens Kappa-Werte für einzelne Kategoriensysteme (n=20)

K	Nicht-sprachliche Handlung der Erzieher/in (E16 als Tandempartner 1)				Nicht-sprachliche Handlung der Erzieher/in (E18 als Tandempartner 2)			
	7 Kategorien				7 Kategorien			
KP	Ü von n=20	P_0	P_e	κ	Ü von n=20	P_0	P_e	κ
A	13	0,65	0,12	0,6	11 [19]	0,58	0,06	0,55
B	15	0,75	0,21	0,68	19	0,95	0,27	0,93
C	11	0,55	0,13	0,48	10 [19]	0,53	0,07	0,49

Anhang 16: Im Detail - erste Überprüfung der Interkoderreliabilität - Cohens Kappa-Werte für einzelne Kategoriensysteme (n=20)

K	Sprachliche und nicht-sprachliche Handlung der Kind/Kinder			
KP	5 Kategorien			
	Ü von n=20	P_0	P_e	κ
A	17	0,85	0,38	0,76
B	4 [19]	0,21	0,12	0,1
C	3 [19]	0,16	0,09	0,07

Anhang 17: Im Detail - erste Überprüfung der Interkoderreliabilität - Cohens Kappa-Werte für einzelne Kategoriensysteme (n=20)

K	Sprachliche Handlung der Kind/Kinder				Nicht-sprachliche Handlung der Kind/Kinder			
KP	6 Kategorien				4 Kategorien			
	Ü von n=20	P_0	P_e	κ	Ü von n=20	P_0	P_e	κ
A	13 [19]	0,68	0,43	0,45	8	0,4	0,23	0,23
B	12	0,6	0,32	0,41	5	0,25	0,19	0,08
C	13 [19]	0,68	0,34	0,52	17	0,85	0,48	0,71

Anhang 18: Im Detail - erste Überprüfung der Interkoderreliabilität - Cohens Kappa-Werte für einzelne Kategoriensysteme (n=20)

K	Absicht der Erzieher/in mit Sprachhandlung (E16 als Tandempartner 1) (Illokution)				Absicht der Erzieher/in mit Sprachhandlung (E18 als Tandempartner 2) (Illokution)			
KP	9 Kategorien				9 Kategorien			
	Ü von n=20	P_0	P_e	κ	Ü von n=20	P_0	P_e	κ
A	9	0,45	0,17	0,34	9	0,45	0,27	0,24
B	10	0,5	0,23	0,35	2 [15]	0,13	0,16	-0,03
C	9	0,45	0,14	0,36	5 [15]	0,33	0,36	-0,05

Anhang 19: Im Detail - erste Überprüfung der Interkoderreliabilität - Cohens Kappa-Werte für einzelne Kategoriensysteme (n=20)

K	Beabsichtigte Handlung bei Kindern mit Sprachhandlung der Erzieher/in (E16 als Tandempartner 1) (Perlokution)				Beabsichtigte Handlung bei Kindern mit Sprachhandlung der Erzieher/in (E18 als Tandempartner 2) (Perlokution)			
	6 Kategorien				6 Kategorien			
KP	Ü von n=20	P_0	P_e	κ	Ü von n=20	P_0	P_e	κ
A	6 [19]	0,32	0,19	0,15	15	0,75	0,5	0,5
B	7 [19]	0,37	0,18	0,23	15	0,75	0,45	0,54
C	14	0,7	0,42	0,49	16	0,8	0,54	0,57

15.1.6 Detail: Interkoderreliabilitätsüberprüfung 2

Anhang 20: Im Detail - zweite Überprüfung der Interkoderreliabilität - Cohens Kappa-Werte für einzelne Kategoriensysteme (n=20)

K	Angebotsphasen				Sozialform			
	6 Kategorien				6 Kategorien			
KP	Ü von n=20	P_0	P_e	κ	Ü von n=20	P_0	P_e	κ
D	18	0,9	0,51	0,8	19	0,95	0,47	0,91
E	18	0,9	0,51	0,8	20	1	0,5	1
F	20	1	0,55	1	19	0,95	0,47	0,91

Anhang 21: Im Detail - zweite Überprüfung der Interkoderreliabilität - Cohens Kappa-Werte für einzelne Kategoriensysteme (n=20)

K	Sprachliche Handlung der Erzieher/in (E16 als Tandempartner 1)				Sprachliche Handlung der Erzieher/in (E18 als Tandempartner 2)			
	5 Kategorien				5 Kategorien			
KP	Ü von n=20	P_0	P_e	κ	Ü von n=20	P_0	P_e	κ
D	12	0,6	0,195	0,5	10	0,5	0,31	0,27
E	11	0,55	0,18	0,45	13	0,65	0,35	0,46
F	17	0,85	0,3	0,79	13	0,65	0,33	0,48

Anhang 22: Im Detail - zweite Überprüfung der Interkoderreliabilität - Cohens Kappa-Werte für einzelne Kategoriensysteme (n=20)

K	Nicht-sprachliche Handlung der Erzieher/in (E16 als Tandempartner 1)				Nicht-sprachliche Handlung der Erzieher/in (E18 als Tandempartner 2)			
	7 Kategorien				7 Kategorien			
KP	Ü von n=20	P_0	P_e	κ	Ü von n=20	P_0	P_e	κ
D	10	0,5	0,19	0,38	15	0,75	0,18	0,69
E	13	0,65	0,18	0,58	12	0,6	0,13	0,54
F	15	0,75	0,40	0,58	15	0,75	0,16	0,7

Anhang 23: Im Detail - zweite Überprüfung der Interkoderreliabilität - Cohens Kappa-Werte für einzelne Kategoriensysteme (n=20)

K	Sprachliche und nicht-sprachliche Handlung der Kind/Kinder			
	5 Kategorien			
KP	Ü von n=20	P_0	P_e	κ
D	14	0,7	0,35	0,54
E	13	0,65	0,32	0,49
F	8	0,4	0,24	0,22

Anhang 24: Im Detail - zweite Überprüfung der Interkoderreliabilität - Cohens Kappa-Werte für einzelne Kategoriensysteme (n=20)

K	Sprachliche Handlung der Kind/Kinder				Nicht-sprachliche Handlung der Kind/Kinder			
	6 Kategorien				4 Kategorien			
KP	Ü von n=20	P_0	P_e	κ	Ü von n=20	P_0	P_e	κ
D	15	0,75	0,27	0,66	10	0,5	0,34	0,24
E	18	0,9	0,27	0,86	15	0,75	0,43	0,56
F	15	0,75	0,28	0,65	15	0,75	0,38	0,6

K	Absicht der Erzieher/in mit Sprachhandlung (E16 als Tandempartner 1) (Illokution)				Absicht der Erzieher/in mit Sprachhandlung (E18 als Tandempartner 2) (Illokution)			
	9 Kategorien				9 Kategorien			
KP	Ü von n=20	P_0	P_e	κ	Ü von n=20	P_0	P_e	κ
D	13	0,65	0,21	0,56	11	0,55	0,26	0,39
E	14	0,7	0,23	0,61	15	0,75	0,34	0,62
F	16	0,8	0,21	0,75	9	0,45	0,28	0,23

Anhang 26: Im Detail - zweite Überprüfung der Interkoderreliabilität - Cohens Kappa-Werte für einzelne Kategoriensysteme (n=20)

K	Beabsichtigte Handlung bei Kindern mit Sprachhandlung des Erziehers (E16 als Tandempartner 1) (Perlokution)				Beabsichtigte Handlung bei Kindern mit Sprachhandlung des Erziehers (E18 als Tandempartner 2) (Perlokution)			
	6 Kategorien				6 Kategorien			
KP	Ü von n=20	P_0	P_e	κ	Ü von n=20	P_0	P_e	κ
D	12	0,6	0,26	0,46	9	0,45	0,34	0,16
E	9	0,45	0,22	0,29	12	0,6	0,33	0,40
F	11	0,55	0,26	0,39	11	0,55	0,4	0,26

15.1.7 Detail: Interkoderreliabilitätsüberprüfung 3

Anhang 27: Im Detail - dritte Überprüfung der Interkoderreliabilität - Cohens Kappa-Werte für einzelne Kategoriensysteme (n=42)

K	Angebotsphasen				Sozialform			
	6 Kategorien				6 Kategorien			
KP	Ü von n=42	P_0	P_e	κ	Ü von n=42	P_0	P_e	κ
G	42	1	1	1	42	1	1	1
D	37	0,88	0,88	0	0	0	0	0
F	36	0,86	0,86	(-)0,02	0	0	0	0
H	42	1	1	1	0	0	0	0
I	41	0,98	0,98	0	0	0	0	0
E	42	0,98	0,98	0	42	1	1	1

Anhang 28: Im Detail - dritte Überprüfung der Interkoderreliabilität - Cohens Kappa-Werte für einzelne Kategoriensysteme (n=42)

K	Sprachliche Handlung der Erzieher/in (E11 als Tandempartner 1)				Sprachliche Handlung der Erzieher/in (E13 als Tandempartner 2)			
	5 Kategorien				5 Kategorien			
KP	Ü von n=42	P_0	P_e	κ	Ü von n=42	P_0	P_e	κ
G	36	0,85	0,42	0,75	30	0,7	0,22	0,63
D	35	0,83	0,42	0,71	32	0,76	0,27	0,67
F	40	0,95	0,47	0,91	34	0,81	0,28	0,74
H	34	0,81	0,41	0,69	28	0,67	0,23	0,56
I	37	0,88	0,44	0,79	32	0,77	0,22	0,69
E	35	0,83	0,44	0,7	29	0,69	0,26	0,58

Anhang 29: Im Detail - dritte Überprüfung der Interkoderreliabilität - Cohens Kappa-Werte für einzelne Kategoriensysteme (n=42)

K	Nicht-sprachliche Handlung der Erzieher/in (E11 als Tandempartner 1)				Nicht-sprachliche Handlung der Erzieher/in (E13 als Tandempartner 2)			
	7 Kategorien				7 Kategorien			
KP	Ü von n=42	P_0	P_e	κ	Ü von n=42	P_0	P_e	κ
G	33	0,79	0,71	0,25	39	0,92	0,64	0,79
D	39	0,93	0,87	0,37	32	0,79	0,6	0,47
F	40	0,95	0,91	0,48	36	0,86	0,72	0,49
H	32	0,76	0,73	0,13	33	0,79	0,79	0,48
I	33	0,79	0,74	0,16	37	0,88	0,88	0,6
E	41	0,98	0,98	0,66	30	0,71	0,71	0,21

Anhang 30: Im Detail - dritte Überprüfung der Interkoderreliabilität - Cohens Kappa-Werte für einzelne Kategoriensysteme (n=42)

K	Sprachliche und nicht-sprachliche Handlung der Kind/Kinder			
	5 Kategorien			
KP	Ü von n=42	P_0	P_e	κ
G	39	0,93	0,49	0,86
D	37	0,88	0,52	0,75
F	38	0,9	0,5	0,81
H	36	0,86	0,5	0,72
I	38	0,91	0,49	0,81
E	35	0,83	0,51	0,66

Anhang 31: Im Detail - dritte Überprüfung der Interkoderreliabilität - Cohens Kappa-Werte für einzelne Kategoriensysteme (n=42)

K	Sprachliche Handlung der Kind/Kinder				Nicht-sprachliche Handlung der Kind/Kinder			
	6 Kategorien				4 Kategorien			
KP	Ü von n=42	P_0	P_e	κ	Ü von n=42	P_0	P_e	κ
G	28	0,67	0,22	0,57	41	0,97	0,93	0,65
D	28	0,67	0,25	0,56	3	0,07	0,05	0,025
F	32	0,76	0,3	0,66	42	1	0,95	1
H	24	0,57	0,25	0,43	4	0	0,05	0,05
I	24	0,57	0,21	0,46	42	1	1	1
E	27	0,64	0,26	0,52	3	0,07	0,05	0,025

Anhang 32: Im Detail - dritte Überprüfung der Interkoderreliabilität - Cohens Kappa-Werte für einzelne Kategoriensysteme (n=42)

K	Absicht der Erzieher/in mit Sprachhandlung (E11 als Tandempartner 1) (Illokution)				Absicht der Erzieher/in mit Sprachhandlung (E13 als Tandempartner 2) (Illokution)			
	9 Kategorien				9 Kategorien			
KP	Ü von n=42	P_0	P_e	κ	Ü von n=42	P_0	P_e	κ
G	32	0,78	0,44	0,62	22	0,52	0,17	0,43
D	31	0,76	0,44	0,56	19	0,45	0,18	0,33
F	33	0,8	0,46	0,64	28	0,67	0,24	0,56
H	35	0,83	0,42	0,71	30	0,71	0,19	0,65
I	33	0,79	0,42	0,63	27	0,64	0,17	0,57
E	30	0,71	0,42	0,51	22	0,52	0,18	0,42

Anhang 33: Im Detail - dritte Überprüfung der Interkoderreliabilität - Cohens Kappa-Werte für einzelne Kategoriensysteme (n=42)

K	Beabsichtigte Handlung bei Kindern mit Sprachhandlung der Erzieher/in (E11 als Tandempartner 1) (Perlokution)				Beabsichtigte Handlung bei Kindern mit Sprachhandlung der Erzieher/in (E13 als Tandempartner 2) (Perlokution)			
	6 Kategorien				6 Kategorien			
KP	Ü von n=42	P_0	P_e	κ	Ü von n=42	P_0	P_e	κ
G	34	0,81	0,45	0,65	34	0,83	0,34	0,74
D	37	0,88	0,47	0,77	31	0,76	0,32	0,64

F	38	0,9	0,49	0,81	25	0,61	0,24	0,48
H	35	0,83	0,44	0,7	34	0,81	0,34	0,71
I	33	0,79	0,46	0,61	28	0,67	0,27	0,54
E	33	0,79	0,48	0,59	27	0,64	0,26	0,52

15.1.8 Detail: Interkoderreliabilitätsüberprüfung 4

Anhang 34: Im Detail - vierte Überprüfung der Interkoderreliabilität - Cohens Kappa-Werte für einzelne Kategoriensysteme (n=224, n=270)

K	Angebotsphasen 6 Kategorien				Sozialform 6 Kategorien			
KP	Ü von n=224	P_0	P_e	κ	Ü von n=224	P_0	P_e	κ
D	151	0,67	0,29	0,54	221	0,99	0,71	0,95
E	151	0,67	0,31	0,53	222	0,99	0,71	0,97
F	197	0,88	0,4	0,8	220	0,98	0,71	0,94
	Ü von n=270	P_0	P_e	κ	Ü von n=270	P_0	P_e	κ
E	195	0,72	0,3	0,6	262	0,97	0,67	0,91

Anhang 35: Im Detail - vierte Überprüfung der Interkoderreliabilität - Cohens Kappa-Werte für einzelne Kategoriensysteme (n=224, n=270)

K	Sprachliche Handlung der Erzieher/ in (E6, E11, E16, E21, E24 als Tandempartner 1) 5 Kategorien				Sprachliche Handlung der Erzieher/ in (E8, E13, E18, E23, E27 als Tandempartner 2) 5 Kategorien			
KP	Ü von n=224	P_0	P_e	κ	Ü von n=224	P_0	P_e	κ
D	195	0,9	0,37	0,79	192	0,86	0,29	0,8
E	199	0,9	0,37	0,82	186	0,83	0,29	0,76
F	202	0,9	0,34	0,84	196	0,88	0,3	0,82
	Ü von n=270	P_0	P_e	κ	Ü von n=270	P_0	P_e	κ
E	236	0,87	0,33	0,81	230	0,85	0,33	0,78

Anhang 36: Im Detail - vierte Überprüfung der Interkoderreliabilität - Cohens Kappa-Werte für einzelne Kategoriensysteme (n=224, n=270)

K	Nicht-sprachliche Handlung der Erzieher/in (E6, E11, E16, E21, E24 als Tandempartner 1)				Nicht-sprachliche Handlung der Erzieher/in (E8, E13, E18, E23, E27 als Tandempartner 2)			
	6 Kategorien				6 Kategorien			
KP	Ü von n=224	P_0	P_e	κ	Ü von n=224	P_0	P_e	κ
D	155	0,69	0,46	0,43	182	0,81	0,37	0,72
E	162	0,72	0,45	0,5	187	0,83	0,38	0,74
F	147	0,66	0,43	0,39	195	0,87	0,34	0,8
	Ü von n=270	P_0	P_e	κ	Ü von n=270	P_0	P_e	κ
E	202	0,75	0,47	0,52	222	0,82	0,39	0,71

Anhang 37: Im Detail - vierte Überprüfung der Interkoderreliabilität - Cohens Kappa-Werte für einzelne Kategoriensysteme (n=224, n=270)

K	Sprachliche und nicht-sprachliche Handlung der Kind/Kinder			
	5 Kategorien			
KP	Ü von n=224	P_0	P_e	κ
D	122	0,54	0,27	0,38
E	120	0,55	0,28	0,35
F	161	0,72	0,25	0,62
	Ü von n=270	P_0	P_e	κ
E	158	0,59	0,29	0,42

Anhang 38: Im Detail - vierte Überprüfung der Interkoderreliabilität - Cohens Kappa-Werte für einzelne Kategoriensysteme (n=224, n=270)

K	Sprachliche Handlung der Kind/Kinder				Nicht-sprachliche Handlung der Kind/Kinder			
	6 Kategorien				4 Kategorien			
KP	Ü von n=224	P_0	P_e	κ	Ü von n=224	P_0	P_e	κ
D	162	0,72	0,25	0,63	132	0,56	0,34	0,38
E	145	0,65	0,24	0,54	170	0,76	0,4	0,6
F	163	0,73	0,27	0,63	144	0,64	0,31	0,48
	Ü von n=270	P_0	P_e	κ	Ü von n=270	P_0	P_e	κ
E	186	0,69	0,25	0,58	212	0,79	0,41	0,63

Anhang 39: Im Detail - vierte Überprüfung der Interkoderreliabilität - Cohens Kappa-Werte für einzelne Kategoriensysteme (n=224, n=270)

K	Absicht der Erzieher/in mit Sprachhandlung (E6, E11, E16, E21, E24 als Tandempartner 1) (Illokution)				Absicht der Erzieher/in mit Sprachhandlung (E8, E13, E18, E23, E27 als Tandempartner 2) (Illokution)			
	8 Kategorien				8 Kategorien			
KP	Ü von n=224	P_0	P_e	κ	Ü von n=224	P_0	P_e	κ
D	61	0,27	0,35	(-) 0,13	72	0,32	0,29	0,05
E	54	0,24	0,36	(-) 0,18	87	0,39	0,29	0,14
F	64	0,29	0,37	(-) 0,13	88	0,39	0,3	0,13
	Ü von n=270	P_0	P_e	κ	Ü von n=270	P_0	P_e	κ
E	81	0,3	0,032	(-) 0,03	93	0,34	0,33	0,03

Anhang 40: Im Detail - vierte Überprüfung der Interkoderreliabilität - Cohens Kappa-Werte für einzelne Kategoriensysteme (n=224, n=270)

K	Beabsichtigte Handlung bei Kindern mit Sprachhandlung der Erzieher/in (E6, E11, E16, E21, E24 als Tandempartner 1) (Perlokution)				Beabsichtigte Handlung bei Kindern mit Sprachhandlung der Erzieher/in (E8, E13, E18, E23, E27 als Tandempartner 2) (Perlokution)			
	6 Kategorien				6 Kategorien			
KP	Ü von n=224	P_0	P_e	κ	Ü von n=224	P_0	P_e	κ
D	191	0,85	0,38	0,76	181	0,81	0,28	0,73
E	194	0,87	0,38	0,78	186	0,83	0,29	0,76
F	192	0,86	0,38	0,77	184	0,82	0,28	0,75
	Ü von n=270	P_0	P_e	κ	Ü von n=270	P_0	P_e	κ
E	233	0,86	0,34	0,79	229	0,85	0,33	0,77

15.1.9 Theoretische Begründung des Beobachtungsinstrumentes

Tab. 57: Theoretische Einbettung des Beobachtungsinstrumentes

Kategoriensysteme und Kategorien	Vorbereitung für die Hermeneutische Brücke als theoriegeleitete (normative) Orientierung für die Beurteilung der Handlungskompetenz von Erzieher/innen in Kontexten früher naturwissenschaftlicher Bildung
1. Angebotsphasen	Sozialkonstruktivismus: Selbstbildung und Ko-Konstruktion (Duit 1997, König 2009); Gelegenheit für Explorationen (Scheler 2008); Gelegenheiten für Selbsttätigkeit der Kinder schaffen um Bildung zu ermöglichen (Schäfer 2011); Bildung als „Selbstgestaltung"; spielerisches Erfassen der Welt bei Vorschulkindern (Welzel in Hohenester 2006); Einbettung des Kindes in soziale und kulturelle Kontexte (Schäfer 2011); Unzulänglichkeiten und Widersprüche führen zum Lernen (Montada 2002a); Sequenzierung/ Phasenstruktur des Unterrichts: bewusste Steuerung des Lernprozesses der Kinder (Herbart zit. n. Blankertz 2011); Didaktische Modelle (Jank & Meyer, 2006), Heimann, u.a. (Jank & Meyer, 2006); situativer Kontext, Relationsbildung, Bedeutungsentwicklung und Lernen (Welzel 1995, Dhein 2011)
Vorbereiten	Gestaltung von Räumen als Unterstützung durch die Erzieher/in (Orientierungsplan BW 2011); Selbsttätigkeit und Spielbedürfnis berücksichtigen (Dhein 2011)
Hinführen	Unterstützung des Lernens durch die Lehrperson (Pestalozzi in Deiters 1954, Natorp 2013); situiertes Lernen: Verknüpfung zwischen bereits erworbenen und aktuellen Erfahrungen (Dhein 2011); Herstellen persönlich bedeutsamer Bezüge (Dhein 2011), Erinnerungsvermögen der Kinder (Lück 2009); Themen: vertraute, ungewöhnliche und überraschende Phänomene (Dhein 2011)
Ausprobieren	Selbstbildung (Schäfer 2011), Freispiel ermöglichen (SPEEL in Textor 2012); sozialer Austausch, soziale Interaktion, den Kindern zur Bedeutungsentwicklung Zeit für das Explorieren und Experimentieren geben (Grossmann & Grossmann 2000, Vygotsky 2002, König 2009, Dhein 2011); Gelegenheit für Explorationen (Scheler 2008);
Austauschen	Viabilität zweiter Ordnung (Glasersfeld 1997), Ko-Konstruktion (Vygotskij 2002); Sozialität: soziale Resonanz erfahren (Schäfer 2011)
Nachbereiten	Selbstgestaltung/ Selbstbildung (Schäfer 2011)
Sonstige	–

2. Sozialform	Vermittlungsformen: offene Situationen als hoher Anspruch (Wildgruber&Becker-Stoll 2011); Mut zur Lücke (Wagenschein 1983) → offene Situationen schaffen; Selbstgestaltung/ Selbstbildung (Schäfer 2011), Oberflächenstruktur (Oser zit. n. Elsässer 2000); Gruppenarbeit (Dhein 2011), Jank/Meyer (Jank & Meyer, 2006), Heimann, u.a. (Jank & Meyer, 2006): Didaktische Modelle
Kleingruppe	Kleingruppe (SPEEL in Textor 2012); Peterßen 2001
Großgruppe	Gruppenarbeit (Dhein 2011), Peterßen 2001
Einzeln	Jank/Meyer (Jank & Meyer, 2006), Heimann, u.a. (Jank & Meyer, 2006): Didaktische Modelle, Peterßen 2001
Partnerkinder	Jank/Meyer (Jank & Meyer, 2006), Heimann, u.a. (Jank & Meyer, 2006): Didaktische Modelle, Peterßen 2001
Übergang	Jank/Meyer (Jank & Meyer, 2006), Heimann, u.a. (Jank & Meyer, 2006): Didaktische Modelle, Peterßen 2001
Sonstige	–
3. Sprachliche Handlung der Erzieher/in	Erfahrungen, Vorkenntnisse, Überlegungen der Kinder aufgreifen, um zu gemeinsam verstandenem Wissen zu gelangen (Köhnlein 1998); Humboldt'sches Bildungsideal: Das Kind braucht ein Gegenüber (Schäfer 2011); Sozialkonstruktivismus: Austauschprozesse, Dialog (Vygotskij 2002, König 2009); Handlungssteuerung durch Sprache (Habermas 1987); Fokus der Handlungssteuerung: genaues Hinsehen und Beobachten von Dingen in der Welt, das Unterscheiden und Ordnen dieser Gegenstände nach Gemeinsamkeiten und Unterschieden, das Beschreiben (also in Worte fassen) von Beobachtungen, das Eingreifen in Vorgänge und das Herstellen und Kommunizieren von Kausalzusammenhängen (Welzel-Breuer & Meyer 2011); Förderung von Fragenstellen (Delphi-Studie in Zimmermann 2011); Förderung einer Fragehaltung bei Kindern (Dhein 2011); sokratisches Vorgehen: eigenes Unwissen herauskehren (Wagenschein 1999); Kommunikation zur Koordination zwischenmenschlicher Handlungen (Siebert & Gerl 1975); Art der Instruktion für die Bedeutungsentwicklung der Kinder relevant (Dhein 2011); Interaktionsform des sustained-shared-thinking: gemeinsam über einen Sachverhalt nachdenken, um Denkprozesse der Kinder zu fördern (Siraj-Blatchford et al. 2010) → dabei: Prinzip der symmetrischen und komplementären Reziprozität beachten (Youniss 1994); Feinfühlige sprachliche Interaktionen (Ainsworth zit. n. Grossmann & Grossmann 2000), Sprache und Responsivität (Denker 2012); Sprache: Ammensprache, stützende Sprache wie z.B. Scaffolding, lehrende Sprache (motherese) (Weinert und Lockl 2008 zit. n. Strehmel 2010); Scaffolding (Bruner zit. n. Crowther 2005); Involvement (König 2010); Gelegenheit für Explorationen (Scheler 2008);

Kategoriensysteme und Kategorien	Vorbereitung für die Hermeneutische Brücke als theoriegeleitete (normative) Orientierung für die Beurteilung der Handlungskompetenz von Erzieher/innen in Kontexten früher naturwissenschaftlicher Bildung
Frage	offene Fragen als lernförderlich in offenen Lernsettings (Siraj-Blatchford 2010)
Aussage	Perturbation (Maturana & Varela 1987); Kindern zu selbstbestimmten Aktivitäten verhelfen (aus SPEEL in Textor 2012)
Handlungsanweisung	Perturbation (Maturana & Varela 1987); Kindern zu selbstbestimmten Aktivitäten verhelfen (aus SPEEL in Textor 2012)
Keine Äußerung	Kinder sollen Lernprozess weitgehend selbst steuern (Dhein 2011)
Sonstige	–
4. Nicht-sprachliche Handlung der Erzieher/in	Rolle der Erzieherin: aufmerksame Lernbegleiter (Rogers 1979), Entdeckerpartnerin (Zimmermann 2011); Verlässliche Bindung und Beziehungen (Orientierungsplan BW 2011); Förderung von Spielverhalten, Umweltexploration und Explorationsfähigkeit durch Bindung und Beziehung (Bowlby 2008); nonverbale Handlungen der Erzieher/in als guided participation (Rogoff 1990), d.h. nicht-sprachliche Instruktion und Unterstützung der Kinder im Lernprozess; Scaffolding (Bruner zit. n. Crowther 2005); Involvement (König 2010)
Material organisieren	Lernumgebung/Spielgaben zur Verfügung stellen (Pestalozzi in Deiters 1954, Natorp 2013); Gestaltung von Innen- und Außenräumen, wo Kinder immer wieder neues Material, Gegenstände und Geräte vorfinden (SPEEL in Textor 2012)
Kind/Kinder begleitend unterstützen	Zone der nächsten Entwicklung (Vygotskij 2002); Förderung von Spielverhalten, Umweltexploration und Explorationsfähigkeit durch Bindung und Beziehung (Bowlby 2008), Vertrauen (König 2010); etwas demonstrieren als guided participation (Peterßen 2001)
Kind/Kinder beobachten	Genaues Beobachten der Kinder, um zu erfassen, was das Kind braucht (Pauen 2012); Sich als Beziehungsperson zeigen (Bowlby 2008)
ausprobieren	Entdeckerpartnerin statt Wissensvermittlerin (Zimmermann 2011), positive Grundhaltung gegenüber Naturwissenschaften zeigen/ eigene Neugier (Zimmermann 2011); konstruktive Verunsicherung (Zimmermann 2011); Abbau von Angst, Scheu vor Naturwissenschaft durch Fortbildung (Richter 2011); Ko-Konstruktion: Übernahme von bedeutungtragender Information (Lernen am Modell) und Zone der nächsten Entwicklung (Aufschnaiter 1999, Vygotskij 2002); Symmetrische und komplementäre Reziprozität (Youniss 1994)

nicht im Bildausschnitt	–
Sonstige	–
8. Absicht der Erzieher/in mit der eigenen Sprachhandlung (Illokution)	*Verstehen und das Werden des Menschen ohne Erklären sondern durch Selbsterfahrung und echtes Verstehen, das sich in einem selbst entwickelt; Selbstbewusste Lebensführung (Wagenschein 1970); Kommunikation als absichtsvolles Handeln (Linke et al. 1996); Kommunikation bezieht sich auf mindestens zwei sprach- und handlungsfähige Interaktionspartner (Findte 2001); Sprachhandlung als Basis (Habermas 1987);*
strukturieren	*Vereinbarung von Verhaltensregeln (OP 2011)*
sich orientieren	*Art der Instruktion soll dem kognitiven Stand der Kinder und den Bedürfnissen der Kinder entsprechen (Dhein 2011); Kinder genau kennen und individuell fördern (SPEEL in Textor 2012)*
Kind/Kinder aktivieren	*Kinder sind zu kausalem Denken fähig und daran interessiert, kausale Zusammenhänge zu verbalisieren (Bullock&Sodian 2003, zit. n. Kammermeyer 2009 S. 180f.); Gelegenheit für Explorationen (Scheler 2008)*
Kind/Kinder bestärken	*Den Kindern Wertschätzung ihrer Äußerung geben (SPEEL in Textor 2012)*
erklären	*sokratisches Vorgehen: eigenes Unwissen herauskehren (Wagenschein); alle schnellen und endgültigen Erklärungen vermeiden (Aeschlimann & Buck 2010); nicht belehren und nicht bekehren, sondern das Denken und Argumentieren des Kindes stützen und weiter entwickeln (Aeschlimann & Buck 2010); etwas erklären als Aspekt von guided participation (Rogoff 1990)*
Kind/Kinder anleiten	*Komplementäre Reziprozität (Youniss 1994); alle schnellen und endgültigen Erklärungen vermeiden (Aeschlimann & Buck 2010); nicht belehren und nicht bekehren, sondern das Denken und Argumentieren des Kindes stützen und weiter entwickeln (Aeschlimann & Buck 2010*
keine	–
Sonstige	–
9. Beabsichtigte Handlung bei Kind/Kindern der Erzieher/in mit der eigenen Sprachhandlung (Perlokution)	Selbsttätigkeit der Kinder (Schäfer 2011); sofortiges Verbalisieren von Erfahrungen (Dhein 2011); Operationen als Handlungen (Habermas, Dhein 2011); Fragenstellen bei Kindern (Dhein 2011); Kind als Mitgestalter von Lern- und Interaktionsprozessen (Schäfer 2011); Entwicklung der Feinmotorik und Sprache (Diemer, Braun, Ute 2010); Bildung des Kopfes, des Herzens und der Hand (Pestalozzi, s. Deiters 1954, Natorp 2013); Kommunikation als absichtsvolles Handeln (Linke et al. 1996); Sprachhandlung als Basis (Habermas 1987), Sprechhandlungstheorie (Searle zit. n. Linke et al. 1996, zit. n. Hindelang 2000)

Kategoriensysteme und Kategorien	Vorbereitung für die Hermeneutische Brücke als theoriegeleitete (normative) Orientierung für die Beurteilung der Handlungskompetenz von Erzieher/innen in Kontexten früher naturwissenschaftlicher Bildung
handeln	Sinnliche Wahrnehmung (Riechen, Schmecken, Hören) (Dhein 2011); Wahrnehmen und auf nichtsprachlichem Weg denken (Schäfer 2011), Entwicklung der Feinmotorik (Diemer, Braun, Ute 2010); Kinder erschaffen sich ihr Wissen über die Welt und sich selbst durch ihre eigenen Handlungen (Orientierungsplan BW 2011); Sensumotorisches und begriffliches Wissen (Glasersfeld 1997); als Vorstufe zur Entwicklung von Fragestellungen müssen Handlungen in Form von eigenen Explorationen gemacht werden (Scheler 2008), differenzierten elementaren Erfahrungen und Fähigkeiten (vgl. Welzel-Breuer & Meyer, 2011, S. 323)
handeln und sprechen	Sofortiges Austauschen und Kommunizieren der gemachten Erfahrungen (Dhein 2011); Entwicklung der Feinmotorik und Sprache im Alter von 3–4 Jahren; Ausdifferenzierung von Sprache im Alter von 4–6 Jahren (Diemer, Braun, Ute 2010), differenzierten elementaren Erfahrungen und Fähigkeiten (vgl. Welzel-Breuer & Meyer, 2011, S. 323)
sprechen	Sprache entwickelt sich, eigene Erklärungen für Zusammenhänge entwickeln sich, Sprache differenziert sich aus (Diemer, Braun, Ute 2010); gelernt wird das, was Bedeutung hat (Informationsverarbeitungsansatz), Kinder sollen von bedeutsamen Erfahrungen mit dem Phänomen berichten (Quiroga et al. 2013); Konstruktion von Bedeutung (Welzel 1995, Dhein 2011); Die Qualität der verbalen Interaktion zwischen Erwachsenem und Kind als ein lernförderlicher Bereich aus der EPPE-Studie (Siraj-Blatchford et al. 2010); Bedeutsame Gefühle versprachlichen (Bowlby zit. n. Grossmann & Grossmann 2000), Emotionen als Ursprung von Motivation (Wagenschein 1970); Gespräch fördert Behalten von Erfahrungen durch kognitive Verarbeitung (Hohenester 2006), differenzierten elementaren Erfahrungen und Fähigkeiten (vgl. Welzel-Breuer & Meyer, 2011, S. 323)
aufnehmen	Symmetrische und komplementäre Reziprozität (Youniss 1994)
keine	–
Sonstige	–

15.2 Anhang – Empirie Teil 2

15.2.1 Alle Kinderfragen im ersten pädagogischen Angebot

Im ersten pädagogischen Angebot zum Thema Gärungsprozesse im Kuchenteig wurden insgesamt 50 Kinderfragen ausfindig gemacht. Sie sind in der folgenden Tabelle durchnummeriert und mit Timecode angegeben.

Anhang 41: Alle Kinderfragen im gesamten ersten päd. Angebot: Gärung im Kuchenteig, E7, E9

Nr.	Timecode	Frage der Kinder
1 (AEg 55)	00:04:30 bis 00:04:35	Fett oder?
2 (AEg 111)	00:09:10 bis 00:09:15	Darf's ich reinmachen?
3 (AEg 120)	00:09:55 bis 00:10:00	Backen wir denn jetzt noch mal?
4 (AEg 156)	00:12:55 bis 00:13:00	(auf die Frage der E9, welcher Arbeitsschritt als nächstes kommt, fragt das Kind) Mh. Was wo wir letzter?
5 (AEg 203)	00:16:50 bis 00:16:55	E9, kann ich dann auch was machen?
6 (AEg 204)	00:16:55 bis 00:17:00	Und ich?! (Kind will auch an der Reihe sein, etwas auszuprobieren)
7 (AEg 245)	00:20:20 bis 00:20:25	Der platzt? (gemeint ist der Luftballon, in dem das Kohlenstoffdioxid aufgefangen wird)
8 (AEg 278)	00:23:05 bis 00:23:15	Aber…warum?
9 (AEg 295)	00:24:30 bis 00:24:35	Und warum geht's jetzt nicht mehr ganz hoch?
10 (AEg 299)	00:24:50 bis 00:24:55	Und wenn man es umdreht?
Ab hier findet das Ausprobieren am kleinen Tisch statt.		
11 (AEg 406)	00:33:45 bis 00:33:50	Und wie viele sollen wir das machen?
12 (AEg 407)	00:33:50 bis 00:33:55	Mit den Löffeln? So machen wir das (*zeigt auf die Anleitung*).
13 (AEg 410)	00:34:05 bis 00:34:10	Wo ist das Glas?
14 (AEg 412)	00:34:15 bis 00:34:20	Wir müssen es nicht nach dem Plan machen?
15 (AEg 414)	00:34:25 bis 00:34:30	Guck mal F., F., hältst du mal so? (*F.soll den Trichter so halten, wie der Junge es ihm vormacht*).
16 (AEg 421)	00:35:00 bis 00:35:05	Soll ich machen?
17 (AEg 460)	00:38:15 bis 00:38:20	In welchen Eimer?
18 (AEg 478)	00:39:45 bis 00:39:50	Viel Schaum, gell I.?
19 (AEg 480)	00:39:55 bis 00:40:00	Hä, wo ist denn der Löffel?

Nr.	Timecode	Frage der Kinder
20 (AEg 481)	00:40:05 bis 00:40:10	Wo ist denn der Löffel jetzt?
21 (AEg 483)	00:40:15 bis 00:40:20	Ah, das ist leer, oder?
22 (AEg 485)	00:40:20 bis 00:40:25	Wo ist der Löffel?
23 (AEg 532)	00:44:15 bis 00:44:20	Was machst du rein?
24 (AEg 443)	00:45:10 bis 00:45:15	Kann ich auf deinen Platz?
25 (AEg 563)	00:46:50 bis 00:46:55	L., dann (unverständlich)
26 (AEg 564)	00:46:55 bis 00:47:00	dann darf ich auf deinen Platz, gell?
27 (AEg 567)	00:47:10 bis 00:47:15	Kann mir jemand ein Glas geben?
28 (AEg 568)	00:47:15 bis 00:47:20	Kann mir jemand das kleine Glas geben?
29 (AEg 569)	00:47:20 bis 00:47:25	Wozu ist denn das?
30 (AEg 570)	00:47:25 bis 00:47:30	Gell, L.?
31 (AEg 574)	00:47:45 bis 00:47:50	L.,
32 (AEg 575)	00:47:50 bis 00:47:55	darf ich auf deinen Platz?
33 (AEg 587)	00:48:50 bis 00:48:55	Ob der Luftballon wohl am Ende platzt?
34 (AEg 599)	00:49:50 bis 00:49:55	Das Wasser?
35 (AEg 600)	00:49:55 bis 00:50:00	Ist das geplatzt?
36 (AEg 619)	00:51:30 bis 00:51:35	Kann ich es auch mit Hefe machen?
37 (AEg 636)	00:52:55 bis 00:53:00	Hast du Angst?
38 (AEg 679)	00:56:30 bis 00:56:35	Siehst du es?
39 (AEg 702)	00:58:25 bis 00:58:30	Wenn du fertig bist, kann ich
40 (AEg 703)	00:58:30 bis 00:58:35	kann ich auf deinen Platz, gell?
41 (AEg 704)	00:58:35 bis 00:58:40	Darf ich jetzt, Linus?
42 (AEg 709)	00:59:00 bis 00:59:05	Bist du bester Freund, oder?
43 (AEg 718)	00:59:45 bis 00:59:50	Ich, gell, L.?
44 (AEg 718)	00:59:45 bis 00:59:50	Du darfst nach mir, ja?
45 (AEg 729)	01:00:45 bis 01:00:50	E7?
46 (AEg 731)	01:00:55 bis 01:01:00	E7?
47 (AEg 732)	01:01:00 bis 01:01:05	L., willst du das da reinkippen?
48 (AEg 743)	01:01:50 bis 01:01:55	*[zu L.]* Soll ich dir helfen?
49 (AEg 746)	01:02:05 bis 01:02:10	L., soll ich dir helfen?
50 (AEg 749)	01:02:20 bis 01:02:25	Soll ich's machen?

15.3 Anhang – Empirie Teil 3

15.3.1 Externe Datenbasis: Selbsteinschätzung der Erzieherinnen E7 und E9 anhand von vier offenen Fragen im Fragebogen F2

Der erste Teil der externen Datenbasis bezieht sich auf die Selbsteinschätzungen von E7 und E9 bzgl. Handlungskompetenz, die sie anhand von vier offenen Fragen des Fragebogens F2 unmittelbar nach den jeweiligen pädagogischen Angeboten abgegeben haben (Zimmermann, 2011, S. 384–390).

Anhang 42: Externe Datenbasis: Selbsteinschätzung von E7 und E9 im Fragebogen F2 nach den pädagogischen Angeboten zum Aspekt: „Das ist mir heute ganz besonders gut gelungen." (vgl. Zimmermann 2011, S. 384-390)

1. Das ist mir heute ganz besonders gut gelungen.		
Angebot	E7	E9
1	Die Kinder zu begeistern, neugierig zu machen, Freude am Experimentieren zu wecken	Experiment war klar gegliedert. Ich habe versucht die Kinder möglichst viel selbst machen zu lassen.
3	- Kinder zu motivieren (z.B. durch das reale Bsp. mit dem Blumentopf) - Spannung zu wecken, Freude am ausprobieren zu vermitteln - Den Kindern Ideen zu entlocken	Die Erklärung, das Wasser fließt durch sogenannte Röhrchen. Die Kinder konnten es gut nachvollziehen.
5	- Kinder mit einzubeziehen, Situationen aufgreifen (z.B. Luft entweicht - man hört und spürt es), verschiedene Versuchsmöglichkeiten	Einleitung! Über Flugzeuge zu unsren „Luftballons mit Düsenantrieb" zu kommen (Bezug zur Realität) Die Kinder waren heute mehr beteiligt als sonst. Sie haben viele Einzelschritte / Aufgaben übernommen.
7	Aufmerksamkeit, Interesse, Motivation, Einbeziehen der Kinder	Das Übertragen vom Periskop zu größeren Spiegeln
9	Trotz der „Pannen" ruhig geblieben, keine „Panik" verbreitet. Versucht den „Schaden" zu beheben. Abschlußgespräch mit den Kindern.	- Geduld, Ruhe bewahrt auch bei hektischen unvorhersehbaren Situationen - Kinder beim Experimentieren unterstützt - Konrad beruhigt (der Seifenwasser getrunken hatte...)

Anhang 43: Externe Datenbasis: Selbsteinschätzung von E7 und E9 im Fragebogen F2 nach den pädagogischen Angeboten zum Aspekt: „Das fiel mir heute schwer." (vgl. Zimmermann 2011, S. 384–390)

2. Das fiel mir heute schwer.

Angebot	E7	E9
1	Beim Ausprobieren nicht zu viel zu helfen	Ich saß mit dem Rücken zu einigen Kindern, Sicht war eingeschränkt.
3	- nicht in E9's Erläuterungen reinzureden - Geduld	Die Aufteilung des Materials. Wer bekommt wie viele Schälchen, Streifen, Klötze…
5	Genaue Erklärung zum Rückstoßprinzip	Mich zurückzuhalten beim Versuchsaufbau!
7	Erklärung d. Funktion d. Per[i]skop (Kindgemäß)	Die Kinder selbst schauen zu lassen, um sich richtig zu positionieren. Habe viel abgenommen / vorgegeben.
9	Nicht sofort alles wegzuwischen, sondern die Situation so zu lassen wie sie ist	Zwischendurch das Chaos auszuhalten

Anhang 44: Externe Datenbasis: Selbsteinschätzung von E7 und E9 im Fragebogen F2 nach den pädagogischen Angeboten zum Aspekt: „Das möchte ich verbessern, das mache ich das nächste Mal anders." (vgl. Zimmermann 2011, S. 384–390)

3. Das möchte ich verbessern, das mache ich das nächste Mal anders.

Angebot	E7	E9
1	Das Experiment mit einer kleineren Gruppe durchführen.	Ein Experiment gut sichtbar für alle Kinder vorzuführen
3	Langsamer sprechen, Materialbereitstellung verbessern	Evtl. methodischer vorzugehen (bei der Verteilung des Materials)
5	-	Koordination beim Luftballon aufblasen! Material bereithalten, nicht herumrennen müssen.
7	- Evtl. noch mehr Kinder einbeziehen - Erklärungen besser vorbereiten	-
9	Die „Kleinen" besser vorzubereiten (auf schwierige Experimente)	- Die ganz „Kleinen" evtl. beim Experimentieren wie z.B. Seifenblasen nur zuschauen lassen - wasserdichte Unterlagen auf die Tische - genügend Handtücher/ Wischlappen bereithalten

Anhang 45: Externe Datenbasis: Selbsteinschätzung von E7 und E9 im Fragebogen F2 nach den pädagogischen Angeboten zum Aspekt: „Was mir sonst noch aufgefallen ist." (vgl. Zimmermann 2011, S. 384–390)

4. Was mir sonst noch aufgefallen ist.		
Angebot	E7	E9
1	Es war auch für mich sehr spannend	Kinder sind sehr, sehr interessiert! Besonders beim Selbstausprobieren!!
3	-	-
5	Die Kinder konnten z.T. schon selbst richtige Schlussfolgerungen ziehen.	-
7	-	-
9	-	-

15.3.2 Selbsteinschätzung der Erzieherinnen E7 und E9 in Interviews unmittelbar nach den pädagogischen Angeboten

Die folgende Tabelle gibt einen Überblick über die Datenerhebung zur Selbsteinschätzung der Erzieherinnen E7 und E9, die sie sowohl in einem Interview unmittelbar nach den pädagogischen Angeboten (Nachreflexion 1) als auch in einem Coaching (Nachreflexion 2) gegenüber dem Coach laut formuliert haben. Diese Liste dient als Leseorientierung für die transkribierten Interviews von Zimmermann (2011) und damit als exakte Quellenangabe der externen Datenbasis, auf die sich in der vorliegenden Studie bezogen wird.

Anhang 46: Überblick über die transkribierten Interviews (Nachreflexion 1) und Coaching-Gespräche (Nachreflexion 2), die als externe Datenbasis von Zimmermann (2011) zur Verfügung stehen

Nr.	AEfein	Daten
1	01001-01083	Erstes Angebot: Gärung im Kuchenteig, Interview mit E7
2	02001-02059	Erstes Angebot: Gärung im Kuchenteig, Interview mit E9
3	03001-03122	Zweites Angebot: Was löst sich auf, Interview mit E7
4	04001-04079	Zweites Angebot: Was löst sich auf, Interview mit E9
5	05001-05077	Zweites Angebot: Was löst sich auf, Coaching mit E7
6	06001-06065	Zweites Angebot: Was löst sich auf, Coaching mit E9
7	07001–07164	Drittes Angebot: Wasser leiten, Interview mit E7 und E9
8	08001–08225	Drittes Angebot: Wasser leiten, Coaching mit E7 und E9
9	09001–09181	Viertes Angebot: Heißluftballon, Interview mit E7 und E9

Nr.	AEfein	Daten
10	10001–10314	Viertes Angebot: Heißluftballon, Coaching mit E7 und E9
11	11001–11289	Fünftes Angebot: Luftballonrakete, Interview mit E7 und E9
12	12001–12292	Fünftes Angebot: Luftballonrakete, Coaching mit E7 und E9
13	13001–13223	Siebtes Angebot: Spiegelphänomene, Interview mit E7 und E9
14	14001–14477	Siebtes Angebot: Spiegelphänomene, Coaching mit E7 und E9
15	15001–15216	Neuntes Angebot: Element Wasser, Interview mit E7 und E9
16	16001–16490	Neuntes Angebot: Element Wasser, Coaching mit E7 und E9
17	17001–17773	Achtes Angebot: Was schwimmt im Wasser, Coaching mit E7 und E9

15.4 Anhangsverzeichnis

Danksagung

Zu guter Letzt möchte ich meinen Dank bei all denjenigen aussprechen, die sich in der Zeit meiner Dissertation mit mir verbunden gefühlt und diese Arbeit ermöglicht haben.

Zunächst bedanke ich mich herzlich bei der Klaus-Tschira-Stiftung, durch die ich nicht nur die Möglichkeit hatte, als Dozentin und Coach in der beruflichen Aus- und Weiterbildung von Erzieher/innen und Lehrer/innen zur frühen naturwissenschaftlichen Bildung drei Jahre lang tätig zu sein. Sondern ich hatte mit dieser Basis parallel die Gelegenheit diese Videostudie durchzuführen. Der Pädagogischen Hochschule Heidelberg möchte ich sehr danken für ein neunmonatiges Abschlussstipendium zur Landesgraduiertenförderung, das es mir ermöglicht hat, mich in den letzten intensiven Monaten vollständig auf die Fertigstellung der Dissertation konzentrieren zu können.

Meiner Doktormutter, Prof. Dr. Manuela Welzel-Breuer, möchte ich auf diesem Weg meinen herzlichen Dank für ihre Betreuung aussprechen. Neben regelmäßigen Gesprächen hat sie mich früh ermutigt, meine Studie im nationalen und internationalen Wissenschaftsfeld zu zeigen und zu diskutieren. Dadurch wurde mir das wissenschaftliche Denken und Arbeiten in einer Forschungsgemeinschaft sehr vertraut.

Bei Prof. Dr. Peter Röben möchte ich mich für die Übernahme der Zweitbegutachtung bedanken. Aus seinen kritisch-konstruktiven Impulsen konnte ich mir neue Wege ebnen.

Mein Dank gilt selbstverständlich den Mitarbeiter/innen der Forscherstation für die „offenen Ohren" und besonders Dr. Anja Dhein und Dr. Monika Zimmermann, die die Erhebung der Videodaten in den Kindergärten im Vorfeld durchgeführt haben. Hier möchte ich mich bei „E7" und „E9" und all den anderen Erzieher/innen und Kindern für die Möglichkeit danken, einen Einblick in dieses sensible Forschungsfeld ermöglicht bekommen zu haben. Mein besonderer Dank gilt meinen studentischen Mitarbeiter/innen Anja Brandt, Lea Faden und Christopher Kleber, die mich in jener Zeit intensiv bei meiner Studie begleitet haben.

Weiterführende Anregungen und inhaltliche Impulse habe ich außerdem durch Prof. Dr. Reimer Kornmann erhalten. Seine Unterstützung hat den Fortgang der Arbeit sehr unterstützt. Insbesondere möchte ich mich bei Eduardo

Nicolás Bacquet-Pérez für die tiefgründigen Gespräche über unsere Forschungs-anliegen bedanken. Mein ganz besonderer Dank für gilt auch meinem priva-ten Umfeld: insbesondere meinen Eltern Ulrich und Monika Metzner, meinem Bruder René Metzner, Tim Haas, Dr. Theodor Benken, Andreas Heinemann, Elfriede Marie Jacob und Dr. Detlef E.F. Rosenow.

Pädagogische Rahmung

Herausgegeben von Karin Schäfer-Koch

Band 1 Eva-Maria Martin: Bewegt zur mündlichen Sprachkompetenz. Fallstudie zur pädagogischen Rahmung bewegungsorientierter Sprachförderangebote für Kinder im Elementar- und Primarbereich. 2011.

Band 2 Eva-Kristina Franz: Lernwerkstätten an Hochschulen. Orte der gemeinsamen Qualifikation von Studierenden, pädagogischen Fachkräften des Elementarbereichs und Lehrkräften der Primarstufe. 2012.

Band 3 Sandra Baum: Musikinstrumente (be)greifen. Inszenierung und Evaluation einer musisch-naturwissenschaftlichen Lernumgebung an der Schnittstelle zwischen KiTa und Grundschule. 2014.

Band 4 Mandy Metzner: Naturwissenschaftliche Bildungsangebote gestalten. Eine Videostudie zur Entwicklung, Anwendung und Validierung eines Beobachtungsinstrumentes für die Erfassung und Beschreibung der Handlungskompetenz frühpädagogischer Fachkräfte. 2015.

www.peterlang.com

Zeitfracht Medien GmbH
Ferdinand-Jühlke-Straße 7
99095 Erfurt, Deutschland
produktsicherheit@kolibri360.de